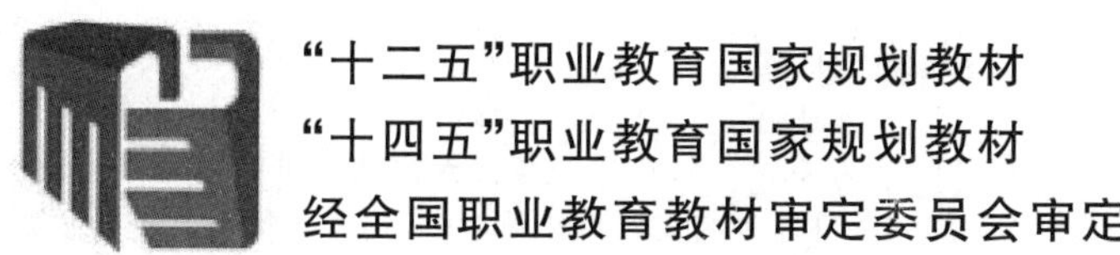

微生物技术及应用

（第三版）

主　编　孙勇民　张新红

副主编　王立晖　王志勇　杨　爽　高　爽
　　　　陈　珊　徐春华　许勤虎

编　委　殷海松　曹震伟　范　琳　王伟青
　　　　韩艳霞　刘润叶　魏　瑜　郭建慧

华中科技大学出版社
中国·武汉

内 容 提 要

本书围绕高职高专相关专业的培养目标，在“能力本位”“就业导向”“任务驱动”“工学结合”等职业教育新理念的指导下，阐述了微生物技术及应用的基础原理与实践操作技能等，具体包括微生物的主要类群，微生物的形态结构，微生物的生理，微生物的遗传变异与菌种选育，微生物的生态，微生物的生长及其控制，微生物的代谢及调控技术，微生物免疫学基础，微生物在环境保护、食品生产、生物产品生产等领域的综合运用等有关内容。全书共设计了九个学习情境，每个情境又以任务为驱动，具有显著的职业教育教材的特点，能很好地满足学生专业发展的需求。

本书可以作为高职高专生物类、食品类、环境类、医药类相关专业教学用书，也可以作为相关企业进行职业技能培训的参考教材。

图书在版编目(CIP)数据

微生物技术及应用/孙勇民，张新红主编.—3 版.—武汉：华中科技大学出版社，2021.1(2025.1 重印)
ISBN 978-7-5680-6600-6

Ⅰ.①微…　Ⅱ.①孙…　②张…　Ⅲ.①微生物-生物工程-高等职业教育-教材　Ⅳ.①Q93

中国版本图书馆 CIP 数据核字(2021)第 015604 号

微生物技术及应用(第三版)
Weishengwu Jishu ji Yingyong (Di-san Ban)

孙勇民　张新红　主编

策划编辑：王新华
责任编辑：李　佩
封面设计：刘　卉
责任校对：张会军
责任监印：周治超
出版发行：华中科技大学出版社(中国・武汉)　　电话：(027)81321913
武汉市东湖新技术开发区华工科技园　　邮编：430223
录　　排：武汉正风天下文化发展有限公司
印　　刷：武汉开心印印刷有限公司
开　　本：787mm×1092mm　1/16
印　　张：21.75
字　　数：510 千字
版　　次：2012 年 1 月第 1 版　2025 年 1 月第 3 版第 4 次印刷
定　　价：49.80 元

本书若有印装质量问题，请向出版社营销中心调换
全国免费服务热线：400-6679-118　竭诚为您服务

前言

微生物技术及应用是生物、食品、医药和环境等大类专业的必修课。本书主要介绍如何运用微生物资源生产发酵产品以及防治有害微生物，包括微生物资源及其开发利用，菌种选育的原理与方法，发酵工艺及其控制，微生物在生物、能源、环境等领域的应用以及微生物免疫学相关技术等，为全面学习生命科学和相关技术知识奠定基础。

本书积极贯彻和落实党的二十大精神，以习近平新时代中国特色社会主义思想为指导，体现以传授知识为主转向以培养学生素质为主的教育理念，着重提高学生的人文素质、合作精神、创新精神和社会责任感，坚持理论与实践相结合，坚持知识传授与价值引领相结合，围绕微生物技术及应用相关课程的培养目标，在"能力本位""就业导向""任务驱动""工学结合"等职业教育新理念的指导下，阐述了微生物技术及应用的基础原理与实践操作技能等，具体包括微生物的主要类群，微生物的形态结构，微生物的生理，微生物的遗传变异与菌种选育，微生物的生态，微生物的生长及其控制，微生物的代谢及调控技术，微生物免疫学基础，微生物在环境保护、食品生产、生物产品生产等领域的综合运用等有关内容。本书突出了以下特点。

第一，理论以"必需、够用"为度。微生物技术及应用虽是专业基础课，但其重要功能在于为培养学生的综合职业能力服务。本书在讲解理论时力求简明易懂、深入浅出。

第二，强调行动导向。本书设计了九个学习情境，每个情境又以任务为驱动，具有显著的职业教育教材的特点，能很好地满足学生专业发展的需求。

第三，突出强校联合、工学结合。本书第一版经教育部高等学校高职高专生物技术类专业教学指导委员会牵头，由来自全国10多个省(市、自治区)的生物技术、微生物重点专业学科的精英团队共同编写，共享大江南北各院校的优势资源，突出工学结合的职业教育特点，力求学校教学与工厂现场操作相结合，注重理论与实践的有机融合，确保了本书的实用性。本书再版时，综合各用书单位提出的意见和建议进行修订，使教材特色更加鲜明。

第四，通过故事、案例等方式体现精益求精、追求卓越的大国工匠精神，着力培养高技能人才，贯彻和落实党的二十大精神和强国战略；与企业岗位特点紧密对接，融入微生物的保存、选育、保藏、检测等任务和岗位；结合疫情防控普及微生物知识和技术，进一步突显课程“育德”功能，体现抗疫精神。

本书由孙勇民、张新红担任主编，王立晖任常务副主编，3人组成核心编写组负责大纲编写、任务分配、统一稿件、修改完善等一系列工作。具体编写分工如下：学习情境一由王立晖、陈珊、杨爽编写，学习情境二由王志勇、范琳编写，学习情境三由孙勇民、殷海松编写，学习情境四由徐春华、许勤虎编写，学习情境五由郭建慧、曹震伟编写，学习情境六由张新红、韩艳霞编写，学习情境七由高爽编写，学习情境八由魏瑜编写，学习情境九由王伟青、刘润叶编写。在本书初版编写、再版修订过程中得到教育部高等学校高职高专生物技术类专业教学指导委员会、各作者所在院校和华中科技大学出版社的大力支持，并借鉴了相关专家的研究成果，在此表示衷心的感谢。

由于时间较紧，加之编者水平的限制，书中可能尚存不足之处，敬请读者批评指正。

编　者

目录

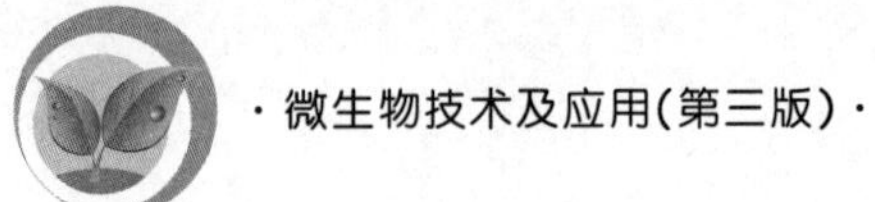

学习情境一

微生物及相关技术的认知

项目一　对微生物的认识

任务一　微生物的概念及类群

一、我们周围的微生物

当你清晨起床后，深深吸一口清新的空气，喝一杯可口的酸奶，品尝着美味的面包或馒头的时候，你就已经开始享受微生物带给你的恩惠；当你因患感冒或其他疾病而躺在医院的病床上，经受病痛的折磨时，那便是有害的微生物侵蚀了你的身体；当白衣护士给你服用（或注射）抗生素类药物，使你很快恢复了健康时，你得感谢微生物给你带来的福音，因为抗生素是微生物的“奉献”。然而，如果高剂量的某种抗生素注入你的体内后，效果甚微或者甚至毫无效果，你可曾想到这也是微生物的恶作剧——病原微生物对药物产生了抗性。这时医生只好尝试用其他药物，这些药物又有待于微生物学家和其他科学家去研究、开发。

可以说，微生物对人类的重要性怎么强调都不过分。微生物是一把十分锋利的“双刃剑”，它们在给人类带来巨大利益的同时也带来“残忍”的破坏，这些利益不仅仅是享受，更涉及人类的生存。本书将介绍微生物在许多重要产品中所起到的不可替代的作用，例如：面包、奶酪、啤酒、抗生素、疫苗、维生素、酶等重要产品的生产。同时，微生物也是人类生存环境中必不可少的成员，有了它们才使得地球上的物质进行循环，否则地球上的所有生命将无法繁衍下去。此外，以基因工程为代表的现代生物技术的发展及其美妙的前景也是微生物对人类作出的又一重大贡献。

然而，这把双刃剑的另一面——微生物的“残忍”性给人类带来的灾难有时甚至是毁灭性的。1347 年，一场由鼠疫杆菌（*Yersinia pestis*）引起的瘟疫几乎摧毁了整个欧洲，有

1/3(约 2500 万)的人死于这场灾难,在此后的 80 年间这种疾病一再肆虐,使欧洲的人口减少了 75%,一些历史学家认为这场灾难甚至改变了欧洲文化。中华人民共和国成立前,我国也曾多次流行鼠疫,死亡率极高。一种新的瘟疫——艾滋病(AIDS)也正在全球蔓延。癌症也威胁着人类的健康和生命。许多已被征服的传染病,如肺结核、疟疾、霍乱等,也有"卷土重来"之势。据 1999 年 8 月世界卫生组织的统计,全世界有 18.6 亿人(相当于全球人口的 32%)患结核病。随着环境的污染日趋严重,一些以前从未见过的新的疾病(如军团病、埃博拉病毒病、霍乱 0139 新菌型、0157 以及疯牛病等)又给人类带来了新的威胁。因此,未来的微生物学家或其他科学家任重道远。正确地使用微生物这把双刃剑,造福于人类是学习和应用微生物学的目的,也是每一个微生物学工作者义不容辞的责任。

二、微生物的概念及其主要类群

1. 微生物的概念

微生物(microorganism,microbe)是对所有形体微小的单细胞,或细胞结构较为简单的多细胞,或没有细胞结构的低等生物的通称。但其中也有少数成员是肉眼可见的。近年来,发现有的细菌是肉眼可见的,如 1993 年正式确定为细菌的 *Epulopiscium fishelsoni* 以及 1998 年报道的 *Thiomargarita namibiensis*。

2. 微生物的主要类群

微生物都是一些个体微小(一般小于 0.1 mm)、构造简单的低等生物,包括属于原核类的细菌(Bacteria),如放线菌(Actinomyces)、蓝细菌(Cyanobacteria)、支原体(Mycoplasma)、立克次氏体(Rickettsia)、衣原体(Chlamydia);属于真核类的真菌,如酵母菌(Yeast)、霉菌(Mold)、蕈菌(Mushroom)和原生动物(Protozoa)等;属于非细胞类的病毒(Virus)和亚病毒。现表解如下:

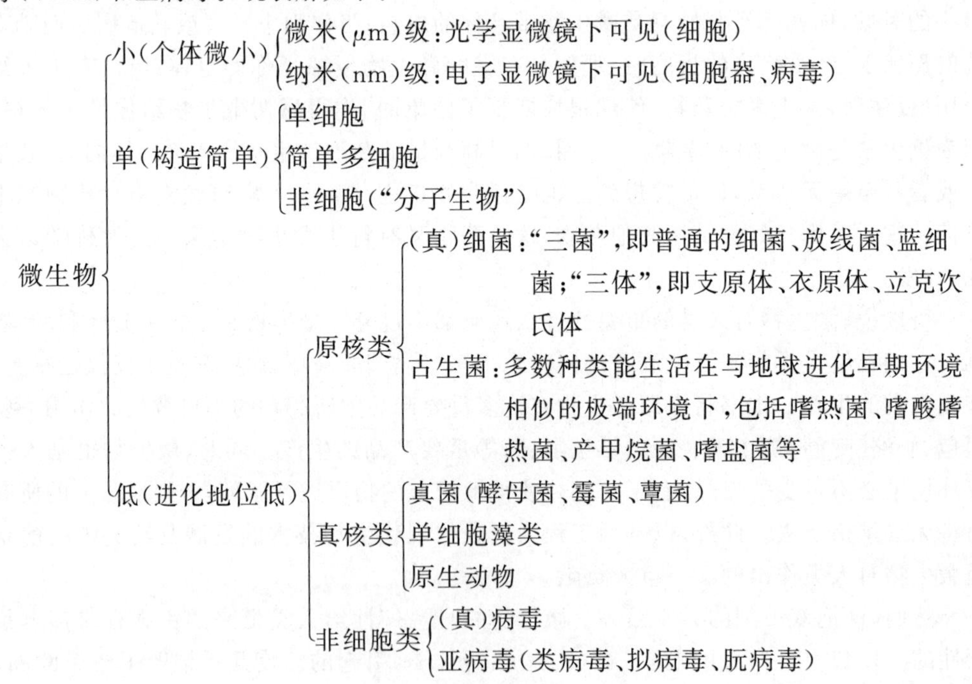

任务二 微生物在生物分类学中的分类

由于微生物种类的多样性，它在生物界中占有重要的地位。1957年，Copeland提出四界分类系统：原核生物界（Prokaryota）（古细菌、蓝细菌等）；原生生物界（Protista）（原生动物、真菌、黏菌和藻类等）；动物界（Animalia）（多细胞动物）；植物界（Plantae）。1969年，Robert Whittaker首先提出五界系统，把自然界中具有细胞结构的生物分为五界（图1-1）。根据我国学者的建议，无细胞结构的病毒应另列一界，这样便构成了生物的六界系统（表1-1）。

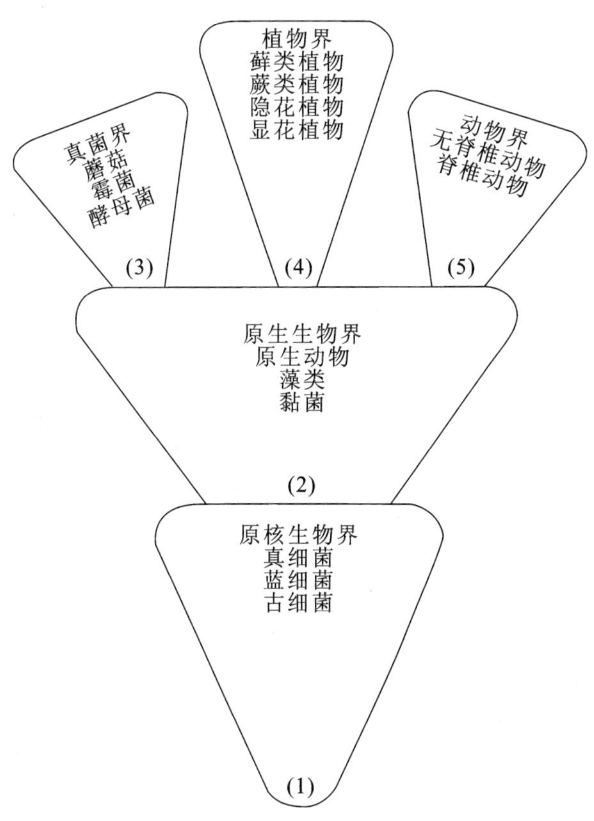

图1-1 Robert Whittaker **提出的五界系统示意图**

通过对不同生物16S或18S rRNA寡核苷酸序列的同源性进行测定，1977年Woese等提出了生命起源的三原界系统，现称为三域学说（three-domain theory）（表1-2）。该学说将整个生物界分为3个域，即古菌域（Archaea）、细菌域（Bacteria）和真核生物域（Eucarya），域位于门和界之上，把传统的界分别放在这三个域中。这个学说已基本被各国学者所接受。

表 1-1　微生物在生物六界系统中的地位

生物界名称	主要结构特征	微生物类群名称
病毒界	无细胞结构,大小为纳米级	病毒、类病毒等
原核生物界	为原核生物,细胞中无核膜与核仁分化,大小为微米级	细菌、蓝细菌、放线菌、支原体、衣原体、立克次氏体、螺旋体等
原生生物界	细胞中具核膜与核仁的分化,为小型真核生物	单细胞藻类、原生动物等
真菌界	单细胞或多细胞,细胞中具核膜与核仁的分化,为小型真核生物	酵母菌、霉菌、蕈菌等
动物界	细胞中具核膜与核仁的分化,为大型能运动真核生物	
植物界	细胞中具核膜与核仁的分化,为大型真核生物	

表 1-2　三域学说中的微生物类群

域名称	主要结构特征	微生物类群名称
古菌域	细胞膜中的脂质由醚键相连,有分支的直链;细胞壁中无胞壁酸;tRNA 中不存在胸腺嘧啶;核糖体的亚基为 30S、50S;蛋白质合成的起始氨基酸为甲硫氨酸;RNA 聚合酶亚基数为 9～12;16S rRNA 的 3′端结合有 AUCACDUCC 片段;对白喉毒素、茴香霉素敏感;对氯霉素不敏感;生态条件独特	产甲烷菌、极端嗜盐菌和嗜热嗜酸菌等
细菌域	细胞膜中的脂质由醚键相连,无分支的直链;细胞壁种类多样,含胞壁酸;tRNA 中一般存在胸腺嘧啶;核糖体的亚基为 30S、50S;蛋白质合成的起始氨基酸为甲酰甲硫氨酸;RNA 聚合酶亚基数为 4;16S rRNA 的 3′端结合有 AUCACDUCC 片段;对白喉毒素、茴香霉素不敏感;对氯霉素敏感	蓝细菌和除古细菌以外的其他原核生物
真核生物域	细胞膜中的脂质由醚键相连,无分支的直链;动物细胞无细胞壁,其他的种类多样;tRNA 中一般有胸腺嘧啶;核糖体的亚基为 40S、60S;蛋白质合成的起始氨基酸为甲硫氨酸;RNA 聚合酶亚基数为 12～15;18S rRNA 的 3′端一般没有结合 AUCACDUCC 片段;对白喉毒素、茴香霉素敏感;对氯霉素不敏感	单细胞藻类、原生动物等

从表 1-1 中可以看出,在六界系统中微生物占有四界,既有原核生物,又有真核生物,还有非细胞结构的生物。从表 1-2 中可以看出,在三域学说中微生物分布于三个域。这显示了微生物分布的广泛性及其在生物界中的重要地位。

项目二　对微生物学及相关研究的认识

任务一　微生物学的研究任务

一、微生物学的概念

概括地说，微生物学(microbiology)是研究微生物及其生命活动规律的学科。

二、微生物学的研究内容和研究任务

微生物学的主要研究内容是微生物的形态结构、营养特点、生理生化、生长繁殖、遗传变异、分类鉴定、生态分布，以及微生物在工业、农业、医疗卫生、环境保护等方面的应用。研究任务是发掘、利用、改善和保护有益微生物，控制、消灭或改造有害微生物。

三、食品微生物学的概念及研究内容

食品微生物学(food microbiology)是专门研究微生物与食品之间的相互关系的一门科学。食品微生物学的研究内容如下。

(1) 研究与食品有关的微生物的活动规律。

(2) 研究如何利用有益微生物为人类制造食品。

(3) 研究如何控制有害微生物，防止食品发生腐败变质。

(4) 研究检测食品中微生物的方法，制订食品中微生物指标，从而为判断食品的卫生质量提供科学依据。

(5) 进行食品开发，如单细胞蛋白(SCP)、功能性食品基料(利用微生物制造新的食品原料、产品)。

四、食品微生物学的研究任务

微生物在自然界广泛存在，食品原料和大多数食品中都存在着微生物。但不同的食品或在不同的条件下，其微生物的种类、数量和作用亦不相同。微生物既可在食品制造中起有益作用，又可通过食品给人类带来危害。食品微生物学研究的任务概括如下。

1. 有益微生物在食品制造中的作用

用微生物制造食品，这并不是新的概念。早在古代，人们就采食野生菌类，利用微生物酿酒、制酱，但当时并不知道这是微生物的作用。随着对微生物与食品关系的认识日益加深，对微生物的种类及其作用机理的理解，也逐步扩大了微生物在食品制造中的应用范围。

概括起来，微生物在食品中的应用有三种方式。

(1) 微生物菌体的应用:食用菌就是受人们欢迎的食品;乳酸菌可用于蔬菜和乳类及其他多种食品的发酵,因此人们在食用酸牛奶和酸泡菜时也食用了大量的乳酸菌;单细胞蛋白是从微生物体中所获得的蛋白质,也是人们对微生物菌体的利用。

(2) 微生物代谢产物的应用:人们食用的食品,如酒类、食醋、氨基酸、有机酸、维生素等,都是经过微生物发酵作用的代谢产物。

(3) 微生物酶的应用:如豆腐乳、酱油。酱类是利用微生物产生的酶将原料中的成分分解而制成的食品。微生物酶制剂在食品及其他工业中的应用日益广泛。

我国幅员辽阔,微生物资源丰富。开发微生物资源,并利用生物工程手段改造微生物菌种,使其更好地发挥有益作用,为人类提供更多更好的食品,是食品微生物学的重要任务之一。

2. 有害微生物对食品的危害及其防止

有害微生物对食品的危害主要是导致食品的腐败变质,从而使食品的营养价值降低或完全丧失。有些微生物是使人类致病的病原菌,有的微生物可产生毒素。如果人们食用了含有大量病原菌或毒素的食物,则可引起食物中毒,影响人体健康,甚至危及生命。所以,食品微生物学工作者应该设法控制或消除微生物对人类的这些有害作用,采用现代的检测手段,对食品中的微生物进行检测,以保证食品安全性,这也是食品微生物学的任务之一。

总之,食品微生物学的任务在于为人类提供既营养丰富、有益于健康,而又保证生命安全的食品。

五、环境微生物学的研究内容和任务

环境微生物学是由普通微生物学发展起来的有关环境科学和环境工程的一门学科。它以普通微生物学为基础,在研究微生物学一般规律的同时,着重微生物和环境之间相互作用的规律、微生物活动对环境和人类产生的有益和有害的影响以及在环境污染控制工程中有关的微生物学原理的研究,是环境科学和环境工程的重要理论基础。

环境微生物学的研究内容和任务可概括如下:微生物在人类生存环境中的活动情况与作用规律;微生物对人类环境产生的有利或有害影响;环境污染防治的微生物学原理、途径、技术与方法。研究自然环境中的微生物及其与环境间的相互关系以及对人类环境有益和有害的影响,此即广义的环境微生物学的研究内容。研究污染环境的微生物行为及微生物对污染物的去除或转化、微生物活动对环境的影响等,此即污染微生态学的研究内容。研究在治理污染的人工构筑系统中微生物的作用与应用,此即环境工程微生物学的主要研究内容。研究在环境监测中的应用,此即环境微生物监测的研究内容。

环境微生物学还涉及自然环境中微生物的多样性研究、自然环境中的微生物生态学研究、污染环境中的微生物生态学研究、废弃物生物处理中微生物学原理和方法的研究。

环境微生物的主要危害是水体污染,富营养化和近海赤潮已经不再是新鲜名词。我国近海每年都有大面积的赤潮发生。水体污染(有毒化学物质危害)的例子时有报道。

环境微生物学对环境可持续发展有重要作用。微生物在物质循环转化中的作用包括:维持物质的生物化学循环,维持生物永不停息的繁衍,保持生态平衡和生态环境的可持续性。微生物在碳素循环、氮素循环、硫循环中都有重要作用。此外,环境净化、环境微生物监测中也要应用环境微生物学的相关知识。

学习环境微生物学的意义在于以下几点:了解并揭示微生物在生态系统中的地位与作用;避免或防止微生物对人类的危害;开发、利用微生物以保护环境造福于人类。

任务二 微生物学的分科依据

随着微生物学的不断发展,已经形成了基础微生物学和应用微生物学,它们又可分为许多不同的分支学科,并且还在不断地形成新的学科和研究领域。其主要的分科见图 1-2。

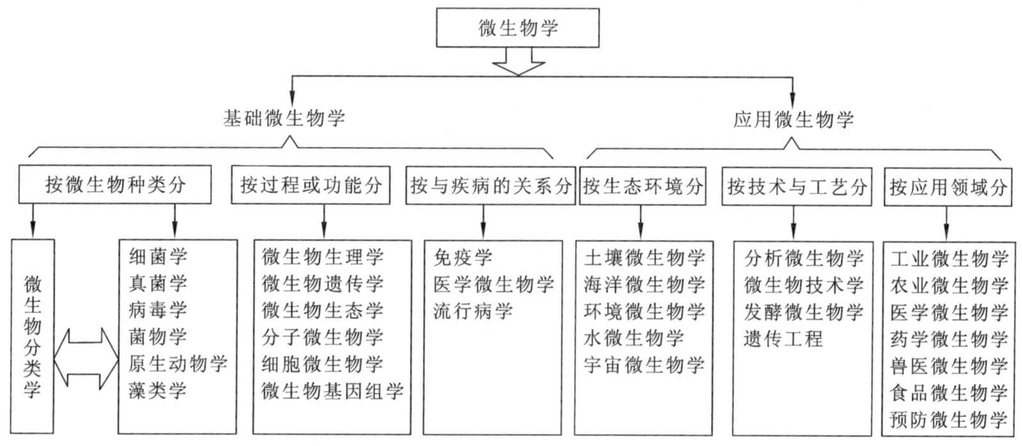

图 1-2 微生物学的主要分支学科

(1) 根据微生物的生命过程或功能不同,形成的分支学科有微生物生理学(microbiol physiology)、微生物遗传学(microbiol genetics)、微生物生态学(microbial ecology)等。

(2) 根据微生物种类不同,形成的分支学科有细菌学(bacteriology)、病毒学(virology)、真菌学(fungi)等。

(3) 根据微生物的应用领域不同,形成的分支学科有工业微生物学(industrial microbiology)、农业微生物学(agricultural microbiology)、医学微生物学(medical microbiology)、药学微生物学(pathological microbiology)、兽医微生物学(veterinary microbiology)、食品微生物学(food microbiology)等。

(4) 根据微生物生态环境不同,形成的分支学科有土壤微生物学(soil microbiology)、海洋微生物学(marine microbiology)等。

由以上可知,微生物学既是应用学科,又是基础学科,而且各分支学科是相互补充、相互促进的,其根本任务是利用和改善有益微生物,控制、消灭和改造有害微生物。

在分子水平上研究微生物生命活动规律的分子微生物学,重点研究微生物与寄主细胞相互关系的新型学科领域——细胞微生物学(cellular microbiology),以及伴随人类基因组计划兴起的微生物基因组学等分支学科和新型领域的兴起,都标志着微生物学的发展又迈上了一个新的台阶。

阅读材料

我国微生物学的发展

我国是具有5000年文明史的古国,也是对微生物的认识和利用最早的国家之一,特别是在制酒、酱油、醋等微生物产品以及用种痘、麦曲等进行防病治疗等方面具有卓越的贡献。但将微生物作为一门学科进行研究,我国起步较晚。中国学者开始从事微生物学研究是在20世纪之初,那时一批到西方留学的中国科学家开始较系统地学习微生物知识,从事微生物学研究。1910—1921年间,伍连德用近代微生物学知识对鼠疫和霍乱病原进行探索和防治,建立起中国最早的卫生防疫机构,培养了第一支预防鼠疫的专业队伍,这项工作在当时居于国际先进地位。20世纪20至30年代,我国学者开始对医学微生物学有了较多的试验研究,其中汤飞凡等在医学细菌学、病毒学和免疫学等方面的某些领域作出过较高水平的贡献,例如沙眼病原体的分离和确认就是具有国际领先水平的开创性工作。20世纪30年代,我国开始在高校设立酿造科目和农产品制造系,以酿造为主要课程,创建了一批与应用微生物学有关的研究机构。魏岩寿等在工业微生物学方面作出了开拓性工作,戴芳澜和俞大绂等是我国真菌学和植物病理学的奠基人,陈华癸和张宪武等对根瘤菌固氮作用的研究开创了我国农业微生物学,高尚荫创建了我国病毒学的基础理论研究和第一个微生物学专业。但总的来说,在中华人民共和国成立之前,我国微生物学的力量较弱且分散,未形成自己的队伍和研究体系,也没有自己的现代微生物工业。

中华人民共和国成立以后,我国的微生物学有了划时代的发展,一批主要进行微生物学研究的单位建立起来了,一些重点大学创设了微生物学专业,培养了一大批微生物学人才,现代化的发酵工业、抗生素工业、生物农药和菌肥工作已经形成一定的规模。特别是改革开放以来,我国微生物学无论在应用和基础理论研究方面都取得了重要的成果,例如我国抗生素的总产量已跃居世界首位,两步法生产维生素C的技术居世界先进水平。近年来,我国学者瞄准世界微生物学科发展前沿,进行微生物基因组学的研究,现已完成痘苗病毒天坛株的全基因组测序,最近又对我国的辛德毕斯毒株(变异株)进行了全基因组测序。1999年又启动了从我国云南省腾冲地区热海沸泉中分离得到的泉生热袍菌全基因组测序,取得可喜进展。我国微生物学进入了一个全面发展的新时期。但从总体来说,我国的微生物学发展水平除个别领域或研究课题达到国际先进水平,为国外同行承认外,绝大多数领域与国外先进水平相比,尚有相当大的差距。因此,为发挥我国传统应用微生物技术的优势,紧跟国际发展前沿,赶超世界先进水平,还需作出艰苦的努力。

项目三　微生物的一般特点和作用

生命的基本特征是通过耐久性、适应性、生长及修复的能力和繁殖而延续下去。新陈代谢，包括外部的和内部的，是一切生命的另一基本特征。控制与调节，是生命的又一基本特征。微生物除具有生物的共性外，也有其特点，正是因为微生物的体型都极其微小，才具有与之密切相关的五个重要共性，即体积小，面积大（最基本）；吸收多，转化快；生长旺盛，繁殖快；适应性强，易变异；分布广，种类多。这五大共性不论在理论上还是在实践上都极其重要，才使得这样微不可见的生物类群引起人们的高度重视。

一、体积小，面积大

微生物的测量单位：微米（μm，10^{-6} m）、纳米（nm，10^{-9} m）。微生物的体积非常小。例如：杆菌，平均长度约为 2 μm，宽度为 0.5 μm，1500 个杆菌头尾衔接起来仅有一粒芝麻长；60～80 个杆菌“肩并肩”排列的总宽度，相当于一根头发的直径。与一粒苋（xiàn）菜子一样重（不到 1 mg）的一团细菌，其中包含的细菌数竟相当于全地球的总人口数（以 1985 年为 48.5 亿计）。

如对人和固定体积的物体进行三维切割，切割的次数越多，其所产生的颗粒数就越多，每个颗粒的体积也就越小。这时，如把所有小颗粒的面积相加，其总数将极其可观，见表 1-3。若把某一物体单位体积所占有的表面积称为比面值，则物体的体积越小，其比面值就越大，现以球体的比面值为例，即

$$比面值=\frac{表面积}{体积}=\frac{4\pi r^2}{\frac{4}{3}\pi r^3}=\frac{3}{r}$$

表 1-3　对 1 cm^3 固体作 10 倍系列三维分割后的比面值变化

边长	立方体数	总表面积	比面值	类似对象
1.0 cm	1	6 cm^2	6	豌豆
1.0 mm	10^3	60 cm^2	60	细小药丸
0.1 mm	10^6	600 cm^2	600	滑石粉粒
0.01 mm	10^9	6000 cm^2	6000	变形虫
1.0 μm	10^{12}	6 m^2	60000	球菌
0.1 μm	10^{15}	60 m^2	600000	大胶粒
0.01 μm	10^{18}	600 m^2	6000000	大分子
1.0 nm	10^{21}	6000 m^2	60000000	分子

由上述公式可以推算出细胞半径（r）为 1 μm 的球菌，其比面值为 3；半径为 2 μm 者，

比面值为 1.5;而半径为 3 μm 者,比面值仅为 1。

微生物是一个如此特别的系统,使它们具有不同于一切大生物的五大共性。因为一个小体积、大面积的系统,必然有巨大的营养物质吸收面、代谢废物的排泄面和环境信息的交换面,并由此而产生其余四大共性。

二、吸收多,转化快

有资料表明,发酵乳糖的大肠杆菌(*Escherichia coli*)在 1 h 内可分解其自重 1000～10000 倍的乳糖;产朊假丝酵母(*Candida utilis*)合成蛋白质的能力比大豆强 100 倍,比公牛强 10 万倍。微生物的这个特性为它们的高速生长繁殖和产生大量代谢产物提供了充分的物质基础,从而使微生物有可能更好地发挥"活的化工厂"的作用。人类对微生物的利用,主要体现在它们的生物化学转化能力。

三、生长旺盛,繁殖快

大肠杆菌在适宜的条件下,每 20 min 即繁殖一代,24 h 可繁殖 72 代,即由一个菌细胞繁殖到 47×10^{22} 个,重约 4722 t,如果将这些新生菌体排列起来,可绕地球一周有余。事实上,由于营养、空间和代谢产物等条件的限制,微生物呈几何级数增加的分裂速度只能维持数小时而已。因而在液体培养中,细菌细胞的浓度一般仅为 10^8～10^9 个/mL。不同的微生物代时和日增殖率有一定差别,具体参见表 1-4。

表 1-4 微生物代时及每日增殖率

微生物名称	代时/min	温度/℃	日增殖率
乳酸菌	38	25	2.7×10^{11}
大肠杆菌	18	37	1.2×10^{24}
根瘤菌	110	25	8.2×10^{3}
枯草芽孢杆菌	31	30	7.2×10^{13}
光合细菌	144	30	1.0×10^{3}
酿酒酵母	120	30	4.1×10^{3}
念珠藻	1380	25	2.1
硅藻	1020	20	2.64
小球藻	420	25	10.6
草履虫	642	26	4.92

由于微生物个体微小,单位体积的表面积(比面值)相对很大,有利于细胞内、外的物质交换,细胞内的代谢反应较快。这也使得微生物能够成为发酵工业的产业大军,在工、农、医等战线上发挥巨大的作用。另外,在物质转化中的微生物也发挥作用,如果没有微生物,自古以来的动、植物尸体不能分解腐烂,早已堆积如山,布满全球。同时,微生物生长旺盛、繁殖快的特性对生物学基本理论的研究也有极大的优越性,它使科学研究周期大

为缩短、空间减少、经费降低、效率提高。当然，若是一些危害人、畜和农作物的病原微生物或会使物品霉腐变质的有害微生物，它们的这一特性就会给人类带来极大的损失或祸害，因此必须认真对待。

四、适应性强，易变异

微生物的适应性非常强，这是高等动、植物所无法比拟的。据统计，一个微球菌的细胞仅能容纳 10 万个蛋白质分子，而一个体积比球菌稍大一些的大肠杆菌细胞却含有 2000～3000 种蛋白质。因此，细胞内那些暂时用不着的蛋白质不能总是储存着。为适应多变的环境条件，微生物在其长期的进化过程中就产生了许多灵活的代谢调控机制，并有很多种类的诱导酶(可占细胞蛋白质含量的 10%)。

微生物对环境条件尤其是恶劣的“极端环境”所具有的惊人适应力，堪称生物界之最。例如：海洋深处的硫细菌可在 250～300 ℃的高温条件下生长；大多数细菌能耐－196～0 ℃(液氮)的低温；一些嗜盐菌能在 32%的饱和盐水中正常生活；产芽孢细菌可在干燥条件下保藏几十年、几百年甚至几千年；氧化硫硫杆菌能在 5%～10%的硫酸中生长；脱氮硫杆菌的生长最高 pH 值为 10.7；在抗辐射方面，大肠杆菌的抗照射量为 10000 rad，酵母菌的抗照射量为30000 rad，原生动物的抗照射量为 100000 rad，耐辐射微球菌的抗照射量为 750000 rad；在抗静水压方面，酵母菌为 5×10^5 Pa，细菌、霉菌为 3×10^6 Pa，植物病毒可抗 5×10^6 Pa。

微生物个体微小，对外界环境很敏感，抗逆性较差，很容易受到各种不良外界环境的影响；另外，微生物的结构简单，缺乏免疫监控系统，很容易变异。

(1) 微生物的遗传不稳定性，是相对高等生物而言的，实际上在自然条件下，微生物的自发突变频率约为 10^{-6}。

(2) 微生物的遗传稳定性差，给微生物菌种保藏工作带来一定不便。

(3) 微生物的遗传稳定性差，其遗传的保守性低，使得微生物菌种培育相对容易得多。通过育种工作，可大幅度地提高菌种的生产性能，其产量的提高幅度是高等动、植物难以实现的。如青霉素产生菌产黄青霉的产量变异：1943 年，每毫升青霉素发酵液中该菌只分泌约 20 单位的青霉素；目前国际上先进国家发酵水平每毫升已超过 5 万单位，甚至接近 10 万单位。又如致病菌对抗生素产生抗药性的变异：1943 年，青霉素对金黄色葡萄球菌的最低制菌浓度为 0.02 μg/mL；1946 年就有 14%的菌株产生了抗药性；1948 年抗药性菌株率提高到 59%；1957 年继续增高到 80%，有些菌株对青霉素的抗药性竟比原始菌株提高了一万倍，即达到 200 μg/mL。

五、分布广，种类多

种类极其繁多——已发现的微生物达 10 万种以上，且新种不断发现。

分布非常广泛——可以说微生物无处不有、无处不在。

有微生物存在的环境可分类如下。

(1) 极端环境：冰川、温泉、火山口等极端环境。

(2) 土壤：土壤是微生物的大本营，1 g 沃土中含菌量高达几亿甚至几十亿。

(3) 空气:空气中也含有大量微生物,越是人员聚集的公共场所,微生物含量越高。

(4) 水:水中以江、河、湖、海中含量高,井水中较少。

(5) 动、植物体表及某些内部器官:如皮肤及消化道等。

微生物的多样性已在全球范围内对人类产生巨大影响。

土壤中微生物的种类繁多,几乎所有的微生物都能从土壤中分离筛选得到。要分离筛选某种微生物,多数情况是从土壤采取样品。

微生物为人类创造了巨大的物质财富,目前所使用的抗生素药物,绝大多数是微生物发酵产生的,以应用微生物为主的发酵工业,为工、农、医等领域提供各种产品。

另外,微生物也给人类带来了巨大的危害,如疫病的传播,且引起疫病传播的新微生物种类仍不断出现。

微生物的种类多主要表现在以下三个方面。

1. 微生物的生理代谢类型多

微生物的生理代谢类型之多,是动、植物所不能及的。分解地球上储量最丰富的初级有机物如天然气、石油、纤维素、木质素的能力,属微生物专有;微生物有着多种产能方式,如细菌光合作用、嗜盐菌紫膜的光合作用、自养细菌的化能合成作用、各种厌氧产能途径;微生物具有生物固氮作用;微生物具有合成各种复杂有机物(次生代谢产物)的能力;微生物具有对复杂有机物分子的生物转化能力;微生物具有分解氰、酚、多氯联苯等有毒物质的能力;微生物具有抵抗热、冷、酸、碱、高渗、高压、高辐射剂量等极端环境的能力;微生物具有独特的繁殖方式——病毒、类病毒、朊病毒的复制增殖,等等。

2. 代谢产物种类多

微生物究竟能产生多少种类的代谢产物,很难全面统计。现在已知仅大肠杆菌一种细菌即产生2000~3000种蛋白质。由于抗生素与人类健康等的关系极其密切,因此,人们对其研究很多,获得的资料亦详细。据报道,至1978年为止已找到过5128种抗生素,其中来自微生物的有4973种,占97%;据1984年的报道,人类找到的抗生素已多达9000种。微生物所产酶的种类也是极其丰富的,仅“工具酶”中的Ⅱ型限制性内切酶,在各种微生物中就已发现了1443种(1990年初)。

3. 微生物的种数多

由于微生物的发现和研究比动、植物迟得多,加上鉴定工作以及划分标准等较为困难,所以着重研究的首先是与人类关系最密切的那些种。目前比较肯定的微生物种数大约为10万种,随着分离、培养方法的改进和研究工作的深入,微生物的新种、新属、新科甚至新目、新纲屡见不鲜。这不但在生理类型独特、进化地位较低的种类中常见,就是最早发现的较大型的微生物——真菌,至今还以每年约1500个新种不断地递增着。以下的一些数字可以帮助大家认识这个问题。

(1) 仅在1981年内,在细菌方面约发表了27个新种、3个新属和1个新科。

(2) 1979—1980年,约发表了50个放线菌新种。

(3) 近年来越来越受到重视的厌氧菌,种数增加很快,至1979年计有245个种或亚种(未包括产甲烷菌和光合细菌)。

(4) 近年来被陆续发现的真菌病毒(1972年)、植物支原体(1967年)、类立克次氏体

(1972 年)和类病毒(1971 年),只经过短短几年,其种数就分别达到了 75 种(1979 年)、64 种(1978 年)、30 多种(1979 年)和 9 种(1979 年)。正如微生物学家伊姆舍涅茨基所说:“目前我们所了解的微生物种类,至多也不超过生活在自然界中的微生物总数的 10%。”可以相信,随着人类的认识和研究工作的深入,总有一天微生物的总数会超过动、植物总数的总和。

从微生物的分布广、种类多这一特点可以看出,微生物的资源是极其丰富的,据估计,目前人类至多仅开发利用了已发现微生物种数的 1%。因此,在生产实践和生物学基本理论问题的研究中,利用微生物的前景是十分广阔的。

以上就是一切微生物所共有的五大共性。五大共性的基础是其体积小、面积大,由这一个共性就可衍生出其他四个共性。五个共性对人类来说是既有利又有弊的,学习微生物学的目的在于兴利除弊、趋利避害。人类利用微生物(还可包括单细胞化的动、植物)的潜力是无穷的。通过本课程的学习,要能在细胞、分子和群体水平上认识微生物的生命活动规律,并设法联系生产实际,为进一步开发、利用或改善有益微生物,控制、消灭或改造有害微生物打好坚实的基础。

阅读材料

微生物的应用

一、微生物资源的开发和利用

生物资源包括植物资源、动物资源和微生物资源。在这三大资源中,植物资源和动物资源开发利用得较彻底,而微生物资源则是一个远远未得到充分开发和利用的资源宝库。在微生物中,那些具有经济价值、有助于改善人类生活质量的微生物称为资源微生物。自然界微生物资源非常丰富,土壤、水、空气、腐败的动物及植物等都是微生物的主要生活和生长繁殖场所。据估计,全世界所描述的微生物种类不到实有数的 2%,而真正被利用的还不到 1%。微生物是最有开发潜力的一类资源,而且微生物繁殖快,属于再生性资源。

微生物学的研究日益重视微生物特有的生命现象,如在自然界的高温、低温、高酸、高碱、高盐、高压或高辐射强度等极端环境下生存的嗜热菌、嗜冷菌、嗜酸菌、嗜碱菌、嗜盐菌、耐高压菌或耐辐射菌的开发和利用,进一步从极端微生物中分离出更多的微生物新菌种,筛选出更多的新的代谢产物。由于这些极端微生物具有的遗传特性以及特殊的结构和生理机能,它们对人类具有巨大的、潜在的应用价值。

由于微生物本身的特点和代谢产物的多样性,利用微生物来生产人类战胜疾病所需的医药用品正受到广泛重视,如艾滋病、疯牛病、埃博拉病毒病、非典型肺炎、禽流感等。治疗这些疾病所需药物的生产在很大程度上需要应用已有的和正在发展的微生物学理论与技术,并依赖于新的微生物医药资源的开发与利用。微生物资源是个无穷无尽的资源宝库,利用和开发微生物资源必将为人类的生存和可持续发展作出巨大贡献。

二、微生物与环境

保护环境、维护生态平衡以提高土壤、水域和大气的环境质量,创造一个适宜人类生存繁衍并能生产安全食品的良好环境,是人类生存所面临的重大任务。随着工农业生产的发展和人们对生活环境质量要求的提高,日益增多的有机废水和人工合成的有毒化合物等所引起的污染问题越来越受到关注。而微生物是这些有机废水及污染物的强有力的分解者和转化者,起着环境"清道夫"的作用。而且,由于微生物本身具有繁衍迅速、代谢基质范围宽、分布广泛等特点,它们在清除环境(土壤、水体)污染物中的作用和优势是其他任何物理及化学方法所不能比拟的。因此,目前世界上正广泛应用微生物来处理有机废水和污染物,进行污染土壤的微生物修复。

三、微生物菌体食品(食用蕈菌)

我国土地辽阔,地理环境复杂,气候多样化,植物种类繁多,被列为世界上12个具有高度生物多样性的国家之一,因此是食用菌良好的繁衍和滋生地,蕴藏着极其丰富的食用蕈菌资源。据估计,中国的菌种约有18万种,其中大型真菌(蕈菌)约2.7万种,其中作为功能蕈菌的约有1.35万种。目前已被发现并报道的食用菌有720多种,其中能进行人工栽培的仅50种,已经形成规模的商业栽培的有15种。由于食用菌所含的营养物质不仅具有动物蛋白食品的高营养价值,而且也具有植物性食品富含维生素的特点,经常食用能滋补健身,增强对疾病的抵抗力。同时,人工栽培的食用菌因不使用或少量使用杀虫剂,不含对人体有害的有机磷等毒物。因此,开发和利用新的食用菌资源及提高野生菌人工扩大栽培技术是实现食用蕈菌产业可持续发展的需要。

四、微生物风味物质

风味和芳香物质对于食品、化妆品等工业是非常重要的。目前大部分的风味化合物是通过化学合成或萃取的方法生产的。但消费者对食品、化妆品及其他日用品中添加化学制品越来越反感和抵制,这就使得人们产生了用生物法生产风味物质的强烈愿望,即生产所谓的天然或生物风味物质。目前,植物是风味物质的主要来源,然而植物中的有效成分含量少,分离较困难,风味物质价格昂贵。因此,利用微生物发酵生产风味物质的方法以及采用合适的前体物质通过生物转化生产风味物质的方法应运而生,且用途广泛。

五、微生物与食源性感染

某些微生物本身可作为病原或者其代谢毒物污染环境或食品,危害着人类健康。实际上,食源性疾病通常是由感染或中毒所致,即通过食品消化进入人体,每个人都面临患食源性疾病的危险。食源性疾病是一种广泛存在且不断增多的公共卫生问题,不管在发展中国家,还是在发达国家都存在。由此而产生的食品安全问题引起了各国政府、厂家和消费者的关注,保证食品安全是我们共同努力的目标。国家卫生和计划生育委员会和国家食品药品监督管理总局(CFDA)主要致力于预防食品腐败,研究食品变质,从而控制食品污染的源头,将将食品制造过程中可能产生的危害因素消灭在生产过程中。同时，在食品生产经营企业大力推行 GMP(good manufacturing practice)和 HACCP(危害分析和关键控制点)食品安全控制系统，从根本上减少病从口入的可能性，减少食源性疾病，最大限度创造更多、更好的健康食品，实现保障消费者健康的目标。

项目四　微生物学的发展简史

人类对动、植物的认识，可以追溯到人类的出现，可是，对数量无比庞大、分布极其广泛并始终包围在人体内外的微生物却长期缺乏认识，其主要原因就是它们的个体过于微小、群体外貌不显、种间杂居混生等。

微生物学的发展历史可分为五个时期。

一、感性认识阶段(史前期，1676 年前)

我国劳动人民很早就认识到微生物的存在和作用，我国也是最早应用微生物的少数国家之一。据考古学推测，我国在 8000 年前已经出现曲蘖酿酒了，4000 多年前我国酿酒已十分普遍(图 1-3)，当时埃及人也已学会了烤制面包和酿制果酒。2500 年前我国人民发明酿酱、醋，知道用曲治疗消化道疾病。公元 6 世纪(北魏时期)，贾思勰的巨著《齐民要术》详细地记载了制曲、酿酒、制酱和酿醋等工艺。我国古代的酿酒作坊见图 1-4。在农业上，虽然还不知道根瘤菌的固氮作用，但已经在利用豆科植物轮作提高土壤肥力。这些事实说明，尽管人们还不知道微生物的存在，但是已经在同微生物打交道了，在应用有益微生物的同时，还对有害微生物进行预防和治疗。如为防止食物变质，采用盐渍、糖渍、干燥、酸化等方法；清朝就开始用人痘预防天花。人痘预防天花是我国对世界医学的一大贡献，这种方法先后传到俄国、日本、朝鲜、土耳其及英国，直到 1798 年英国医生琴纳(Jenner)才提出用牛痘预防天花。

图 1-3　吃剩的米粥数日后变成醇香可口的饮料——人类最早发明的酒

图 1-4　我国古代的酿酒作坊(四川出土的汉代画像)

这个时期的特点是:视而不见;臭而不闻;触而不觉;食而不察;得其益而不感其好;受其害而不知其恶。

二、形态学发展阶段(初创期,1676—1861 年)

史前期虽然人们已经利用微生物,但是并不认识它,直到显微镜的发明。最早的显微镜是由一位荷兰眼镜商在 1600 年前后制造的,它的结构简单,放大倍数不高,只有 10~30 倍,可以观察一些小昆虫,如跳蚤等,因而有人称它为“跳蚤镜”。这种显微镜是用光线照明的,属于光学显微镜。对微生物的形态观察是从安东·列文虎克(Antony Van Leeuwenhoek,1632—1732)发明显微镜开始的,他是真正看见并描述微生物的第一人,他的显微镜在当时被认为是最精巧、最优良的单式显微镜(图 1-5)。他利用能放大 50~300 倍的显微镜,清楚地看见了细菌和原生动物,而且还把观察结果报告给英国皇家学会,其中有详细的描述,并配有准确的插图。1695 年,列文虎克把自己积累的大量结果汇集在《安东·列文虎克所发现的自然界秘密》一书里。他的发现首次揭示了一个崭新的世界——微生物世界,这在微生物学的发展史上具有划时代的意义。

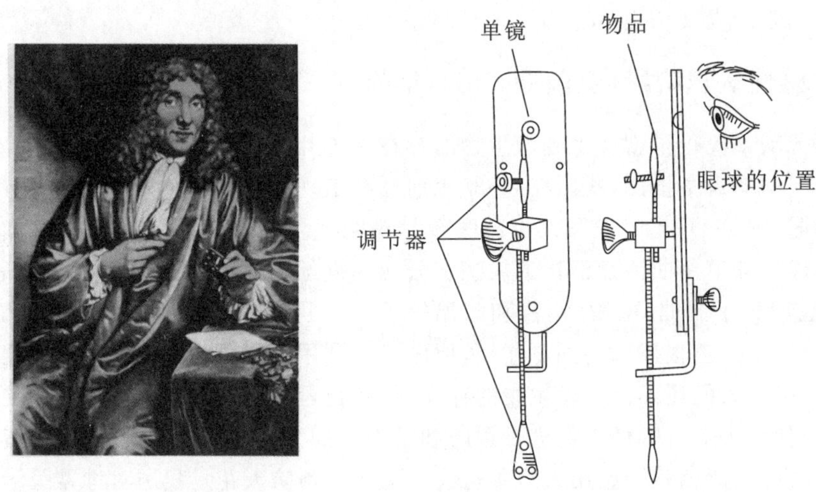

图 1-5 安东·列文虎克(左)和他的显微镜(右)

三、生理学发展阶段(奠基期,1861—1897 年)

在列文虎克揭示微生物世界以后的 200 年间,微生物学的研究基本上停留在形态描述和分门别类阶段。直到 19 世纪中期,以法国的巴斯德(Louis Pasteur,1822—1895)和德国的柯赫(Robert Koch,1843—1910)为代表的科学家才将微生物的研究从形态描述推进到生理学研究阶段,揭露了微生物是造成腐败发酵和人畜疾病的原因,并建立了分离、培养、接种和灭菌等一系列独特的微生物技术,从而奠定了微生物学的基础,同时开辟了医学和工业微生物学等分支学科。巴斯德和柯赫是微生物学的奠基人。

1. 巴斯德

巴斯德(图 1-6)原是化学家,曾在化学上作出过重要的贡献,后来转向微生物学研究领域,为微生物学的建立和发展作出了卓越的贡献,主要集中在下列三个方面。

(1) 彻底否定了“自生说”。

图 1-6 巴斯德

“自生说”是一个古老的学说，认为一切生物是自然发生的。到了 17 世纪，虽然由于研究植物和动物的生长发育和循环，使“自生说”逐渐削弱，但是由于技术问题，如何证实微生物不是自然发生的仍是一个难题，这不仅是“自生说”的一个顽固阵地，同时也是人们正确认识微生物生命活动的一大屏障。巴斯德在前人工作的基础上，进行了许多试验，其中著名的曲颈瓶试验(图 1-7)无可辩驳地证实空气内确实含有微生物，是它们引起有机质的腐败。巴斯德自制了一个具有细长而弯曲的颈的玻璃瓶，其中盛有有机物水浸液，经加热灭菌后，瓶内可一直保持无菌状态，有机物不发生腐败；一旦将瓶颈打断，瓶内浸液中才有了微生物，有机质就会发生腐败。巴斯德的试验彻底否定了“自生说”，并从此建立了病原学说，推动了微生物学的发展。

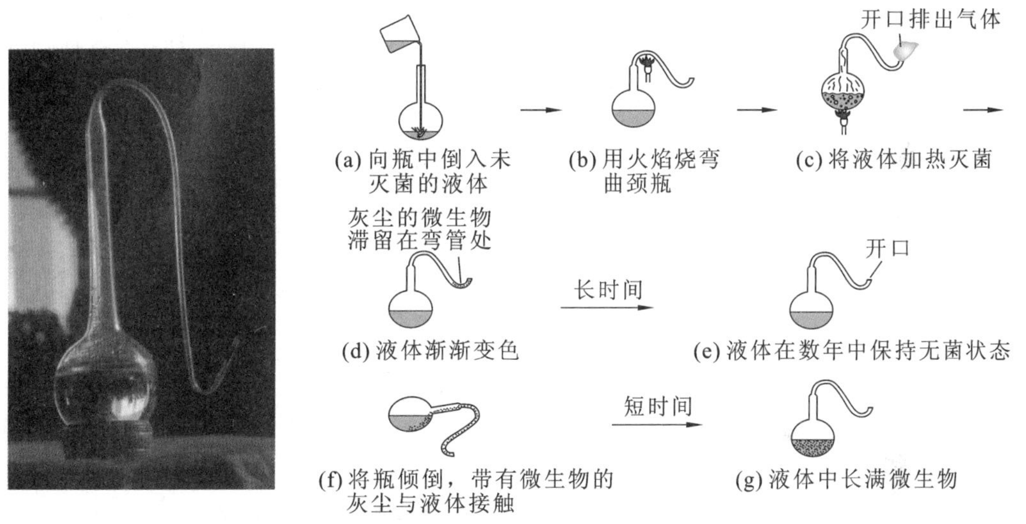

图 1-7 曲颈瓶装置(左)以及曲颈瓶试验(右)

(2) 免疫学——预防接种。

琴纳虽然早在 1798 年发明了可预防天花的种痘法，但不了解这个免疫过程的基本机制，因此，这个发现没能获得继续发展。1877 年，巴斯德研究了鸡霍乱，发现将病原菌减毒可诱发免疫性，以预防鸡霍乱病。其后他又研究了牛、羊炭疽病和狂犬病，并首次制成狂犬疫苗，证实其免疫学说，为人类防病、治病作出了重大贡献。

(3) 证实发酵是由微生物引起的。

究竟发酵是一个由微生物引起的生物过程还是一个纯粹的化学反应过程，曾是化学家和微生物学家激烈争论的问题。巴斯德在否定“自生说”的基础上，认为一切发酵作用都可能与微生物的生长繁殖有关。经过不断的努力，巴斯德终于分离得到了许多引起发酵的微生物，并证实酒精发酵是由酵母菌引起的，同时还研究了氧气对酵母菌的发育和酒精发酵的影响。此外，巴斯德还发现乳酸发酵、醋酸发酵和丁酸发酵都是不同细菌所引起的，为进一步研究微生物的生理生化奠定了基础。

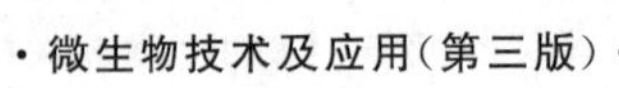

(4) 其他贡献。

一直沿用至今的巴斯德消毒法(60～65 ℃做短时间加热处理,杀死有害微生物)和家蚕软化病问题的解决也是巴斯德的重要贡献,它不仅在实践上解决了当时法国酒变质和家蚕软化病的实际问题,而且也推动了微生物病原学说的发展,并深刻影响医学的发展。

2. 柯赫

柯赫是著名的细菌学家,他曾经是一名医生,对病原菌的研究作出了突出的贡献(图 1-8)。

图 1-8　柯赫

(1) 具体证实了炭疽病菌是炭疽病的病原菌。

(2) 发现了肺结核病的病原菌,肺结核病是当时死亡率极高的传染性疾病,因此柯赫获得了诺贝尔奖。

(3) 提出了证明某种微生物是否为某种疾病病原体的基本原则——柯赫原则(图 1-9)。由于柯赫在病原菌研究方面的开创性工作,19 世纪 70 年代至 20 世纪 20 年代成为发现病原菌的黄金时代,所发现的各种病原微生物不下百余种,其中还包括植物病原菌。

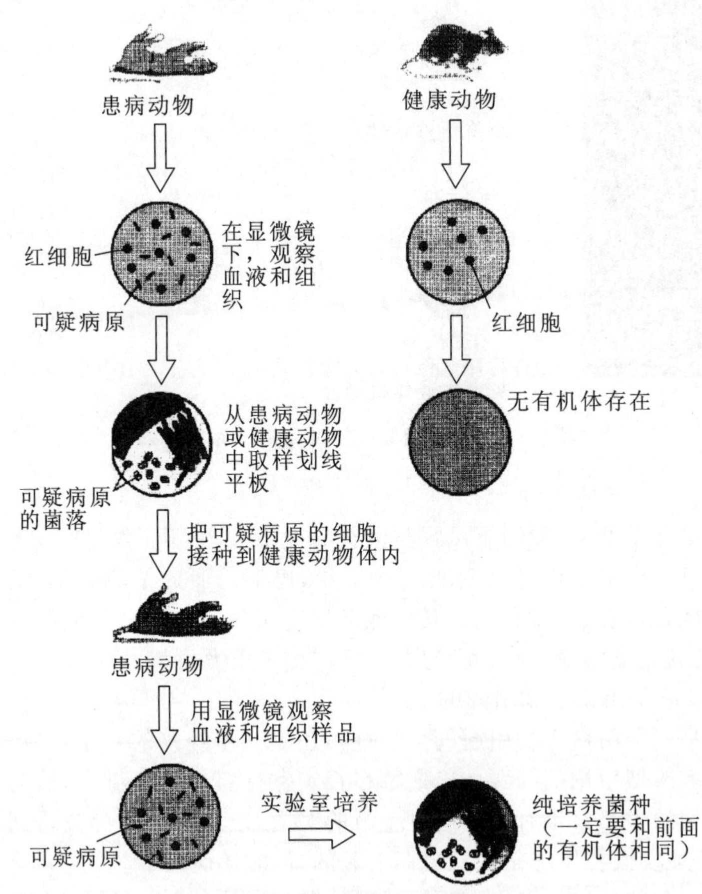

图 1-9　柯赫原则

柯赫法则如下。

(1) 病原微生物存在于患病动物中,而健康动物中没有。

(2) 该微生物可在动物体外纯培养生长。

(3) 当培养物接种易感动物时产生特定的疾病症状。

(4) 该病原微生物可从患病的试验动物中重新分离得到,且在实验室能够再次培养,最终具有与原始菌株相同的性状。

柯赫除了在病原菌方面的伟大成就外,在微生物基本操作技术方面的贡献更是为微生物学的发展奠定了技术基础,这些技术如下。

(1) 用固体培养基分离纯化微生物的技术,这是进行微生物学研究的基本前提,这项技术一直沿用至今。

(2) 配制培养基,也是当今微生物学研究的基本技术之一。

这两项技术不仅是具有微生物研究特色的重要技术,而且也为当今动、植物细胞的培养作出了十分重要的贡献。

巴斯德和柯赫的杰出工作,使微生物学作为一门独立的学科开始形成,并出现以他们为代表而建立的各分支学科,例如细菌学(巴斯德、柯赫等)、消毒外科技术(J.Lister)、免疫学(巴斯德、Metchnikoff、Behring、Ehrlich 等)、土壤微生物学(Beijerinck、Winogradsky 等)、病毒学(Ivanowsky、Beijerinck 等)、植物病理学和真菌学(Bary、Berkeley 等)、酿造学(Hensen、Jorgensen 等)以及化学治疗法(Ehrlish 等)。微生物学的研究内容日趋丰富,使微生物学发展更加迅速。

四、生化学发展阶段(发展期,1897—1953 年)

此阶段以 1897 年德国人 E.Büchner 用无细胞的酵母菌裂解液中的混合酶对葡萄糖进行酒精发酵为起点。

Martinus Beijerinck(1851—1931)对微生物领域的最大贡献是提出了富集培养的概念。Beijerinck 用富集培养技术从土壤和水中分离得到许多纯种微生物,包括好气的固氮菌、硫化细菌、固氮根瘤菌、乳酸菌、绿藻和许多其他微生物。在研究烟草花叶病时,Beijerinck 指出感染物(一种病毒)不是细菌,而是寄生在植物细胞中生存的一类微生物;实际上,Beijerinck 描绘了病毒学的基本理论。Sergei Winogradsky(1856—1935)成功地分离了硝化细菌、硫化细菌等和氮、硫化合物循环有关的微生物,提出硝化过程是细菌作用的结果,提出无机化能自养和自养生物的概念;他还分离得到第一株厌氧固氮菌——巴氏固氮梭状芽孢杆菌,提出了细菌固氮作用的概念。

这个时期的特点:进入了微生物生化水平的研究;应用微生物的分支学科扩大,出现了抗生素等新学科;开始出现微生物学史上的第二个“淘金热”——寻找各种有益微生物代谢产物的热潮;研究微生物基本生物学规律的综合学科——普通微生物学开始形成;各相关学科和技术方法相互渗透,相互促进,加速了微生物学的发展。

五、分子生物学发展阶段(成熟期,1953 年至今)

从 1953 年 4 月 25 日 J.Watson 和 F.Crick 在英国的《自然》杂志上发表关于 DNA 的

双螺旋结构模型起,整个生命科学就进入了分子生物学研究的新阶段,这同样也是微生物学发展史上成熟期到来的标志。

(1) 微生物学从以应用为主的学科,迅速成长为一门十分热门的前沿基础学科。

(2) 在基础理论的研究方面,微生物迅速成为分子生物学研究中最主要的对象。

(3) 在应用研究方面,向着更自觉、更有效和可人为控制的方向发展,至 20 世纪 70 年代初,有关发酵工程的研究已与遗传工程、细胞工程和酶工程等紧密结合,微生物已成为新兴的生物工程中的主角。

阅读材料

21 世纪微生物学展望

20 世纪的微生物学走过了辉煌的历程,面对新的 21 世纪展望它的未来,将是一幅更加绚丽多彩的立体画卷,在这画卷上也可能出现目前预想不到的闪光点。因此,我们在这里只能勾勒一下 21 世纪微生物学发展的趋势。

一、微生物基因组学研究将全面展开

基因组学是 1986 年由 Thomas Roderick 首创,至今已发展为一个专门的学科领域,包括全基因组的序列分析、功能分析和比较分析,是结构、功能和进化基因组学交织的学科。

如果说 20 世纪刚刚兴起的微生物基因组研究是给“长跑”中的“人类基因组计划”助一臂之力的话,那么 21 世纪微生物基因组学将继续作为人类基因组计划的主要模式生物,在后基因组研究(认识基因与基因组功能)中发挥不可取代的作用外,还会进一步扩大到其他微生物,特别是与工农业及与环境、资源有关的重要微生物。目前,已经完成基因组测序的微生物主要是模式微生物、特殊微生物及医用微生物。而随着基因组作图测序方法的不断进步与完善,基因组研究将成为一种常规的研究方法,从本质上认识微生物自身以及利用和改造微生物,产生质的飞跃,并将带动分子微生物学等基础研究学科的发展。

二、在基因组信息的基础上获得长足发展

以了解微生物之间、微生物与其他生物、微生物与环境的相互作用为研究内容的微生物生态学、环境微生物学、细胞微生物学等,将在基因组信息的基础上获得长足发展,为人类的生存和健康发挥积极的作用。

三、微生物生命现象的特性和共性将更加受到重视

微生物生命现象的特性和共性可概括为以下几个方面。

1. 微生物具有其他生物不具备的生物学特性

例如,微生物可在其他生物无法生存的极端环境下生存和繁殖,具有其他生物不具备的代谢途径和功能,如化能自养、厌氧生活、生物固氮和不释放氧的光合作用等,反映了微生物的多样性。

2. 微生物具有其他生物共有的基本生物学特性

微生物生长、繁殖、代谢、共用一套遗传密码等,甚至其基因组上含有与高等生物同源的基因,充分反映了生物高度的统一性。

3. 微生物具有易操作性

微生物具有个体小、结构简单、生长周期短、易大量培养、易变异、重复性强等优势，十分易于操作。

微生物具备生命现象的特性和共性，将是21世纪进一步解决生物学重大理论问题（如生命起源与进化、物质运动的基本规律等）和实际应用问题（如新的微生物资源的开发利用，能源、粮食等）的最理想的材料。

四、与其他学科实现更广泛的交叉，获得新的发展

20世纪微生物学、生物化学和遗传学的交叉形成了分子生物学；而迈向21世纪的微生物基因组学则是数、理、化、信息等多种学科交叉的结果；随着各学科的迅速发展和人类社会的实际需要，各学科之间的交叉和渗透将是必然的发展趋势。21世纪的微生物学将进一步向地质、海洋、大气、太空渗透，使更多的边缘学科得到发展，如：微生物地球化学、海洋微生物学、大气微生物学、太空（或宇宙）微生物学以及极端环境微生物学等。微生物与能源、信息、材料、计算机的结合也将开辟新的研究和应用领域。此外，微生物学的研究技术和方法也将会在吸收其他学科的先进技术的基础上，向自动化、定向化和定量化发展。

五、微生物产业将呈现全新的局面

微生物从发现到现在的短短的300年间，特别是20世纪中期以后，已在人类的生活和生产实践中得到广泛的应用，并形成了继动、植物两大生物产业后的第三大产业。这是以微生物的代谢产物和菌体本身为生产对象的生物产业，所用的微生物主要是从自然界筛选或选育的自然菌种。21世纪，微生物产业除了更广泛地利用和挖掘不同生境（包括极端环境）的自然资源微生物外，基因工程菌将形成一批强大的工业生产菌，生产外源基因表达的产物，特别是药物的生产将出现前所未有的新局面，结合基因组学在药物设计上的新策略，将出现以核酸（DNA或RNA）为靶标的新药物（如反义寡核苷酸、肽核酸、DNA疫苗等）的大量生产，人类将完全征服癌症、艾滋病以及其他疾病。

此外，微生物工业将生产各种各样的新产品，例如，降解性塑料、DNA芯片、生物能源等，在21世纪将出现一批崭新的微生物工业，为全世界的经济和社会发展作出更大贡献。

技能训练1-1 微生物实训技术的基本要求

对于进入实训室的学生和工作人员，除了需要了解、掌握有关用电、化学危险品以及气瓶使用的安全知识外，在日常工作中还要遵守一些常规的、涉及安全问题的常识和规则。

一、实训室一般安全守则

（1）实训室要经常保持整齐、清洁。仪器、试剂、工具存放有序，实训台面干净、使用的仪器摆放合理。混乱、无序往往是引发事故的重要原因之一。

(2) 严格按照技术规程和有关分析程序进行工作。对每天的工作安排要做到心中有数。安排合理,使工作能紧张有序地进行。

(3) 进行有潜在危险的工作时,如危险物料的现场取样、易燃易爆物品的处理、焚烧废料等,必须有第二者陪伴。陪伴者应位于能看清操作者工作情况的地方,并注意观察操作的全过程。

(4) 打开久置未用的浓硝酸、浓盐酸、浓氨水的瓶塞时,应着防护用品,瓶口不要对着人,宜在通风橱中进行。热天打开易挥发溶剂的瓶塞时,应先用冷水冷却。瓶塞如难以打开,尤其是磨口塞,不可猛力敲击。

(5) 稀释浓硫酸时,稀释用容器(如烧杯、锥形瓶等,绝不可直接用细口瓶)置于塑料盆中,将浓硫酸慢慢分批加入水中,并不时搅拌,待冷至近室温时再转入细口瓶。绝不可将水倒入酸中。

(6) 蒸馏或加热易燃液体时,绝不可使用明火,一般也不要蒸干。操作过程中人不要离开,以防温度过高或冷却水临时中断引发事故。

(7) 实训室的每瓶试剂、试剂溶液,必须贴有名实一致的标签。绝不允许在瓶内盛装与标签内容不相符的试剂。

(8) 工作时要穿工作服。进行危险性操作时要加着防护用具。实训工作服不宜穿出室外。

(9) 实训室内禁止抽烟、进食。

(10) 实训完后要认真洗手,离开实训室时要认真检查,停水、断电、熄灯、锁门。

二、实训室安全必备用品

(1) 必须配置适用的灭火器材,就近放在便于取用的地方并定期检查;如失效要及时更换。

(2) 根据各室工作内容,配置相应的防护用具和急救药品,如防护眼镜、橡胶手套、防毒口罩,红药水、紫药水、碘酒、创可贴、稀小苏打溶液、硼酸溶液、消毒纱布、药棉、医用镊子、剪刀等。

三、化学试剂管理办法

实训室的化学药品及试剂溶液品种很多,化学药品大多具有一定的毒性及危险性,对其加强管理不仅是保证分析数据质量的需要,也是确保安全的需要。

实训室只宜存放少量短期内需用的药品。化学药品要按无机物、有机物、生物培养剂分类存放,无机物按酸、碱、盐分类存放,盐类中按金属活泼性顺序分类存放,生物培养剂按培养菌群不同分类存放,其中属于危险化学药品的剧毒品应锁在专门的毒品柜中,由专门人员加锁保管,实行领用经申请、审批、双人登记签字的制度。

1. 属于危险品的化学药品

(1) 易爆和不稳定物质。如浓过氧化氢、有机过氧化物等。

(2) 氧化性物质。如氧化性酸,过氧化氢也属此类。

(3) 可燃性物质。除易燃的气体、液体、固体外，还包括在潮气中会产生可燃物的物质。如碱金属的氢化物、碳化钙及接触空气自燃的物质如白磷等。

(4) 有毒物质。

(5) 腐蚀性物质。如酸、碱等。

(6) 放射性物质。

2. 实训室试剂存放、使用要求

(1) 易燃易爆试剂应储于铁柜(壁厚 1 mm 以上)中，柜子的顶部都有通风口。严禁在实训室存放 20 L 以上的瓶装易燃液体。易燃易爆药品不要放在冰箱内(防爆冰箱除外)。

(2) 相互混合或接触后可以产生激烈反应、燃烧、爆炸、放出有毒气体的两种或两种以上的化合物称为不相容化合物，不能混放。这种化合物多为强氧化性物质与还原性物质。

(3) 腐蚀性试剂宜放在塑料或搪瓷的盘或桶中，以防因瓶子破裂造成事故。

(4) 要注意化学药品的存放期限，一些试剂在存放过程中会逐渐变质，甚至形成危害。

(5) 药品柜和试剂溶液均应避免阳光直晒及靠近暖气等热源。避光的试剂应装于棕色瓶中，或者用黑纸或黑布包好存于暗柜中。

(6) 发现试剂瓶上标签掉落或将要模糊时应立即贴好标签。无标签或标签无法辨认的试剂都要当成危险物品重新鉴别后小心处理，不可随便乱扔，以免引起严重后果。

(7) 化学试剂定位放置，用后复位，节约使用，多余的化学试剂不准倒回原瓶。

四、剧毒品的保管、发放、使用、处理管理制度

(1) 剧毒品仓库和保存箱必须由两人同时管理。上双锁，两人同时到场才能开锁。

(2) 剧毒品保管人员必须熟悉剧毒品的有关物理化学性质，以便做好仓库温度控制与通风调解。

(3) 严格执行化学试剂在库检查制度，对库存试剂必须进行定期检查，发现有变质或有异常现象要进行原因分析，提出、改进储存条件和保护措施，并及时通知有关部门处理。

(4) 对剧毒品发放本着先入先出的原则，发放时要准确登记(试剂的计量、发放时间和经手人)。

(5) 凡是领用单位必须是双人领取、双人送还，否则剧毒品仓库保管员有权不予发放。

(6) 领用剧毒试剂时必须提前申请上报，做到用多少领多少，并一次配制成使用试剂。

(7) 使用剧毒试剂时一定要严格遵守分析操作规程。

(8) 使用剧毒试剂的人员必须穿好工作服，戴好防护眼镜、手套等劳动保护用具。

(9) 对使用后产生的废液不准随便倒入水池内，应倒入指定的废液桶或瓶内。废液必须当天处理，不得存放。

(10) 产生的废液要在指定的安全地方用化学方法处理，要建立废液处理记录。记录内容包括废液量、处理方法、处理时间、地点、处理人。

技能训练 1-2 环境和人体表面微生物检查

实训目的

(1) 证明实训室环境与人体表面存在微生物。

(2) 比较来自不同场所与不同环境条件下微生物的数量和类型。

(3) 体会无菌操作的重要性。

实训原理

平板培养基含有微生物生长所需要的营养成分,当取自不同来源的样品接种于培养基上,在 28～37 ℃下培养,2～4 d 内每一菌体即能通过很多次细胞分裂而进行繁殖,形成一个可见的细胞群体的集落,称为菌落。每一种微生物所形成的菌落都有它自己的特点,例如菌落的大小,表面干燥或湿润,隆起或扁平,粗糙或光滑,边缘整齐或不整齐,菌落透明或半透明或不透明,颜色以及质地疏松或紧密等。因此,可通过平板培养基来检查环境中微生物的数量和类型。

实训器材

培养基平板,无菌水,灭菌棉签(装在试管内),接种环,试管架,酒精灯,酒精瓶,记号笔,废物缸,牙签等。

实训方法与步骤

每组在“实训室微生物检查”和“人体微生物检查”两大部分中各选择一个内容做实训,或由教师指定分配,最后结果供全班讨论。

1. 做记号

任何一个实训,在动手操作前均需首先将器皿用记号笔做上记号,培养皿的记号一般在皿底上。如果写在皿盖上,同时观察两个以上培养皿的结果,打开皿盖时,容易混淆。用记号笔写上班级、姓名、日期,本次实训还要写上样品来源,字尽量小些,写在皿底的一边,不要写在当中,以免影响观察结果。

2. 实训室微生物检查

(1) 空气。

将一个肉膏蛋白胨琼脂平板放在做实训的实训室,移去皿盖,使琼脂培养基表面暴露在空气中;将另一肉膏蛋白胨琼脂平板放在无菌室或无人走动的其他实训室,移去皿盖。1 h 后盖上两个皿盖。

(2) 实训台和门的旋钮。

① 用记号笔在皿底外面中央画一直线,再在此线中间外画一垂直线。

② 取棉签 左手拿含有棉签的试管,在火焰旁用右手的手掌边缘和小指、无名指夹持棉塞(或试管帽),将其取出,将管口很快地通过酒精灯的火焰,烧灼管口;轻轻地倾斜试管,

用右手的拇指和食指将棉签小心地取出放回棉塞(或试管帽),并将空试管放在试管架上。

③ 弄湿棉签　左手取灭菌水试管,如上法拔出棉塞并灼烧管口,将棉签插入水中,再提出水面,在管壁上挤压一下以除去过多的水分,小心将棉签取出,灼烧管口,放回棉塞(或试管帽),并将灭菌水试管放在试管架上。

④ 取样　将湿棉签在实训台面或门旋钮上擦拭约 2 cm^2 的范围。

⑤ 接种　在火焰旁用左手拇指和食指或中指使培养皿开启成一缝,再将棉签伸入,在琼脂表面顶端接种(滚动一下),立即闭合皿盖。将棉签放入废物缸。

⑥ 划线　另取接种环在火焰上灭菌,先将环端烧热,然后将接种环提起垂直放在火焰上,以使火焰接触金属丝的范围广一些,待接种环烧红,再将接种环斜放,沿环向上,烧至可能碰到培养皿的部分,再移向环端,如此很快地来回通过火焰数次。

左手拿起琼脂平板,同样开启一缝,将灭过菌并冷却了的接种环,通过琼脂顶端的接种区,向下划线,直至平板的一半处。注意:接种环与琼脂表面的角度要小,移动的压力不能太大,否则会刺破琼脂。

闭合皿盖,左手将琼脂平板向左转动至空白处,右手拿着接种环再在火焰上烧灼,冷却。接种环通过前面划的线条,再在琼脂的另一半,从上向下来回划线到 1/2 处。

灼烧接种环,转动琼脂平板,划最后 1/4,立刻盖上皿盖,灼烧接种环,放回原处。

整个划线操作均要求无菌,即要靠近火焰,而且动作要快。

3. 人体微生物检查

(1) 手指(洗手前与洗手后)。

① 分别在两个琼脂平板上标明“洗手前”与“洗手后”,以及姓名、日期。

② 移去皿盖,将未洗过的手指在琼脂平板的表面轻轻地来回划线,盖上皿盖。

③ 用肥皂和刷子用力刷手,在流水中冲洗干净,干燥后,在另一琼脂平板表面来回移动,盖上皿盖。

(2) 头发。

在揭开皿盖的琼脂平板的上方,用手将头发用力摇动数次,使细菌降落到琼脂平板表面,然后盖上皿盖。

(3) 咳嗽。

将去盖的琼脂平板放在离口 6～8 cm 处,对着琼脂表面用力咳嗽,然后盖上皿盖。

(4) 牙垢。

用灭菌牙签取牙垢接种在琼脂平板表面,然后盖上皿盖。

(5) 皮肤。

参照“头发”的步骤操作。

4. 培养

将所有的琼脂平板翻转,使皿底在上,放 37 ℃培养箱中,培养 1～2 d。

5. 结果记录方法

(1) 菌落计数:在划线的平板上,如果菌落很多而重叠,则数平板最后 1/4 面积内的菌落数。不是划线的平板,也一分为四,数 1/4 面积的菌落数。

(2) 根据菌落的大小、形状、高度、干湿等特征观察不同的菌落类型。但要注意,如果细菌数量太多,会使很多菌落生长在一起,或者限制了菌落生长而变得很小,因而外观不典型,故观察菌落的特点时,要选择分离得很开的单个菌落。

菌落特征描述方法如下。

① 大小:大、中、小、针尖状。可先将整个平板上的菌落粗略观察一下,再决定大、中、小的标准,或由教师指出一个大小范围。

② 颜色:黄色、金黄色、灰色、乳白色、红色、粉红色等。

③ 干湿情况:干燥、湿润、黏稠。

④ 形态:圆形、不规则等。

⑤ 高度:扁平、隆起、凹下。

⑥ 透明度:透明、半透明、不透明。

⑦ 边缘:整齐、不整齐。

实训报告

(1) 将实训结果记录在表 1-5 中。

表 1-5　实训结果记录表

样品来源	菌落数(近似值)	菌落类型	特征描述						
			大小	形态	干湿	高度	透明度	颜色	边缘
1		1							
		2							
		3							
		4							
		5							
2		1							
		2							
		3							
		4							
		5							

(2) 与其他同学所做的实训结果进行比较,并将结果记录于表 1-6 中。

表 1-6　实训结果对比表

样品来源	菌落数(1/4 平板)	菌落类型数(近似值)

1. 什么是微生物？什么是微生物学？在生物的六界分类系统中，微生物被归于哪几界？

2. 举例说明微生物的生物学特点和作用。

3. 什么是食品微生物学？它与微生物学有何异同？

4. 你认为在微生物学发展中最重要的发现是什么？为什么？

5. 你认为食品微生物学研究的重点任务包括哪些方面？并阐明你的理由。

6. 简述微生物学的形成和发展及各个时期的主要代表人物及其科学贡献。

7. 请举例说明微生物在食品工业、医学、环保等领域中的应用。

8. 人多的实训室与无菌室（或无人走动的实训室）相比，平板上的菌落数与菌落类型有什么区别？造成这种区别的原因是什么？

9. 洗手前后的手指培养基平板，菌落数有无区别？

10. 试验中，在防止培养物的污染与防止微生物的扩散方面，你学到些什么？

学习情境二

微生物形态结构及观察技术

项目一　原核微生物的形态结构及观察技术

任务一　细菌的形态结构及观察技术

扫码看PPT

细菌是一类个体微小、形态结构简单的单细胞原核微生物。在自然界中，细菌分布最广、数量最多。细菌几乎可以在地球上的各种环境下生存，一般每克土壤中含有的细菌数可达数十万个到数千万个。因为细菌的营养和代谢类型极为多样，所以它们在自然界的物质循环中，在食品及发酵工业、医药工业、农业以及环境保护中都发挥着极为重要的作用。例如：用醋酸杆菌酿造食醋、生产葡萄糖酸和山梨糖；用乳酸菌发酵生产酸奶；用棒状杆菌和短杆菌等发酵生产味精和赖氨酸；用节杆菌生产甾类化合物；用大肠杆菌生产胰岛素；用苏云金杆菌作为生物杀虫剂；用能够形成菌胶团的细菌净化污水；用细菌来冶炼金属等。另一方面，不少细菌也是人类和动、植物的病原菌，有的致病菌产生毒素引起人类患病，如肉毒梭菌在灭菌不彻底的罐头中厌氧生长，产生剧毒的肉毒毒素（1 g 足以杀死 100 万人）。有的细菌如肺炎链球菌虽不产生任何毒素，但能在肺组织中大量繁殖，导致肺功能障碍，严重时引起寄主死亡。

细菌是原核微生物的一大类群，在自然界分布广，种类多，与人类生产和生活的关系也十分密切，是微生物学的主要研究对象。

一、细菌的个体形态与排列方式

细菌是单细胞原核生物，即细菌的个体是由一个原核细胞组成，一个细胞就是一个生活个体。细菌种类繁多，但其基本形态主要分为球状、杆状和螺旋状，相应的菌种分别称为球菌、杆菌和螺旋菌（图 2-1）。

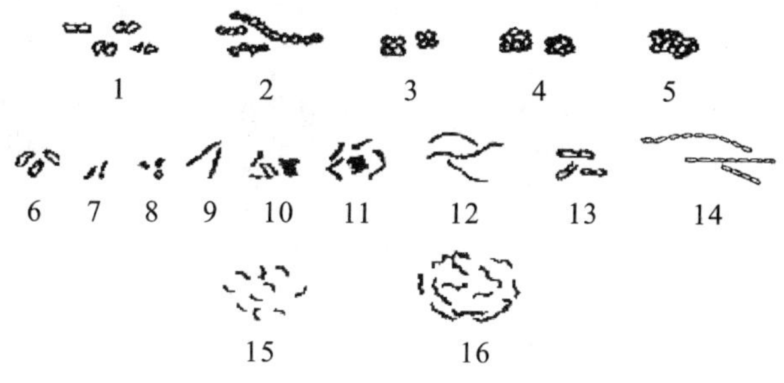

图 2-1 各种细菌形态和排列

1—双球菌；2—链球菌；3—四联球菌；4—八叠球菌；5—葡萄球菌；6—杆菌(端钝圆)；7—杆菌(菌体稍弯)；8—短杆菌；9—杆菌(端尖)；10—分枝杆菌；11—棒状杆菌；12—长丝状杆菌；13—双杆菌；14—链杆菌(端钝圆和平截)；15—弧菌；16—螺菌

1. 球菌

细胞呈球形或近似球形，有的单独存在，有的连在一起。球菌分裂之后产生的新细胞常保持一定的排列方式，这种排列方式在分类学上很重要(图 2-2)。

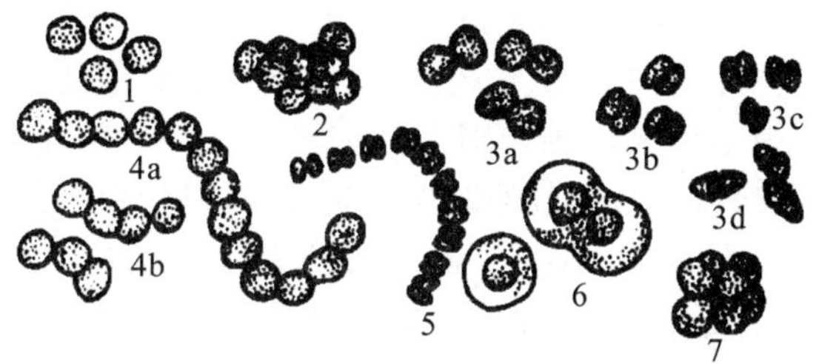

图 2-2 球菌的各种形态

(1) 单球菌：分裂后的细胞分散而单独存在的为单球菌。如尿素微球菌(*Micrococcus ureae*)。

(2) 双球菌：分裂后两个球菌成对排列。如肺炎双球菌(*Diplococcus pneumoniae*)。

(3) 链球菌：分裂是沿一个平面进行，分裂后细胞排列呈链状。如乳链球菌(*Streptococcus lactis*)。

(4) 四联球菌：沿两个相垂直的平面分裂，分裂后每四个细胞在一起呈田字形。如四联微球菌(*Micrococcus tetragenus*)。

(5) 八叠球菌：按三个互相垂直的平面进行分裂后，每 8 个球菌在一起呈立方体。如尿素八叠球菌(*Sarcina ureae*)。

(6) 葡萄球菌：分裂面不规则，多个球菌聚在一起，像一串串葡萄。如金黄色葡萄球菌(*Staphylococcus aureus*，图 2-1 中的 5)。

2. 杆菌

细胞呈杆状或圆柱状。各种杆菌的长短、大小、粗细、弯曲程度差异较大，有长杆菌和短杆菌。有的杆菌的两端或一端呈平截状，如炭疽杆菌；有的呈圆弧状，如大肠杆菌；有的呈分枝状或膨大呈棒槌状，如棒状杆菌。

杆菌在培养条件下，有的呈单个存在，如大肠杆菌；有的呈链状排列，如枯草芽孢杆

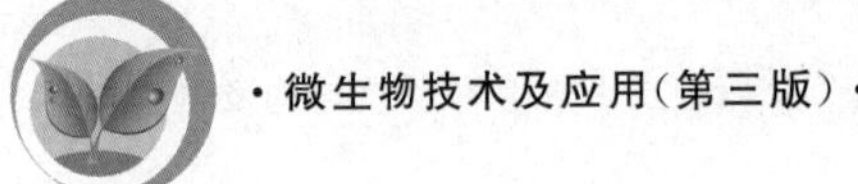

菌;有的呈栅状排列或 V 形排列,如棒状杆菌。如图 2-3 所示。

图 2-3 杆菌的各种形态

3. 螺旋菌

菌体呈弯曲状的杆菌。根据其弯曲程度不同可分成弧菌(*Vibrio*)与螺菌(*Spirillum*)两种类型(图 2-4)。

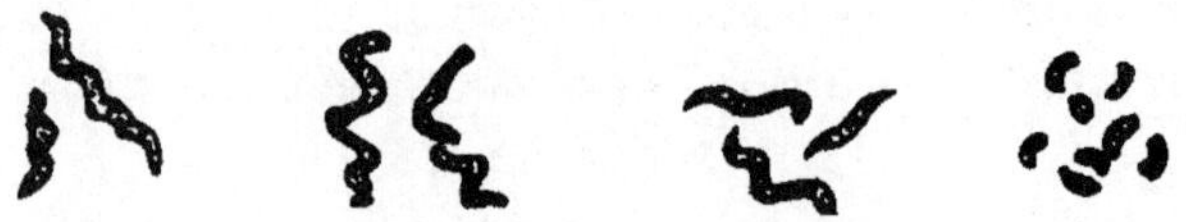

图 2-4 螺旋菌的各种形态

(1) 弧菌:菌体仅有一个弯曲,形态呈弧形或逗号形,如霍乱弧菌。

(2) 螺菌:菌体有多个弯曲,回转呈螺旋状,如小螺菌。

除上述三种基本形态外,近年来,人们还发现了细胞呈梨形、星形、方形和三角形的细菌。

在正常生长条件下,不同种的细菌形态是相对稳定的。但如果培养时间、温度、pH 值以及培养基的组成与浓度等环境条件发生改变,就有可能引起细菌形态的改变。即使在同一培养基中,细胞也常出现大小不同的球状、长短不一的杆状及不规则的多边形。一般在幼龄阶段或生长条件适宜时,细菌常表现出自身特定的正常形态,在较老的菌龄阶段或不正常的培养条件下,细菌出现不正常的形态。

二、细菌细胞的大小

细菌的个体通常很小,常用微米(μm)作为测量其长度、宽度或直径的单位。由于细菌的形态和大小受培养条件影响,因此测量菌体大小时以最适培养条件下培养的细菌为准。多数球菌的直径为 0.5～2.0 μm,杆菌的大小(宽×长)为(0.5～1.0) μm×(1～5) μm,螺旋菌的大小(宽×长)为(0.25～1.7) μm×(2～60) μm。螺旋菌的长度是菌体两端点间的距离,不是其实际的长度,所以在表示螺旋菌的长度时仅指其两端的空间距离;在进行形态鉴定时,测其真正的长度要按螺旋的直径和圈数来计算。常见细菌的大小见表 2-1。

表 2-1 细菌的大小

球菌	直径/μm
尿素微球菌	1.0～1.5
金黄色微球菌	0.8～1.0
乳链球菌	0.5～0.6
最大八叠球菌	4.0
圆褐固氮菌	4.0～6.0
旋动泡硫菌	7.0～8.0

续表

杆菌	长度/μm	宽度/μm
普通变形杆菌	0.5～4.0	0.4～0.5
大肠杆菌	1.0～2.0	0.5
德氏乳杆菌	2.8～7.0	0.4～0.7
枯草芽孢杆菌	1.2～3.0	0.8～1.2
巨大芽孢杆菌	3.0～9.0	1.0～2.0
螺旋菌	长度/μm	宽度/μm
霍乱弧菌	1.0～3.0	0.3～0.6
红色螺菌	1.0～3.2	0.6～0.8
迂回螺菌	10～20	1.5～2.0

细菌的大小与细菌的固定和染色方法以及培养时间等因素有关。如经干燥固定的菌体的长度比活菌体的长度一般要缩短 1/4～1/3；用衬托菌体的负染色法，其菌体往往大于普通染色法，有的甚至比活菌体还要大，有荚膜的细菌最容易出现此情况。影响细菌形态的因素也同样影响细菌的大小，如培养 4 h 的枯草芽孢杆菌比培养 24 h 的长 5～7 倍，但宽度变化不明显，这可能与代谢产物的积累有关。

三、细菌细胞的结构与功能

细菌细胞结构包括基本结构和特殊结构：基本结构是各种细菌所共有的，如细胞壁、细胞膜、细胞质和内含物、原核（拟核）及核糖体；特殊结构只是某些细菌具有的，如芽孢、荚膜、鞭毛等。细菌细胞的结构模式见图 2-5。

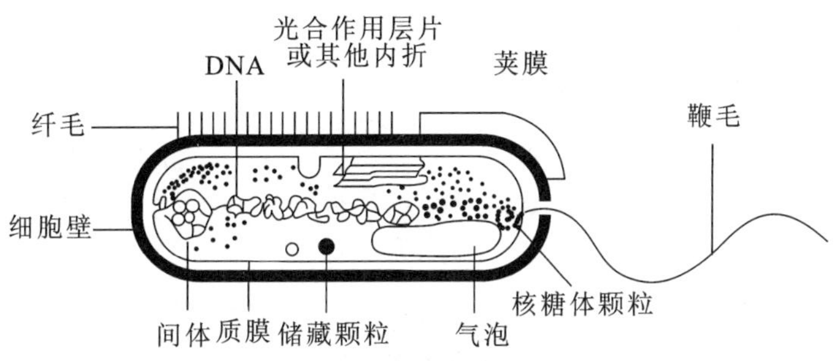

图 2-5 细菌细胞结构模式

1. 细菌细胞的基本结构

(1) 细胞壁(cell wall)。

细胞壁在细菌菌体的最外层，为坚韧、略具有弹性的结构。细胞壁占细胞干重的 10%～25%。各种细菌的细胞壁厚度不等，一般在 10～80 nm 之间。

细胞壁具有保护细胞及维持细胞外形的功能。失去细胞壁的各种形态的菌体都将变成球形。细菌在一定范围的高渗溶液中细胞质收缩，但细胞仍然可保持原来的形状。在一定的低渗溶液中，细胞会膨大，但不致破裂。这些都与细胞壁具有一定坚韧性及弹性有关。细菌细胞壁的化学组成也与细菌的抗原性、致病性以及对噬菌体的敏感性有关。有

鞭毛的细菌失去细胞壁后，可仍保持其鞭毛但不能运动，可见细胞壁的存在是鞭毛运动所必需的，细胞壁可能是为鞭毛运动提供可靠的支点。此外，细胞壁实际上是多孔性的，可允许水及一些化学物质通过，并对大分子物质有阻拦作用。

原核微生物细胞壁包括肽聚糖、磷壁质。肽聚糖是原核微生物细胞壁所特有的成分，是由 N-乙酰葡萄糖胺(NAG)、N-乙酰胞壁酸(NAM)和短肽聚合而成的网状结构的大分子化合物。不同细菌的细胞壁的化学组成和结构不同。

采用革兰氏染色技术可以将细菌细胞壁区分为两种类型，即革兰氏阳性菌(G^+)和革兰氏阴性菌(G^-)。革兰氏染色法是 1884 年丹麦病理学家 Hans Christain Gram 发明的一种细菌鉴别方法，也是细菌学中最常用、最重要的一种鉴别染色法。革兰氏染色法一般包括初染、媒染、脱色、复染等四个步骤，具体操作方法如下：①涂片固定；②草酸铵结晶紫染 1 min；③蒸馏水冲洗；④加碘液覆盖涂面染约 1 min；⑤水洗，用吸水纸吸去水分；⑥加 95% 酒精数滴，并轻轻摇动进行脱色，20 s 后水洗，吸去水分；⑦蕃红染色液(稀)染 1 min 后，蒸馏水冲洗，干燥，镜检。染色后出现两种情况。蓝紫色：革兰氏阳性菌(如金黄色葡萄球菌)。红色：革兰氏阴性菌(如大肠杆菌)。

出现不同结果的根本原因在于细胞壁的结构不同。

① 革兰氏阳性菌的细胞壁。

革兰氏阳性菌细胞壁是单层的，厚 20～80 nm，由肽聚糖网架结构填充磷壁酸和少量脂类组成。其中肽聚糖含量高，占细胞壁重的 40%～90%，且网状结构致密。

肽聚糖(peptidoglycan)：由 N-乙酰葡萄糖胺、N-乙酰胞壁酸和短肽聚合而成的多层网状结构的大分子化合物(图 2-6)。

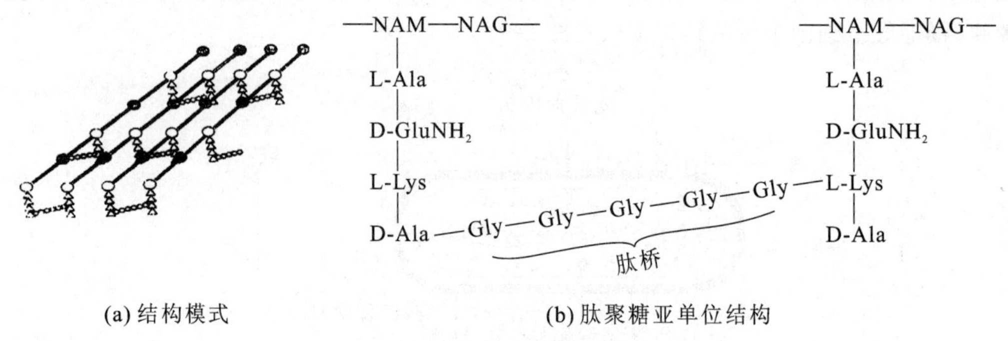

图 2-6　肽聚糖的结构示意图

磷壁酸：多元醇(核糖醇或甘油)和磷酸的复合物。根据多元醇的种类不同可分为核糖醇型磷壁酸和甘油型磷壁酸两类。一般只有革兰氏阳性菌的肽聚糖层网架结构中填充有磷壁酸。

② 革兰氏阴性菌的细胞壁。

革兰氏阴性菌细胞壁分为两层，厚约 10 nm，外层为脂蛋白和脂多糖层，内层为肽聚糖层。肽聚糖含量低，占细胞壁干重的 5%～10%，且网状结构疏松。

③ 革兰氏阳性菌的细胞壁与革兰氏阴性菌的细胞壁结构的比较。

经电子显微镜及化学分析发现，革兰氏阳性菌和革兰氏阴性菌在细胞壁的化学组成与结构上有显著差异，见表 2-2 和图 2-7。

表 2-2　革兰氏阳性菌和革兰氏阴性菌细胞壁化学组成及结构比较

细菌类群	壁厚度/nm	肽聚糖			磷壁酸	蛋白质含量/(%)	脂多糖	脂肪含量/(%)
		含量/(%)	层次	网格结构				
G^+	20～80	40～90	多层	紧密	多数有	约 20	无	1～4
G^-	10	5～10	单层	疏松	无	约 60	有	11～22

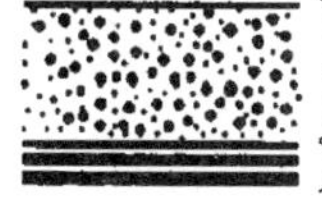

(a) 革兰氏阳性菌细胞壁

(b) 革兰氏阴性菌细胞壁

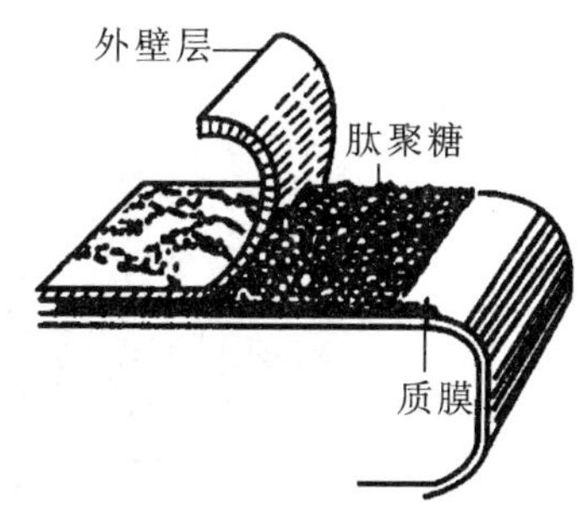

图 2-7　细菌细胞壁的结构图

④ 革兰氏染色的机理。

关于革兰氏染色的机理有许多学说，目前一般认为与细胞壁的结构和化学组成以及细胞壁的渗透性有关。在革兰氏染色过程中，细胞内形成了深紫色的结晶紫-碘的复合物，这种复合物可被酒精(或丙酮)等脱色剂从革兰氏阴性菌细胞内浸出，而革兰氏阳性菌则不易被浸出。这是由于革兰氏阳性菌的细胞壁较厚，肽聚糖含量高且网格结构紧密，脂类含量极低，当用酒精(或丙酮)脱色时，引起肽聚糖层脱水，使网格结构的孔径缩小，导致细胞壁的通透性降低，从而使结晶紫-碘的复合物不易被洗脱而保留在细胞内，使菌体经番红复染后仍呈深紫色。反之，革兰氏阴性菌因其细胞壁肽聚糖层薄且网格结构疏松，脂类含量又高，当用酒精(或丙酮)脱色时，脂类物质溶解，细胞壁通透性增大，使结晶紫-碘的复合物较易被洗脱出来。所以，菌体经番红复染后呈红色。

(2) 细胞质膜。

细胞质膜(cytoplasmic membrane)，简称质膜(plasma membrane)，是围绕细胞质外面的膜结构，它使细胞具有选择吸收性能，控制物质的吸收与排放，也是许多生化反应发生的重要部位。

质膜的基本结构是磷脂双层(phospholipid bilayer)，含有高度疏水的脂肪酸和相对亲水的甘油两部分。磷脂的亲水和疏水双重性质使它具有方向性，由双层磷脂构成的质膜其疏水的两层脂肪酸链相对排列在内，亲水的两层磷酸基则相背排列在外，类似于革兰氏阴性菌细胞壁外层的双层磷脂结构，称为单位膜，这种排列结构使质膜成为有效控制物质通透的屏障。

质膜很薄，5～10 nm。蛋白质镶嵌在双层磷脂中，并伸向膜内、外两侧(图 2-8)。质膜中的蛋白质分为两类,即边缘蛋白(peripheral proteins)和整合蛋白(integral proteins)。边缘蛋白的含量为膜蛋白的20%~30%,可溶于水溶液;整合蛋白的含量为70%~80%,不容易从质膜中抽提出来,也不溶于水溶液。同膜类脂一样,整合蛋白也有两亲性(amphipathic),它的疏水区段埋于类脂中,亲水区段伸向质膜外,可以侧向扩展,但不能在类脂层中翻转或旋转。蛋白质在双层磷脂中扩散的状况取决于脂肪酸链的饱和度与支链数以及温度条件,温度越高,膜的流动性越大。嗜冷细菌质膜的类脂是高度不饱和的,能在低温下流动;而嗜热细菌质膜类脂的饱和度和支链脂肪酸含量较高。一般原核细胞质膜不含固醇,但有些原核细胞质膜中含有五环类固醇(pentacyclic steroid),其结构类似于真核生物质膜中的固醇,可能有加固细胞质膜的作用。不具有细胞壁的支原体在质膜中则含有固醇。

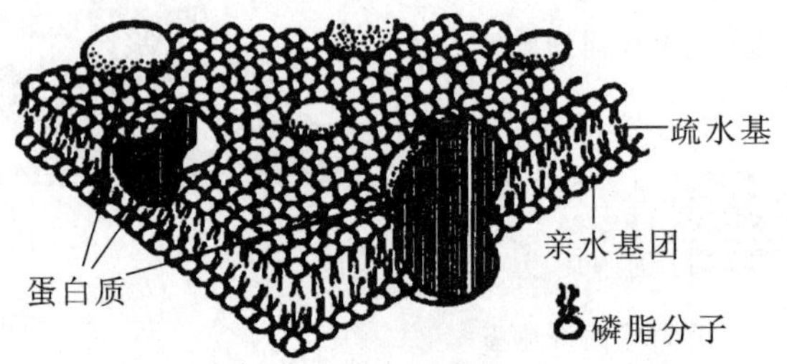

图 2-8　细胞膜结构模式

质膜的基本功能是调控物质的流入与排出,对性质各异的物质具有不同的机制来运输,包括扩散和主动运输等方式。当质膜内、外两侧溶质的浓度不同时,水分从低浓度溶质一侧通过质膜流向高浓度一侧,直到两侧的浓度达到平衡,或是由于压力而阻止水分子进一步流动时为止。由于溶质浓度差而使水分通过质膜的过程称为渗透作用,它是被动扩散的一种方式,会对质膜造成一种压力,即渗透压。

质膜与呼吸作用和磷酸化作用的细胞能量平衡往往是相联系的。在大多数细菌中,电子转移系统和呼吸酶类位于质膜中。

细菌的细胞膜折皱陷入细胞质内,形成一些管状或囊状的形体,称为中体或中间体。此外,细菌细胞分裂时与细胞壁的隔膜的合成以及核的复制有关。

(3) 细胞质(cytoplasm)及内含物。

细胞质是位于细胞膜内的无色透明黏稠状胶体,是细菌细胞的基础物质,其基本成分是水、蛋白质、核酸和脂类,也含有少量的糖和无机盐类。细菌细胞质与其他生物细胞质的主要区别是其核糖核酸含量高,核糖核酸的含量可达固形物的15%~20%。近代研究表明,细菌的细胞质可分为细胞质区和染色质区。细胞质区富含核糖核酸,染色质区含有脱氧核糖核酸。由于细菌细胞质中富含核糖核酸(特别在幼龄和生长期含量更高),因而嗜碱性强,易被碱性和中性染料着色,尤其是幼龄菌。老龄菌细胞中核糖核酸常被作为氮和磷的来源,核酸含量减少,故着色力降低。

细胞质具有生命物质所有的特征,含有丰富的酶系,是营养物质合成、转化、代谢的场所。通过不断地更新细胞内的结构和成分,细菌细胞与周围环境不断地进行新陈代谢。

细菌细胞质中无真核细胞所具有的细胞器,但含有许多内含物,主要有核糖体、气泡、液泡和储藏性颗粒。

① 核糖体(ribosome)。

核糖体是细胞中核糖核蛋白的颗粒状结构，由核糖核酸(RNA)与蛋白质组成，其中RNA约占60%，蛋白质约占40%。核糖体分散在细菌细胞质中，其沉降系数为70S，是细胞合成蛋白质的场所，其数量多少与蛋白质合成直接相关，随菌体生长速度而异，当细菌生长旺盛时，每个菌体可有10000个核糖体，生长缓慢时只有2000个核糖体。细胞内核糖体常串联在一起，称为多聚核糖体。

② 气泡(gas vacuole)、液泡(gas vacuole)。

某些细菌如盐杆菌(*Halobacterium*)含有气泡，气泡吸收空气，以其中氧气组分供代谢需要，并帮助细菌漂浮到盐水上层吸收较多的大气。

许多细菌，当其衰老时细胞质内就会出现液泡，其主要成分是水和可溶性盐类，被一层含有脂蛋白的膜包围。

③ 储藏性颗粒。

细菌细胞内含有各种较大的颗粒，大多为细胞储藏物，颗粒的多少随菌龄及培养条件的不同有很大变化。储藏性颗粒是一类由不同化学成分累积而成的不溶性颗粒。其主要功能是储藏营养物质，如聚β-羟基丁酸、异染颗粒、硫粒、肝糖粒和淀粉粒。这些颗粒通常较大，并被单层膜包围，经适当染色可在光学显微镜下观察到。它们是成熟细菌细胞在其生存环境中营养过剩时的积累，营养缺乏时又可被利用。

(a) 异染颗粒(metachromatic granules)　异染颗粒是普遍存在的储藏物，其主要成分是多聚偏磷酸盐，有时也被称为捩转菌素(volutin)。多聚磷酸盐颗粒对某些染料有特殊反应，产生与所用染料不同的颜色，因而得名异染颗粒，如用甲苯胺蓝、次甲基蓝染色后不呈蓝色而呈紫红色。棒状杆菌和某些芽孢杆菌常含有这种异染颗粒。当培养基中缺磷时，异染颗粒可用作磷的补充来源。

(b) 聚β-羟基丁酸(poly-β-hydroxybutyric acid)颗粒　聚β-羟基丁酸是一类类脂物，一些细菌如巨大芽孢杆菌、根瘤菌、固氮菌、肠杆菌的细胞内均含有聚β-羟基丁酸的颗粒，是碳源与能源储藏的物质。由于易被脂溶性染料如苏丹黑(Sudan black)着色，故常被误认为是脂肪滴或油球。其功能是维持细胞的中性环境和作为细胞内碳素和能源的储存物质。

(c) 硫粒　硫黄细菌，如紫色硫细菌和贝氏硫细菌等，当环境中H_2S的含量很高时，它们可以把H_2S氧化成硫，在体内积累起来，形成大分子的折光性很强的硫滴，为硫素储藏物质。当环境中H_2S不足时，又可把硫进一步转变成硫酸盐，从中获得能量。

(d) 肝糖(glycogen)粒与淀粉(granulose)粒　某些肠道杆菌和芽孢杆菌体内可积累一些多聚葡萄糖，用稀碘液可染成红棕色。有些梭状芽孢杆菌在形成芽孢时有细菌淀粉粒的积累，可被碘液染成蓝色。

(4) 拟核(nucleoid)与质粒(plasmid)。

细菌只具有比较原始形态的核，又称为拟核(nucleoid)，它没有核膜、核仁，只有一个核质体或称染色质体，一般呈球状、棒状或哑铃状。由于细胞核分裂在细胞分裂之前进行，所以在生长迅速的细菌细胞中有两个或四个核，生长速度低时只有一个或两个核。

由于细菌核质体比其周围的细胞质密度低,在电子显微镜下观察呈现透明的核区域。用高分辨率的电子显微镜可观察到细菌的核为丝状结构,实际上是一个巨大的、连续的环状双链 DNA 分子,其长度可达 1 mm,比细菌本身长很多倍,是通过折叠缠绕形成的。细胞核在遗传性状的传递中起重要作用。

在很多细菌细胞中尚存在染色体外的遗传因子,为环状 DNA 分子,它们分散在细胞质中能自我复制,称为质粒(plasmid),而附着在染色体上的质粒称为附加体。质粒携带着遗传信息,一般质粒携带的基因是细菌细胞的次级代谢基因。质粒可自我复制、稳定遗传,随细菌繁殖在子代细胞中代代相传。质粒在细胞中有时可自行消失,但没有质粒的细菌不能自行产生。质粒是基因工程的研究中重要的基因载体工具之一。

2. *细菌细胞的特殊结构*

细菌的基本结构是任何一种细菌都具有的,而特殊结构只限于某些种类的细菌才有,如鞭毛、荚膜、芽孢等是某些细菌特有的结构,是细菌分类鉴定的重要依据。

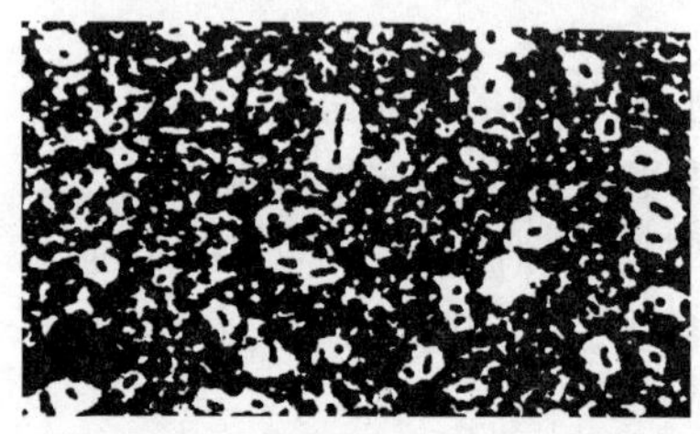

图 2-9 巨大芽孢杆菌的荚膜

(1) 荚膜(capsule)。

荚膜是细菌的特殊结构,是某些细菌在新陈代谢过程中产生的覆盖在细胞壁外的一层疏松透明的黏液状物质(图 2-9),一般厚约 200 nm。荚膜使细菌在固体培养基上形成光滑型菌落,可用衬托染色法(负染色法)染色后在显微镜下观察。根据荚膜的厚度和形状不同又可分为以下几种。

① 大荚膜。大荚膜具有一定的外形,厚约 200 nm,能较稳定地附着于细胞壁外,并且与环境有明显的边缘。

② 黏液层。没有明显的边缘且扩散到环境中。

③ 菌胶团。许多细菌的个体排列在一起时,其荚膜物质相互融合形成具有一定形状的细菌团。

细菌失去荚膜仍然能正常生长,所以荚膜不是其生命活动中所必需的。荚膜的形成与否主要由菌种的遗传特性决定,也与其生存的环境条件有关。如肠膜明串珠菌在碳源丰富、氮源不足时易形成荚膜,而炭疽杆菌则只在其感染的寄主体内或在二氧化碳分压较高的环境中才能形成荚膜。产生荚膜的细菌并不是在整个生活期内都能形成荚膜,如某些链球菌在生长早期形成荚膜,后期荚膜则消失。

荚膜的主要成分为多糖,少数含多肽、脂多糖等,含水量在 90%以上。荚膜的主要功能如下。①保护致病菌免受寄主吞噬细胞的吞噬,保护细胞免受干燥的影响和危害。②病原菌的荚膜与致病能力有关。③荚膜多糖作为信号物质,在细菌与其他生物体细胞之间的识别和结合过程中起重要作用。④可作为碳源和能源或氮源。⑤在废水处理中,细菌荚膜有吸附作用。

荚膜折射率很低,不易着色,必须通过特殊的荚膜染色法,即使背景和菌体着色,衬托出无色的荚膜,才可在光学显微镜下观察到。

在食品工业中,由于产荚膜细菌的污染,可造成面包、牛奶、酒类和饮料等食品的黏性变质。肠膜明串珠菌是制糖工业的有害菌,常在糖液中繁殖,使糖液变得黏稠而难以过滤，因此降低了糖的产量。另一方面，可利用肠膜明串珠菌将蔗糖合成为含大量荚膜的物质——葡聚糖，再利用葡聚糖来生产右旋糖苷，作为代血浆的主要成分。此外，还可从野油菜黄单胞菌的荚膜中提取黄原胶（xanthan gum），作为石油钻井液、印染、食品等的添加剂。

(2) 鞭毛（flagellum）与纤毛（cilium）。

鞭毛是细菌的特殊结构，是某些运动细菌体内生长的一根或数根波状弯曲的细长丝状体。鞭毛的特点是极易脱落而且非常纤细，它的直径为 12～18 nm，长度是菌体的数倍到数十倍，经特殊染色方可在光学显微镜下观察到。

大多数的球菌没有鞭毛；杆菌有的生鞭毛，有的不生鞭毛；螺旋菌一般都有鞭毛。根据鞭毛数量和排列情况，可将细菌鞭毛分为以下类型。

- 鞭毛
  - 端生
    - 一端生
      - 一根：霍乱弧菌
      - 一束：荧光假单胞菌
    - 两端生
      - 一根：鼠咬热螺旋体
      - 一束：红色螺菌
  - 周生
    - 肠杆菌科：大肠杆菌
    - 芽孢杆菌科：枯草芽孢杆菌

鞭毛的化学组分主要是蛋白质、少量多糖、脂类和核酸。鞭毛由鞭毛基体、鞭毛钩和鞭毛丝三部分组成，见图 2-10。

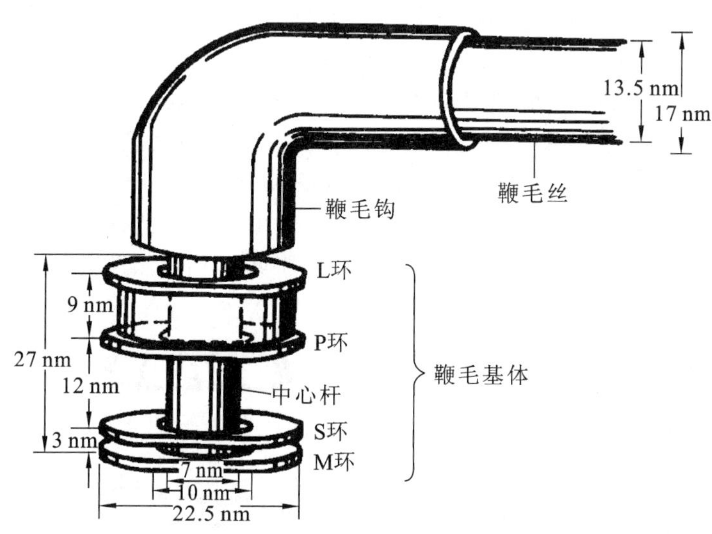

图 2-10 革兰氏阴性菌鞭毛的结构

鞭毛是负责细菌运动的结构，一般幼龄细菌在有水的适温环境中能进行活跃的运动，衰老菌常因鞭毛脱落而运动不活跃。另外，鞭毛与病原微生物的致病性有关。细菌鞭毛的着生类型见图 2-11。鞭毛的着生位置、数量和排列方式因菌种不同而异，常用来作为分类鉴定的重要依据。

纤毛又称菌毛、伞毛、须毛等，是某些革兰氏阴性菌和少数革兰氏阳性菌细胞上长出

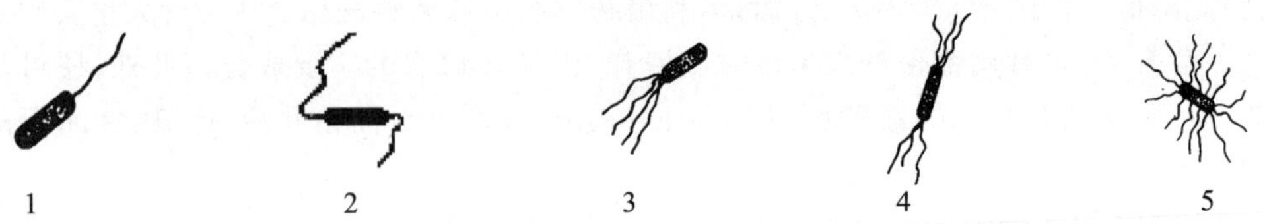

图 2-11 细菌鞭毛的各种类型

1—偏端单生;2—两端单生;3 偏端丛生;4—两端丛生;5—周生

的数目较多、短而直的蛋白质丝或细管。纤毛分布于整个菌体,不是细菌的运动器官。有纤毛的细菌以革兰氏阴性致病菌居多。纤毛有两种:一种是普通纤毛,能使细菌黏附在某物质上或液面上形成菌膜;另一种是性纤毛,又称性菌毛(F^- 菌毛),它比普通菌毛长,数目较少,为中空管状,常见于革兰氏阴性菌的雄性菌株中,其功能是在细菌进行接合作用时向雌性菌株传递遗传物质。有的性纤毛还是噬菌体吸附于寄主细胞的受体。

(3) 芽孢(spore)。

有些细菌当生长到一定时期时繁殖速度下降,菌体的细胞原生质浓缩,在细胞内形成一个圆形、椭圆形或圆柱形的孢子。对不良环境条件具有较强的抗性的休眠体称为芽孢或内生孢子(endospore)。菌体在未形成芽孢之前称为繁殖体或营养体。

能否形成芽孢是菌种的特征,受其遗传性的制约,在杆菌中形成的芽孢种类较多,在球菌和螺旋菌中只有少数菌种可形成芽孢。

芽孢有较厚的壁和高度折光性,在显微镜下观察芽孢为透明体。芽孢难以着色,为了便于观察常常采用特殊的染色方法——芽孢染色法。

各种细菌芽孢形成的位置、形状与大小是一定的,是细菌鉴定的重要依据,有的位于细胞的中央,有的位于顶端或中央与顶端之间。当芽孢在中央且其直径大于细菌的宽度时,细胞呈梭状,如丙酮丁醇梭菌(*Clostridium acetobutylicum*)。当芽孢在细菌细胞顶端且芽孢直径大于细菌的宽度时,则细胞呈鼓槌状,如破伤风梭菌(*Clostridium tetani*);当芽孢直径小于细菌细胞宽度则细胞不变形,如常见的枯草芽孢杆菌、蜡状芽孢杆菌(*Bacillus cereus*)等。芽孢的形状、大小和位置见图 2-12。

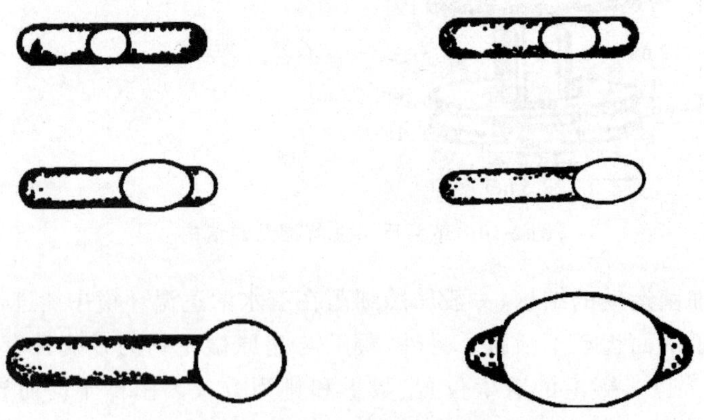

图 2-12 细菌芽孢位置和形态示意图

细菌是否形成芽孢是由其遗传性质决定的,但也需要一定的环境条件。菌种不同,需要的环境条件也不相同。大多数芽孢杆菌是在营养缺乏、温度较高或代谢产物积累等不良条件下，在衰老的细胞体内形成芽孢；苏云金芽孢杆菌（*Bacillus thuringiensis*）在营养丰富，温度和通气等适宜条件时在幼龄细胞中大量形成芽孢。

细菌形成芽孢包括一系列复杂的过程。在电子显微镜下观察，芽孢形成的过程是：开始时细胞中核物质凝集且向细胞一端移动，细胞质膜内陷延伸形成双层膜，构成芽孢的横隔壁，将核物质与一部分细胞质包围而形成芽孢。

成熟的芽孢具有多层结构（图 2-13）。其中芽孢核心是原生质部分，含 DNA、核糖体和酶类；皮层是最厚的一层，在芽孢的形成过程中产生的一种高度抗热性的物质——2,6-吡啶二羧酸（dipicolinic acid，简称 DPA）即存在于皮层中；芽孢壳是一种类似角蛋白的蛋白质，非常致密，无通透性，可抵抗化学药物的侵入。

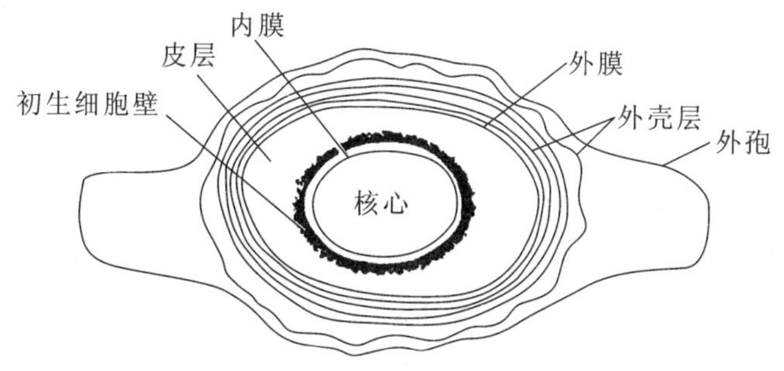

图 2-13　芽孢的结构

不论在什么条件下，所形成的芽孢对不良的环境都有很强的抵抗能力，有的芽孢在不良的条件下可保持活力数年、数十年，甚至更长的时间。芽孢尤其耐高温，如破伤风梭菌在沸水中可存活 3 h。经研究证明，芽孢耐高温的原因是芽孢形成时可同时形成 DPA，而在细菌的营养细胞和其他生物的细胞中均未发现有 DPA 存在。DPA 在芽孢中以钙盐的形式存在，占芽孢干重的 15%。芽孢形成时 DPA 也很快形成，之后芽孢就具有耐热性；当芽孢萌发时 DPA 被释放出来，同时芽孢也就丧失耐热能力。因此，芽孢的高度耐热性主要与它的含水量低、含有 DPA 以及致密的芽孢壁有关。

芽孢在合适的条件下即可萌发，如营养、水分、温度等条件适宜时。芽孢开始萌发时吸收水分、盐类和其他营养物质而体积涨大，折光率降低，染色性增强，释放 DPA，耐热性消失，酶活力和呼吸力提高，孢子壁破裂，通过中部、顶端或斜上方伸出新菌体。最初新菌体的细胞质比较均匀，没有颗粒、液泡等，以后逐渐出现细胞内含物，菌体细胞亦恢复正常代谢。芽孢是细菌的休眠体，一个细胞内只形成一个芽孢，一个芽孢萌发也只产生一个营养体。

四、细菌的繁殖

细菌繁殖主要是简单的无性的二均裂殖。分裂时菌体伸长，核质体分裂，菌体中部的细胞膜从外向中心做环状推进，然后闭合而形成一个垂直于细胞长轴的细胞质隔膜，把菌体分开，细胞壁向内生长把横隔膜分为两层，形成子细胞壁，子细胞分离形成两个菌体。球菌依分裂方向及分裂后子细胞的状态，可以形成各种形态的群体，如单球菌、双球菌、四

联球菌、八叠球菌、葡萄球菌等。杆菌繁殖时其分裂面都与长轴垂直,分裂后的排列形式也因菌种不同而形态各异,有单生、双生,有的结成短链或长链,有的呈八字形、有的呈栅状排列。

除无性繁殖外,电子显微镜观察及遗传学研究证明细菌也存在有性结合,不过细菌的有性结合发生的频率极低。

五、细菌的菌落形态特征

如果把单个微生物细胞接种到适合的固体培养基上,在适合的环境条件下细胞就能迅速生长繁殖,繁殖的结果是形成一个肉眼可见的细胞群体,我们把这个微生物细胞群体称为菌落(colony)。

不同菌种其菌落特征不同,同一菌种因不同生活条件其菌落形态也不尽相同,但是同一菌种在相同培养条件下所形成的菌落形态是一致的,所以菌落形态特征对菌种的鉴定有一定的意义。

1. 细菌在固体培养基上的培养特征

菌落特征包括菌落的大小,形态(圆形、丝状、不规则状、假根状等),侧面观察菌落隆起程度(如扩展、台状、低凸状、乳头状等),菌落表面状态(如光滑、皱褶、颗粒状龟裂、同心圆状等),表面光泽(如闪光、不闪光、金属光泽等),质地(如油脂状、膜状、黏、脆等),颜色与透明度(如透明、半透明、不透明等)。见图 2-14。

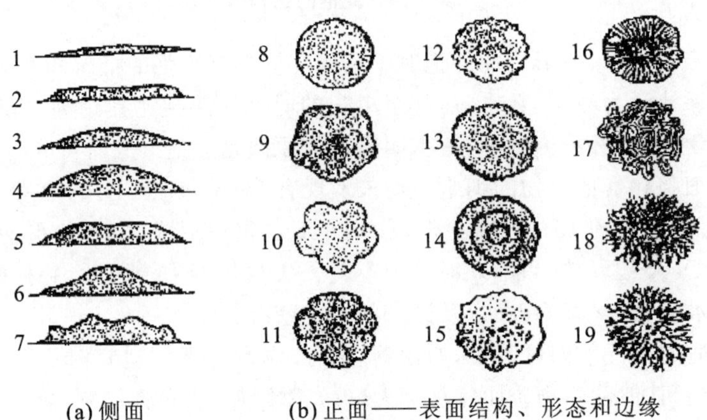

图 2-14 细菌菌落特征

1—扁平;2—隆起;3—低凸起;4—高凸起;5—脐状;6—草帽状;7—乳头状;8—圆形、边缘完整;9—不规则、边缘波浪;10—不规则、颗粒状、边缘叶状;11—规则、放射状、边缘叶状;12—规则、边缘扇状;13—规则、边缘齿状;14—规则、有同心环、边缘完整;15—不规则、毛毯状;16—规则、菌丝状;17—不规则、鬈发状;18—不规则、丝状;19—不规则、根状

此外,菌落特征也受其他方面的影响。如产荚膜的菌落表面光滑,呈黏稠状,即为光滑型(S 型);不产荚膜的菌落表面干燥、皱褶,为粗糙型(R 型)。菌落的形态、大小有时也受培养空间的限制,如果两个相邻的菌落靠得太近,由于营养物有限,以及有害代谢物的分泌和积累而使生长受阻。因此,观察菌落的形态一般以培养 3～7 d 的菌落为宜,观察

时要选择菌落分布比较稀疏、处于孤立的菌落。菌落在微生物学工作中，主要用于微生物的分离、纯化、鉴定、计数等研究和选育种等的实际工作。

2. 细菌在半固体培养基中的培养特征

用穿刺接种技术将细菌接种在含 0.3%～0.5% 琼脂的半固体培养基中培养，可根据细菌的生长状态判断细菌的呼吸类型、有无鞭毛和能否运动。在培养基的表面及穿刺线的上部生长的细菌为好氧菌，沿整条穿刺线生长的细菌为兼性厌氧菌，在穿刺线底部生长的细菌为厌氧菌。只在穿刺线上生长的为无鞭毛、不运动的细菌，在穿刺线上及穿刺线周围扩散生长的为有鞭毛、能运动的细菌(图 2-15)。

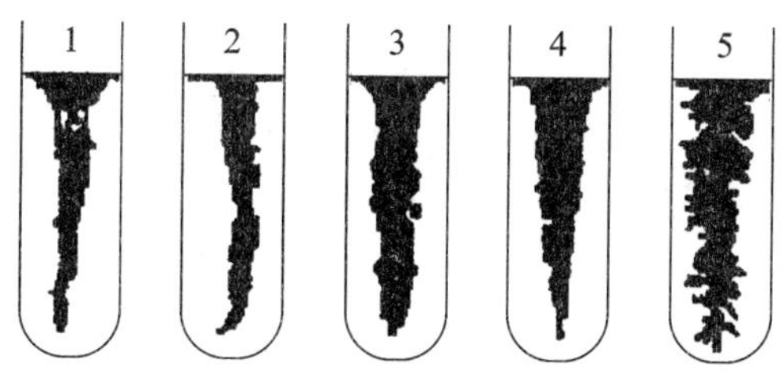

图 2-15　细菌在半固体培养基上的生长特征

1,2—不运动型好氧菌；3—不运动型兼性厌氧菌；4—运动型好氧菌；5—运动型兼性厌氧菌

任务二　放线菌的形态结构及观察技术

扫码看PPT

放线菌因在固体培养基上的菌落呈放射状生长而得名，是一类革兰氏阳性的多核单细胞原核微生物。比较原始的放线菌细胞是杆状分叉的或只有基内菌丝没有气生菌丝。典型的放线菌除具有发达的基内菌丝外，还有发达的气生菌丝和孢子丝。放线菌多数为腐生菌，少数为寄生菌。放线菌广泛分布于人类生存的环境中，特别是在有机质丰富的微碱性土壤中含量最多。放线菌在抗生素工业中非常重要，目前生产的抗生素绝大多数是由放线菌产生的。放线菌广泛应用于纤维素降解、甾体转化、石油脱蜡、污水处理等方面，有的放线菌还能用来生产维生素和酶制剂，只有少数放线菌能引起人类、动物和植物的病害。

一、放线菌的形态和大小

放线菌菌丝大多是由无隔膜分支状菌丝组成的，菌丝粗约 1 μm。细胞质中往往有多个分散的原核，典型的放线菌菌丝由三部分构成(图 2-16)。

图 2-16　放线菌的菌丝形态图

(1) 基内菌丝　基内菌丝是放线菌的孢子萌发后,伸入培养基内摄取营养的菌丝,又称营养菌丝。

(2) 气生菌丝　气生菌丝是由基内菌丝长出培养基外伸向空间的菌丝。

(3) 孢子丝　孢子丝是气生菌丝生长发育到一定阶段,在其上部分化出可形成孢子的菌丝,形状和着生方式因种而异。孢子丝的形状有直形、波浪形和螺旋形之分,着生方式也可分成互生、丛生、轮生等(图 2-17)。孢子丝生长到一定阶段断裂为孢子。放线菌孢子丝的形态、孢子的形状和颜色等特征均为菌种鉴定的依据。

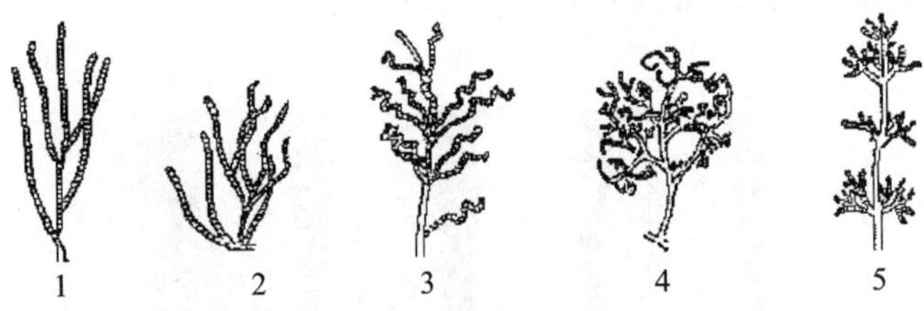

图 2-17　放线菌孢子丝形态图

1—直形;2—波浪形;3—松螺旋形;4—紧螺旋形;5—轮生

二、放线菌的繁殖

放线菌主要通过形成无性孢子的方式进行繁殖,也可靠菌丝片段进行繁殖。

通过电子显微镜观察发现,放线菌孢子丝的分裂只有横隔分裂的方式,而链霉菌的孢子形成又有三个基本型:①间隙横隔;②由缢缩壁和间隙组成孢子横隔;③由缢缩壁形成孢子横隔。有些放线菌(游动放线菌科的各属)还形成孢子囊,长在气生菌丝或基内菌丝上,孢子囊内产生有鞭毛能运动或无鞭毛不运动的孢囊孢子。

放线菌为化能有机营养型,广泛利用各种糖类和碳水化合物为碳源和能源;利用有机氮或无机氮为氮源,其中弗兰克氏菌还能利用分子态氮。放线菌的许多种类能产生维生素和各种酶类,尤以产生抗生素著称。

三、放线菌的菌落特征

放线菌的菌落由菌丝体组成。由于菌丝细、生长缓慢、相互交错,所以形成的菌落较小而质地致密,表面干燥、多皱、绒状。营养菌丝深入到培养基内,菌落与培养基结合较紧,不易被接种环挑起。分生孢子使培养基表面呈细粉状或颗粒状的典型放射状菌落。放线菌的菌丝和孢子可产生各种色素,因此菌落的正、反两面常呈现不同的颜色。

四、常见放线菌代表种

(1) 诺卡氏菌属(*Nocardia*)。

在固体培养基上生长时,只有基内菌丝,没有气生菌丝或只有很薄一层气生菌丝,靠菌丝断裂进行繁殖。该属产生多种抗生素,对结核分枝杆菌和麻风分枝杆菌特效的利福霉素就是由该属菌产生的。

（2）链霉菌属（*Streptomyces*）。

在固体培养基上生长时，形成发达的基内菌丝和气生菌丝。气生菌丝生长到一定时候分化产生孢子丝，孢子丝有直形、波浪形、螺旋形等各种形态。孢子有球形、椭圆、杆状等各种形态，并且有的孢子表面还有刺、疣、毛发等各种纹饰。链霉菌的气生菌丝和基内菌丝有各种不同的颜色，有的菌丝还产生可溶性色素分泌到培养基中，使培养基呈现各种颜色。链霉菌的许多种类产生对人类有益的抗生素。如链霉素、红霉素、四环素等都是由链霉菌中的一些种产生的。

（3）小单孢菌属（*Micromonspora*）。

菌丝体纤细，只形成基内菌丝，不形成气生菌丝，在基内菌丝上长出许多小分枝，顶端着生一个孢子。此属也是产生抗生素较多的一个属，如庆大霉素就是由该属的绛红小单孢菌（*Micromonospora purpurea*）和棘孢小单孢菌（*Micromonospora echinospora*）产生的。

项目二　真核微生物的形态结构及观察技术

真核微生物不是生物分类学的名称，真核微生物是一类细胞核具有核膜与核仁的分化，细胞质中有线粒体、内质网等多种细胞器，能够进行有性繁殖和无性繁殖的高等微生物的总称。它通常包括真菌、单细胞的真核藻类和原生动物。本门课程主要学习真菌。

真菌是一类有细胞壁且细胞中不含叶绿体的异养型真核微生物，它们广泛分布于地球表面，地球的各种自然环境中都能找到真菌。真菌是一个古老的谱系，种类丰富，已描述的各类约有7万种，据科学家估计地球上有100万～150万种真菌。自1969年魏塔克（Whittaker R. H.）将真菌独立称为一个界至今，真菌界中的生物类群有了很大的变化。在《真菌字典》第八版的分类系统中，真菌界仅包括四个门，即壶菌门、接合菌门、子囊菌门、担子菌门，但由于原来的半知菌类尽管只是一个形式门，但已应用较长时间，且有其独立性，故半知菌类仍单独存在。习惯上，人们按真菌的形态特征将真菌分为单细胞的酵母菌、丝状体的霉菌和产生子实体的蕈菌三类。

任务一　酵母菌的形态结构及观察技术

扫码看PPT

酵母菌是以出芽方式繁殖为主的单细胞真菌的通俗的名称，在分类上属于子囊菌门、担子菌门和半知菌类。在自然界分布广泛，主要分布在含糖量较高的偏酸性环境中，如果品、花蜜、蔬菜、植物叶片等物品的表面，也广泛分布在动物粪便、果园土壤、油田和炼油厂附近的土壤中，多腐生，少寄生。其特点是：个体一般以单细胞状态存在；多数营出芽繁殖，也有的裂殖；能发酵糖类产能；细胞壁常含甘露聚糖；喜含糖量较高、酸度较大的水生环境。

酵母菌种类繁多，人类对其应用也较早，因此它与人类关系极为密切。多数酵母菌对人类是有益的，如早在4000多年前，我国劳动人民就用酵母菌酿酒，人们很早也在用酵母菌制作面包、馒头等美味且营养丰富的食品,现在酵母菌在食品、医药工业及工业废水处理等方面占有重要的地位。但也有少数酵母菌是有害的:嗜高渗的鲁氏酵母、蜂蜜酵母可使蜂蜜、果酱等变质;一些酵母菌是发酵工业的污染菌,它们可使发酵产量降低、品质下降;有些酵母可引起人或其他动物的疾病,如白假丝酵母(白色念珠菌)可引起皮肤、黏膜、消化道及泌尿系统等多种疾病,新型隐球酵母可引起慢性脑膜炎、肺炎等。

一、酵母菌的形态结构

大多数酵母菌为单细胞,细胞的形态一般呈卵圆形、圆形、圆柱形、柠檬形,还有一些为不规则的形状(图 2-18),也有少数呈假丝状(图 2-19)。菌体无鞭毛,不能游动,大小为(2.5～10) μm×(4.5～21) μm,大约是一般细菌的 10 倍。各种酵母菌有其一定的形态和大小,但随菌龄和环境条件的变化而稍有差异。酵母菌的典型细胞构造如图 2-20 所示。

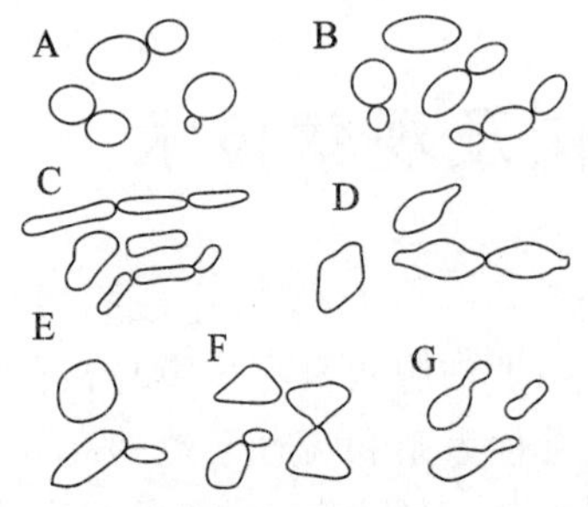

图 2-18　酵母菌的细胞形态

A—圆形;B—卵圆形;C—圆柱形;D—柠檬形;
E—椭圆形;F—三角形;G—瓶子形

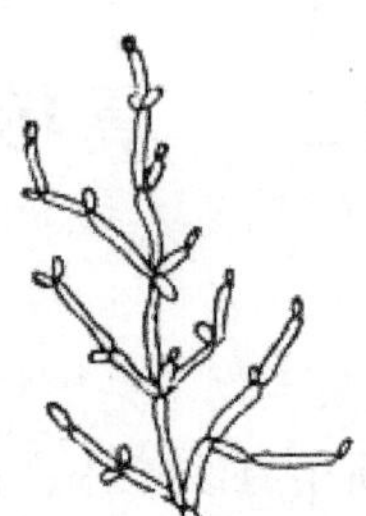

图 2-19　假丝酵母属(*Candida*)的假菌

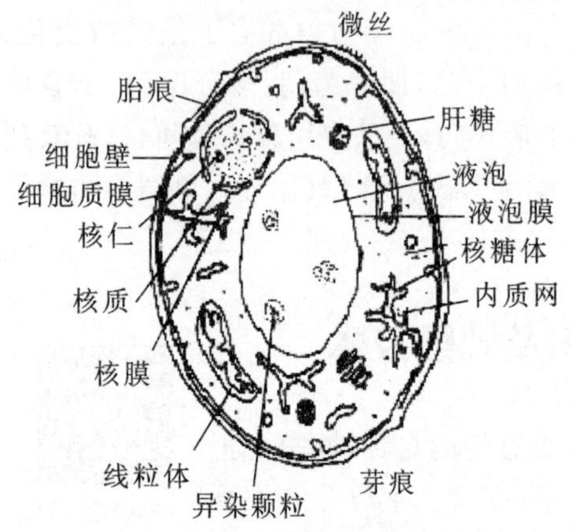

图 2-20　酵母菌典型细胞结构

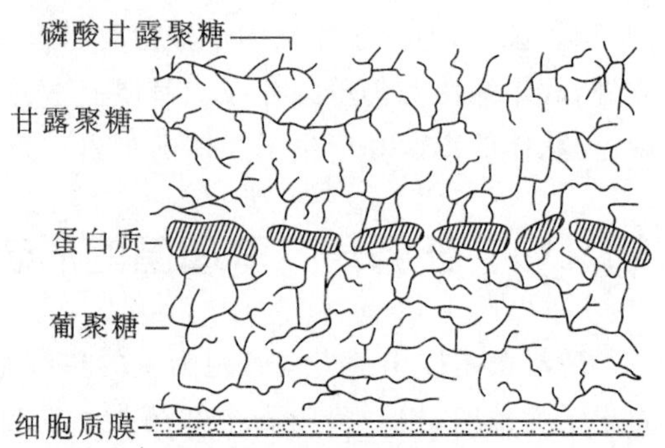

图 2-21　酵母菌的细胞壁的结构

1. 细胞壁

酵母菌的细胞壁厚约 25 nm,占细胞干重的 25%,其功能基本与细菌的相同,但不及细菌的细胞壁坚韧,幼龄时较薄,后随成长增厚。细胞壁可分三层:内层为葡聚糖;中间层主要为蛋白质,其中以结构蛋白为主,少数是酶蛋白;外层主要是甘露聚糖(图 2-21)。

内、外两层是电子致密层，中间层为电子稀疏层。一些酵母菌（如酿酒酵母、假丝酵母）的细胞壁中还含有少量几丁质。几丁质（图 2-22）是由大量的N-乙酰葡萄糖胺分子以 β-1，4-糖苷键连接而成的多聚糖。其结构与纤维素很相似，只是纤维素的每个葡萄糖上的第二个碳原子与羟基相连变成与乙酰胺相连。酵母菌细胞壁各组分的大致含量是：葡聚糖（30%～34%）、甘露聚糖（30%）、脂类（8.5%～13.5%）、蛋白质（6%～8%）、几丁质（0%～2%）等。显然，细胞壁的成分也并非固定不变的，即使是同一种的不同阶段组成壁的化合物的比例和类型也有差异。

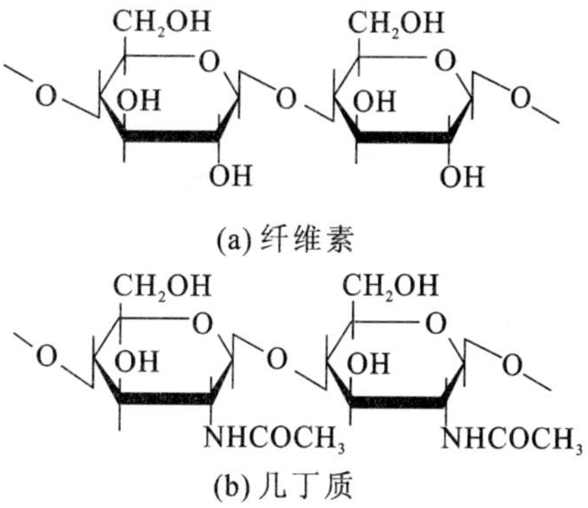

图 2-22 几丁质与纤维素分子结构

2. 细胞膜

酵母菌的细胞膜（原生质膜）与其他真核生物相似，也是以磷脂双分子为主镶嵌着蛋白质构成的选择透过性膜，与原核微生物不同的是有的酵母菌的细胞膜上含有甾醇。膜的功能没有原核生物那样具有多样性，主要的功能是：调节细胞的渗透压、进行营养物质的吸收及代谢产物的分泌，且与细胞的部分合成作用有关。

3. 细胞质

细胞质是一种黏稠的胶体，成熟的酵母菌细胞质中含有核糖体、线粒体、内质网、液泡、微体等结构。

核糖体又称为核蛋白体，由蛋白质和 RNA 共同构成，是细胞中蛋白质合成的场所。真核生物的核糖体比原核生物的大，沉降系数是 80S，由 60S 的大亚基和 40S 的小亚基组成，直径为 20～25 nm，主要分布在细胞质和内质网中。细胞质内的核糖体一般呈游离状态，一部分与核膜结合。线粒体核糖体存在于线粒体内膜的嵴间，此外，单个的核糖体可结合成多聚核糖体。细胞质核糖体的 RNA 由于沉降系数的不同可分为 25S RNA、18S RNA、5.8S RNA 和 5S RNA 四种类型。

线粒体是一种由细胞膜分化而来的，由双层单位膜包围而成的呈杆状或球状的细胞器，内层膜为嵴，并偏向基质中央。线粒体中含有大量的脂类、酶和少量的 RNA 与 DNA，是真核生物生物氧化的场所，参与呼吸作用、脂肪酸降解和其他反应，是真核生物的能量工厂。细胞在不同的生活条件下、在不同生长周期中线粒体的数量和结构都有一定的变化。

酵母菌的内质网是细胞内由膜包围而成的狭窄的通道系统，可在细胞内呈现不同的形态，如管状、囊状、腔状、水泡状等，这种变化与环境条件、发育阶段和生理状态有关。内质网的主要成分是脂蛋白，经常被核糖体附着形成粗面型内质网。因此蛋白质一经合成就被运送至内质网腔，再由内质网腔运输至细胞的不同部位。内质网是细胞内各种物质转运的一种循环系统，同时内质网还供给细胞质中所有细胞器的膜。一些新合成的物质往往以泡囊的形式在内质网的表面形成，并被运送出细胞。

成熟的酵母细胞中可形成一个大的或几个小的液泡，大的液泡可分成许多小液泡，小

的液泡可相互融合成大的液泡。液泡是由单层膜围成的结构,内含碱性氨基酸(如精氨酸、鸟氨酸、瓜氨酸等)、肝糖、脂肪、多磷酸盐等储藏物以及多种酶类(如蛋白酶、酸性磷酸酶、碱性磷酸酶、纤维素酶、核酸酶等)。液泡可与细胞质进行物质交换,液泡中所含的水分同时起到调节细胞的渗透压的作用。

一些酵母菌还含有由单层膜构成的颗粒——微体,常呈圆形或卵圆形,直径 0.5～1.5 nm。微体分为两大基本类型,即过氧化氢酶体和乙醛酸酶体。前者含有氧化酶,可将细胞内产生的过氧化物降解,从而避免这些过氧化物对核酸和蛋白质结构的破坏。后者含有乙醛酸循环中所需的酶,如热带假丝酵母在以葡萄糖为碳源培养时,微体较少,而以烃为碳源时较多,可见微体可能在以烃类物质和甲醇为碳源的代谢中起作用。

4. 细胞核

酵母菌的细胞核是由双层单位膜构成的核膜包裹的真核,这是酵母菌生物化学、遗传学过程的控制中心,携带有整个细胞的绝大部分遗传物质。核的直径一般为 2～3 μm,幼龄的核一般呈圆形,位于细胞的中央,成年后由于液泡的出现和扩大而被挤到一边,呈肾形。核外由厚度为 8～20 nm 的核膜包裹,膜上具有大量的直径为 40～70 nm 的核孔,以此可增加核内、外物质的交换。用显微镜观察可见核内有一中心稠密区,即核仁。核仁是细胞核中一个没有膜包裹的圆形或椭圆形小体,是合成核糖体的场所,被一层均匀的无明显结构的核质包围。酵母菌染色体差异较大,如汉逊酵母只有 4 条染色体,啤酒酵母有 17 条染色体。染色体呈线状,其主要成分是 DNA、组蛋白及其他蛋白质。每条染色体上都有一个着丝点。同其他真菌一样,其基因组尽管约为原核生物的十倍,但与高等动植物相比,仍相当小。

二、酵母菌的繁殖方式及生活史

酵母菌的繁殖可分为无性繁殖和有性繁殖两种形式。其生活史也因无性繁殖和有性繁殖的交替而有不同的类型。

1. 无性繁殖

无性繁殖主要有芽殖、裂殖及产生无性孢子等方式。

(1) 芽殖。

芽殖是酵母菌最主要、最常见的无性繁殖方式。

成熟的酵母菌细胞核附近的液泡首先产生一根小管,同时由于水解酶对细胞壁多糖的分解,使细胞壁变薄,此部位细胞表面即产生一个小突起,接着小管进入突起,之后母细胞核分裂成两个,一个核留在母细胞内,另一个核随母细胞的部分原生质进入小突起内,小突起逐渐增大而成为芽体。当芽体长到母细胞大小一半时,两者相连部分收缩,并产生隔膜,使芽体与母细胞分开,成为独立生活的新细胞。这一过程在母体细胞上留下芽痕,但芽痕在光学显微镜下是看不见的,同时在子细胞的相应部位留下胎痕。尔后又可形成新的芽体,如此循环往复,不断形成新的个体(图 2-23)。

芽体可以从母细胞的不同点上产生,这种方式称为多端芽殖,如啤酒酵母。但在一些酵母中(如路德类酵母)芽体总是从细胞上的相同一点发生的,通常是在细胞的两端,称为两端芽殖。

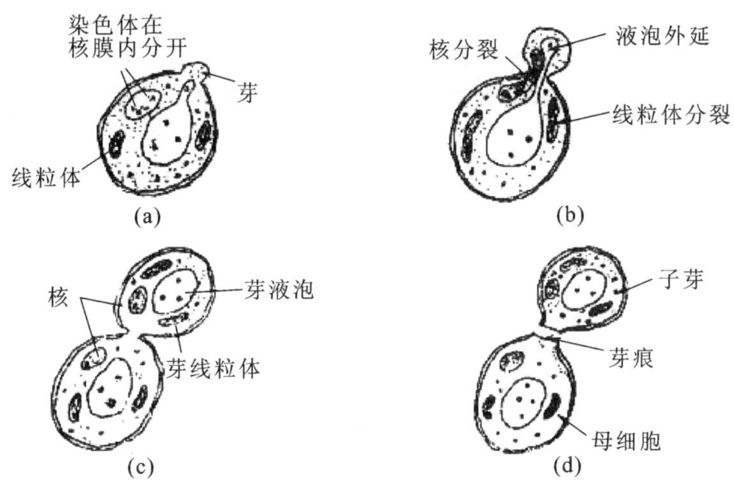

图 2-23 酵母菌的芽殖过程

有的酵母在芽殖过程中，芽体往往不从母体上脱落而继续出芽，因此许多酵母细胞首尾相接而形成假的菌丝链，称为假菌丝。有些酵母仅有原始型的短链或延长的细胞，有些酵母假菌丝很发达。一般在固体培养基上容易产生假菌丝，而在液体培养基中难于观察到假菌丝。

(2) 裂殖。

裂殖即分裂繁殖，是少数酵母菌进行的无性繁殖方式，但这种裂殖不同于原核细胞的裂殖方式。如在粟酒裂殖酵母、八孢裂殖酵母等中，裂殖开始时母体的一端或两端拉长，形成一个圆柱体并进行有丝分裂，在接近母体中间的部位产生一个隔膜，由此将母细胞横分成两个大小相等的子细胞。

(3) 无性孢子。

有些酵母菌可以通过产生无性孢子进行繁殖。比如掷孢酵母可产生掷孢子，掷孢子是在卵圆形的营养细胞上长出的小梗上形成的，外形呈肾状、镰刀形或豆形，孢子成熟后通过一种特有的喷射机制将孢子射出；又如白假丝酵母可在其假菌丝的顶端产生厚垣孢子等。

2. 有性繁殖

酵母菌以形成子囊孢子的方式进行有性繁殖，其过程分为质配、核配、减数分裂形成子囊孢子三个阶段。

(1) 质配。

生长发育到一定阶段的酵母菌分化出不同性别的细胞，当两个性别不同的酵母菌细胞相互接近时，各伸出一个管状的原生质突起而相接触；接触处细胞壁和细胞膜变薄而溶解，在两个细胞之间形成一个通道，两个细胞的细胞质接触融合，此过程称为质配。

(2) 核配。

经质配后，形成一个细胞中含有两个不同遗传特性的核，即形成异核体。此后两个核在接合中融合，形成双倍体核的接合子；接合子可直接经减数分裂形成子囊孢子，也可形成芽细胞，经多代的营养繁殖，再经减数分裂形成子囊孢子。双倍体细胞因其大、生命力强而被广泛应用。

(3) 减数分裂及子囊孢子的形成。

接合子在合适的条件下形成子囊，囊内的核经减数分裂，有的在减数分裂后还要经过一次分裂，在子囊内形成 4 个或 8 个子囊孢子。

3. 酵母菌的生活史

酵母菌的生活史是指从酵母菌的一种孢子开始，经过一定的生长发育阶段，最后又产生同一种孢子的过程。酵母菌的生活史可分为以下三种类型(图 2-24)。

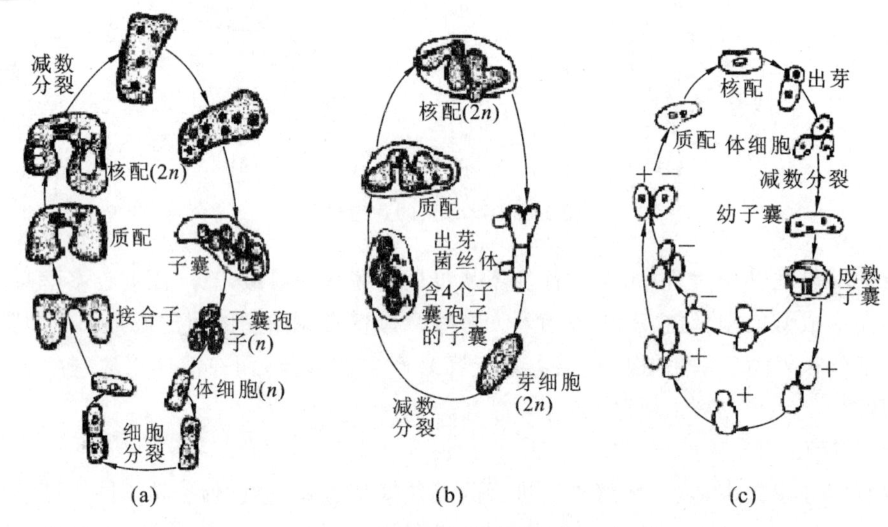

图 2-24 酵母菌的生活史类型

(1) 单倍体型。

以八孢裂殖酵母为代表，单倍体营养细胞为长形、单核，在其生活史中占主要地位，双倍体营养阶段较短，单倍体营养细胞的无性繁殖方式为裂殖。每个营养细胞都有成为配子囊的潜能。两个营养细胞接触后立即进行核配，双倍体的核也立即进行减数分裂，后再经一次分裂形成 8 个单倍体的子囊孢子，子囊孢子成熟后又萌发形成新的个体。如此循环，周而复始。

(2) 双倍体型。

以路德类酵母为代表，双倍体细胞阶段在生活史中占主要地位。该类酵母的营养细胞为双倍体，只是在有性繁殖时形成的子囊孢子为单倍体。经有性繁殖形成的子囊孢子在子囊内就发生接合，经质配、核配形成双倍体的接合子，此接合子并不立即进行减数分裂，而是直接萌发，穿破子囊壁，然后以出芽的方式进行无性繁殖。

(3) 单、双倍体型。

以啤酒酵母为代表，其特点是单倍体营养细胞和双倍体营养细胞均可进行出芽生殖。其子囊孢子在合适的条件下萌发成单倍体的营养细胞，然后以出芽的方式不断进行繁殖；经过一段时间后两个性别不同的营养细胞彼此接合，经质配、核配后形成双倍体的营养细胞，此双倍体的营养细胞并不是立即进行减数分裂，而是不断进行出芽繁殖，在特定的条件下，双倍体的营养细胞转变成子囊，再经减数分裂形成 4 个子囊孢子。如此循环。

三、酵母菌的菌落特征

由于酵母菌是单细胞的微生物,其菌落特征与细菌相似,通常表面湿润、光滑,有一定的透明度,容易挑起,菌落质地均匀,正、反面和边缘、中央的颜色都很均一。但酵母菌细胞较细菌大,其大小大约是细菌的十倍,因此酵母菌的菌落通常较细菌的大,且较厚。有些种会因培养时间较长而使菌落表面皱缩,颜色也较原来暗。菌落颜色多为乳白色,少数呈红色(如红酵母、掷孢酵母等)及其他颜色。假丝酵母因其边缘常产生丰富藕节状假菌丝,故细胞易向外围蔓延,使菌落较大,扁平而无光泽,边缘不整齐(图 2-25)。

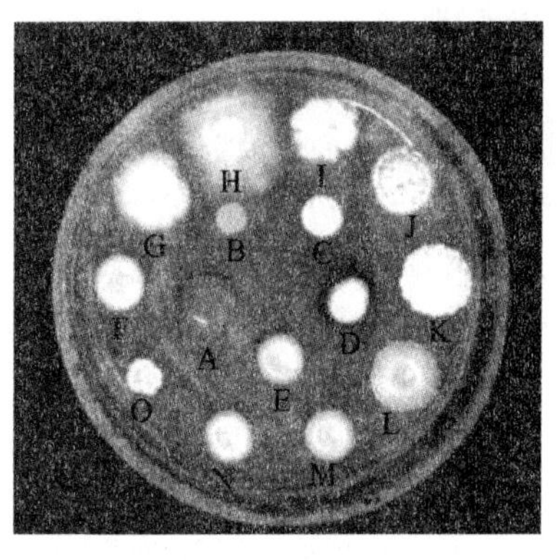

图 2-25 酵母菌的菌落类型

A 深红酵母(*Rhodotorula rubra*);B 玫红法佛酵母(*Phaffia rhodozyma*);C 大型罗伦隐球酵母(*Cryptococcus laurentii*);D 美极梅奇酵母(*Metschnikowia pulcherrima*);E 浅红酵母(*Rhodotorula pallida*);F 酿酒酵母(*Saccharomyces cerevisiae*);G 产朊假丝酵母(*Candida utilis*);H 出芽短梗霉(*Aureobasidium pullulans*);I 多孢丝孢酵母(*Trichosporon cutaneum*);J 荚复膜孢酵母(*Saccharomycopsis capsularis*);K 解脂复膜孢酵母(*Saccharomycopsis lipolytica*);L 季也蒙有孢汉逊酵母(*Hanseniaspora guilliermondii*);M 碎囊汉逊酵母(*Hansenula capsulata*);N 卡氏酵母(*Saccharomyces carlsbergensis*);O 鲁氏酵母(*Sarcharomyces rouxii*)

在液体培养基中生长的酵母,可使培养液变混浊。不同种类的酵母有不同的培养特征:有的酵母菌生长在培养基底部并产生沉淀;有的可在培养基中均匀生长;有的在培养基表面生长并形成菌膜等。

四、常见的酵母菌种类

酵母菌的种类较多,分类比较复杂。分类依据除形态特征、繁殖特征、培养特征外,还必须参考其生理生化特征,如发酵各种糖的能力、利用各种碳水化合物的能力、氮源的利用能力、代谢产物的形成情况等。常见的酵母菌如下。

1. 酿酒酵母

这是发酵工业上最常用的菌种之一,广泛应用于啤酒、白酒、果酒的酿造和面包的制造,因其含有丰富的维生素、蛋白质等,因而也用作饲料和药物,具有较大的经济价值。按细胞长与宽的比例可将其分为三组。第一组细胞多为圆形或卵形,长与宽之比为(1～2)∶1。这类酵母应用广泛,可用于酿造酒类和制作面包。但因其不能耐高浓度盐类,故只适用于以糖化的淀粉质为原料生产乙醇和白酒。第二组细胞形状以卵形或长卵形为主,也有些圆形或短卵形细胞,长与宽之比通常为 2∶1。常形成假菌丝,但不发达也不典型。这类酵母主要用于酿造葡萄酒和果酒,也可用于酿造啤酒、蒸馏酒和酵母生产。第三组大部分细胞长宽之比大于 2∶1,其特点为耐高渗压,可忍受高浓度盐类。可用甘蔗糖蜜做原料进行酒精发酵。

在麦芽汁琼脂培养基上培养的酿酒酵母菌的菌落为乳白色,有光泽、平坦,边缘整齐。

2. 栗酒裂殖酵母

细胞呈圆柱形或圆筒形,末端圆钝,大小为(3.55～4.02) μm×(7.11～24.9) μm。营养繁殖为裂殖,无真菌丝。子囊由两个营养细胞接合后形成,子囊内有 1～4 个圆形的子囊孢子,直径为 3～4 μm。在液体培养基中无醭(醋或酱油等表面上长的白色霉),在麦芽汁中能发酵,液体混浊有沉淀。在麦芽汁琼脂斜面上培养的菌落为乳白色,光亮、平滑、边缘整齐。其用途主要是酿酒。

3. 产朊假丝酵母

细胞呈圆形、卵形或长形,大小为(3.5～4.5) μm×(7～13) μm,多边芽殖;液体培养时无醭,管底有菌体沉淀,能发酵。在麦芽汁琼脂斜面上培养的菌落为乳白色,平滑,有光泽或无光泽,边缘整齐或呈菌丝状。在加盖玻片的玉米粉琼脂培养基上培养,仅能生出原始假菌丝或不发达的假菌丝或无假菌丝;不产生真菌丝。因其蛋白质和B族维生素的含量比酿酒酵母高,且能以尿素和硝酸盐为氮源,在培养基中不需要加入任何生长因子即可生长,既能利用造纸工业的亚硫酸废液,又能利用糖蜜、木材水解液等生产出可食用的蛋白质,因此可作食品酵母和饲料酵母。

4. 热带假丝酵母

热带假丝酵母是最常见的假丝酵母,在25 ℃葡萄糖-酵母汁-蛋白胨液体培养基中培养30 d,细胞呈球状或卵圆形,大小为(4～8) μm×(6～11) μm,在麦芽汁琼脂上菌落为白色,或奶油色,无光泽或稍有光泽,软而平滑或部分有皱纹,培养时间长时菌落变硬。在加盖玻片的玉米粉琼脂培养基上培养,可看到大量的假菌丝和芽生孢子。该菌氧化烃类物质的能力强,可利用石油生产饲料酵母,也可利用农副产品和工业废弃物生产饲料酵母。

5. 异常汉逊酵母

细胞呈圆形、椭圆形或腊肠形,大小为(2.5～6) μm×(4.5～20) μm,有的细胞长达30 μm,多边芽殖。发酵液面有白色菌醭,培养液混浊,有菌体沉淀于管底。在麦芽汁琼脂斜面上,菌落平坦,为乳白色,无光泽,边缘丝状。在加盖玻片的马铃薯葡萄糖琼脂培养基上,能形成发达的树枝状假菌丝,芽细胞呈圆形或椭圆形,菌丝顶端细胞很长,可达20 μm。细胞能直接变成子囊,每个子囊含1～4个(多数为2个)帽形孢子。子囊孢子由子囊内放出后常不散开。其用途为:产脂;增加饮料酒香味;酿造香槟酒;白酒生香,黄酒生香。

6. 粉状毕赤酵母

细胞具不同形状,多芽殖,可形成假菌丝。子囊孢子呈球形、帽形或星形。子囊孢子表面光滑。每囊含1～4个孢子,子囊易破裂。粉状毕赤酵母可用于木糖醇、多羟基化合物、甘油等的生产及酿造白酒,在基因工程中也有重要应用。

任务二 霉菌的形态结构及观察技术

扫码看PPT

霉菌(mould,mold)属于丝状真菌(filamentous fungus)。凡在营养基质上形成绒毛状、棉絮状或蜘蛛网状的菌丝,同时不产生大型子实体的真菌,统称为霉菌,它们往往在潮湿的气候条件下大量生长繁殖,陆生性较强。霉菌在分类学上分别属于壶菌门、接合菌门、子囊菌门和半知菌类。

霉菌在自然界分布广泛,与人类生产、生活关系密切。人们很早就将霉菌用于酱与酱油酿造、豆腐乳发酵和酿酒等,现在人们利用它们发酵生产酶类、有机酸、抗生素等生产、生活物资。当然霉菌也有对人类不利的方面,比如可引起一些动、植物病害,能引起木材、橡胶和食品等发生“霉变”等。

一、霉菌的形态结构

霉菌的菌体均由分枝或不分枝的菌丝构成，由于菌丝几乎可以沿着它的长度的任何一点发生分枝，因此许多菌丝交织在一起形成菌丝体。菌丝在光学显微镜下呈管状，直径一般为 3～10 μm，比一般放线菌的菌丝大几倍到几十倍。菌丝细胞结构类似于酵母菌，由细胞壁、细胞膜、细胞质、细胞核构成。其细胞壁厚 100～300 nm，主要由多糖（占 80%～90%）组成，除少数低等霉菌细胞壁中含纤维素外，大部分霉菌细胞壁由几丁质组成。其他结构均与酵母菌类似。

1. 菌丝的类型及其分化

霉菌的菌丝有两类，即无隔菌丝和有隔菌丝（图 2-26）。无隔菌丝中无横隔膜，整个菌丝为长管状单细胞，细胞质内含有多个细胞核。其生长过程只表现为菌丝的延长和细胞核的裂殖增多及细胞质的增加，壶菌门和接合菌门的真菌菌丝属于此种形式。

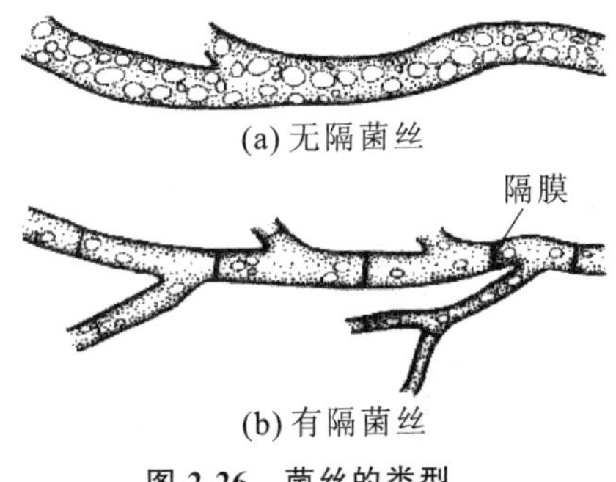

图 2-26　菌丝的类型

有隔菌丝由横隔膜分隔成成串的细胞，每个细胞内含有一个或多个细胞核。隔膜是由菌丝细胞壁向内做环状生长而形成的，在隔膜上有 1 个或多个小孔，使细胞间的细胞质和营养物质可以相互连通。隔膜可以有单孔型、多孔型、桶型等不同类型。因此，有隔菌丝的整个菌丝体是由多个细胞构成的。子囊菌门、半知菌类等高等真菌的菌丝皆为有隔菌丝。

霉菌的菌丝还可根据其在固体培养基中所处的位置和功能将其分为营养菌丝、气生菌丝、繁殖菌丝。在固体培养基上伸入培养基内吸收水分及养料的菌丝，称为营养菌丝或基内菌丝，伸展到空气中的菌丝通常称为气生菌丝，有些气生菌丝发育到一定阶段可以产生孢子，又称为繁殖菌丝。

2. 霉菌菌丝的特化形式

菌丝在长期适应不同外界环境条件的过程中，产生了不同类型的变态（特化），这些特化的菌丝在长期深化过程中被赋予特殊的功能。菌丝的特化类型主要如下。

(1) 吸器。

许多植物寄生的霉菌的菌丝体生长在寄主细胞表面，从菌丝上发生旁枝侵入寄主细胞内吸收养料，而菌丝本身不进入寄主细胞内，这种结构称为吸器（图 2-27）。吸器有各种形状，如丝状、指状、球状等，一般专性寄生真菌都有吸器。

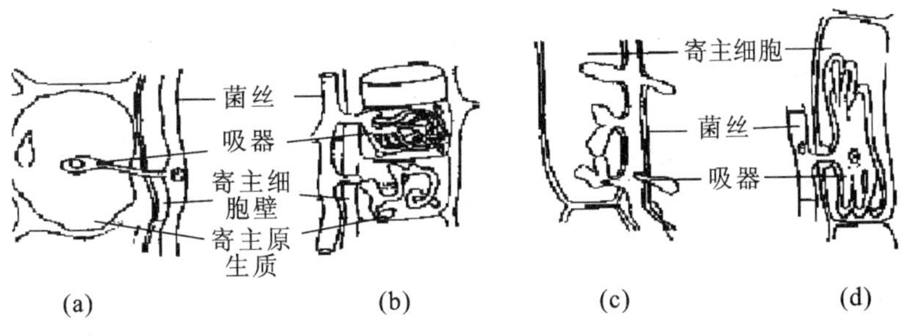

图 2-27　真菌的吸器

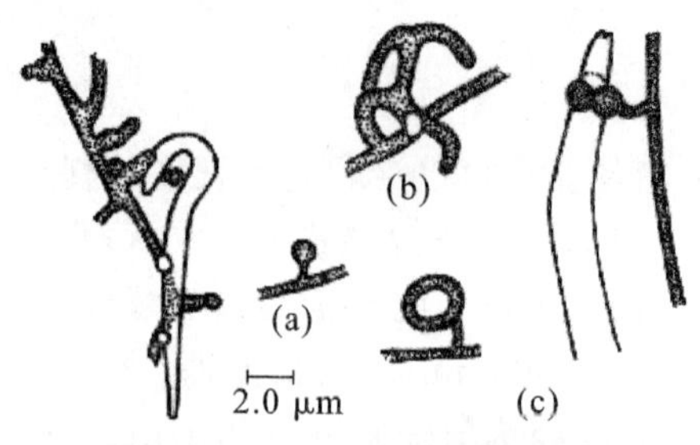

图 2-28　菌丝的特化类型

(2) 菌环和菌网。

捕虫菌目的真菌和一些半知菌会产生菌环和菌网等特化菌丝,其功能是捕捉线虫类原生动物,然后从环或网上生出菌丝侵入线虫体内吸收养料,或在菌丝的顶端形成一黏性的球状物来捕捉线虫,黏住线虫后由球状物产生菌丝侵入寄主。如图 2-28 所示,图中,(a)所示为拳头状捕捉菌丝,其中一些黏住一条线虫;(b)所示为网状捕捉菌丝;(c)所示为环状捕捉菌丝,右侧为 3 个膨大细胞卡住一条线虫。

(3) 匍匐菌丝和假根。

毛霉目真菌(如根霉)常形成延伸的匍匐状的菌丝,当伸展到一定距离后,即在基物上生成根状菌丝——假根,再向前形成新的匍匐菌丝。

菌丝体生长到一定阶段后,由于适应一定的环境条件或抵御不良的环境,菌丝体变成疏松的或紧密的密丝组织,形成特殊的组织体。具体情况如下。

① 菌索和菌丝束。

一些真菌在吸收营养物质时菌丝体出现集群现象,形成如菌索(图 2-29)和菌丝束的特殊的运输结构,这些结构在缺少营养的环境中为菌体提供基本的营养来源,尤其是在高等担子菌中及木材腐败真菌中。

② 菌核。

菌核是菌丝聚集和黏附面形成的休眠的菌丝组织,同时又是糖类和脂类等营养物质的储藏体。菌核的结构可分两层,其外层称为皮层,较坚硬、色深,是由紧密交错的具有光泽而又有厚壁的菌丝细胞组成,有一层或数层细胞厚;内层称为髓层,疏松,由无色菌丝交错组成。菌核大小差别较大,大的如雷丸的菌核(图 2-30),可重达 15 kg,而小的菌核仅如小米粒大。

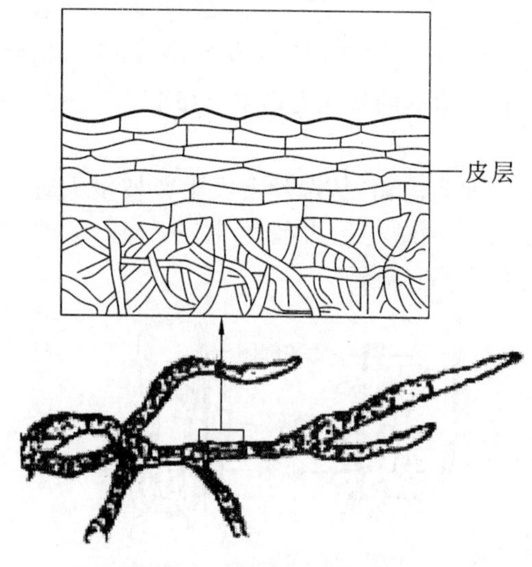

图 2-29　菌索及其纵切面

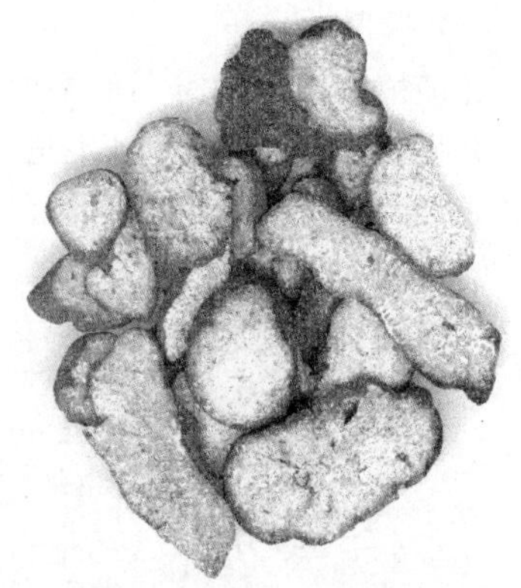
图 2-30　雷丸的菌核

③ 子座。

子座是由许多有隔菌丝体在生长到一定时期时形成的密丝组织构成的有一定形状的、用来进行繁殖的结构。子座有垫状、柱状、棍棒状、头状等，可由菌丝单独组成，也可由菌丝与寄主组织构成。子座成熟后，在其内部或上部可发育出各种无性繁殖或有性繁殖的结构。

二、霉菌的繁殖

霉菌具有很强的繁殖能力。虽然霉菌可以通过菌丝体断裂的方式产生新的个体，但是在自然条件下霉菌主要还是以产生无性孢子和有性孢子的方式大量形成新个体的。

1. 无性孢子繁殖

无性孢子繁殖是指不经过两性细胞的配合，只是通过营养菌丝的分化而形成同种新个体的过程。其特点是分散、量大。霉菌产生的无性孢子主要有游动孢子、孢囊孢子、分生孢子、厚垣孢子、节孢子、粉孢子等(图 2-31)。

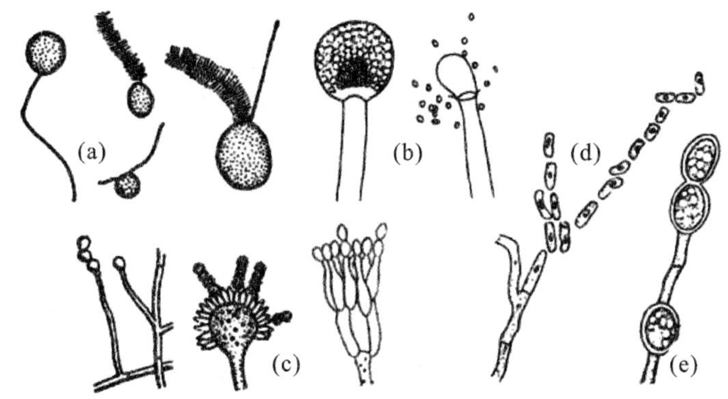

图 2-31 真菌的无性孢子

注：(a)为游动孢子(zoospore)；(b)为孢囊孢子(sporangiospore)；(c)为分生孢子(conidiospore)；(d)为节孢子(arthrospore)；(e)为厚垣孢子(chlamydospore)。

(1) 游动孢子。

壶菌的菌丝可直接膨大形成或发育成各种形状的游动孢子囊，游动孢子囊内的原生质体分割成许多小块，小块逐渐变圆，围以薄膜而形成游动孢子。游动孢子呈肾形、梨形或球形，具一或两根鞭毛，多处于细胞的一端。在水中游动一段时间后，鞭毛收缩，产生细胞壁，进行休眠，然后萌发形成新个体。产生游动孢子的霉菌多为水生真菌。

霉菌的鞭毛是由微管构成的。微管是由微管蛋白聚合而成的微细的中空的管，直径约为 25 nm。微管以轴纤丝的形式参与鞭毛的构成，由 9 对微管包围 2 个微管，形成“9＋2”结构，这种结构与其他真核生物的鞭毛结构相似(图 2-32)。

(2) 孢囊孢子。

孢囊孢子是一种在一个特殊的孢子囊内形成的内生孢子。霉菌发育到一定的阶段，其菌丝顶端细胞膨大而成圆形、椭圆形或梨形的囊状结构，并在下方生出无孔横隔与菌丝分开而形成孢子囊。孢子囊逐渐长大，其中含密集细胞质并形成许多核，每个核外包以原

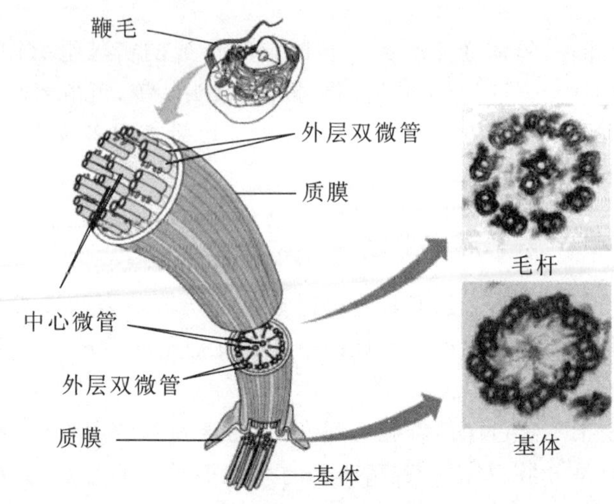

图 2-32 真菌鞭毛的结构

生质并产生孢子壁,即成孢囊孢子。原来膨大的细胞壁就成为孢囊壁。带有孢子囊的梗称为孢囊梗。孢囊梗伸入到孢子囊中的部分称为囊轴。孢子囊成熟后孢子囊破裂,孢囊孢子扩散出来,有的孢子囊壁不破裂,孢子从孢子囊上的管或孔口溢出。孢囊孢子无鞭毛,不能游动,因此又称为静止孢子。

(3) 分生孢子。

分生孢子是霉菌中常见的一类无性孢子,是生于菌丝细胞外的孢子,所以称为外生孢子。分生孢子的发育有芽殖型和菌丝型两种类型。

芽殖型的发育类型分生孢子的形成过程与菌丝顶端的生长过程相似,分生孢子如菌丝或分生孢子梗以吹气球的方式从吹出点长大;分生孢子梗可以单独着生,也可以生长在一起,形成特殊的结构,通称为载孢体。载孢体的主要类型包括孢梗束、分生孢子座、分生孢子器和分生孢子盘等。

菌丝型发育类型在形成分生孢子时,菌丝顶端生长停止,由原来菌丝的顶端形成隔膜后断裂而形成 1 个或 1 串分生孢子。所有菌丝参与分生孢子的壁称为外生节孢子发育型,外层壁破裂仅留下内层壁包围分生孢子的称为内生节孢子发育型。

(4) 厚垣孢子。

厚垣孢子又称厚壁孢子,是由菌丝中间或顶端的个别细胞膨大,原生质浓缩,脂类物质密集,然后在其四周生出厚壁或原来的细胞壁加厚,形成圆形、纺锤形或长方形的休眠孢子,有的表面还有刺或疣状突起。厚垣孢子是霉菌度过不良环境期的一种休眠细胞,可抵抗热与干燥等不良环境条件,寿命较长。有的真菌在营养丰富、环境条件正常时也能形成厚垣孢子。

2. 有性孢子繁殖

霉菌与其他真菌一样,其有性繁殖过程包括三个不同的阶段:质配,即两个性别不同的细胞的原生质融合在一起;核配,即由质配带入同一个细胞内的两个核相结合,产生双倍体的接合子核;减数分裂,形成染色体数目减半的有性孢子。霉菌的有性繁殖不及无性繁殖普遍，多发生于特定的条件下，在一般的培养条件下不容易出现。不同的霉菌其有性繁殖方式是不一样的，常见的真菌有性孢子有卵孢子、接合孢子、子囊孢子和担孢子。

（1）卵孢子。

卵孢子是由两个异型的配子囊结合发育而成的有性孢子，是壶菌门真菌有性孢子的代表。小型配子囊称为雄器，大型的配子囊称为藏卵器。在藏卵器中，原生质在与雄器配合之前往往收缩成一个或数个原生质团，称为卵球。当雄器与藏卵器配合时，雄器中的细胞质和细胞核通过受精管进入藏卵器与卵球配合，此后卵球生出外壁发育成双倍体的厚壁的卵孢子（图 2-33）。卵孢子的数量取决于卵球的数量。

（2）接合孢子。

接合孢子是接合菌门典型的有性孢子，是由菌丝生出的形态相同或略有差异的配子囊接合而成的。当两个相邻的菌丝相遇时，各自向对方生出极短的侧枝，称为原配子囊。原配子囊接触后，顶端各自膨大并形成横隔，即为配子囊；配子囊下面的部分称为配囊柄。相接触的两个配子囊之间的横隔消失，其细胞质与细胞核互相配合，同时外部形成厚壁，即为接合孢子（图 2-34）。在适宜的条件下，接合孢子可萌发成新的菌丝体。根霉的无性繁殖及接合孢子形成过程见图 2-35。

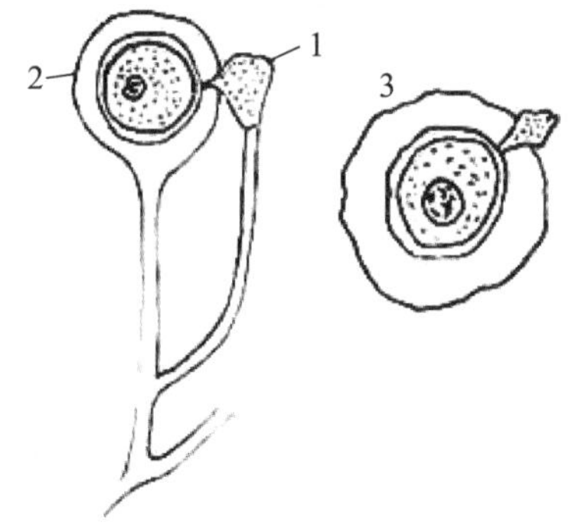

图 2-33　真菌的卵孢子

1—雄器；2—藏卵器；3—卵孢子

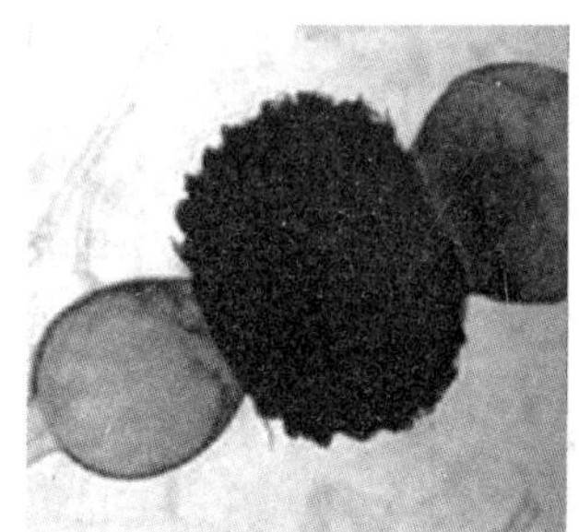

图 2-34　真菌的接合孢子

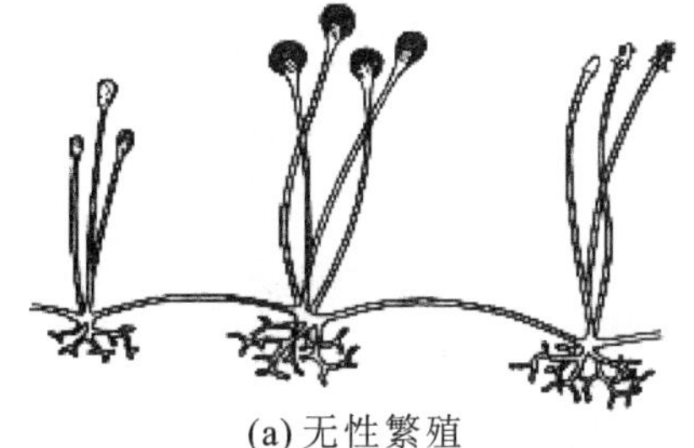

(a) 无性繁殖

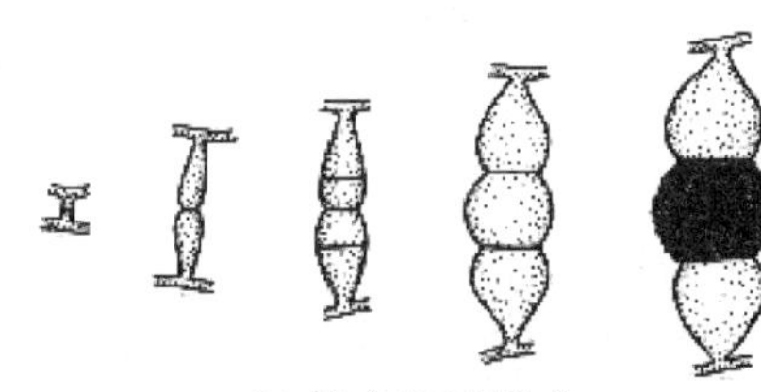

(b) 接合孢子形成

图 2-35　根霉的无性繁殖及接合孢子形成过程

根据产生接合孢子的菌丝的来源及亲和力的差异，可将霉菌接合孢子的形成分成同宗配合和异宗配合两种方式。同宗配合是每一个菌体都是自身可孕的，来自同一个菌丝体的两根菌丝靠近时，便生出雌雄配子囊，经接触后产生接合孢子，甚至在同一菌丝的分

枝上也会接触而形成接合孢子。异宗配合是自交不育的,只有两种不同质的菌丝相遇后才可进行有性繁殖。这种有亲和力的菌丝在形态上并无区别,通常用“+”或“-”符号来表示。

(3) 子囊孢子。

子囊孢子是子囊菌门霉菌有性繁殖所形成的有性孢子。子囊孢子形成于子囊中,先是同一菌丝或相邻的两菌丝上的两个大小和形状不同的性细胞即雄器和产囊体互相接触,其中雄器顶端有受精丝。雄器中的细胞质和核经受精丝进入产囊体即质配。质配后产囊体上形成许多丝状分枝的产囊丝,成对的核移入其中。经几次分裂而形成多核,后产囊器生出横隔,隔成多细胞,其中产囊丝顶端细胞含有分别来自雄器和产囊体的两个核。这个顶端细胞伸长并弯曲形成产囊丝钩,而后形成一囊状的子囊母细胞(原子囊),在此进行核配,同时再由子囊母细胞发育成子囊。在子囊内经减数分裂形成内生的单倍体的子囊孢子。在子囊和子囊孢子发育的过程中(图 2-36),一些霉菌的子囊是被包裹在一个由菌丝组成的包被内,形成具有一定开关的子实体——子囊果。子囊果(图 2-37)有 4 种类型。

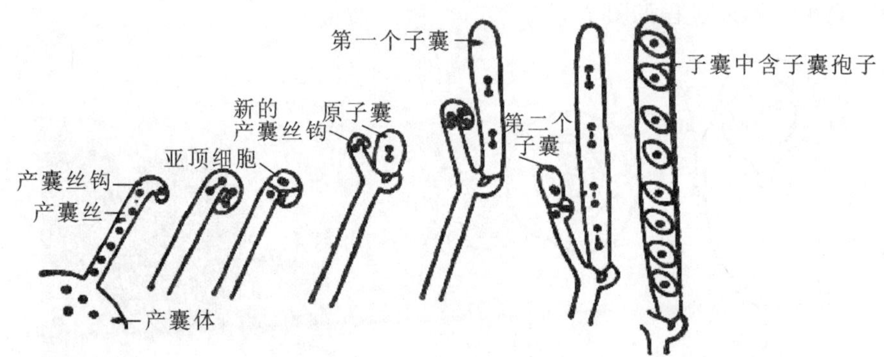

图 2-36　子囊的发育

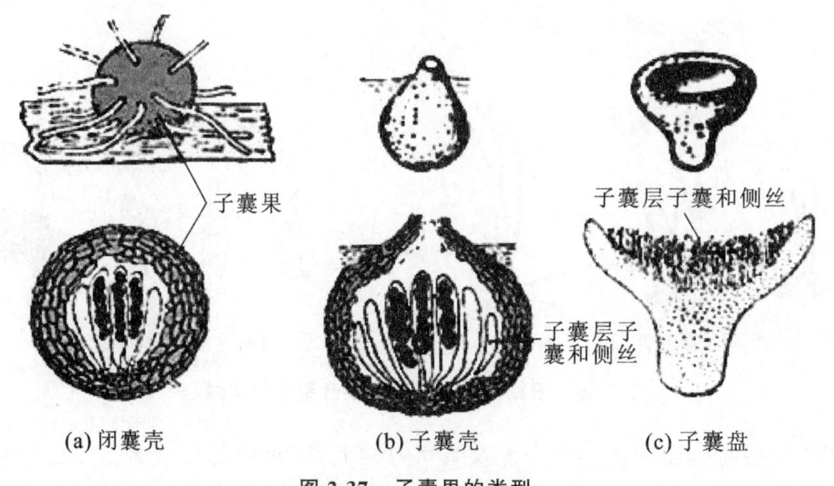

图 2-37　子囊果的类型

(a) 闭囊壳:为完全封闭式,呈圆球形。

(b) 子囊壳:其子囊果有点封闭,但留有孔口,似烧瓶形。

(c) 子囊盘:一种杯状或盘状的敞口子囊果,它是盘菌纲真菌的特有结构。

(d) 假囊壳:子囊单独且成束地着生在子座的腔中,这种被称为子囊座或假囊壳的子座是由紧密交织在一起的营养菌丝形成的垫状结构。

子囊孢子成熟后即被释放出来。子囊孢子的形状、大小、颜色、纹饰等差别很大,多用来作为子囊菌的分类依据。

三、霉菌菌落特征

霉菌的菌落和放线菌的菌落相似,是由分枝状菌丝体组成,由于其菌丝较粗且长,因此形成的菌落比较疏松,常呈现绒毛状、棉絮状、毯状、绳索状、皮革状或蜘蛛网状等。一些霉菌,如青霉和曲霉等,其菌落有一定的局限性,直径为 1～2 cm 或更小。另一些如根霉、毛霉、链孢霉等霉菌菌丝生长很快,且在固体培养基表面蔓延,其菌落没有固定的大小,可充满整个容器。因此,在固体发酵和食用菌栽培过程中,如污染了这类霉菌又不及时处理,往往会造成经济损失。

由于霉菌形成的孢子有不同的形状、颜色和构造,所以菌落表面可呈现肉眼可见的不同结构与色泽特征,有的霉菌产生的水溶性色素可分泌到培养基中,使培养基的颜色及菌落背面也呈现与正面不同的颜色。一些霉菌因生长较快,使得菌落中心与边缘的特征也有一些差异。霉菌在一定的培养基上形成的菌落大小、形状、颜色等是比较一致的,因此可以作为霉菌鉴定的主要依据之一。另外,同一霉菌在不同成分的培养基上形成的菌落特征可能有变化,在进行鉴定时也要引起注意。

四、常见的霉菌种类

1. 黑根霉(*Rhizopus nigricans*)

黑根霉亦称匐枝根霉、面包霉。匍匐菌丝,无色,弓状弯曲,在与基质相接触处产生假根。假根非常发达,根状,褐色,分枝多;孢囊梗直立,灰褐色到暗褐色,光滑或稍微粗糙。孢子囊呈球形或近似球形,老熟后呈黑色,直径 50～360 μm。囊轴为球形、近似球形、钝圆锥形或卵形,壁光滑,灰褐色。囊托大而明显,呈楔形。孢囊孢子呈球形、卵形、椭圆形或其他不规则形状,表面有线状纹,灰色或略带灰蓝色,大小为(7.5～8) μm×(5.5～13) μm。菌丝上一般不形成厚垣孢子。接合孢子近似球形,黑色,有瘤状突起,直径 150～220 μm。配囊柄对生,无色,无附属物,异宗配合。其菌落初期为白色,老熟后呈灰褐色或黑色。此菌最适生长温度为 28 ℃,在 37 ℃不能生长。它不能利用硝酸盐,在察氏培养基上不能生长或生长极弱,但可利用$(NH_4)_2SO_4$代替 $NaNO_3$。

该菌分布广泛,在土壤、空气、各种动物粪便中常有分布,也常寄生在面包和日常食品上,或混杂于培养基中。菌丝体可分泌出果胶酶,分解寄主的细胞壁,感染部位很快会腐烂形成黑斑。瓜果蔬菜等在运输和储藏中的腐烂及甘薯的软腐都与其有关,黑根霉是目前发酵工业上常使用的微生物菌种。甜酒曲中的主要菌种就是黑根霉(利用它的糖化作用)。

2. 总状毛霉(*Mucor racemosus*)

菌丝灰白色,直立而稍短,孢囊梗最初不分枝,其后形成短的、稀疏的假轴状分枝,直径 8～20 μm。孢子囊呈球形、浅黄色或黄褐色,直径 20～100 μm,成熟时孢囊壁消解。囊轴呈球形或近似卵形,大小为(17～60) μm×(10～42) μm。孢囊孢子近似球形,大小为(4～7) μm×(5～10) μm,单个无色,聚集在孢囊中呈灰色。接合孢子呈球形,有粗糙的突起,直径 70～90 μm。配囊柄对生,无色,无附属物。可形成大量的厚垣孢子,其形状、大小不一,光滑,无色或黄色。

该菌最适生长温度为 20～25 ℃。菌落在马铃薯葡萄糖琼脂(PDA)培养基上培养 25 ℃,4 d 长满培养皿(直径约 9 cm),菌丝呈浅黄褐色,薄棉絮状,质地疏松,一般高度在 1 cm 以内,灰色或浅褐灰色。总状毛霉广泛分布于土壤、空气、粪便、谷物及其他生霉水果、蔬菜等基物上。酒曲中也常有总状毛霉。可产生有机酸,对甾族化合物有转化作用。对人、动物及植物的危害未见报道。

3. 黑曲霉(*Aspergillus niger*)

菌丝初为白色,后变成鲜黄色直至黑色厚绒状。分生孢子头幼时呈球形,渐变为放射形或裂成几个放射的柱状物,一般为 700～800 μm,褐黑色。分生孢子梗自基质中伸出,长短不一,一般为 1～3 mm,直径 15～20 μm,壁厚而光滑。其顶部形成球形顶囊,一般直径为 47～75 μm。褐色小梗双层,自顶囊表面着生,梗基一般为(20～30) μm×(5～61) μm,有时有横隔,小梗为(7～10) μm×(3～3.5) μm。分生孢子呈褐色,球形,直径大多为 4～5 μm,表面粗糙。有的菌系产生菌核,呈球形,白色,直径约 1 mm。在察氏培养基、麦芽汁培养基、PDA 培养基上,菌落生长均较快,28 ℃,7 d 菌落直径均可超过 45 mm,菌落平坦。

该菌在自然界分布极为广泛,在各种基质上普遍存在。它能引起水分较高的粮食霉变,也是其他材料上常见的霉腐菌。黑曲霉具有多种活性很强的酶系,是重要的发酵工业菌种,可生产淀粉酶、耐酸性蛋白酶、果胶酶、柚苷酶、橙皮苷酶、葡萄糖氧化酶、纤维素酶等,还能分解有机质产生多种有机酸,如抗坏血酸、柠檬酸、葡萄糖酸和没食子酸等。

4. 米曲霉(*Aspergillus oryzae*)

米曲霉的分生孢子头呈放射形,直径为 150～300 μm,少数为疏松柱状。分生孢子梗长约2 mm,近顶囊处直径可达 12～25 μm,壁较薄,粗糙。顶囊近似球形或烧瓶形,通常为40～50 μm。上覆单层小梗,小梗为(12～15) μm×(3～5) μm,偶有双层,也有单、双层小梗同时存在于一个顶囊的情况。分生孢子幼时呈洋梨形或椭圆形,老后大多变为球形或近似球形,一般为 4.5～7 μm,粗糙或近于光滑。

米曲霉菌落生长快,10 d 直径达 5～6 cm,质地疏松,初呈白色、黄色,后变为褐色至淡绿褐色,但不呈绿色,反面无色。该菌分布甚广,主要在粮食、发酵食品、腐败有机物和土壤等处。米曲霉是我国传统酿造食品酱和酱油的生产菌种,也可生产淀粉酶、蛋白酶、果胶酶等。

5. 黄曲霉(*Aspergillus flavus*)

黄曲霉菌体由许多复杂的分枝菌丝构成,营养菌丝具横隔。气生菌丝的一部分形成长的分生孢子梗,极粗糙,长度一般小于 1 mm,直径为 10～20 μm。顶端产生烧瓶形或近球形顶囊，一般为 25～45 μm。小梗单层、双层或单、双层同时生于一个顶囊上，梗基为(6～10) μm×(4～5.5) μm，小梗为(6.5～10) μm×(3～5) μm，小梗上着生成串的表面粗糙的近球形分生孢子，直径为 3～6 μm。分生孢子梗、顶囊、小梗和分生孢子合成孢子头，分生孢子头疏松，呈放射形，继而变为疏松柱状。有些菌系产生带黑色的菌核。

菌落生长较快，10～14 d 直径可达 3～4 cm 或 6～7 cm，最初带黄色，然后变成黄绿色，老后颜色变暗，平坦或有放射状皱纹，背面无色或略带褐色。黄曲霉菌在自然界分布极广，无论是土壤、腐败的有机质、储藏的粮食，还是各类食品中都会出现。黄曲霉中的某些菌系能产生黄曲霉素，特别在花生或花生饼粕上易于形成，能引起家畜严重中毒以至死亡。由于黄曲霉素还能致癌，因此近年来引起人们极高的关注，各国对它都进行了很多研究。黄曲霉可用于生产淀粉酶、蛋白酶和磷酸二酯酶等，也是酿造工业中的常见菌种。

6. 产黄青霉(*Penicillum chrysogenum*)

产黄青霉属于不对称青霉组，绒状青霉亚组，产黄青霉系。菌丝无色或浅色，有隔膜。分生孢子梗为(150～350) μm×(3～3.5) μm，直立，光滑。有不对称的帚状枝，由主轴(分生孢子梗)作 2～3 次分枝。副枝长短不等，一般为(15～25) μm×(3～3.5) μm。梗基为(10～12) μm×(2～3) μm，小梗 4～6 个，轮生，大小为(8～10) μm×(2～2.5) μm。分生孢子链呈相当明显的分散柱状，长度可达 200 μm。分生孢子呈椭圆形，为(2～4) μm×(2.8～3.5) μm，蓝绿色，少有近似球形者，壁光滑。

产黄青霉菌落生长快，10～12 d 直径可达 3～5 cm，致密绒状，有些则略显絮状，有明显的放射状沟纹，边缘呈白色，孢子很多，呈蓝绿色，老后有的呈现灰色或淡紫褐色。大多数菌系渗出液很多，聚成醒目的淡黄色至柠檬黄色的大滴，很具特色；无特殊气味；反面亮黄至暗黄色，色素扩散于培养基中。此菌普遍存在于空气、土壤及腐败的有机材料上，能产生多种酶类及有机酸。在工业生产上，用以生产葡萄糖氧化酶、葡萄糖酸、柠檬酸、抗坏血酸、青霉素。

7. 绿色木霉(*Trichoderma viride*)

绿色木霉菌丝无色，壁光滑，有隔膜，有分枝，分枝繁杂，直径为 1.5～8 μm。厚垣孢子间生于菌丝中或顶生于短侧枝上，多数为球形，极少为椭圆形，透明，壁光滑，直径可达 14 μm，通常在基底菌丝中产生。分生孢子梗为(8～12) μm×(2.5～3) μm，呈瓶形或锥形，基部稍窄，中部较宽，从中部以上变窄呈长颈形，近于直或中部弯曲，对生或互生分枝，次级分枝单个或以 2～3 个为一组，大角度伸出，分枝顶端着生瓶状小梗，由小梗生出多个分生孢子。分生孢子大多数为球形，直径为 2.5～4.8 μm，孢壁有明显的小疣状突起，在显微镜下观察单个孢子呈淡黄绿色。在分生孢子梗分枝上由黏液聚成孢子头。

木霉的菌落生长迅速，菌株在 PDA 培养基上扩展，最初为白色致密的基内菌丝，而后出现棉絮状气生菌丝，后期出现轮状的菌丝(密实产孢区)，颜色为绿色至深绿色。菌落反面无色。绿色木霉是纤维素酶的主要生产菌之一，也是食用菌生产中重要的污染菌。

8. 产黄头孢霉(*Cephalosporium chrysogenum*)

产黄头孢霉菌丝分枝，有隔，纤细，宽 1～1.2 μm，浅黄色；分生孢子梗为(10～15) μm×(1～1.5) μm，短，不分枝，无隔，微黄色，基部稍膨大，呈瓶状结构，互生、对生或轮生，分生孢子从小梗顶端溢出后至侧旁，靠黏液把它们黏成假丝状，遇水即散开，成熟的孢子近圆形、卵圆形、椭圆形或圆柱形，大小为(1.5～2.5) μm×(0.8～1.0) μm，微黄色。

在 24 ℃，菌落在 PDA 培养基及葡萄糖酵母膏琼脂培养基上培养时生长慢，8 d 后菌落直径为 12～15 mm，菌落开始为白色，然后变成黄色，菌落反面亦呈黄色。菌落的颜色随菌龄而变深，色素渗入基质中，菌落的表面呈网状或不规则的褶沟，菌落稍湿润。本菌种产头孢菌素 N 及头孢菌素 C，具有一定的经济价值。该菌在自然界广泛分布，如植物残体、种子、土壤、草食动物的粪便中等，空气中也存在大量的孢子。

阅读材料

食用菌　担子菌　蕈菌

蕈菌是指有显著子实体的大型真菌(地下或地上)，其子实体肉眼可见，徒手可摘。从分类上来看，蕈菌绝大部分属于担子菌，少数为子囊菌。

担子菌的菌丝大多可形成桶孔隔膜，菌丝发达，腐生或寄生于维管植物，也有的是与植物根共同生活形成。担子菌可产生两种不同的菌丝体：初生菌丝体、次生菌丝体。担孢子萌发形成的单核菌丝称为初生菌丝。初生菌丝经接合进行质配后并不立即进行核配，由此形成的一个菌丝细胞中含有两个不同来源的双核，这就是次生菌丝。一些高等的担子菌或形成三生菌丝体，这是在子实体形成时特殊化和组织化了的菌丝。在某些担子菌中，这种菌丝的分化特别显著，它们的三生菌丝可分化为 3 种类型，即生殖菌丝、骨架菌丝和缠绕菌丝。担子菌的无性繁殖是通过菌丝断裂产生粉孢子、分生孢子或孢子芽殖。在担子菌中，两性器官多退化，在双核菌丝的两个核分裂之前可以产生钩状分枝而形成锁状联合，这有利于双核并裂。双核菌丝的顶端细胞膨大为担子，担子内 2 个不同性别的核配合后形成 1 个双倍体的细胞核，经减数分裂后形成 4 个单倍体的核，同时在担子的顶端长出 4 个小梗，小梗顶端稍微膨大，最后 4 个核分别进入了小梗的膨大部分，形成 4 个外生的单倍体的担孢子。产生担孢子的复杂结构的菌丝体称为担子果，就是担子菌的子实体，其形态、大小、颜色各不相同，包括伞状、扇状、球状、头状、笔状等。

地球上的蕈菌品种经保守估计约为 140000 种，然而迄今已辨识的只有 15000 种。其中可食用的部分称为食用菌，食用菌俗称菇、菌、蕈、耳、蘑。我国的食用菌生产和消费目前是居于世界领先地位的，据估计我国有 1500～2000 种可食蕈菌，已辨识的为 981 种。如内蒙古草原上的口蘑及其组成的蘑菇圈向来为人们所乐道。四川通江的银耳早就是出口商品。香菇的独特香味则是众所周知的，在食用菌王国里还有具有“植物鸡”“真菌之花”等众多称谓的竹荪，贵为山珍的猴头菇及人们赋予传奇色彩的灵芝、虫草等等。到 2002 年，我国已经驯化 92 种食用菌，对其中 60 种进行了商业规模的栽培。食用菌的营养成分比较丰富。其蛋白质的含量为干重的 30%～45%，而且蛋白质和脂肪、胆固醇的比例适宜。食用菌的氨基酸种类齐全，含有人体必需但不能自身合成的 8 种氨基酸，还含有较丰富的维生素及 P、Ca、Fe 等营养成分，经常食用，可调节人的新陈代谢，有降低血压，减少胆固醇的功能。不少食用菌还具有药用价值，如密环菌与天麻的共生物对各种原因引起的头痛有效，马勃（俗称灰包）历来就是止血和治疗疮肿的良药，虫草、茯苓、灵芝都是名贵的中药。另外，常见的食用菌，如平菇、香菇、银耳、猴头菇等都具有一定的药效。特别值得注意的是，食用菌中还含有显著抗肿瘤作用的成分。

项目三　非细胞型微生物的形态结构及观察技术

1892 年，俄国植物生理学家伊万诺夫斯基发现烟草花叶病原体比细菌还小，能通过细菌过滤器，在光学显微镜下不能观察到，将其误认为是细菌毒素。后来，贝杰林克独立重复了伊万诺夫斯基的试验，经研究确认是一种比细菌更小的病原体，此后称之为过滤性病毒。后来相继发现了昆虫病毒、畜禽病毒、人的病毒、真菌病毒、细菌病毒（噬菌体）、支原体病毒等。自 1971 年起，人们又陆续发现了各种亚病毒，如类病毒、拟病毒、朊病毒等。以上类型的病毒、亚病毒统称为非细胞型微生物。

任务一　病毒的形态结构及观察技术

病毒（virus）是介于生命和非生命之间的一种物质形式，当其处于活细胞之外时，没有任何生命特征，是一种能形成结晶的有机物分子，只有进入到活细胞中才表现出生命的特征。病毒比细菌更微小，能通过细菌滤器，只含一种类型的核酸（DNA 或 RNA），是仅能在活细胞内增殖的非细胞形态的微生物。

一、病毒的生物学特性

作为一种特殊形态的生物，病毒区别于其他生物的主要特征如下。

（1）无细胞结构，仅为核酸被包于蛋白质外壳之内的病毒粒子。由于无细胞结构，因此没有个体生长和二分裂现象，缺乏酶系统或不完整，同时只对干扰素敏感，对抗生素不敏感。

（2）化学组成简单，其主要成分为蛋白质和核酸，其中核酸为遗传物质，一种病毒只含一种核酸，或 DNA 或 RNA。

（3）形态极其微小，一般能通过细菌过滤器，用电子显微镜才可观察到。

（4）严格的活细胞内寄生，必须依赖于寄主细胞进行自身的核酸复制，形成子代。

二、病毒的形态构造和化学组成

1. 病毒的形态和大小

成熟的结构完整的单个病毒颗粒称为病毒粒子（virion）或毒粒。病毒粒子的形态多种多样,有球形(如腺病毒)、砖形(如痘病毒)、丝状(如麻疹病毒)、杆状(如烟草花叶病毒)、蝌蚪状(如 T4 噬菌体)、子弹状(如狂犬病病毒),见图 2-38。

病毒粒子极其微小,大多数可以通过细菌过滤器,必须用电子显微镜才能观察到。病毒大小差别很大,用纳米(nm)为单位进行度量,最大的如痘病毒,直径可达 250 nm 以上,最小的如菜豆畸矮病毒,直径为 9～11 nm。一般病毒的直径约为 100 nm。

2. 病毒粒子的结构及化学组成

病毒粒子的结构见图 2-39。

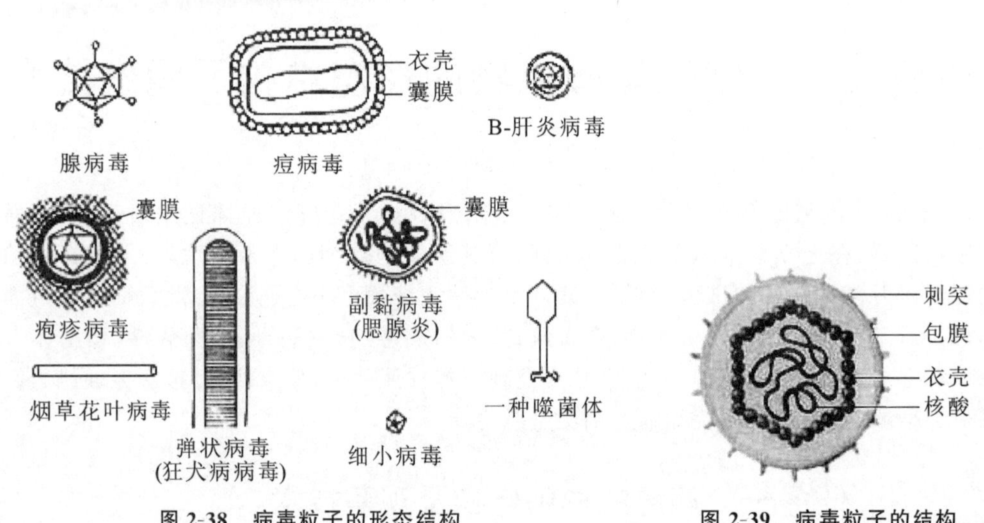

图 2-38　病毒粒子的形态结构

图 2-39　病毒粒子的结构

(1) 核衣壳。

一个完整的具有感染性的病毒粒子的主要成分是核酸和蛋白质。核酸位于粒子的中心部分,构成病毒的核心,其外包围着由蛋白质构成的衣壳,核酸和蛋白质组成了病毒粒子的核衣壳。

核酸包含病毒的遗传信息,控制着病毒的遗传、变异、复制和对寄主的感染性。一种病毒只含一种核酸,而且一个病毒粒子通常只含一个核酸分子。也有少数病毒含有两个或两个以上核酸分子,各个分子担负着不同的遗传功能,这些核酸称为分段基因组。一部分动物病毒的核酸为 DNA,一部分为 RNA;一般植物病毒的核酸为 RNA,少数为 DNA;真菌病毒的核酸大多为 RNA;细菌病毒的核酸普遍为 DNA,极少数为 RNA。核酸为 DNA 的病毒称为 DNA 病毒,核酸为 RNA 的病毒称为 RNA 病毒。DNA 大多是双链的,且有线状或环状两种形态,RNA 大多是单链且呈线状。失去衣壳保护的核酸称为传染性核酸。

由许多蛋白质亚单位组成的壳粒构成了病毒的衣壳。衣壳蛋白的主要功能是构成病毒的结构、保护病毒核酸免遭破坏、在病毒的感染和增殖过程中起作用(如与易感细胞表面的受体结合,使病毒核酸穿入寄主细胞,引起细胞感染),是病毒粒子的主要抗原成分等。每个壳粒又由一条或多条肽链组成,多肽链分子呈对称排列。各个壳粒之间以非共价键连接,并对称地缠绕在一起,形成不同的对称形式。

① 螺旋对称：蛋白质亚基沿中心轴呈螺旋排列，形成高度有序、对称的稳定结构。这种结构的病毒的壳体多为杆状、丝状、弹状等外观，衣壳粒紧密地缠绕在高度卷曲的核酸分子上。烟草花叶病毒（TMV）是研究得最透彻的螺旋对称结构：长杆状，长为 300 nm，直径为 15 nm，由 2130 个完全相同的衣壳粒组成 130 个螺旋，每一圈螺旋有 16.33 个衣壳粒，螺距为 2.3 nm（图 2-40）。

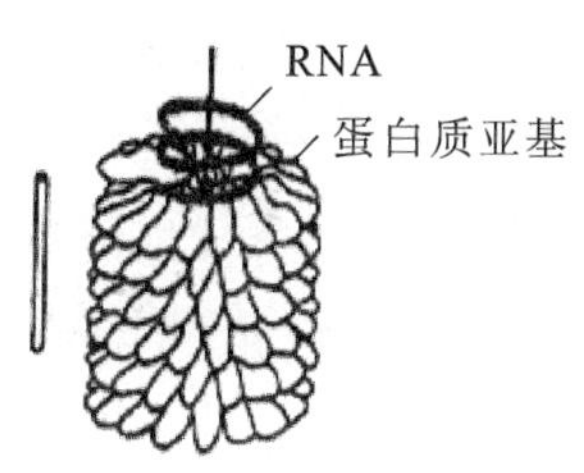

图 2-40 烟草花叶病毒的螺旋对称

② 多面体对称：又称等轴对称。一些病毒外壳为小的结晶和球状，实际上是一个立方对称的多面体，最常见的多面体是二十面体，该结构特别有利于核酸分子以高度卷曲的形式包裹在较小体积的衣壳中。该结构的典型代表是腺病毒，直径为 70～80 nm，没有包膜，具有 20 个面、30 条边和 12 个顶角。衣壳由 252 个衣壳粒组成，内有称作五邻体（5 个亚基聚集形成电镜下可见的五聚体）的衣壳粒 12 个，分布在 12 个顶角上，还有称作六邻体的衣壳粒 240 个，均匀分布在 20 个面上。每个六邻体上突出一根末端带有顶球的蛋白纤维，称为刺突（图 2-41）。

③ 复合对称：螺旋对称和多面体对称的结合。其典型代表如大肠杆菌的 T4 噬菌体，这是一种双链 DNA 病毒，形态为蝌蚪状，由头部、颈部和尾部三个部分构成。头部为一变形的二十面体对称而尾部呈螺旋对称。头部长 95 nm，直径约为 65 nm，其衣壳由 8 种蛋白组成。头部与尾部相连处有一构造简单的颈部，包括颈环和颈须两个部分，尾部由尾鞘、尾管、尾板、尾钉和尾丝五个部分组成。尾鞘、尾管长均为 95 nm，是头部核酸进入寄主细胞的通道。尾板上长着 6 根尾丝和 6 个尾钉。尾丝和尾钉都具有吸附功能，尤其是尾丝能专一性吸附在敏感寄主细胞表面相应的受体上（图 2-42）。

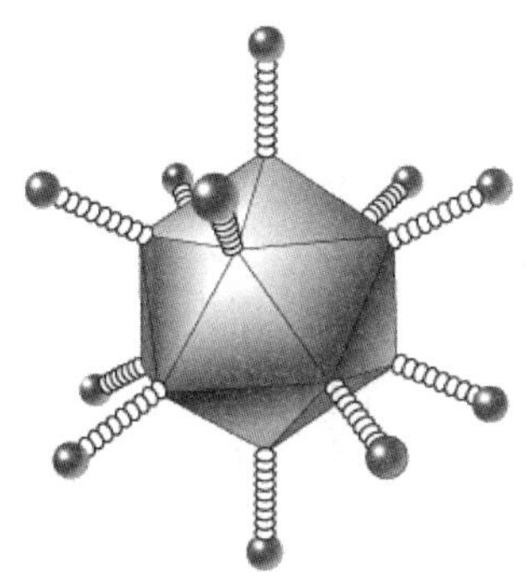

图 2-41 腺病毒的多面体对称

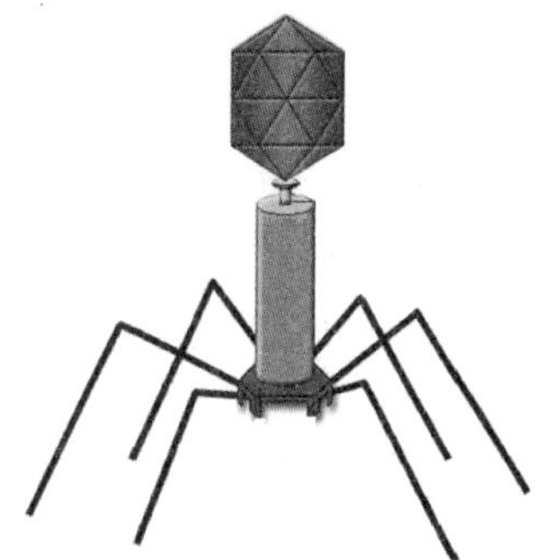

图 2-42 噬菌体的复合对称

（2）包（囊）膜。

一些复杂的病毒在核衣壳的外面还有一层包膜，这是该类病毒在裂解寄主细胞时，将寄主细胞的细胞膜裹在衣壳外面而形成的。包膜的主要成分是类脂或脂蛋白，因这些脂质均来源于寄主细胞膜或核膜，因此具有寄主特异性。这类具有包膜的病毒称为包膜病毒，很多动物的病毒和少数细菌的病毒是包膜病毒，与之相对，没有包膜的病毒称为裸露病毒。

一些病毒的包膜中还含有少量的糖类,它们主要是以寡糖侧链存在于病毒糖蛋白和糖脂中,或以黏多糖形式存在。糖类物质位于病毒粒子表面,与病毒感染有关,还可保护病毒免受核酸酶降解,对病毒的血凝活性也有重要作用。

三、病毒的增殖

病毒是非细胞形态的微生物,因其缺乏生物细胞所必需的完整的细胞结构及代谢所必需的酶系统和能量,因此不存在个体生长和二分裂方式繁殖,其增殖过程称为复制,即由寄主细胞供应原料、能量和生物合成场所,在病毒核酸遗传密码的控制下,于寄主细胞内复制出病毒的核酸和合成病毒的蛋白质,进一步装配成大量的子代病毒,并将它们释放到细胞外。

各种病毒的增殖过程基本相似,一般可分为吸附、侵入、合成、装配、释放5个阶段。每一个阶段的结果和时间长短都随病毒的种类、核酸类型、培养温度及寄主细胞种类不同而不同。

1. 吸附

吸附是指病毒以其特殊结构与寄主表面的受体发生特异性结合的过程,是病毒感染寄主细胞的第一步,具有高度的专一性。首先发生的是一种可逆结合:由于随机碰撞,病毒粒子与表面带电荷的敏感细胞之间因静电引力而结合,这种结合是暂时的、不稳定的,易受到环境条件的影响而分开。随后病毒表面吸附蛋白与细胞受体发生特异性结合,使其不可逆地吸附于细胞上。

病毒吸附蛋白是病毒表面的结构蛋白如壳体蛋白、包膜蛋白,能被细胞表面的特异性受体识别。不同病毒的吸附蛋白是不同的,如T系偶数噬菌体的吸附蛋白为噬菌体尾丝蛋白,无包膜的动物病毒如腺病毒的吸附蛋白是二十面体壳体上的五邻体,植物病毒通常没有特异的吸附蛋白。

细胞表面存在着能被病毒吸附蛋白识别并结合的细胞受体分子。大多数噬菌体的细胞受体分子在细菌的细胞壁上,如大肠杆菌T3、T4、T5的受体是细胞壁中的脂多糖,而T2、T6的受体是大肠杆菌外壁层的脂蛋白。有些复杂的病毒有几种吸附位点,分别与不同的受体作用。另外,不同的寄主细胞也具有不同的病毒吸附受体,有的寄主细胞上有多个不同的病毒受体,可被多种病毒感染。

吸附作用的发生受很多内、外因素的影响。凡影响细胞受体和病毒吸附蛋白活性的因素,如细胞代谢抑制剂、酶类、脂溶剂、抗体,以及温度、离子环境、pH值等环境因素均可影响病毒的吸附,另外,由于寄主细胞的病毒受体有限,所以能吸附的病毒粒子数目也是有限的(图2-43)。图2-43中,(a)表示未吸附;(b)、(c)表示尾部附着;(d)表示尾鞘收缩,注入DNA。

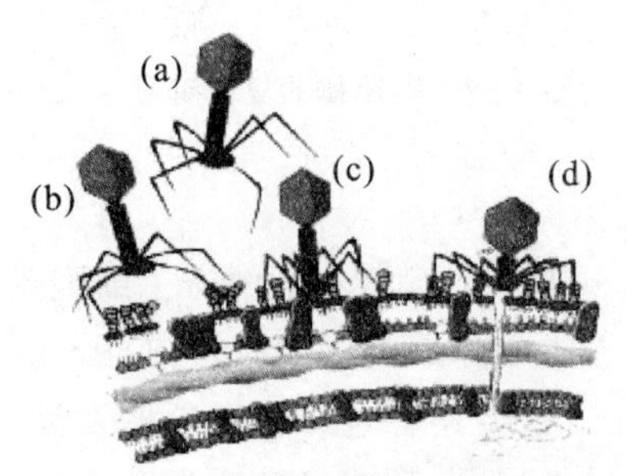

图2-43 噬菌体T4吸附大肠杆菌细胞

2. 侵入与脱壳

侵入是病毒粒子或其一部分进入寄主细胞的过程。不同的病毒因其化学组成、结构的不同，尤其是其表面结构的不同，侵入敏感细胞的方式也不同。

有收缩尾的噬菌体采取注射的方式将其核酸注入细菌细胞内。如T4噬菌体吸附于细菌表面后，先由尾部的溶菌酶溶解接触细胞壁中的肽聚糖，使细胞壁产生一个小孔，尾鞘收缩，头部向尾板移动，尾管则顺势穿透插入细胞内，此时衣壳收缩将噬菌体头部的核酸注入细胞，衣壳仍留在细胞外，此过程需要消耗能量。

动物病毒侵入寄主细胞主要有三种方式。①胞吞作用：病毒吸附于细胞表面后，细胞膜内陷将其吞入细胞内，形成吞噬泡，吞噬泡与溶酶体结合将病毒释放于细胞质中，多数动物病毒是以这种方式侵入的，如痘病毒等。②膜融合：一些有包膜的病毒，其包膜上的刺突能与细胞上的受体结合，促进了病毒包膜与细胞膜的融合，从而将核衣壳释放入细胞内，如流感病毒，这种过程的发生主要是因为病毒携带具有细胞融合活性的包膜糖蛋白或融合素。③直接移位：一些没有包膜的病毒能以其完整的病毒粒子直接通过寄主细胞膜穿入细胞中，如呼肠孤病毒。

植物病毒的侵入方式完全不同于其他病毒，因植物细胞具有坚韧的细胞壁，故一般通过因嫁接、修剪形成的表面的伤口或刺吸式昆虫的口器插入到植物细胞中，并通过胞间连丝、导管和筛管在细胞间乃至整个植株中扩散。

病毒粒子在侵入寄主细胞后，脱去包膜和衣壳而释放出病毒核酸的过程称为脱壳。如上所述，噬菌体脱壳与侵入是一起发生的，仅有病毒核酸及结合蛋白进入细胞，壳体留在细胞外。动物病毒的脱壳过程因其侵入过程不同而有差别：一些无包膜病毒在吸附和侵入细胞时，衣壳已开始破损，核酸即释放到细胞质中；一些包膜病毒，在敏感细胞膜表面除去包膜，再以完整的核衣壳侵入细胞质中；以吞饮方式进入寄主细胞的病毒，在吞噬泡中与溶酶体融合，经溶酶体的作用而脱壳；腺病毒因寄主细胞酶的作用或经某种物理因素而脱壳；结构复杂的病毒如痘病毒，首先在吞噬泡中在溶菌酶的作用下脱去包膜和部分蛋白质，经部分脱壳的核衣壳，含有一种以DNA为模板的RNA聚合酶，转录mRNA，以翻译另一种脱壳酶，完成这种病毒的全脱壳过程。

3. 生物合成

病毒侵入寄主细胞后，一部分病毒直接接管寄主细胞的代谢系统进行生物合成，也有一部分病毒的核酸融合于寄主基因组，随寄主的分裂而传递到下一代，然后在特定的条件下转入裂解，开始生物合成。病毒的生物合成包括核酸的复制和蛋白质的合成。

病毒基因组的表达具有严格的时序性。在寄主细胞内，病毒基因组从核衣壳中释放后，首先转录早期基因，产物为其早期mRNA，随后在寄主体内翻译成早期蛋白。早期蛋白往往是参与病毒核酸复制的蛋白如复制病毒DNA的DNA聚合酶，或是抑制寄主细胞代谢的抑制蛋白如分解寄主DNA的DNA酶，使细胞转向有利于病毒自身的生物合成。基因组复制完成后，在早期基因产物的作用下，晚期基因表达，转录产生晚期mRNA，这些mRNA经翻译得到成熟病毒核衣壳蛋白及其他结构蛋白，还有在病毒装配中所需的非结构蛋白如各种装配蛋白、溶菌酶等。

4. 装配

将分别合成的核酸和蛋白质组合成完整的新的病毒粒子的过程称为装配。不同的病毒其装配过程是不一样的。

DNA病毒除痘类病毒外均在细胞核内装配，RNA病毒与痘类病毒则在细胞质内装配。衣壳蛋白达到一定浓度时，将聚合成衣壳，并包裹核酸形成核衣壳。无包膜病毒组装成核衣壳即成为成熟的病毒粒子，有包膜病毒一般在核内或细胞质内组装成核衣壳，然后以出芽形式释放时再包上寄主细胞核膜或细胞质膜，成为成熟病毒。

以T4噬菌体为例，其装配过程比较复杂，一般分为以下几步：首先是头部衣壳包裹DNA成为头部；同时由基板、尾管和尾鞘装配成尾部；接着头部与尾部结合；单独装配的尾丝与病毒颗粒尾部相连成为完整的噬菌体。整个装配过程至少需要50种蛋白质和60个基因组参与，还需要在一些非结构蛋白的指导下进行(图2-44)。

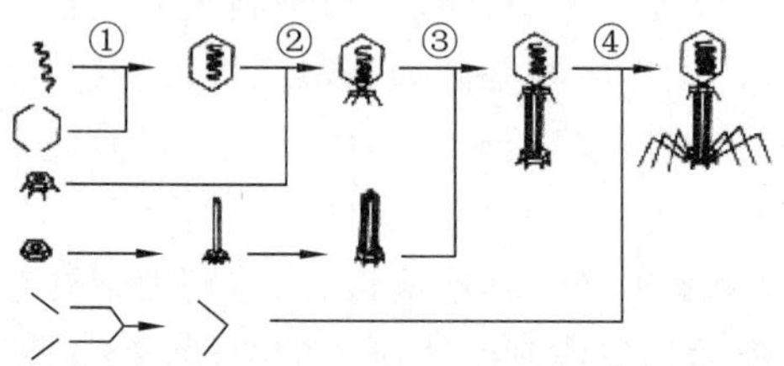

图2-44　T系偶数噬菌体的装配过程示意图

5. 释放

成熟的病毒粒子从被感染的细胞内转移到外界的过程称为病毒的释放。成熟的病毒粒子的释放主要有以下几种形式。

① 寄主细胞被溶解而释放：大量的子代病毒粒子装配成熟后，在水解细胞膜的脂肪酶和水解细胞壁的溶菌酶的作用下，从细胞内部促进细胞裂解，将病毒粒子释放出来，如大肠杆菌的T系噬菌体就是这样释放的。

② 从细胞内出芽而逐渐释放：具包膜的病毒是通过与吞饮病毒相反的过程，即出芽作用或细胞排泄作用而释放的。在这种方式下，寄主细胞不死亡，还能继续分裂增殖。如疱疹病毒(核酸为DNA)装配后以出芽的方式通过细胞核膜，获得含有寄主细胞核膜成分的包膜，进入细胞质，逐渐释放到细胞外；再如流感病毒(核酸为RNA)在细胞质中装配，以出芽的方式通过细胞膜时，会带上寄主细胞膜的成分；还有一种是植物病毒，如巨细胞病毒，很少释放到细胞外，是通过胞间连丝或融合细胞在细胞间传播。

四、微生物的病毒——噬菌体

噬菌体是感染细菌、放线菌等细胞型微生物的病毒的总称，广泛分布于自然界。1915年英国人陶尔德在琼脂平板培养葡萄球菌时发现了透明斑，1917年法国人第赫兰尔又发现了志贺氏菌的培养物被溶解，经证实这就是寄生在这些细胞型生物上的噬菌体。这种由噬菌体感染后在敏感的菌苔上形成的圆形、透明的裂解圈称为噬菌斑。

在电子显微镜下噬菌体有三种主要的形态(图2-45)：蝌蚪形、微球形、丝状。大多数噬菌体呈蝌蚪形，由头部和尾部两部分组成。

根据噬菌体感染寄主细胞后的反应，可将其分成烈性噬菌体和温和噬菌体两类。凡能在侵入寄主细胞后，立即增殖产生大量子代噬菌体并引起寄主细胞裂解的噬菌体称为

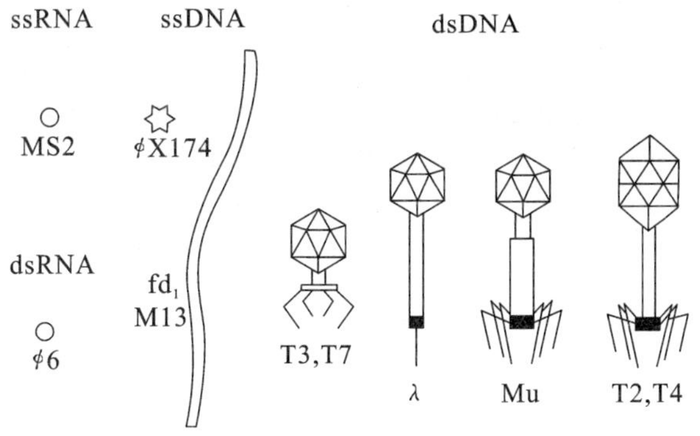

图 2-45 噬菌体的基本形态

烈性噬菌体或毒性噬菌体。另一些噬菌体感染寄主细胞后，其基因与寄主菌染色体整合，并不立即产生子代噬菌体，而是随寄主菌 DNA 的复制、细胞分裂而传代，这类噬菌体称为温和噬菌体或溶源性噬菌体。大多数噬菌体为烈性噬菌体。

1. 烈性噬菌体及其一步生长曲线

定量描述烈性噬菌体生长规律的曲线称为一步生长曲线。一步生长曲线的设计步骤为：用噬菌体的稀释悬浮液去感染高密度的寄主细胞，以保证每个细胞至多被一个噬菌体吸附；经数分钟吸附后，混合液中加入一定量该噬菌体的抗血清，以中和未吸附的噬菌体；然后用保温的培养液稀释此混合液，同时终止抗血清作用；用适当温度培养后定时取样，在平板上培养，计算噬菌斑数；以时间为横坐标，以噬菌斑的数量为纵坐标所描绘的曲线就是烈性噬菌体的一步生长曲线。该曲线分为潜伏期、裂解期和平稳期(图 2-46)。

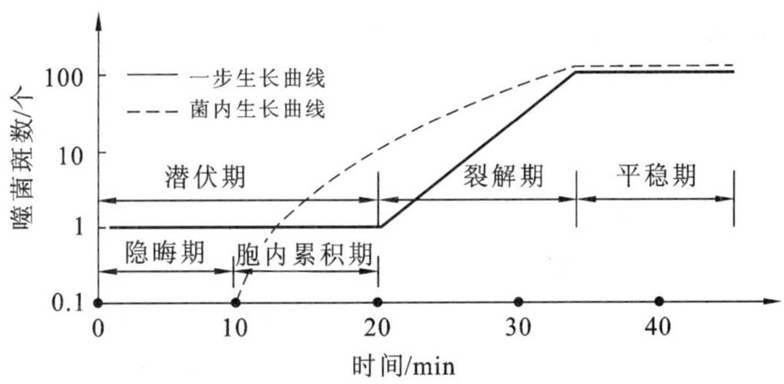

图 2-46 烈性噬菌体的一步生长曲线

潜伏期是指噬菌体在吸附开始后的一段时间，在此期间噬菌斑数量不增加。潜伏期又分隐晦期和胞内累积期。在潜伏期的前一段时间内，因噬菌体侵入后才进行大分子物质的生物合成，尚未开始装配子代噬菌体，如果此时人为地裂解细菌细胞仍然找不到成熟的噬菌体颗粒，即称为隐晦期；生物合成大分子后开始在寄主细胞内进行子代噬菌体的装配，从装配开始到新的噬菌斑出现前的时期称为胞内累积期。子代噬菌体装配结束之后随即就会将寄主细胞裂解，形成新的噬菌斑，此时噬菌斑数直线上升，此时期即为裂解期。当全部寄主细胞被裂解后，噬菌斑数达到最大(暂时不再增加)的时期称为平稳期。

2. 温和噬菌体及其溶源性

温和噬菌体在侵入寄主细胞后并不立即产生子代噬菌体的特性称为溶源性(图 2-47)。温和噬菌体侵染寄主细胞后,将其DNA整合到寄主菌的染色体DNA中,这种处于整合状态的噬菌体DNA称为前噬菌体。前噬菌体随着寄主细胞的分裂而平均分配到子细胞中去,这是由于前噬菌体的遗传信息受到其自身编码的特异性阻遏物的作用而暂时不能表达。

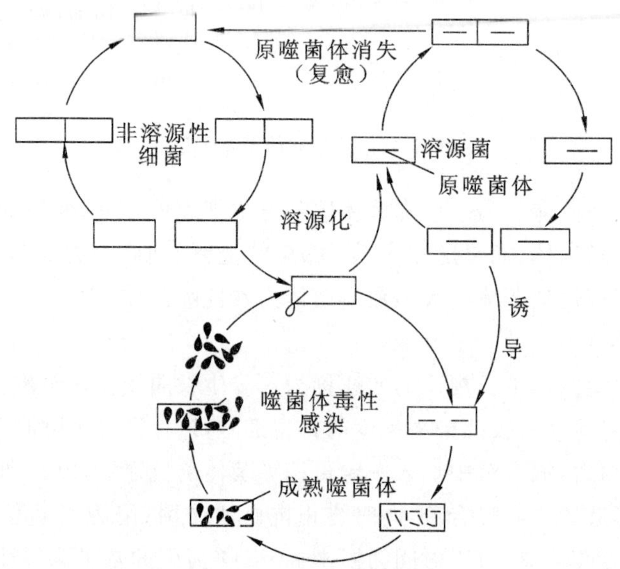

图 2-47 噬菌体毒性感染和溶源性

核染色体上整合有前噬菌体并能正常生长繁殖的菌体称为溶源菌。溶源菌的特点如下。

(1) 可以很低的频率自发裂解。

(2) 可以在外界理化因素的刺激下诱发裂解。

(3) 具有免疫性,即溶源菌对已感染的噬菌体或其他相关噬菌体均有抵制能力。

(4) 复愈:溶源菌在分裂过程中有时会丧失其前噬菌体,成为非溶源菌。

(5) 溶源性转变:少数溶源菌因整合有前噬菌体而获得了除免疫性之外的新特性。

(6) 局限性转导:前噬菌体在转入裂解循环后可把寄主菌的个别基因转移到另一个微生物细胞中去的现象。

任务二　亚病毒的形态结构及观察技术

尽管病毒是一种极为简单的生命形式,目前人们所知道的最简单的生命形式却是亚病毒。有学者把亚病毒定义为:只含核酸和蛋白质两种成分之一的分子病原体。亚病毒包括类病毒、拟病毒、朊病毒等三种。

一、类病毒

类病毒是一类只含 RNA 的专性寄生在活细胞内的分子病原体，是目前所知的最小的病原体，结构呈棒形。其所含核酸为裸露的环状单链 RNA，但形成的二级结构像一段末端封闭的双链 DNA 分子，通常由 246～375 个核苷酸分子组成，相对分子质量很小，还不足以编码一个蛋白质分子。

目前发现的类病毒有数十种，且只在植物体中发现，多数为植物致病性亚病毒，如马铃薯纺锤形块茎病（PSTD）类病毒、番茄簇顶病类病毒、柑橘裂皮病类病毒、菊花矮化病类病毒、黄瓜白果病类病毒、椰子死亡病类病毒等。其中最先发现、研究得最透彻的是马铃薯纺锤形块茎病。该病于 1922 年在美国发现，可导致马铃薯减产，瑞士学者 Diener T.O. 于 1971 年提取了该病的病原菌，发现是一条长约 50 nm 的棒状 RNA 分子，称其为马铃薯纺锤形块茎病类病毒。马铃薯纺锤形块茎病类病毒呈棒状，是一个裸露的完全环状的 RNA 单链分子，由 359 个核苷酸组成，但其分子中有 70％的碱基序列是高度配对的双链区，而另外 30％则以内环的形式相间排列（图 2-48）。

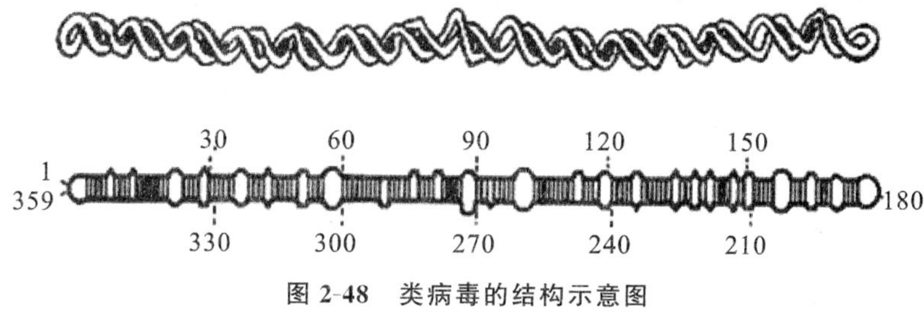

图 2-48　类病毒的结构示意图

二、拟病毒

1981 年 Randles 等人在研究植物绒毛烟斑驳病毒时发现，该病毒基因组中除了含有一种大分子的线状单链 RNA 外，还有一种类似于类病毒的线状单链 RNA 分子。研究表明，两种 RNA 单独存在时都不能被感染，只有共存时才能被感染，因此称这种小分子的单链 RNA 为拟病毒。拟病毒又称类类病毒、壳内类病毒、病毒的病毒或卫星病毒，是一类包裹在真病毒粒子中的有缺陷的类病毒。拟病毒极其微小，一般仅由裸露的环状或线状的 RNA（300～400 个核苷酸）或 DNA 组成。

拟病毒感染的对象不是细胞而是病毒，被拟病毒“寄生”的真病毒又称为辅助病毒，拟病毒则成了它的“卫星”。拟病毒大多存在于植物病毒中，近年在动物病毒如丁型肝炎病毒、乙型肝炎病毒中也发现有拟病毒存在。拟病毒必须依赖辅助病毒才能复制，同时拟病毒也可干扰辅助病毒的复制和减轻其对寄主的病害，因此可以研究将其用于生物防治中。

三、朊病毒

美国学者 S.B.Prusiner 于 1982 年研究羊瘙痒病时发现该病的病原是蛋白质，称其为朊病毒。朊病毒又称“普列昂”或蛋白质侵染因子（prion，原是 protein infection 的缩写），是一类具有侵染性并能在寄主细胞内复制的小分子无免疫性疏水蛋白。在电镜下呈杆状颗粒，直径约 25 nm，长 100～200 nm，成丛排列，各丛数目不一。朊病毒内至今未发现核酸的存在。

已发现与哺乳动物脑部相关的 10 余种疾病都是由朊病毒引起的。比如羊瘙痒病的病原体为羊瘙痒病朊病毒蛋白"PrP^{Sc}"；牛海绵状脑病俗称"疯牛病"，其病原体是"PrP^{BSE}"。人克雅氏病(一种老年性痴呆病)、库鲁病(一种震颤病)和 G-S 综合征等，这类疾病的共同特征是潜伏期长，对中枢神经的功能有严重的影响。

朊病毒因能引起寄主体内现成的同类蛋白质分子发生与其相似的构象变化，从而可使寄主致病。目前研究表明，引发羊瘙痒病的朊病毒蛋白 PrP^{Sc} 是由于 PrP^{c} 改变折叠构象所致。朊病毒具有与普通病原微生物不同的理化、生物学特性和致病机制，对各种理化因素(如紫外线、沸水和消毒药)抵抗力极强，如朊病毒能抗 100 ℃高温，能抗蛋白酶水解，而且不会引起生物体内的免疫反应。因此，含疯牛病病原体的牛肉被人食用后，病原体很可能完整地进入人体，并进入脑组织，导致人患克雅氏病。

技能训练 2-1　普通光学显微镜的使用

实训目的

(1) 了解普通(台式)光学显微镜的结构、各部分的功能和使用方法。

(2) 观察微生物的基本形态。

实训原理

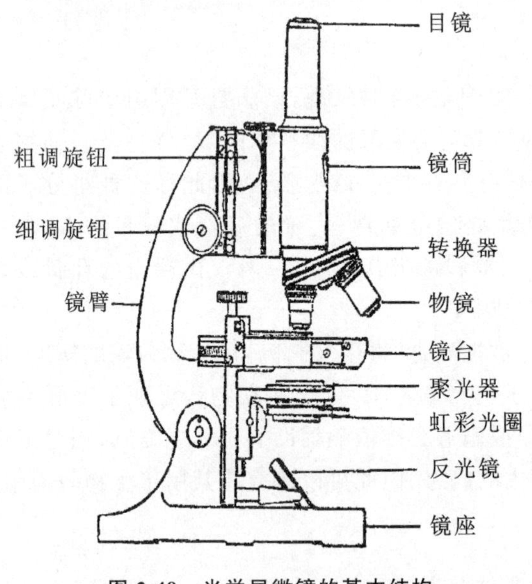

图 2-49　光学显微镜的基本结构

普通光学显微镜是利用目镜和物镜两组透镜系统来放大成像的，故常被称为复式显微镜。它们由机械装置和光学系统两大部分组成(图 2-49)。在显微镜的光学系统中，物镜的性能最为关键，它直接影响着显微镜的分辨率。

实训器材

(1) 各种细菌的染色玻片标本。

(2) 溶液或试剂：香柏油、二甲苯。

(3) 仪器或其他用具：显微镜、擦镜纸等。

实训方法与步骤

1. 观察前的准备

(1) 显微镜是光学精密仪器，在使用时应特别小心。使用前要熟悉显微镜的结构和性能，检查各零部件是否完全合用(但千万不可拆动)。做好必要的清洁和调整工作。

(2) 取放显微镜时应一手握住镜臂，另一手托住底座，使显微镜保持直立、平稳。切忌用单手拎提。显微镜应置于平整的试验台上，镜座距试验台边缘 3～4 cm。使用显微镜时，座凳和桌面高度应配合适宜。镜检时姿势要端正，切勿将直筒显微镜倾斜。因在微生物试验中，大多数情况下使用油镜或直接检查不染色的水浸片活菌标本，若将载物台倾斜，标本上的香柏油或菌液将流淌外溢，影响观察或造成污染。不论使用单筒显微镜还是双筒显微镜，均应双眼同时睁开观察，以减少眼睛疲劳，也便于边观察边绘图或记录。

(3) 光源调节：通常把这一步称为“对光”。安装在镜座内的光源灯可通过调节电压以获得适当的照明亮度，而使用反光镜采集自然光或灯光作为照明光源时，应根据光源的强度及所用物镜的放大倍数选用凹面或平面反光镜并调节其角度，使视野内的光线均匀，亮度适宜。

(4) 聚光器数值孔径值的调节：调节聚光器虹彩光圈值使之与物镜的数值孔径值相符或略低。有些显微镜的聚光器只标有最大数值孔径值，而没有具体的光圈数刻度。使用这种显微镜时可在样品聚焦后取下目镜，在镜筒中一边看着视野，一边缩放光圈，使光圈的边缘与物镜边缘黑圈相切或略小于其边缘。因为各物镜的数值孔径值不同，所以每转换一次物镜都应进行这种调节。

在聚光器的数值孔径值确定后，若需改变光照强度，可通过升降聚光器或改变光源的亮度来实现，原则上不应再调节虹彩光圈。当然，有关虹彩光圈、聚光器高度及照明光源强度的使用原则也不是固定不变的，只要能获得良好的观察效果，有时也可根据具体情况灵活运用。

2. 低倍镜观察

在目镜保持不变的情况下，使用不同放大倍数的物镜所能达到的分辨率及放大率都是不同的。一般情况下，特别是对于初学者，进行显微观察时应遵守从低倍镜到高倍镜再到油镜的观察程序，因为低倍数物镜视野相对大，易发现目标及确定检查的位置。

取微生物的染色标本片置于载物台上(注意标本朝上)，用标本夹夹住，移动推进器使观察对象处在物镜的正下方。移动粗调节器，降低物镜(10×)，使其接近标本，用粗调节器慢慢升起镜筒，使标本成像在视野中初步聚焦，再使用细调节器调节图像直至清晰。通过载玻片夹推进器慢慢移动玻片，认真观察标本各部位，找到合适的目的物，仔细观察并记录所观察到的结果。

在任何时候使用粗调节器聚焦物像时，必须养成先从侧面注视，小心调节物镜靠近标本，然后用目镜观察，慢慢调节物镜离开标本进行准焦的习惯，以免因一时的错误操作而损坏镜头及玻片。

初学者可能把视野中出现的目镜上污物的影像、聚光器上物体的影像或载玻片反面物体的影像误认为是载玻片上标本的影像。辨别办法：转动目镜时随之转动或升降调节器时始终存在的影像为目镜上的污物；升降聚光器而随之消失的是聚光器上物体的影像；升降镜筒后在玻片上又可见到的影像是载玻片反面物体的影像。所有非标本影像均可用擦镜纸(可蘸少许二甲苯)擦拭而消除之。

3. 高倍镜观察

低倍镜下找到合适的观察目标并将其移至视野中心后,轻轻转动物镜转换器将高倍镜移至工作位置。转换时眼睛须从侧面观察。对聚光器光圈及视野亮度进行适当调节后微调细调节器使物像清晰,利用推进器移动标本,找到最适于观察的部位(标本不得过于稀少或堆积太厚),将此部位移至视野中心,仔细观察并记录所观察到的结果。

一般情况下,当物像在一种物镜中已清晰聚焦后,转动物镜转换器将其他物镜转到工作位置进行观察时,物像将保持基本准焦的状态,这种现象称为物镜的同焦(parfocal)。利用这种同焦现象,可以保证在使用高倍镜或油镜等放大倍数高、工作距离短的物镜时,仅用细调节器即可对物像清晰聚焦,从而避免由于使用粗调节器时可能的错误操作而损坏镜头或载玻片。

4. 显微镜用毕后的处理

(1) 上升镜筒(或下调镜台),取下载玻片。

(2) 用擦镜纸拭去镜头上的镜油,然后用擦镜纸蘸少许二甲苯擦去镜头上残留的油迹,最后再用干净的擦镜纸擦去残留的二甲苯。

(3) 用擦镜纸清洁其他物镜及目镜,用绸布清洁显微镜的金属部件。

(4) 将各部分还原,反光镜垂直于镜座,将物镜转成八字形,再向下旋。同时把聚光镜降下,以免接物镜与聚光镜发生碰撞。

实训报告

按放大倍数分别绘出低倍镜、高倍镜和油镜下观察到的几种细菌的形态图。

实训思考题

什么是物镜的同焦现象?它在显微镜观察中有什么意义?

技能训练 2-2　油镜的使用及细菌三型的观察

实训目的

(1) 学习并掌握油镜的原理和使用方法。

(2) 观察细菌的基本形态。

实训原理

在使用前首先要识别油镜头。在油镜头上常有以下几种标记。

(1) 放大倍数是100×。

(2) 油镜头前端常有一白圈或红圈。

(3) 物镜的前面透镜最小。

(4) 刻有“油”字或“HI”“OI”“Oil”等标记。

油镜与其他物镜在使用时有所不同,油镜与载玻片间的介质不是空气而是油,试验中常用香柏油，其折射率为1.515，与玻璃的折射率(1.52)相近。之所以用香柏油作为介质，主要有如下两方面的原因。

1. 增加照明亮度

油镜的放大倍数可达100×，焦距很短，直径很小，但所需要的光照强度最大。从承载标本的玻片透过来的光线，如直接经空气进入镜头，有些光线会因折射或反射，不能进入镜头，以致在使用油镜时会因射入的光线较少，物像显现不清。所以为了不使通过的光线有所损失，在使用油镜时须在油镜与玻片之间加入香柏油。

2. 增加显微镜的分辨率

由于显微镜的放大效能是由其数值孔径(numerical aperture)决定的，而数值口径即为光线投射到物镜上的最大角度(称为镜口角)的一半的正弦值乘以玻片与物镜间介质的折射率所得的乘积。

$$NA = n \times \sin\alpha$$

式中，NA为数值口径；n为介质折射率；α为光线最大入射角的一半。

因此光线投射到物镜的角度愈大，显微镜的效能就愈大。该角度的大小取决于物镜的直径和焦距。α的理论极限为90°(实际不可能达到)，因$\sin 90° = 1$，故以空气为介质时($n=1$)，数值孔径也不可能超过1。以香柏油为介质时，$n=1.515$，因此数值孔径也增大。因此以香柏油作为镜头与玻片之间介质的油镜，所能达到的数值孔径值(NA一般为1.2～1.4)要高于低倍镜、高倍镜等(NA为0.05～0.95)。

显微镜的分辨率或分辨力(resolution or resolving power)是指显微镜辨别两点之间的最小距离的能力，它与数值孔径成反比，与光线的波长成正比：

$$\delta = \lambda/(2NA)$$

式中，δ为分辨率，λ为光线波长。

若以可见光的平均波长0.55 μm来计算，数值孔径通常在0.65左右的高倍镜只能分辨出距离不小于0.4 μm的物体，而油镜的分辨率却可达到0.2 μm左右。

实训器材

(1) 细菌三型的染色玻片标本。

(2) 溶液或试剂：香柏油、二甲苯。

(3) 仪器或其他用具：显微镜、擦镜纸等。

实训方法与步骤

1. 取镜

操作见技能训练2-1。

2. 对光

操作见技能训练2-1。

3. 低倍镜观察

操作见技能训练2-1。

4. 油镜观察

物镜的工作距离与物镜的焦距有关。物镜的焦距越长,放大倍数越低,工作距离就越长;反之亦然。物镜的工作距离是指当对准焦点时,即所观察的标本最清楚时,物镜的前端透镜下面到标本的盖玻片上面间的距离。由于油镜的放大倍数高,其工作距离一般为0.19 mm左右,因此使用油镜必须特别小心。其具体操作如下。

(1) 用粗调节器将镜筒提起(或镜台下降)约2 cm,将油镜转至正下方。

(2) 在玻片标本的镜检部位滴上一滴香柏油(或液体石蜡,$n=1.481$)。

(3) 升起聚光器,全开虹彩光圈。

(4) 从侧面注视,用粗调节器小心地降下镜筒(或升起镜台),使油镜浸在香柏油中,其镜头几乎与标本相接,但切不可压及标本,更不能用力过猛,否则不仅压碎玻片,还可能损伤镜头。

(5) 用左眼在目镜上观察,可进一步调整光线,使之明亮。向上微移动调节器时(只准向上而不能向下移动粗调节器)使镜筒上升(或使镜台下降),当视野中出现模糊的标本物像时,改用细调节器校正焦距,并移动标本,直至标本物像清晰为止。

(6) 向上旋粗调节器时,若镜头已离开油滴但未发现被检物,须重新依次操作直到看清物像为止。

实训报告

描述观察到的细菌的形态。

实训思考题

用油镜观察时应注意哪些问题?在载玻片和镜头之间加滴什么油?起什么作用?

技能训练2-3 革兰氏染色

实训目的

学习并初步掌握革兰氏染色的基本原理和方法。

实训原理

革兰氏染色法是细菌学中最重要的鉴别染色法。该法是由丹麦病理学家Chrstain Gram在1884年创立的,后来一些学者在此基础上进行了一些改进。

根据细菌对革兰氏染色反应的不同,可将细菌分为革兰氏阳性菌和革兰氏阴性菌,这是由这两类细菌细胞壁的结构和组成不同决定的。实际上,当用结晶紫初染后,像简单染色法一样,所有细菌都被染成初染剂的蓝紫色。碘作为媒染剂,能与结晶紫结合成结晶紫-碘的复合物,从而增强染料与细菌的结合力。当用脱色剂处理时,两类细菌的脱色效果是不同的。革兰氏阳性菌的细胞壁主要由肽聚糖形成的网状结构组成,其壁厚、类脂质含量低，用乙醇（或丙酮）脱色时细胞壁脱水，使肽聚糖层的网状结构孔径缩小，透性降低，从而使结晶紫-碘的复合物不易被洗脱而保留在细胞内，经脱色和复染后仍保留初染剂的蓝紫色。革兰氏阴性菌则不同，由于其细胞壁肽聚糖层较薄、类脂质含量高，所以脱色处理时，类脂质被乙醇（或丙酮）溶解，细胞壁透性增大，使结晶紫-碘的复合物比较容易被洗脱出来，用复染剂复染后，细胞被染上复染剂的红色。

细菌的革兰氏染色也并非固定不变。菌龄老幼、培养基 pH 值和染色技术等都影响革兰氏染色反应。革兰氏染色反应对于细菌分类、鉴定及在生产应用上都有重要意义。为保证染色结果的正确性，采用规范的染色方法是十分必要的。

实训器材

（1）菌种：大肠杆菌约 24 h 营养琼脂斜面培养物，枯草芽孢杆菌 24 h 营养琼脂斜面培养物。

（2）染色剂。

① 草酸铵结晶紫染液：同技能训练 2-2。

② 路哥尔氏（Lugol）碘液：碘片 1 g，碘化钾 2 g，蒸馏水 300 mL。

先将碘化钾溶解在少量水中，再将碘片溶解在碘化钾溶液中，待碘全部溶解后，加足量水即可。

③ 95%乙醇。

④ 沙黄（番红）复染液：沙黄（Safranine O）2.5 g 溶于 100 mL 95%的乙醇中，取此液 10 mL 与 80 mL 蒸馏水混匀即成。

（3）仪器或其他用具：同技能训练 2-2。

实训方法与步骤

1. 制片

取菌种培养物常规涂片、干燥、固定。要用活跃生长期的幼培养物做革兰氏染色试验；涂片不宜过厚，以免脱色不完全造成假阳性；火焰固定不宜过热（以玻片不烫手为宜）。

2. 初染

滴加结晶紫（以刚好将菌膜覆盖为宜），染色 1～2 min，水洗。

3. 媒染

用碘液冲去残水，并用碘液覆盖约 1 min，水洗。

4. 脱色

用吸水纸吸去玻片上的残水，将玻片倾斜，在白色背景下，用滴管流加 95%的乙醇脱色，当流出的乙醇无紫色时，立即水洗。

乙醇脱色是革兰氏染色操作的关键环节。脱色不足，阴性菌被误染成阳性菌；脱色过度，阳性菌被误染成阴性菌。脱色时间一般为 20～30 s。

5. 复染

用番红液复染约 2 min，水洗。

6. 镜检

干燥后,用油镜观察。菌体被染成蓝紫色的是革兰氏阳性菌,被染成红色的为革兰氏阴性菌。

7. 混合涂片染色

按上述方法,在同一载玻片上,以大肠杆菌和枯草芽孢杆菌作为混合涂片,染色,镜检进行比较。

实训报告

绘出显微镜下观察到的细菌的染色形态图,并说明其染色反应。

实训思考题

(1) 哪些环节会影响革兰氏染色结果的正确性?其中最关键的环节是什么?

(2) 革兰氏染色中,哪一个步骤可以省去而不影响最终结果?在什么情况下可以采用?

技能训练 2-4　酵母菌的形态观察

实训目的

(1) 观察酵母菌的形态及出芽生殖方式,学习区分酵母菌死活细胞的试验方法。

(2) 掌握酵母菌的一般形态特征及其与细菌的区别。

实训原理

酵母菌是不运动的单细胞真核微生物,细胞呈圆形、椭圆形或柱状,其大小通常比常见细菌大几倍甚至十几倍,细胞核与细胞质已有明显分化。酵母菌的繁殖方式比较复杂,大多以出芽方式进行无性繁殖,有的分裂繁殖;有性繁殖是通过接合产生子囊孢子。

本试验通过美蓝染液水浸片和水-碘液水浸片来观察酵母的形态和出芽生殖方式。美蓝的氧化型呈蓝色,还原型为无色。用美蓝对酵母的活细胞进行染色时,由于细胞的新陈代谢作用,其具有较强的还原能力,能使美蓝由蓝色的氧化型变为无色的还原型。因此,具有还原能力的酵母活细胞是无色的,而死细胞或代谢作用微弱的衰老细胞则呈蓝色或淡蓝色,借此即可对酵母菌的死细胞和活细胞进行鉴别。

实训器材

(1) 菌种:酿酒酵母(*Saccharomyces cerevisisiae*)培养约 2 d 的麦芽汁(或 YEPD)斜面培养物。

(2) 染色液。

① 吕氏(Loeffler)碱性美蓝染色液。

溶液 A：美蓝(Methylene blue)0.6 g 溶于 30 mL 95％的乙醇中。

溶液 B：KOH 0.01 g 溶于 100 mL 蒸馏水中。

使用时将配好的溶液 A、溶液 B 混合即可。

② 革兰氏染色用碘液(见技能训练 2-2)。

(3) 仪器或其他用具：显微镜、载玻片、盖玻片等。

实训方法与步骤

1. 美蓝浸片的观察

(1) 在载玻片中央加一滴 0.1％吕氏碱性美蓝染色液(如过多会在盖上盖玻片后溢出，过少则可能产生气泡)，然后按无菌操作用接种环挑取少量酵母菌苔放在染液中，使菌体与染色液混合均匀。

(2) 用镊子取一块盖玻片，先将其一边与菌液接触，然后慢慢将盖玻片放下使其盖在菌液上。盖玻片不宜平放，以免产生气泡影响观察。

(3) 将制片放置约 3 min 后镜检，先用低倍镜，然后用高倍镜观察酵母的形态和出芽情况，并根据颜色来区别死活细胞。

(4) 染色约 0.5 h 后再次进行观察，注意死细胞数量是否增加。

2. 水-碘液浸片的观察

在载玻片中央加一小滴革兰氏染色用碘液，然后在其上加 3 小滴水，取少许酵母菌苔放在水-碘液中混匀，盖上盖玻片后镜检。

实训报告

绘图说明所观察到的酵母菌的形态特征。

实训思考题

(1) 吕氏碱性美蓝染液浓度和作用时间的不同，对酵母菌死细胞数量有何影响？试分析其原因。

(2) 在显微镜下，酵母菌有哪些突出的特征以区别于一般细菌？

技能训练 2-5　酵母菌的数量测定

实训目的

(1) 理解血球计数板的构造、计数原理和计数方法。

(2) 掌握使用血球计数板进行微生物计数的方法。

实训原理

直接测定微生物细胞数目的方法有显微镜直接计数法(direct microscopic count)、光电比浊法(turbidity estimation by spectrophotometer)、平板菌落计数法(plate count)、最大或然数法(most probable number,MPN)以及膜过滤法(membrane filtration)等。在生产和科研中常用的是显微镜直接计数法和平板菌落计数法。

显微镜直接计数法适用于各种单细胞菌体的计数,该法是在显微镜下直接计数的一种简便、快速、直观的方法。对菌体较大的酵母菌或霉菌的孢子可用血球计数板计数,一般细菌则用 Peteroff-Hauser 计数板。两种计数板的基本原理相同。后者较薄,因此可用油浸物镜对细菌等较小的细胞进行观察和计数。但此法的缺点是所测得的结果通常是死菌体和活菌体的总和。目前已有一些方法可以克服这一缺点,如结合活菌染色、微室培养(短时间)以及加细胞分裂抑制剂等方法来达到只计数活菌体的目的。本试验以血球计数板为例进行显微镜直接计数。

血球计数板是一块特制的较厚的载玻片,其上由 4 条槽构成 3 个平台。中间的平台较宽,其中间又被一短横槽隔成两半,每个半边上面各有一个计数区,计数区的刻度有两种:一种是一个大方格分成 25 个中方格(中方格之间用双线分开),而每个中方格又分成 16 个小方格;另一种是一个大方格分成 16 个中方格(中方格用三线隔开),而每个中方格又分成 25 个小方格,但无论是哪一种规格的计数板,每一个大方格中的小方格都是 400 个。

每一个大方格边长为 1 mm,则每一个大方格的面积为 1 mm^2,盖上盖玻片后,盖玻片与载玻片之间的高度为 0.1 mm,所以计数室的容积为 0.1 mm^3(万分之一毫升)。计数时,通常数五个中方格的总菌数,然后求得每个中方格的平均值,再乘上 25 或 16,就得出一个大方格中的总菌数,然后再换算成 1 mL 菌液中的总菌数。

1 mL 菌液中总菌数=每小格中细胞平均数(N)×系数(K)×菌液稀释倍数(D)

实训器材

(1) 菌种:酿酒酵母(*Saccharomyces cerevisiae*)斜面或培养液。

(2) 仪器或其他用具:血球计数板、显微镜、盖玻片、无菌毛细滴管、擦镜纸。

实训方法与步骤

1. 菌悬液的制备

根据待测菌悬液的浓度,以无菌生理盐水将酿酒酵母制成浓度适当的菌悬液,一般以每小格的菌数可计数为度。

2. 镜检计数室

在加样前,先对计数板的计数室进行镜检。若有污物,则需清洗,吹干后才能进行计数。

3. 加样品

将清洁干燥的血球计数板盖上盖玻片,再用无菌的毛细滴管将摇匀的酿酒酵母菌悬液沿盖玻片边缘滴一小滴(不宜过多),让菌液利用液体的表面张力自动进入计数室,勿产生气泡。一般计数室均能充满菌液。用吸水纸吸去沟槽中流出的多余的菌悬液。

取样时先摇匀菌液。加样时计数室不可有气泡产生。

4. 显微镜计数

加样后静置约 5 min，然后将血球计数板置于显微镜载物台上，先用低倍镜找到计数室所在位置，然后换成高倍镜进行计数。

由于生活细胞的折光率和水的折光率相近，观察时应调节显微镜光线使其强弱适当，对于用反光镜采光的显微镜还要注意光线不要偏向一边，否则视野中不易看清楚计数室方格线，或只见竖线或只见横线。

在计数前若发现菌液太浓或太稀，需重新调节稀释度后再计数。一般稀释度以每小格内有 5～10 个菌体为宜。每个计数室选 5 个中格(可选 4 个角和中央的一个中格)中的菌体进行计数。位于格线上的菌体一般只数上方和右边线上的。如遇酵母出芽，芽体大小达到母细胞的一半时，即作为两个菌体计数。每个样品重复计数 2～3 次(每次数值不应相差过大，否则应重新操作)，计数一个样品时要从两个计数室中计得的平均数值来计算样品的含菌量(图 2-50)。

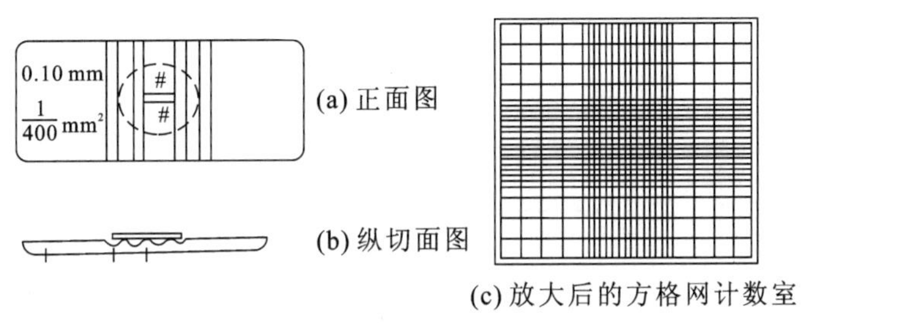

图 2-50 血球计数板的构造

5. 清洗血球计数板

使用完毕后，取下盖玻片，将血球计数板在水龙头上用水冲洗干净，切勿用硬物洗刷或抹擦，以免损坏网格刻度。洗完后自行晾干或用吹风机吹干，镜检，观察每小格内是否有残留菌体或其他沉淀物。若不干净，则必须重复洗涤至干净为止，然后再放入盒内保存。

实训报告

将结果记录于表 2-3 中。

表 2-3 实训结果记录表

	各中格中菌数					稀释倍数	试管斜面中的总菌数	二室平均值	菌数/(个/mL)
	1	2	3	4	5				
第一室									
第二室									

实训思考题

根据你的体会，说明用血球计数板的误差主要来自哪些方面，以及应如何尽量减少误差，力求准确。

技能训练 2-6　酵母菌的大小测定

实训目的

(1) 了解并掌握测微尺的基本原理和使用方法。

(2) 掌握微生物大小的表示方法。

实训原理

微生物细胞的大小是微生物的重要特征,微生物的大小需要在显微镜下用刻有一定刻度的测微尺来测量。测微尺包括目镜测微尺和镜台测微尺(图 2-51)。

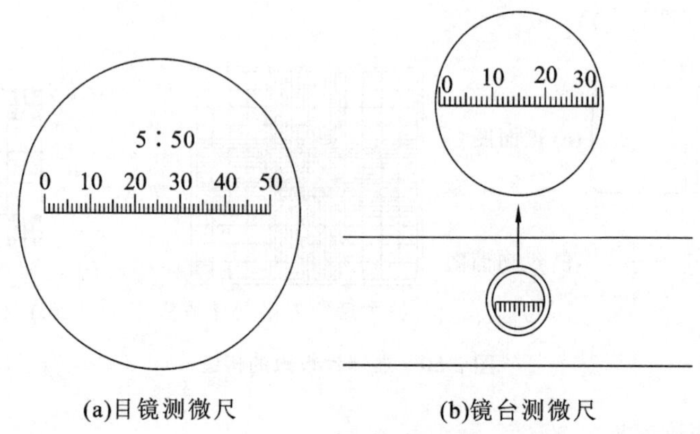

图 2-51　测微尺的构造

目镜测微尺是一块可直接放入目镜内的圆形小玻片,其中央有精确的等分刻度,在玻片中央把 5 mm 长度刻成 50 等份,或把 10 mm 长度刻成 100 等份。测量时,需将其放在接目镜中的隔板上(此处正好与物镜放大的中间像重叠),用以测量经显微镜放大后的细胞物像。由于不同显微镜或不同的目镜和物镜组合放大倍数不同,目镜测微尺每小格所代表的实际长度也不一样。因此,用目镜测微尺测量微生物大小时,必须先用镜台测微尺进行校正,以求出该显微镜在一定放大倍数的目镜和物镜下,目镜测微尺每小格所代表的相对长度。然后根据微生物细胞相当于目镜测微尺的格数,即可计算出细胞的实际大小。

镜台测微尺是中央部分刻有精确等分线的载玻片,一般将 1 mm 等分为 100 格,每格长 10 μm(即 0.01 mm),是专门用来校正目镜测微尺的。校正时,将镜台测微尺放在载物台上,由于镜台测微尺与细胞标本处于同一位置,都要经过物镜和目镜的两次放大成像进入视野,即镜台测微尺随着显微镜总放大倍数的放大而放大,因此从镜台测微尺上得到的读数就是细胞的真实大小,所以用镜台测微尺的已知长度在一定放大倍数下校正目镜测微尺,即可求出目镜测微尺每格所代表的长度,然后移去镜台测微尺,换上待测标本片,用校正好的目镜测微尺在同样放大倍数下测量微生物大小。

球菌用直径来表示其大小；杆菌则用宽和长的范围来表示，如酿酒酵母直径约为 4.5 μm，枯草芽孢杆菌大小为(0.7～0.8)×(2～3) μm。

实训器材

(1) 菌种：藤黄微球菌和大肠杆菌的染色标本片，酿酒酵母 24 h 马铃薯斜面培养物。

(2) 仪器或其他用具：目镜测微尺、镜台测微尺、载玻片、盖玻片、显微镜等。

实训方法与步骤

1. 装目镜测微尺

取出接目镜，把目镜上的透镜旋下，将目镜测微尺刻度朝下放在目镜镜筒内的隔板上，然后旋上目镜透镜，再将目镜插入镜筒内。

2. 校正目镜测微尺

(1) 放镜台测微尺：将镜台测微尺刻度面朝上放在显微镜载物台上。

(2)校正：先用低倍镜观察，将镜台测微尺有刻度的部分移至视野中央，调节焦距，当清晰地看到镜台测微尺的刻度后，转动目镜使目镜测微尺的刻度与镜台测微尺的刻度平行。利用移动器移动镜台测微尺，使两尺在某一区域内两线完全重合，然后分别数出两重合线之间镜台测微尺和目镜测微尺所占的格数(图 2-52)。

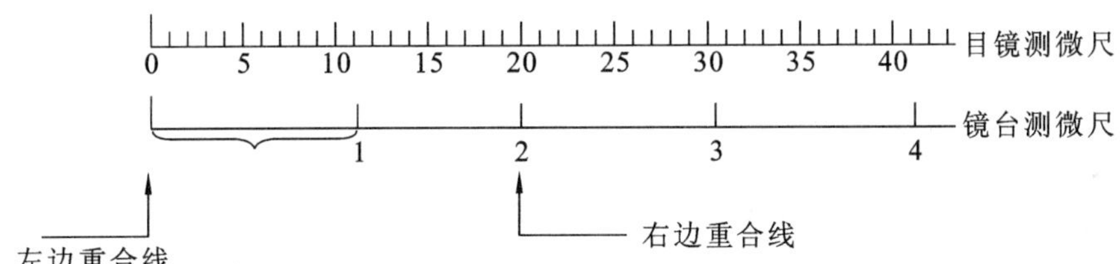

图 2-52　目镜测微尺与镜台测微尺校准

用同样的方法换成高倍镜和油镜进行校正，分别测出在高倍镜和油镜下，两重合线之间两尺分别所占的格数。

观察时光线不宜过强，否则难以找到镜台测微尺的刻度；换高倍镜和油镜校正时，务必十分细心，防止接物镜压坏镜台测微尺和损坏镜头。

(3) 计算：由于已知镜台测微尺每格长 10 μm，根据下列公式即可分别计算出在不同放大倍数下，目镜测微尺每格所代表的长度。

3. 菌体大小测定

目镜测微尺校正完毕后，取下镜台测微尺，换上细菌染色制片。先用低倍镜和高倍镜找到标本后，换油镜测定藤黄微球菌的直径和大肠杆菌的宽度和长度。测定时，通过转动目镜测微尺和移动载玻片，测出细菌直径或宽和长所占目镜测微尺的格数。最后将所测得的格数乘以目镜测微尺（用油镜时）每格所代表的长度，即为该菌的实际大小。

通常测定对数生长期菌体来代表该菌的大小；可选择有代表性的 3～5 个细胞进行测

定;细菌的大小需用油镜测定,以减少误差。

4. 整理

整理测定完毕,取出目镜测微尺,将接目镜放回镜筒,再将目镜测微尺和镜台测微尺分别用擦镜纸擦拭干净,放回盒内保存。

实训报告

(1) 将目镜测微尺校正结果填入表2-4中。

表2-4 目镜测微尺校正结果

物镜	目尺格数	台尺格数	目尺校正值/μm
10×			
40×			
100×			

(2) 将各菌测定结果填入表2-5和表2-6中。

表2-5 酵母菌大小测定记录

细胞数	1	2	3	4	5	6	7	8	9	10	11	12	13	14	15	平均值
长																
宽																

表2-6 枯草杆菌大小测定记录

细胞数	1	2	3	4	5	6	7	8	9	10	11	12	13	14	15	平均值
长																
宽																

(3) 结果计算。

长(μm)=平均格数×校正值

宽(μm)=平均格数×校正值

大小表示:宽(μm)×长(μm)

实训思考题

(1) 为什么更换不同放大倍数的目镜或物镜时,必须用镜台测微尺重新对目镜测微尺进行校正?

(2) 在不改变目镜和目镜测微尺,而改用不同放大倍数的物镜来测定同一细菌的大小时,其测定结果是否相同?为什么?

技能训练 2-7　霉菌的形态观察

实训目的

(1) 学习并掌握霉菌水浸片的制片方法。

(2) 识别常见霉菌的菌落特征。

(3) 观察几种霉菌的个体形态及无性孢子。

实训原理

霉菌的营养体是分枝的菌丝体，分营养菌丝和气生菌丝，气生菌丝生长到一定阶段分化产生繁殖菌丝，由繁殖菌丝产生孢子。霉菌菌丝体(尤其是繁殖菌丝)及孢子的形态特征是识别不同种类霉菌的重要依据。霉菌菌丝的直径为 3～10 μm，常是细菌菌体宽度的几倍至几十倍，因此，用低倍显微镜即可观察。

霉菌菌丝因分枝频繁，相互交错而成为菌丝体。因此其菌落多呈大而疏松的绒毛状或棉絮状。

本实训主要用以下两种方法观察霉菌的形态。

直接制片观察法：霉菌菌丝较粗大，细胞易收缩变形，且孢子容易飞散，因此通常是将培养物置于乳酸石炭酸棉蓝染色液中，制成霉菌制片镜检。用此染液制成的霉菌制片的特点是细胞不变形；具有防腐作用，不易干燥，能保持较长时间；能防止孢子飞散；染液的蓝色能增强反差。必要时，制片还可用树胶封固，制成永久标本长期保存。

为了得到清晰、完整、保持自然状态的霉菌形态，可采用玻璃纸透析培养观察法进行观察。该法与放线菌的玻璃纸培养观察法相似。

实训器材

(1) 菌种：黑曲霉(*Aspergillus* sp.)、黑根霉(*Rhizopus* sp.)和毛霉(*Mucor* sp.)培养 2～5 d 的马铃薯琼脂平板培养物。

(2) 培养基：PDA 培养基或察氏琼脂。

(3) 溶液或试剂。

① 50%乙醇；

② 20%的甘油；

③ 乳酸石炭酸棉蓝染色液：

苯酚	10 g	乳酸(相对密度 1.21)	10 mL
甘油	20 mL	蒸馏水	10 mL
棉蓝	0.02 g		

将苯酚加在蒸馏水中加热溶解，然后加入乳酸和甘油，最后加入棉蓝，使其溶解即成。

(4) 仪器或其他用具：显微镜、无菌吸管、平皿、载玻片、盖玻片、解剖针、解剖刀、镊

子等。

实训方法与步骤

1. 直接制片观察法

在载玻片上加一滴乳酸石炭酸棉蓝染色液或蒸馏水，用解剖针从霉菌菌落边缘处挑取少量已产孢子的霉菌菌丝；先置于50%乙醇中浸一下以洗去脱落的孢子，再放在载玻片上的染液中，用解剖针小心地将菌丝分散开。盖上盖玻片，置于低倍镜下观察，必要时换高倍镜观察。

注意：挑菌和制片时要细心，尽可能保持霉菌自然生长状态；加盖玻片时勿压入气泡，以免影响观察。

2. 玻璃纸透析培养观察法

剪取玻璃纸透析培养2～5天后长有霉菌菌丝的玻璃纸一小块，先放在50%乙醇中浸一下，洗掉脱落下来的孢子，并赶走菌体上的气泡，然后正面向上贴附于干净载玻片上，滴加1～2滴乳酸石炭酸棉蓝染色液，小心地盖上盖玻片(注意不要产生气泡)，且不要移动盖玻片，以免搞乱菌丝。

玻片制好后，先用低倍镜观察，必要时再换高倍镜。注意观察其菌丝有无隔膜，有无假根等特殊形态的菌丝；注意其无性繁殖器官的形状和构造，孢子着生的方式，孢子的形态、大小等。

实训报告

绘图说明所观察的霉菌的形态特征。

实训思考题

(1) 主要根据哪些形态特征来区分各种霉菌？

(2) 根据载玻片培养观察方法的基本原理，上述操作过程中的哪些步骤可以根据具体情况作一些改进或可用其他的替代方法？

(3) 在显微镜下，细菌、放线菌、酵母菌和霉菌的主要区别是什么？

技能训练 2-8　噬菌体效价的测定

实训目的

(1)理解噬菌体效价的含义及其测定原理。

(2)掌握用双层琼脂平板法测定噬菌体效价的操作技能。

实训原理

噬菌体的效价是表示每毫升试样中所含有的侵染必需的噬菌体粒子数，有时用噬菌斑形成单位数或感染中心数来表示。效价的测定一般采用双层琼脂平板法。

因噬菌体是一类专性寄生于微生物的病毒，其个体形态极其微小，故用常规微生物计数法无法测得其数量。烈性噬菌体侵染细菌后会迅速引起敏感细菌裂解，释放出大量子代噬菌体，然后它们再扩散和侵染周围细胞，在含有敏感细菌的平板上出现肉眼可见的空斑——噬菌斑。了解噬菌体的特性，快速检查、分离，并进行效价测定，对在生产和科研工作中防止噬菌体的污染具有重要作用。

由于在含有特异宿主细菌的琼脂平板上，一般一个噬菌体产生一个噬菌斑，故可根据一定体积的噬菌体培养液所出现的噬菌斑数，计算出噬菌体的效价。此法所形成的噬菌斑的形态、大小较一致，且清晰度高，故计数比较准确，因而被广泛应用。

实训器材

1. 菌种

敏感指示菌：大肠杆菌、大肠杆菌噬菌体(从阴沟或粪池污水中分离)。

2. 培养基

二倍肉膏蛋白胨培养液、上层肉膏蛋白胨半固体琼脂培养基(含琼脂 0.7%，试管分装，每管 5 mL)、下层肉膏蛋白胨固体琼脂培养基(含琼脂 2%)、1%蛋白胨水培养基。

3. 仪器和器材

(1) 仪器：恒温水浴锅、离心机、721 型分光光度计。

(2) 器材：无菌试管、培养皿、三角瓶、移液管或微量移液器。

实训方法与步骤

1. 噬菌体的采集、稀释与简单观察

(1) 噬菌体样品采集。

取 5 mL 阴沟污水或 2～3 g 土样放入无菌三角瓶中，加入对数生长期的敏感指示菌——大肠杆菌(培养 16～24 h)菌液 3～5 mL，再加 20 mL 二倍肉膏蛋白胨培养液。30 ℃振荡培养 12～18 h，使噬菌体增殖。将上述培养液以 3000 r/min 离心 15～20 min，取上清液，用于噬菌体效价的测定。

(2) 噬菌体的稀释。

将噬菌体溶液进行 10 倍梯度稀释：吸取 0.5 mL 大肠杆菌噬菌体，注入一支装有 4.5 mL pH7.0、1%蛋白胨水的试管中，即稀释到 10^{-1}，并依次稀释到 10^{-6}稀释度。

(3) 噬菌体与菌液混合。

分别吸取 0.1 mL 10^{-4}、10^{-5}和 10^{-6}噬菌体稀释液于编号的无菌试管中，每个稀释度平行做三个管，同时以无菌水做对照，并分别于各管中加入 0.2 mL 大肠杆菌悬液，振荡试管使菌液与噬菌体液混合均匀，置于 37 ℃水浴中保温 5 min，让噬菌体粒子充分吸附并侵入菌体细胞。

(4) 噬菌体的简单观察。

① 单层琼脂平板法。

将上层培养基的琼脂量增加至 2%,熔化后冷却至 45 ℃左右,加入指示菌和噬菌体稀释液,混合后迅速倒平板。30 ℃恒温培养 6~16 h 后观察结果。观察噬菌斑的形态特征并粗略统计噬菌斑数。

② 离心分离加热法(快速检查)。

取大肠杆菌正常培养液和侵染有噬菌体的异常大肠杆菌培养液,4000 r/min 离心 20 min,分别取两组发酵液的上清液,一部分于 721 型分光光度计上测定 650 nm 处的吸光度,另外各取 5 mL 上清液于试管中,置于水浴中煮沸 2 min,检测溶液在 650 nm 处的吸光度,记录结果。

因正常发酵(培养)液离心后菌体沉淀,上清液蛋白质含量很少,加热后仍然清亮;而侵染有噬菌体的发酵(培养)液经离心后其上清液中因含有自裂解菌中逸出的活性蛋白,加热后发生蛋白质变性,因而在光线照射下出现丁铎尔效应而不清亮。此法简单、快速,对发酵液污染噬菌体的判断亦较准确,但不适于溶源菌及温和噬菌体的诊断,对侵染噬菌体较少的一级种子培养液也往往不适用。

2. 噬菌体效价的测定——双层琼脂平板法

(1) 倒下层琼脂。

将熔化后冷却到 45 ℃左右的下层肉膏蛋白胨固体培养基倾倒于无菌培养皿中,每皿约 10 mL 培养基,平放,待冷凝后在培养皿底部注明噬菌体稀释度。

(2) 倒上层琼脂。

将熔化并保温于 45 ℃的上层肉膏蛋白胨半固体琼脂培养基 5 mL 分别加到含有噬菌体和敏感菌液的混合管中,迅速摇匀,立即倒入相应编号的底层培养基平板表面,边倒入边摇动平板使其迅速地铺展表面。

(3) 恒温培养。

凝固后 37 ℃恒温培养。一般培养 8~24 h,待噬菌斑产生后观察并计算其数目。

(4) 观察并计数。

观察平板中的噬菌斑,并将结果记录于实训报告表格内,选取每皿有 30~300 个噬菌斑的平板计算噬菌体效价。

实训报告

将实训中观察到的现象记入表 2-7 中。

表 2-7 噬菌体效价的测定

噬菌体稀释度	10^{-4}			10^{-5}			10^{-6}			对照		
	1	2	3	1	2	3	1	2	3	1	2	3
噬菌斑数/(个/皿)												
平均每皿噬菌斑数目												

噬菌体效价的计算:

噬菌体效价 (pfu/mL)=平均噬菌斑数 ×稀释倍数 ×取样量折算数

习 题

1. 主要根据哪些形态特征来区分各种霉菌？

2. 根据载玻片培养和观察的基本原理，在操作过程中的哪些步骤可以根据具体情况做一些改进或可用其他的方法替代？

3. 在显微镜下，细菌、放线菌、酵母菌和霉菌的主要区别是什么？

4. 根据你的体会，说明用血球计数板的误差主要来自哪些方面，以及应如何尽量减少误差、力求准确。

5. 为什么更换不同放大倍数的目镜或物镜时，必须用镜台测微尺重新对目镜测微尺进行校正？

6. 在不改变目镜和目镜测微尺，而改用不同放大倍数的物镜来测定同一细菌的大小时，其测定结果是否相同？为什么？

7. 列表比较革兰氏阳性菌与革兰氏阴性菌细胞壁物质组成与结构的差异。

8. 列表比较原核生物与真核生物细胞的主要区别。

9. 芽孢的结构和功能各是什么？

学习情境三

微生物的营养成分和培养基制备技术

微生物同其他生物一样都是具有生命的。微生物细胞直接同生活环境接触并不停地从外界环境吸收适当的营养物质,在细胞内合成新的细胞物质和储藏物质,并储存能量。微生物从环境中吸收营养物质并加以利用的过程称为微生物的营养(nutrition)。

熟悉有关微生物的营养知识是研究和利用微生物的必要基础。有了营养理论,就能有目的地选用或设计符合微生物生理要求或有利于生产实践应用的培养基。

项目一　微生物细胞的化学组成与分析

营养物质是微生物构成菌体细胞的基本原料,也是获得能量以及维持其他代谢机能必需的物质基础。微生物吸收何种营养物质取决于微生物细胞的化学组成。

分析微生物细胞的化学成分,发现微生物细胞与其他生物细胞的化学组成并没有本质上的差异。微生物细胞平均含水分 80%,其余 20%为干物质。在干物质中有蛋白质、核酸、碳水化合物、脂类和矿物质等,这些干物质是由碳、氢、氧、氮、磷、硫、钾、钙、镁、铁等主要化学元素组成,其中碳、氢、氧、氮是组成有机物质的四大元素,占干物质的 90%～97%,其余的 3%～10%是矿物质元素(表 3-1),这些矿物质元素对微生物的生长也起着重要的作用。微生物细胞的化学组成随种类、培养条件及菌龄的不同在一定范围内发生改变。

表 3-1　微生物细胞中主要化学元素的含量(干重/(%))

微生物种类	元　素					
	C	N	H	O	P	S
细菌	50	15	9	22	3	1
酵母菌	50	12	7	31		
霉菌	48	5	7	40		

项目二 微生物的营养物质及其生理功能

通过了解微生物的化学组成,知道微生物在新陈代谢活动中必须吸收充足的水分,构成细胞物质的碳源和氮,以及钙、镁、钾、铁等多种多样的矿物质元素和一些必需的生长辅助因子,才能正常地生长发育。组成微生物细胞的化学元素分别来自微生物生存所需要的营养物质,即微生物生长所需的营养物质应该包含组成细胞的各种化学元素。营养物质按照它们在机体中的生理作用不同,可分成碳源、氮源、能源、无机元素、生长因子及水六大类。

任务一 碳源物质的利用

凡是可以被微生物利用,构成细胞代谢产物碳素来源的物质,统称为碳源物质。碳源物质通过细胞内的一系列化学变化,被微生物用于合成各代谢产物。微生物对碳素化合物的需求是极为广泛的,根据碳素的来源不同,可将碳源物质分为无机碳源物质和有机碳源物质。常使用的碳源物质有碳水化合物、脂肪、有机酸、醇和碳氢化合物等。由于各种微生物的生理特性不同,每一种微生物所能利用的碳源种类亦不尽相同。

一、糖类

糖类是最常用的碳源,主要有单糖(葡萄糖、果糖)、双糖(蔗糖、麦芽糖、乳糖)、多糖、淀粉类和糖蜜等。其中,葡萄糖是最常用的碳源,几乎能被所有微生物利用。

二、脂肪

霉菌和放线菌可以利用脂肪作为碳源,因为这些微生物都具有比较活跃的脂肪酶,在脂肪酶的作用下脂肪被水解为甘油和脂肪酸。常用的油脂有豆油、菜油、棉子油、葵花子油、猪油、鱼油、玉米油、亚麻油等。

三、有机酸

一些微生物对许多有机酸有很强的氧化能力,因此有机酸或有机酸盐也能作为微生物的碳源,例如乳酸、柠檬酸、延胡索酸、高级脂肪酸等或者是它们的盐。

四、烃和醇类

研究表明,正烷烃可以作为单细胞蛋白质、氨基酸、核苷酸等发酵的碳源;另外,自然界中能同化乙醇的微生物和能同化糖质的微生物一样普遍。

任务二 氮源物质的利用

能被微生物利用以构成细胞物质或代谢产物中氮素的营养物质通常称为氮源物质。微生物细胞中含氮 5%～13%,它是微生物细胞蛋白质和核酸的主要成分。氮素对微生物的生长发育有着重要的意义,微生物利用它在细胞内合成氨基酸和碱基,进而合成蛋白质、核酸等细胞成分,以及含氮的代谢产物。无机的氮源物质一般不提供能量,只有极少数的化能自养型细菌如硝化细菌可利用铵态氮和硝态氮在提供氮源的同时通过氧化产生代谢能。

微生物营养上需要的氮素物质可以分为三种类型。

1. 空气中分子态氮

只有少数具有固氮能力的微生物(如自生固氮菌、根瘤菌)能利用。

2. 无机氮化合物

如铵态氮(NH_4^+)、硝态氮(NO_3^-)和简单的有机氮化合物(如尿素),绝大多数微生物可以利用。

3. 有机氮化合物

大多数寄生性微生物和一部分腐生性微生物需以有机氮化合物(蛋白质、氨基酸)为必需的氮素营养。

在试验室和发酵工业生产中,常常以铵盐、硝酸盐、牛肉膏、蛋白胨、酵母膏、鱼粉、血粉、蚕蛹粉、豆饼粉、花生饼粉作为微生物的氮源。

任务三　能源的利用

所谓能源(energy sources),就是能为微生物的生命活动提供最初能量来源的营养物或辐射能。

由于各种异养微生物的能源就是碳源,因此,微生物的能源谱就显得十分简单。

能源谱
- 化学物质
  - 有机物:化能异养微生物的能源(同碳源)
  - 无机物:化能自养微生物的能源(不同于碳源)
- 辐射能:光能自养和光能异养微生物的能源

能作为化能自养微生物能源的物质都是一些还原态的无机物质,例如 NH_4^+、NO_2^-、S、H_2S、H_2 和 Fe^{2+} 等,能氧化利用这些物质的微生物都是细菌,例如硝化细菌、亚硝化细菌、硫化细菌、硫细菌、氢细菌和铁细菌等。

任务四　无机矿物质元素的利用

微生物细胞中的无机矿物质元素占干重的 3%～10%,它是微生物细胞结构物质不可缺少的组成成分和微生物生长不可缺少的营养物质。许多无机矿物质元素构成酶的活性基团或酶的激活剂,并具有调节细胞的渗透压、调节酸碱度和氧化还原电位以及能量的转移等作用。微生物需要的无机矿物质元素分为常量元素和微量元素。

常量无机矿物质元素是磷、硫、钾、钠、钙、镁、铁等。磷、硫的需要量很大,磷是微生物细胞中许多含磷细胞成分,如核酸、核蛋白、磷脂、三磷酸腺苷(ATP)、辅酶的重要元素。硫是细胞中含硫氨基酸及生物素、硫胺素等辅酶的重要组成成分。钾、钠、镁是细胞中某些酶的活性基团,并具有调节和控制细胞质的胶体状态、细胞质膜的通透性和细胞代谢活动的功能。

微量元素有钼、锌、锰、钴、铜、硼、碘、镍、溴、钒等，一般在培养基中含有 0.1 mg/L 甚至更少就可以满足需要。

任务五 生长因子的利用

生长因子是一类微生物正常代谢必不可少且不能用简单的碳源和氮源自行合成的有机物，需要量一般很少。广义的生长因子是指维生素、氨基酸、嘌呤、嘧啶等特殊有机营养物，而狭义的生长因子仅指维生素。这些微量营养物质被微生物吸收后一般不被分解，而是直接参与或调节代谢反应。

在自然界中，自养型细菌和大多数腐生细菌、霉菌都能自己合成许多生长辅助物质，不需要另外供给就能正常生长发育。

任务六 水的利用

水分是微生物细胞的主要组成成分，占鲜重的 70%～90%。不同种类微生物细胞含水量不同。同种微生物处于发育的不同时期或不同的环境，其水分含量也有差异，幼龄菌含水量较高，衰老和休眠体含水量较低。微生物所含水分以游离水和结合水两种状态存在，两者的生理作用不同。结合水不具有一般水的特性，不能流动，不易蒸发，不冻结，不能作为溶剂，也不能渗透。游离水则与之相反，具有一般水的特性，能流动，容易从细胞中排出，并能作为溶剂帮助水溶性物质进出细胞。微生物细胞中游离态的水与结合态的水的比例为 4∶1。

微生物细胞中的结合态水约束于原生质的胶体系统之中，成为细胞物质的组成成分，是微生物细胞生活的必要条件。游离态水是细胞吸收营养物质和排出代谢产物的溶剂及生化反应的介质。一定量的水分又是维持细胞渗透压的必要条件。水的比热容高，又是热的良导体，能有效地调节细胞内的温度。微生物如果缺乏水分，则会影响代谢作用的进行。

项目三 微生物的营养类型

微生物在长期进化过程中，由于生态环境的影响，逐渐分化成各种营养类型。根据微生物要求碳源的性质和能量来源不同，可将微生物分为光能自养型、光能异养型、化能自养型和化能异养型四种营养类型。

一、光能自养型微生物

光能自养型微生物是指利用光能为能源，以二氧化碳（CO_2）或可溶性的碳酸盐（CO_3^{2-}）作为唯一的碳源或主要碳源，以无机化合物（水、硫化氢、硫代硫酸钠等）为氢供体，还原 CO_2，生成有机物质。光能自养型微生物主要是一些蓝细菌、红硫细菌、绿硫细

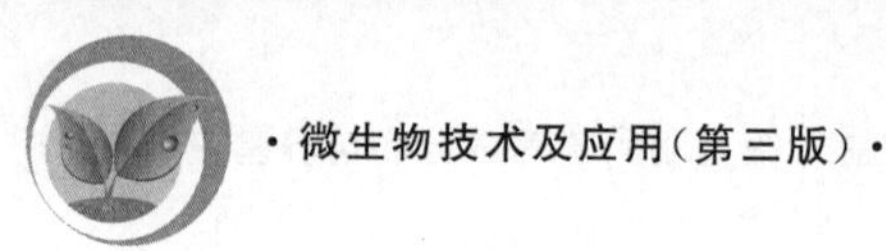

菌等少数微生物，它们含光合色素，能使光能转变为化学能(ATP)，供细胞直接利用。

蓝细菌在光和菌绿素作用下：

$$CO_2+2H_2O \longrightarrow [CH_2O]+H_2O+O_2\uparrow$$

绿硫细菌在光和菌绿素作用下：

$$CO_2+2H_2S \longrightarrow [CH_2O]+H_2O+2S$$

比较以上两反应，可写成以下通式：

$$CO_2+2H_2A \longrightarrow [CH_2O]+H_2O+2A$$

二、化能自养型微生物

这一类微生物的能量来自无机物氧化所产生的化学能，以此去还原 CO_2 或者可溶性碳酸盐，合成有机物。如硝酸细菌、亚硝酸细菌、铁细菌、硫细菌、氢细菌就可以分别利用氧化 NH_4^+、NO_2^-、Fe^{2+}、H_2S 和 H_2 产生的化学能来还原 CO_2，形成碳水化合物。

例如：亚硝酸细菌能从氧化氨为亚硝酸中获得能量，用以还原二氧化碳，形成碳水化合物。

$$2NH_3+3O_2+2H_2O \longrightarrow 2HNO_2+4H^++4OH^-+\text{能量}$$

$$CO_2+4H^+ \longrightarrow [CH_2O]+H_2O$$

这一类型的微生物完全可以生活在无机的环境中，分别氧化各自合适的还原态的无机物，从而获得同化 CO_2 所需的能量。

三、光能异养型微生物

这种类型的微生物以光能为能源，利用有机物作为供氢体，还原 CO_2，合成细胞的有机物质。

例如深红螺菌(*Rhodospirillum rubrum*)利用异丙醇作为供氢体，进行光合作用并积累丙酮。这类微生物生长时大多需要外源性的生长因子。

$$2(CH_3)_2CHOH+CO_2 \longrightarrow 2CH_3COCH_3+[CH_2O]+H_2O$$

此菌在光和厌氧条件下进行上述反应，但在黑暗和好氧条件下又可能用有机物氧化产生的化学能推动代谢作用。

四、化能异养型微生物

这种类型的微生物其能源和碳源都为有机物：能量来自有机物的氧化分解，ATP 产生于氧化磷酸化；碳源直接取自有机碳化合物。化能异养型微生物包括自然界绝大多数的细菌，全部的放线菌、真菌和原生动物。根据生态习性不同，可将这种营养类型细分为以下几种。

1. 腐生型

这种类型的微生物从无生命的有机物获得营养物质。引起食品腐败变质的某些霉菌和细菌就属这一类型，如梭状芽孢杆菌、毛霉、根霉、曲霉等。

2. 寄生型

这种类型的微生物必须寄生在活的有机体内，从寄主体内获得营养物质才能生活，称为寄生,这类微生物称为寄生微生物。

项目四　微生物对营养物质的吸收

微生物不像动物那样具有专门的摄食器官,也不像植物那样具有根系吸收营养和水分,它们对营养物质的吸收是借助生物膜的半渗透性及其结构特点以几种不同的方式来吸收营养物质和水分的。如果营养物质是大分子的蛋白质、多糖、脂肪,则微生物分泌出相应的酶(这类在细胞内产生,分泌到细胞外发挥作用的酶称为胞外酶)将大分子降解成小分子后,再吸收利用。

各种物质对细胞质膜的渗透性不一样,就目前对细胞膜结构及其传递系统的研究,认为营养物质主要以单纯扩散、促进扩散、主动运输、基团转位这四种方式透过细胞膜。

任务一　单纯扩散

在微生物营养物质的吸收方式中,单纯扩散是通过细胞膜进行内、外物质交换最简单的一种方式。营养物质通过分子无规则运动经过细胞膜中的小孔进入细胞。实际上,进入微生物细胞的物质不断地被生长代谢所利用,浓度不断降低,细胞外的物质不断地进入细胞。膜上小孔的大小和形状对被扩散的营养物质分子大小有一定的选择性。由于单纯扩散不需要能量,因此物质不能进行逆浓度梯度交换。其特点具体如下。

(1) 物质由高浓度区向低浓度区扩散(浓度梯度)。

(2) 单纯扩散是一种单纯的物理扩散作用,不需要能量。

(3) 一旦细胞膜两侧的浓度梯度消失(细胞内、外的物质浓度达到平衡),细胞内、外的物质交换达到动态平衡。

(4) 单纯扩散是非特异性的,没有运载蛋白质(渗透酶)参与,也不与膜上的分子发生反应,扩散的物质本身也不发生改变。

(5) 单纯扩散的物质主要是一些小分子物质,如一些气体(O_2、CO_2)、水、部分无机离子及一些水溶性小分子(甘油、乙醇等)。

任务二　促进扩散

促进扩散也是一种物质运输方式,它与单纯扩散的方式相类似,营养物质在运输过程中不需要能量,物质本身在分子结构上也不会发生变化,不能进行逆浓度梯度运输,运输的速率随着细胞内、外该物质浓度差的缩小而降低,直至膜内、外的浓度差消失,从而达到动态平衡。所不同的是这种物质运输方式需要借助于细胞膜上的一种称为渗透酶的特异性蛋白(载体蛋白)的参与,加速了营养物质的透过程度,以满足微生物细胞代谢的需要。

渗透酶大多是诱导酶,当外界存在所需的营养物质时,能诱导细胞产生相应的渗透酶,而且每种渗透酶只能运输相应的物质,即对被运输的物质有高度的专一性。

促进扩散的特点是依靠渗透酶与底物的亲和力的改变,达到携带营养物质的作用,其具备以下特点。

(1) 物质由高浓度区向低浓度区扩散(浓度梯度)。

(2) 促进扩散是一种单纯的物理扩散作用,不需要能量。

(3) 一旦细胞膜两侧的浓度梯度消失(细胞内、外的物质浓度达到平衡),细胞内、外的物质交换达到动态平衡。

现在已分离出有关葡萄糖、半乳糖、阿拉伯糖、亮氨酸、精氨酸、酪氨酸、磷酸、Ca^{2+}、Na^{+}、K^{+}等的载体蛋白,它们的相对分子质量为9000~40000,而且都是单体。

促进扩散是真核生物的普遍运输机制,如酵母菌运输糖类就是通过这种方式,在原核生物中却少见。在厌氧微生物中,促进扩散的过程常伴随某些化合物的吸收和发酵产物的排出。

任务三　主动运输

如果微生物仅依靠单纯扩散和促进扩散这两种方式,可吸收的营养物质只能从高浓度到低浓度扩散,这样微生物就不能吸收低于细胞内浓度的外界营养物质,生长代谢就会受到限制。实际上,微生物细胞中的有些物质是以高于细胞外的浓度在细胞内积累的:如大肠杆菌在生长期中,细胞中的钾离子浓度比细胞外环境高许多倍;以乳糖为碳源的微生物,细胞内的乳糖浓度比细胞外高500倍。可见,主动运输的特点是使营养物质由低浓度向高浓度进行,是逆浓度梯度的。因此这种物质运输的过程不仅需要渗透酶,还需要代谢能量(ATP)的参与。目前研究比较深入的是大肠杆菌对乳糖的吸收,其细胞膜的渗透酶为β-半乳糖苷酶,它可以在细胞内、外特异性地与乳糖结合(在膜内结合程度比膜外小),在代谢能量(ATP)的作用下,酶蛋白构型发生变化而使乳糖到达膜内,并在膜内降低其对乳糖的亲和力而释放出来,从而实现乳糖由细胞外的低浓度向细胞内的高浓度运输。

主动运输的特点如下。

(1) 营养物质的吸收不受浓度梯度的影响,并且多数情况是由低浓度向高浓度进行,是逆浓度梯度地被"抽"进细胞内的。

(2) 这个过程不仅需要渗透酶,而且要求渗透酶与底物有高度的特异性,其与底物的亲和力随渗透酶的构型而改变。

(3) 渗透酶构型的改变需要消耗代谢能量,能量由ATP提供,由于对其营养物质具有高度亲和力,并且特异性地与之结合,形成渗透酶-运载物质复合体。复合体旋转180°,从膜外方向转移到细胞膜内表面,消耗代谢能量ATP,使渗透酶构型发生变化,亲和力减弱,于是结合的物质被释放到细胞质中去。构型变化的渗透酶再获得能量恢复原状,亲和力增强,结合位置朝向膜外,又可重复进行这种主动运输。

(4) 这种吸收方式是微生物物质运输的主要方式。

任务四　基团转位

在微生物对营养物质吸收的过程中还有一种特殊的运输方式，称为基团转位。这种方式除具有主动运输的特点外，主要是被转运的物质改变了本身的性质，有化学基团转移到被转运的营养物质上面去，降低底物与载体的亲和力。

这种运输过程的磷酸转移酶系统包括酶Ⅰ、酶Ⅱ和热稳定蛋白(HPr)。酶Ⅰ是非特异性的，对许多糖都一样起作用。酶Ⅱ是膜上的结构酶，并能诱导产生，它对某一种糖具有特异性，只能运载某一种糖。酶Ⅱ同时起着渗透酶和磷酸转移酶的作用。HPr是热稳定的可溶性蛋白质，它能够像高能磷酸载体一样起作用。该酶系统催化的反应分两步进行。

(1) 少量的HPr被磷酸烯醇式丙酮酸(PEP)磷酸化：

$$\text{PEP}+\text{HPr}\longrightarrow\text{磷酸}\sim\text{HPr}+\text{丙酮酸}$$

(2) 磷酸～HPr将它的磷酰基传递给葡萄糖，同时将生成的6-磷酸葡萄糖释放到细胞质内。这步复合反应由酶Ⅱ催化。

$$\text{磷酸}\sim\text{HPr}+\text{葡萄糖}\longrightarrow\text{6-磷酸葡萄糖}+\text{HPr}$$

基团转位可转运糖、糖的衍生物，如葡萄糖、甘露糖、果糖、N-乙酰葡萄糖胺和β-半乳糖苷以及嘌呤、嘧啶、碱基、乙酸等，但不能输送氨基酸。这个运输系统主要存在于兼性厌氧菌和厌氧菌中。但某些好氧菌，如枯草芽孢杆菌和巨大芽孢杆菌也利用磷酸转移酶系统将葡萄糖传送到细胞内。

项目五　培养基的制备技术

培养基(culture medium)是人工配制的，适合微生物生长繁殖或产生代谢产物的营养基质。无论是以微生物为材料的研究，还是利用微生物生产生物制品，都必须进行培养基的配制，它是微生物学研究和微生物发酵生产的基础。

任务一　配制培养基的基本原则

一、选择适宜的营养物质

总体而言，所有微生物生长繁殖均需要培养基含有碳源、氮源、无机盐、生长因子、水及能源，但由于微生物营养类型复杂，不同微生物对营养物质的需求是不一样的，因此首先要根据不同微生物的营养需求配制针对性强的培养基。自养型微生物能从简单的无机物合成自身需要的糖类、脂类、蛋白质、核酸、维生素等复杂的有机物，因此培养自养型微生物的培养基完全可以(或应该)由简单的无机物组成。例如，培养化能自养型的氧化硫硫杆菌的培养基组成见表3-2。在该培养基配制过程中并未专门加入其他碳源物质，而是依靠空气中和溶于水中的CO_2为氧化硫硫杆菌提供碳源。

表 3-2　几种类型培养基组成

成分	氧化硫硫杆菌培养基	大肠杆菌培养基	牛肉膏蛋白胨培养基	高氏Ⅰ号合成培养基	察氏合成培养基	LB培养基	主要作用
牛肉膏			5				碳源(能源)、氮源、无机盐、生长因子
蛋白胨			10			10	氮源、碳源(能源)、生长因子
酵母浸膏						5	生长因子、氮源、碳源(能源)
葡萄糖		5					碳源(能源)
蔗糖					30		碳源(能源)
可溶性淀粉				20			碳源(能源)
CO_2	(来自空气和溶于水中)						碳源
$(NH_4)_2SO_4$	0.4						氮源、无机盐
$NH_4H_2PO_4$		1					氮源、无机盐
KNO_3				1			氮源、无机盐
$NaNO_3$					3		氮源、无机盐
$MgSO_4 \cdot 7H_2O$	0.5	0.2		0.5	0.5		无机盐
$FeSO_4$	0.01			0.01	0.01		无机盐
KH_2PO_4	4						无机盐
K_2HPO_4		1		0.5	1		无机盐
NaCl		5	5	0.5		10	无机盐
KCl					0.5		无机盐
$CaCl_2$	0.25						无机盐
S	10						能源
H_2O	1000	1000	1000	1000	1000	1000	溶剂
pH值	7.0	7.0～7.2	7.0～7.2	7.2～7.4	自然	7.0	
灭菌条件	121 ℃ 20 min	121 ℃ 30 min	121 ℃ 20 min	121 ℃ 20 min	121 ℃ 20 min	121 ℃ 20 min	

* 表中培养基各组分含量均为每升培养基中该成分的质量(g)。

培养其他化能自养型微生物与上述培养基成分基本类似，只是能源物质有所改变。对光能自养型微生物而言，除需要各类营养物质外，还需光照提供能源。培养异养型微生物需要在培养基中添加有机物，而且不同类型异养型微生物的营养要求差别很大，因此其培养基组成也相差很远。例如，培养大肠杆菌的培养基组成比较简单，而有些异养型微生物的培养基的成分非常复杂。如肠膜明串珠菌需要生长因子，配制培养它的合成培养基时，需要在培养基中添加的生长因子多达 33 种，因此通常采用天然有机物来为它提供生长所需的生长因子。就微生物主要类型而言，有细菌、放线菌、酵母菌、霉菌、原生动物、藻类及病毒之分，培养它们所需的培养基各不相同。在实训室中常用牛肉膏蛋白胨培养基(或简称普通肉汤培养基)培养细菌；用高氏Ⅰ号合成培养基培养放线菌；培养酵母菌一般用麦芽汁培养基，它是将麦芽粉与 4 倍水混匀，在 58～65 ℃条件下保温 3～4 h 至完全糖化，调整糖浓度为 10 °Bx，煮沸后用纱布过滤，调 pH 值为 6.0 配制而成。麦芽粉组成复杂，能为酵母菌提供足够的营养物质；培养霉菌则一般用察氏合成培养基。

原生动物也可用培养基培养，有的原生动物需要较多的营养物质，例如梨形四膜虫(*Tetrahymena pyriformis*)的培养基含有 10 种氨基酸、7 种维生素、鸟嘌呤、尿嘧啶及一些无机盐等，而有些变形虫可在较简单的蛋白胨肉汤培养基中生长。大多数藻类可以利用光能，只需要 CO_2、水和一些无机盐就可生长，而某些藻类，如眼虫属(*Euglena*)中的一些种可在黑暗条件下利用有机物质生长。有些藻类需要在培养基中补加土壤浸液，培养海洋藻类时可直接利用海水，但如果在特殊情况下需要用合成培养基培养海洋藻类时，则必须在培养基中加入海水中含有的各种盐。

二、营养物质浓度及配比合适

培养基中营养物质浓度合适时微生物才能生长良好，营养物质浓度过低时不能满足微生物正常生长所需，浓度过高时则可能对微生物生长起抑制作用，例如高浓度糖类物质、无机盐、重金属离子等不仅不能维持和促进微生物的生长，反而起到抑菌或杀菌作用。另外，培养基中各营养物质之间的浓度配比也直接影响微生物的生长繁殖和(或)代谢产物的形成和积累，其中碳氮比(C/N)的影响较大。严格地讲，碳氮比指培养基中碳元素与氮元素的物质的量比值，有时也指培养基中还原糖与粗蛋白之比。例如，在利用微生物发酵生产谷氨酸的过程中，培养基碳氮比为 4∶1时，菌体大量繁殖，谷氨酸积累少；当培养基碳氮比为 3∶1时，菌体繁殖受到抑制，谷氨酸产量则大量增加。再如，在抗生素发酵生产过程中，可以通过控制培养基中速效氮(或碳)源与迟效氮(或碳)源之间的比例来控制菌体生长与抗生素的合成。

三、控制 pH 值条件

培养基的 pH 值必须控制在一定的范围内，以满足不同类型微生物的生长繁殖或产生代谢产物。各类微生物生长繁殖或产生代谢产物的最适 pH 值条件各不相同，一般来讲，细菌与放线菌适于在 pH 值为 7～7.5 的范围内生长，酵母菌和霉菌通常在 pH 值为 4.5～6 的范围内生长。值得注意的是，在微生物生长繁殖和代谢过程中，营养物质被分

解利用和代谢产物的形成与积累,会导致培养基 pH 值发生变化,若不对培养基 pH 值条件进行控制,往往导致微生物生长速度下降或(和)代谢产物产量下降。因此,为了维持培养基 pH 值的相对恒定,通常在培养基中加入 pH 缓冲剂,常用的缓冲剂是一氢和二氢磷酸盐(K_2HPO_4和 KH_2PO_4)组成的混合物。K_2HPO_4溶液呈碱性,KH_2PO_4溶液呈酸性,两种物质等量混合的溶液的 pH 值为 6.8。当培养基中酸性物质积累导致 H^+ 浓度增加时,H^+ 与弱碱性盐结合形成弱酸性化合物,培养基 pH 值不会过度降低;如果培养基中 OH^- 浓度增加,OH^- 则与弱酸性盐结合形成弱碱性化合物,培养基 pH 值也不会过度升高。

但 K_2HPO_4-KH_2PO_4缓冲系统只能在一定的 pH 值范围(pH 值为 6.4～7.2)内起调节作用。有些微生物如乳酸菌能大量产酸,上述缓冲系统就难以起到缓冲作用,此时可在培养基中添加难溶的碳酸盐(如 $CaCO_3$)来进行调节。$CaCO_3$ 难溶于水,不会使培养基 pH 值过度升高,但它可以不断中和微生物产生的酸,同时释放出 CO_2,将培养基 pH 值控制在一定的范围内。

此外,在培养基中还存在一些天然的缓冲系统,如氨基酸、肽、蛋白质都属于两性电解质,也可起到缓冲剂的作用。

四、控制氧化还原电位

不同类型微生物生长对氧化还原电位(φ)的要求不一样。一般好氧型微生物 φ 值为 +0.1 V 以上时可正常生长,一般以 +0.3～+0.4 V 为宜,厌氧型微生物只能在 φ 值低于 +0.1 V 条件下生长,兼性厌氧型微生物在 φ 值为 +0.1 V 以上时进行好氧呼吸,在 +0.1 V 以下时进行发酵。φ 值与氧分压和 pH 值有关,也受某些微生物代谢产物的影响。在 pH 值相对稳定的条件下,可通过增加通气量(如振荡培养、搅拌)提高培养基的氧分压,或加入氧化剂,从而增加 φ 值;在培养基中加入抗坏血酸、硫化氢、半胱氨酸、谷胱甘肽、二硫苏糖醇等还原性物质可降低 φ 值。

任务二　培养基的分类及其应用

培养基种类繁多,根据其成分、物理状态和用途可将培养基分成多种类型。

一、按成分不同划分

1. 天然培养基(complex medium)

这类培养基含有化学成分还不清楚或化学成分不恒定的天然有机物,也称非化学限定培养基(chemically undefined medium)。牛肉膏蛋白胨培养基和麦芽汁培养基就属于此类。基因克隆技术中常用的 LB(Luria-Bertani)培养基也是一种天然培养基。

常用的天然有机营养物质包括牛肉浸膏、蛋白胨、酵母浸膏(表 3-3)、豆芽汁、玉米粉、土壤浸液、麸皮、牛奶、血清、稻草浸汁、羽毛浸汁、胡萝卜汁、椰子汁等。嗜粪微生物(coprophilous microorganisms)可以利用粪水作为营养物质。天然培养基成本较低,除在实训室经常使用外,也适于用来进行工业上大规模的微生物发酵生产。

表 3-3　牛肉浸膏、蛋白胨及酵母浸膏的来源及主要成分

营养物质	来源	主要成分
牛肉浸膏	瘦牛肉组织浸出汁浓缩而成的膏状物质	富含水溶性糖类、有机氮化合物、维生素、盐等
蛋白胨	将肉、酪素或明胶用酸或蛋白酶水解后干燥而成的粉末状物质	富含有机氮化合物，也含有一些维生素和糖类
酵母浸膏	酵母细胞的水溶性提取物浓缩而成的膏状物质	富含B族维生素，也含有有机氮化合物和糖类

2. 合成培养基(synthetic medium)

合成培养基是由化学成分完全了解的物质配制而成的培养基，也称化学限定培养基(chemically defined medium)，高氏Ⅰ号培养基和察氏合成培养基就属于此种类型。配制合成培养基时重复性强，但与天然培养基相比其成本较高，微生物在其中生长速度较慢，一般适于在实训室用来进行有关微生物营养需求、代谢、分类鉴定、生物量测定、菌种选育及遗传分析等方面的研究工作。

3. 半合成培养基

半合成培养基又称半组合培养基，指一类主要以化学试剂配制，同时还加有某种或某些天然成分的培养基。例如培养真菌的马铃薯蔗糖培养基等。严格地讲，凡含有未经特殊处理的琼脂的任何合成培养基，实质上都是一种半合成培养基。半合成培养基特点是配制方便，成本低，微生物生长良好。发酵生产和实验室中应用的大多数培养基都属于半合成培养基。

二、根据物理状态划分

根据培养基中凝固剂的有无及含量的多少，可将培养基划分为固体培养基、半固体培养基和液体培养基三种类型。

1. 固体培养基(solid medium)

在液体培养基中加入一定量凝固剂，使其成为固体，即为固体培养基。理想的凝固剂应具备以下条件。

(1) 不被所培养的微生物分解利用。

(2) 在微生物生长的温度范围内保持固体。在培养嗜热细菌时，由于高温容易引起培养基液化，通常在培养基中适当增加凝固剂来解决这一问题。

(3) 凝固剂凝固点的温度不能太低，否则将不利于微生物的生长。

(4) 凝固剂对所培养的微生物无毒害作用。

(5) 凝固剂在灭菌过程中不会被破坏。

(6) 透明度好，黏着力强。

(7) 配制方便且价格低廉。

常用的凝固剂有琼脂(ager)、明胶(gelatin)和硅胶(silica gel)。表 3-4 列出琼脂和明

胶的一些主要特征。

表 3-4 琼脂与明胶主要特征比较

凝固剂	琼脂	明胶
常用浓度/(%)	1.5～2	5～12
熔点/(℃)	96	25
凝固点/(℃)	40	20
pH 值	微酸	酸性
灰分/(%)	16	14～15
氧化钙/(%)	1.15	0
氧化镁/(%)	0.77	0
氮/(%)	0.4	18.3
微生物利用能力	绝大多数微生物不能利用	许多微生物能利用

对绝大多数微生物而言,琼脂是最理想的凝固剂,它是由藻类(如海产石花菜)中提取的一种高度分支的复杂多糖。明胶是由胶原蛋白制备得到的产物,是最早用来作为凝固剂的物质,但由于其凝固点太低,而且某些细菌和许多真菌产生的非特异性胞外蛋白酶以及梭菌产生的特异性胶原酶都能液化明胶,目前已较少作为凝固剂。硅胶是由无机的硅酸钠(Na_2SiO_3)及硅酸钾(K_2SiO_3)被盐酸及硫酸中和时凝聚而成的胶体,它不含有机物,适合配制分离与培养自养型微生物的培养基。

除在液体培养基中加入凝固剂制备的固体培养基外,一些由天然固体基质制成的培养基也属于固体培养基。例如,由马铃薯块、胡萝卜条、小米、麸皮及米糠等制成的固体培养基就属于此类。又如生产酒的酒曲,生产食用菌的棉子壳培养基。

在实训室中,固体培养基一般是加入培养皿或试管中,制成培养微生物的平板或斜面。固体培养基为微生物提供一个营养表面,单个微生物细胞在这个营养表面进行生长繁殖,可以形成单个菌落。固体培养基常用来进行微生物的分离、鉴定、活菌计数及菌种保藏等。

2. 半固体培养基(semisolid medium)

半固体培养基中凝固剂的含量比固体培养基中的少,培养基中琼脂含量一般为0.2%～0.7%。半固体培养基常用于微生物运动特征的观察、分类鉴定及噬菌体的效价滴定等。

3. 液体培养基(liquid medium)

液体培养基中未加任何凝固剂。在用液体培养基培养微生物时,通过振荡或搅拌可以增加培养基的通气量,同时使营养物质分布均匀。液体培养基常用于大规模工业生产以及在实训室进行微生物的基础理论和应用方面的研究。

三、按用途划分

1. 基础培养基

尽管不同微生物的营养需求各不相同，但大多数微生物所需的基本营养物质是相同的。基础培养基是含有一般微生物生长繁殖所需的基本营养物质的培养基。牛肉膏蛋白胨培养基是最常用的基础培养基。基础培养基也可以作为一些特殊培养基的基础成分，再根据某种微生物的特殊营养需求，在基础培养基中加入所需营养物质。

2. 加富培养基(enrichment medium)

加富培养基也称营养培养基，即在基础培养基中加入某些特殊营养物质制成的一类营养丰富的培养基，这些特殊营养物质包括血液、血清、酵母浸膏、动植物组织液等。加富培养基一般用来培养营养要求比较苛刻的异养型微生物，如培养百日咳博德氏菌(*Bordetella pertussis*)需要含有血液的加富培养基。加富培养基还可以用来富集和分离某种微生物，这是因为加富培养基含有某种微生物所需的特殊营养物质，该种微生物在这种培养基中较其他微生物生长速度快，并逐渐富集而占优势，逐步淘汰其他微生物，从而容易达到分离该种微生物的目的。从某种意义上讲，加富培养基类似选择培养基，两者的区别在于：加富培养基是用来增加所要分离的微生物的数量，使其形成生长优势，从而分离得到该种微生物；选择培养基则一般抑制不需要的微生物的生长，使所需要的微生物增殖，从而达到分离所需微生物的目的。

3. 鉴别培养基(differential medium)

鉴别培养基是用于鉴别不同类型微生物的培养基。在培养基中加入某种特殊化学物质，某种微生物在培养基中生长后能产生某种代谢产物，而这种代谢产物可以与培养基中的特殊化学物质发生特定的化学反应，产生明显的特征性变化，根据这种特征性变化，可将该种微生物与其他微生物区分开来。鉴别培养基主要用于微生物的快速分类鉴定，以及分离和筛选产生某种代谢产物的微生物菌种。常用的一些鉴别培养基参见表 3-5。

表 3-5　一般鉴别培养基

培养基名称	加入化学物质	微生物代谢产物	培养基特征性变化	主要用途
酪素培养基	酪素	胞外蛋白酶	蛋白水解圈	鉴别产蛋白酶菌株
明胶培养基	明胶	胞外蛋白酶	明胶液化	鉴别产蛋白酶菌株
油脂培养基	食用油、吐温、中性红指示剂	胞外脂肪酶	由淡红色变成深红色	鉴别产脂肪酶菌株
淀粉培养基	可溶性淀粉	胞外淀粉酶	淀粉水解圈	鉴别产淀粉酶菌株
H_2S 试验培养基	醋酸铅	H_2S	产生黑色沉淀	鉴别产 H_2S 菌株
糖发酵培养基	溴甲酚紫	乳酸、醋酸、丙酸等	由紫色变成黄色	鉴别肠道细菌

续表

培养基名称	加入化学物质	微生物代谢产物	培养基特征性变化	主要用途
远藤氏培养基	碱性复红、亚硫酸钠	酸、乙醛	带金属光泽深红色菌落	鉴别水中大肠菌群
伊红美蓝培养基	伊红、美蓝	酸	带金属光泽深紫色菌落	鉴别水中大肠菌群

4. 选择培养基(selective medium)

选择培养基是用来将某种或某类微生物从混杂的微生物群体中分离出来的培养基。根据不同种类微生物的特殊营养需求或对某种化学物质的敏感性不同,在培养基中加入相应的特殊营养物质或化学物质,抑制不需要的微生物的生长,有利于所需微生物的生长。

一类选择培养基是依据某些微生物的特殊营养需求设计的,例如,利用以纤维素或石蜡油作为唯一碳源的选择培养基,可以从混杂的微生物群体中分离出能分解纤维素或石蜡油的微生物;利用以蛋白质作为唯一氮源的选择培养基,可以分离产胞外蛋白酶的微生物;缺乏氮源的选择培养基可用来分离固氮微生物。另一类选择培养基是在培养基中加入某种化学物质,这种化学物质没有营养作用,对所需分离的微生物无害,但可以抑制或杀死其他微生物,例如,在培养基中加入数滴10%酚可以抑制细菌和霉菌的生长,从而由混杂的微生物群体中分离出放线菌;在培养基中加入亚硫酸铋,可以抑制革兰氏阳性菌和绝大多数革兰氏阴性菌的生长,而革兰氏阴性的伤寒沙门氏菌可以在这种培养基上生长;在培养基中加入染料煌绿(brilliant green)或结晶紫(crystal violet),可以抑制革兰氏阳性菌的生长,从而达到分离革兰氏阴性菌的目的;在培养基中加入青霉素、四环素或链霉素,可以抑制细菌和放线菌生长,而将酵母菌和霉菌分离出来。现代基因克隆技术中也常用选择培养基,在筛选含有重组质粒的基因工程菌株过程中,利用质粒上具有的对某种(些)抗生素的抗性选择标记,在培养基中加入相应抗生素,就能比较方便地淘汰非重组菌株,以减少筛选目标菌株的工作量。

在实际应用中,有时需要配制既有选择作用又有鉴别作用的培养基。例如,当要分离金黄色葡萄球菌时,在培养基中加入7.5% NaCl、甘露糖醇和酸碱指示剂。金黄色葡萄球菌可耐高浓度NaCl,且能利用甘露醇产酸。因此,若能在上述培养基中生长,而且菌落周围培养基颜色发生变化,则该菌落有可能是金黄色葡萄球菌,再通过进一步鉴定加以确定。

5. 其他

除上述四种主要类型外,培养基按用途划分还有很多种,比如:分析培养基(assay medium)常用来分析某些化学物质(抗生素、维生素)的浓度,还可用来分析微生物的营养需求;还原性培养基(reduced medium)专门用来培养厌氧型微生物;组织培养物培养基(tissue-culture medium)含有动、植物细胞,用来培养病毒、衣原体(chlamydia)、立克次氏体(rickettsia)及某些螺旋体(spirochete)等专性活细胞寄生的微生物。尽管如此,有些病毒和立克次氏体目前还不能利用人工培养基来培养,需要接种在动、植物体内和组织中才能增殖。常用的培养病毒与立克次氏体的动物有小白鼠、家鼠和豚鼠,鸡胚也是培养某些病毒与立克次氏体的良好营养基质,鸡瘟病毒、牛痘病毒、天花病毒、狂犬病毒等十几种病毒也可用鸡胚培养。

阅读材料

琼脂——从餐桌到实训台

最早用来培养微生物的人工配制的培养基是液态的,但是,用液体培养基分离并获得微生物纯培养非常困难:将混杂的微生物样品进行系列稀释,直到平均每个培养管中只有一个微生物个体,进而获得微生物纯培养物。此方法不仅烦琐,而且重复性差,并常导致纯培养物被杂菌污染。因此,在早期微生物学研究中,分离(病原)微生物的进展相当缓慢。

利用固体培养基分离培养微生物的技术,首先是由德国细菌学家 Robert Koch 及其助手建立的。1881 年,Koch 发表论文介绍利用土豆片分离微生物的方法,其做法是:用灼烧灭菌的刀片将煮熟的土豆切成片,然后用针尖挑取微生物样品在土豆片表面划线接种,经培养后可获得纯培养的微生物。上述方法的缺点是一些细菌在土豆培养基上生长状态较差。

几乎在同时,Koch 的助手 Prederick Loeffier 发展了利用肉膏蛋白胨培养基培养病原细菌的方法,Koch 决定固化此培养基。值得提及的是,Koch 还是一个业余摄影家,是他首先拍出细菌的显微照片,他还具有利用银盐和明胶制备胶片的丰富经验。作为一名知识渊博的杰出科学家,Koch 将其制备胶片的知识应用到微生物学研究方面,他将明胶和肉膏蛋白胨培养基混合后铺在玻璃平板上,让其凝固,然后采取在土豆片表面划线接种的方法在其表面接种微生物,获得纯培养的微生物。但由于明胶熔点低,而且容易被一些微生物分解利用,其使用受到限制。

有意思的是,Koch 一名助手的妻子 Fannie Eilshernius Hesse 具有丰富的厨房经验,当她听说明胶作为凝固剂遇到的问题后,提议以厨房中用来做果冻的琼脂代替明胶。1882 年,琼脂就开始作为凝固剂用于固体培养基的配制,这样,琼脂从餐桌走向了实训台,为微生物学发展起到重要作用,一百多年来,一直沿用至今,是培养基最好的凝固剂。

技能训练 3-1 玻璃器皿的洗涤、包扎与灭菌

实训目的

(1) 了解微生物项目中玻璃器皿洗涤的重要性。

(2) 掌握玻璃器皿的洗涤方法。

(3) 熟悉玻璃器皿灭菌的原理及方法。

实训原理

微生物项目是纯种培养,必须是无菌的。因而微生物项目需要的所有的玻璃器皿,无论是新购置的还是使用过的,都必须经过仔细清洗和严格灭菌后才能使用。

实训器材

试管(大试管和小试管)、小塑料管、各种规格的玻璃吸管、培养皿、三角瓶及烧杯、载玻片与盖玻片、滴瓶、玻璃涂布棒、装培养皿的金属筒、干热灭菌箱等。

实训方法与步骤

1. 玻璃器皿的洗涤

(1) 新购置的玻璃器皿的洗涤。

新购置的玻璃器皿一般含较多的游离的碱,可在 2% 的盐酸或洗涤液内浸泡几小时后,用自来水冲洗干净,倒置在洗涤架上,晾干或在干燥箱内烘干备用。

(2) 使用过的玻璃器皿的洗涤。

① 试管、培养皿、三角瓶、烧杯的洗涤。

可先用瓶刷(或试管刷)蘸洗衣粉或去污粉等刷洗,然后用自来水冲洗干净。洗涤后,要求内壁的水均匀分布成一薄层,表示油垢完全洗净。如还挂有水珠,则需用洗涤液浸泡数小时,然后用自来水冲洗干净。培养皿放入装培养皿的金属筒内,或用牛皮纸包扎好备用。

② 玻璃吸管的洗涤。

吸过菌液的吸管(如有棉塞应先去掉)或滴管(先拔去橡皮头)应立即放入 2% 的煤酚皂溶液或 0.5% 新洁尔灭消毒液内浸泡数小时,然后用自来水冲洗干净,必要时还需用蒸馏水淋洗。最后放入烘箱内烘干备用。

③ 载玻片和盖玻片的洗涤。

如玻片上有香柏油,先用二甲苯溶解油垢,再在肥皂水中煮沸 10 min,用自来水冲洗,然后在稀洗涤液中浸泡 1~2 h,用自来水冲去洗涤液,最后用蒸馏水淋洗。等干燥后置于 95% 乙醇中保存备用。

2. 玻璃器皿的包扎

培养皿用牛皮纸包裹,或直接放入特制的金属筒内(图 3-1),进行干热灭菌。干燥的吸管上端塞入 1~1.5 cm 的棉花,再用纸条以螺旋式包扎。包好的多支吸管再用牛皮纸包成捆灭菌(图 3-2)。试管、三角瓶塞上棉塞后用牛皮纸包扎好灭菌。

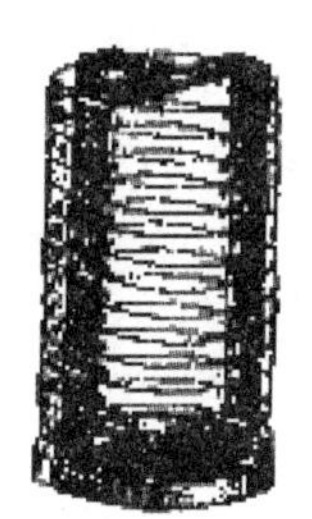

(a) 内部框架

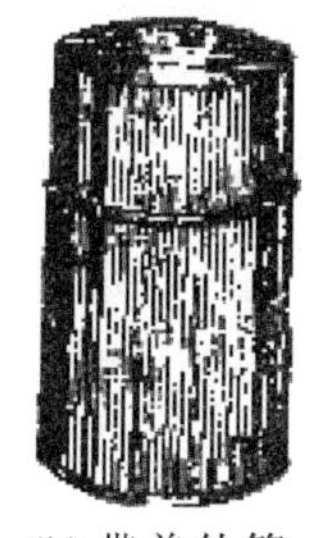

(b) 带盖外筒

图 3-1　装培养皿的金属筒

图 3-2　单支吸管的包扎方法

注:1～8 表示包扎先后顺序。

3. 玻璃器皿灭菌

用干燥的热空气杀死微生物的方法称为干热灭菌。通常将灭菌的物品放在鼓风箱内,在 160～170 ℃加热 1～2 h。干热灭菌箱的构造见图 3-3。

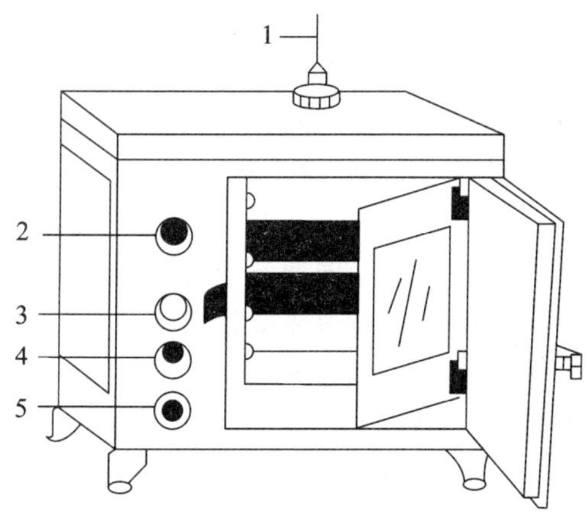

图 3-3　干热灭菌箱

1—温度计与排气孔;2—温度调节旋钮;3—指示灯;4—温度调节器;5—鼓风钮

4. 干热灭菌的操作步骤

① 装箱。

将包扎好的玻璃器皿放入干热灭菌箱灭菌专用的铁盒内,关好箱门。

② 灭菌。

接通电源,打开干热灭菌箱排气孔,待温度升至 80～100 ℃时关闭排气孔。继续升温至 160～170 ℃,开始计时,恒温 1～2 h。

③ 灭菌结束。

关闭电源,自然降温至 60 ℃,打开箱门,取出物品,放置备用。

注意:灭菌物品不能有水,否则干热灭菌中易爆裂;灭菌物品不能装得太挤,以免影响温度上升;灭菌温度不能超过 180 ℃,否则棉塞及牛皮纸会烧焦,甚至燃烧;自然降温至 60 ℃以下,才能打开箱门,取出物品,以免因突然降温导致玻璃器皿炸裂。

实训报告

根据实训过程记录重点流程,并进行相应分析。

技能训练 3-2　培养基的制备

实训目的

了解培养基的配制原理,掌握常用培养基的配制方法和步骤。

实训原理

培养基是人工配制的适合微生物生长繁殖或积累代谢产物的营养基质,用以培养、分离、鉴定、保存各种微生物或积累代谢产物。一般培养基中应含有水分、碳源、氮源、能源、无机盐、生长因子等,在自然界中,微生物种类繁多,营养类型多样,加之研究的目的不同,所以培养基的种类很多。另外,不同的微生物对 pH 值要求不一样,霉菌和酵母菌的培养基一般是偏酸性的,而细菌和放线菌的培养基一般为中性或微碱性的(嗜碱细菌和嗜酸细菌例外)。所以,配制培养基时,根据不同微生物的要求将培养基的 pH 值调到合适的范围。

由于微生物营养类型不同,应提供不同种类的培养基。在分离、培养异养微生物时,对一般细菌常用牛肉膏蛋白胨培养基,对放线菌常用高氏Ⅰ号培养基,培养酵母菌、霉菌则用麦芽汁或豆芽汁葡萄糖培养基、马铃薯葡萄糖琼脂(PDA)培养基,有时也用马丁培养基分离霉菌。马丁培养基除含有霉菌所需的各种营养物质外,还有孟加拉红染料,能抑制放线菌和细菌,所以这种培养基具有选择作用。

此外,由于配制培养基的各类营养物质和容器等含有各种微生物,因此,已配制好的培养基必须立即灭菌。如果来不及灭菌,应暂存冰箱内,以防止其中的微生物生长繁殖而消耗养分和改变培养基的酸碱度带来不利的影响。

实训器材

1. 试剂

牛肉膏,蛋白胨,琼脂,可溶性淀粉,葡萄糖,孟加拉红,链霉素,1 mol/L NaOH,1 mol/L HCl,1 mol/L KNO_3,1 mol/L NaCl,1 mol/L $K_2HPO_4 \cdot 3H_2O$,1 mol/L $MgSO_4 \cdot 7H_2O$,1 mol/L $FeSO_4 \cdot 7H_2O$。

2. 设备与仪器

试管,三角瓶,烧杯,量筒,玻璃棒,天平,牛角匙,pH 试纸,棉花,牛皮纸,记号笔,线绳,纱布,漏斗,漏斗架,止水夹,天平,高压蒸汽灭菌锅等。

实训方法与步骤

1. 牛肉膏蛋白胨培养基的配制

牛肉膏蛋白胨培养基是一种应用最广泛和最普通的细菌基础培养基。其配方如下：

牛肉膏 3 g，蛋白胨 10 g，NaCl 5 g，琼脂 15～20 g，水 1000 mL，pH7.4～7.6。

(1) 称药品。

按实际用量计算后，按配方称取各种药品放入大烧杯中。牛肉膏可放在小烧杯或表面皿中称量，用热水溶解后倒入大烧杯；也可放在称量纸上称量，随后放入水中，这时如稍微加热，牛肉膏便会与称量纸分离，立即取出纸片。

蛋白胨极易吸潮，故称量时要迅速。另外，称药品时严防药品混杂，一把药匙用于一种药品，或称取一种药品后，洗净，擦干，再称取另一种药品。瓶盖也不要盖错。

(2) 加热溶解。

在烧杯中加入少于所需要量的水，然后放在石棉网上，小火加热，并用玻璃棒搅拌，待药品完全溶解后再补充水分至所需量。若配制固体培养基，可将一定量的液体培养基分装于三角瓶中，然后按 1.5%～2.0%的量将琼脂直接分别加入各个三角瓶中，不必加热熔化，而是灭菌和加热熔化同步进行，节省时间。

在琼脂熔化过程中，需不断搅拌，以防琼脂糊底或溢出。配制培养基时，不可用铜或铁锅加热熔化，以免离子进入培养基中，影响细菌生长。

(3) 调 pH 值。

检测培养基的 pH 值，若偏酸，可滴加 1 mol/L NaOH，边加边搅拌，并随时用 pH 试纸检测，直至达到所需 pH 值范围。若偏碱，则用 1 mol/L HCl 进行调节。对于有些要求 pH 值较精密的微生物，其 pH 值的调节可用酸度计进行。

应注意 pH 值不要调过头，以免回调而影响培养基内各离子的浓度。

(4) 过滤。

液体培养基可用滤纸过滤，固体培养基可用 4 层纱布趁热过滤，以利于培养和观察。但是供一般使用的培养基，这步可省略。

(5) 分装。

按实训要求，可将配制的培养基分装入试管或三角瓶内(图 3-4)。

分装时可用漏斗以免使培养基沾在管口或瓶口上而造成污染。

分装量：固体培养基约为试管高度的 1/5，灭菌后制成斜面。分装入三角瓶内以不超过其容积的一半为宜。半固体培养基(指液体培养基中添加 0.6%～0.8%的琼脂)以试管高度的 1/3 为宜，灭菌后垂直待凝。

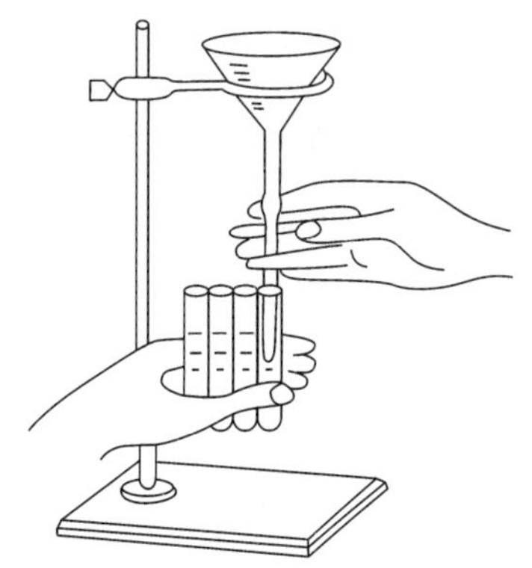

图 3-4　培养基的分装

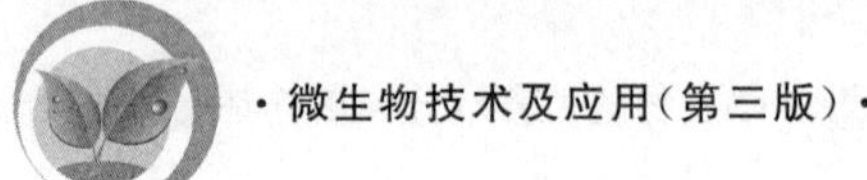

(6) 加棉塞。

试管口和三角瓶口塞上用普通棉花(非脱脂棉)制作的棉塞。棉塞的形状、大小和松紧度要合适,四周紧贴管壁,不留缝隙,这样才能起到防止杂菌侵入和有利通气的作用。要使棉塞占总长约 3/5 的部分塞入试管口或瓶口内,以防棉塞脱落。有些微生物需要更好的通气,则可用 8 层纱布制成通气塞。有时也可用试管帽或塑料塞代替棉塞。

(7) 包扎。

加塞后,将三角瓶的棉塞外包一层牛皮纸或双层报纸,以防灭菌时冷凝水沾湿棉塞。若培养基分装于试管中,则应以 5 支或 7 支在一起,再于棉塞外包一层牛皮纸,用绳扎好。然后用记号笔注明培养基名称、组别、日期。

(8) 灭菌。

将上述培养基于 121 ℃湿热灭菌 20 min。如因特殊情况不能及时灭菌,需保存在冰箱中。

(9) 摆斜面。

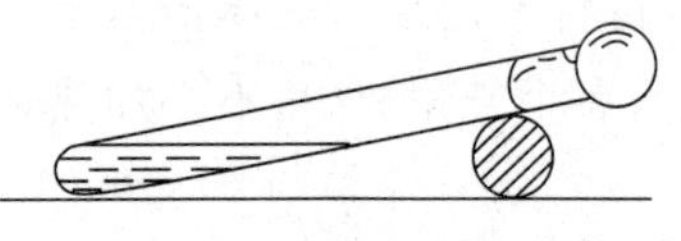

图 3-5 斜面的放置

灭菌后,如制斜面,则需趁热将试管口端搁在一根长木条上,并调整斜度,使斜面的长度不超过试管总长的 1/2(图 3-5)。

(10) 无菌检查。

将灭菌的培养基放入 37 ℃温箱中培养 24～48 h,若无菌生长即可使用,或储存于冰箱或清洁的橱内,备用。

实训报告

记录本实训配制培养基的名称、数量,并图解说明其配制过程,指明要点。

技能训练 3-3 高氏 I 号培养基的配制

实训目的

了解高氏 I 号培养基的配制原理,并掌握其配制方法和步骤。

实训原理

高氏 I 号培养基是用于分离和培养放线菌的合成培养基,如果加入适量的抗菌药物,则可用来分离各种放线菌。

实训试剂

可溶性淀粉 20 g,KNO_3 1 g,NaCl 0.5 g,$K_2HPO_4 \cdot 3H_2O$ 0.5 g,$MgSO_4 \cdot 7H_2O$ 0.5 g,$FeSO_4 \cdot 7H_2O$ 0.01 g,琼脂 15～20 g,水 1000 mL,pH7.4～7.6。

实训方法与步骤

（1）先计算后称量，按用量先称取可溶性淀粉，放入小烧杯中，并用少量冷水将其调成糊状，再加稍少于所需水量的水，继续加热，边加热边搅拌，至其完全溶解。

（2）加入其他成分依次溶解。对微量成分 $FeSO_4 \cdot 7H_2O$ 可先配成高浓度的储备液后再加入，方法是先在 1000 mL 中加入 1 g $FeSO_4 \cdot 7H_2O$，配成浓度为 0.01 g/mL 的储备液，再在 1000 mL 培养基中加入以上储备液 1 mL 即可。

（3）待所有药品完全溶解后，补充水到所需的总体积。如要配制固体培养基，其琼脂溶解过程同牛肉膏蛋白胨培养基配制。

（4）pH 值调节、分装、包扎及无菌检查同牛肉膏蛋白胨培养基配制。

实训报告

记录本实训配制培养基的名称、数量与步骤，并图解说明其配制过程，指明要点。

技能训练 3-4　PDA 培养基的配制

实训目的

了解马铃薯葡萄糖琼脂（PDA）培养基的配制原理，并掌握其配制方法和步骤。

实训原理

PDA 培养基常用于霉菌或酵母菌培养。

实训器材

马铃薯（去皮）200 g，蔗糖（或葡萄糖）20 g，水 1000 mL。

实训方法与步骤

（1）将马铃薯去皮，切成约 2 cm^3 的小块，放入 1500 mL 的烧杯中煮沸 30 min，注意用玻璃棒搅拌以防糊底。

（2）用双层纱布过滤，取其滤液加糖，再补足至 1000 mL，pH 自然。霉菌用蔗糖，酵母菌用葡萄糖。

（3）分装、包扎、灭菌及无菌检查同牛肉膏蛋白胨培养基配制。

实训报告

记录本实训配制培养基的名称、数量与步骤，并图解说明其配制过程，指明要点。

技能训练 3-5　麦芽汁培养基的配制

实训目的

了解麦芽汁培养基的配制原理,并掌握其配制方法和步骤。

实训原理

麦芽汁培养基是天然的培养基,所含的营养物质丰富,是培养真菌的良好基质。麦芽汁培养基的制作包括淀粉的糖化过程,即用麦芽中的淀粉酶来水解淀粉,使淀粉降解成小分子的葡萄糖、麦芽糖和其他寡糖,以利于微生物吸收利用。

实训器材

大麦芽 1500 g、水 5000 mL、碘溶液、鸡蛋 5 枚、琼脂若干。

实训方法与步骤

(1) 将干大麦芽碎成大麦芽粉,越细越好。干的大麦芽可向当地啤酒厂购买,亦可自己用大麦催芽后于 35～45 ℃烘干即成。

(2) 取大麦芽粉 1 kg 加水 3 L(用铝锅装),置于 60 ℃水浴中保持糖化直到无淀粉反应为止。检查方法是取糖化液 0.5 mL 加碘液 2 滴,如无蓝紫色出现,即可停止糖化。

(3) 将糖化液加 2～3 个鸡蛋清(有助于麦芽汁澄清)搅拌均匀,让其自然沉淀,用两层纱布过滤,将滤液煮沸后再过滤一次,取滤液备用。

(4) 将上述滤液加水稀释至 10～15 °Bx(一种表示糖液浓度的相对密度单位,用糖度计测定)备用。

(5) 若需配成固体培养基,则取上述稀释液加 2%的琼脂煮沸,待琼脂完全熔化后再分装入所需的容器中。

实训报告

记录本实训配制培养基的名称、数量与步骤,并图解说明其配制过程,指明要点。

拓展习题

习　题

1. 试述微生物的营养物质及其功能。

2. 水在微生物细胞内以哪两种形式存在?

3. 什么是碳源、氮源、碳氮比？微生物常用的碳源和氮源物质各有哪些？

4. 什么是生长因子？它包括哪些物质？

5. 什么是单纯扩散、促进扩散、主动运输、基团转位？比较微生物对营养物质吸收四种方式的异同。

6. 划分微生物营养类型的依据是什么？简述微生物的四大营养类型。

7. 什么是培养基？配制培养基的基本原则是什么？

8. 什么是天然培养基、合成培养基和半合成培养基？它们各有什么特点？

9. 什么是液体培养基、固体培养基和半固体培养基？它们各有什么特点？

10. 用于制备固体培养基的凝固剂有哪些？作为理想的凝固剂应具备什么优良特性？

11. 什么是基础培养基、加富培养基、选择培养基、鉴别培养基？它们各有哪些应用？

12. 配制培养基有哪几个步骤？在操作过程中应注意哪些问题？为什么？

13. 培养基配制完成后，为什么必须立即灭菌？若不能及时灭菌应如何处理？已灭菌的培养基如何进行无菌检查？

14. 高氏Ⅰ号培养基属何种培养基？除培养放线菌外，高氏Ⅰ号培养基还能培养细菌和真菌吗？为什么？

15. 能直接用大麦粉制备麦芽汁培养基吗？麦芽粉糖化时为什么温度控制在 60 ℃？

16. 细菌、放线菌、酵母、霉菌通常使用哪些培养基？其 pH 值如何？

学习情境四

微生物的生长及其控制技术

项目一　微生物的培养方法与技术

微生物各种功能的发挥是靠“以数取胜”或“以量取胜”，一个良好的微生物培养装置和适宜的培养条件是获得足够数量的微生物的前提。一个良好的微生物培养装置的基本条件是：按微生物的生长规律进行科学的设计，能在提供丰富而均匀营养物质的基础上，保证微生物获得适宜的温度和良好的通风条件（厌氧菌除外），此外，还要为微生物提供一个适宜的物理化学条件和严防杂菌的污染等。以下就实训室和生产实践中一些较有代表性的微生物培养法作一简要介绍。

一、实训室培养法

1. 固体培养法

固体培养分为好氧菌的固体培养和厌氧菌的固体培养。好氧菌的固体培养主要依靠试管斜面、培养皿琼脂平板及较大型的克氏扁瓶、茄子瓶等进行。

2. 液态培养法

实训室中常用的好氧菌的液态培养方法有以下几类。

（1）试管液态培养。

装液量可多可少。此法通气效果不够理想，仅适合培养兼性厌氧菌。

（2）三角瓶浅层液态培养。

在静止状态下，其通气量与装液量和通气塞的状态关系密切。此法一般仅适用于兼性厌氧菌的培养。

（3）摇瓶培养。

摇瓶培养又称振荡培养。一般将三角瓶内培养液的瓶口用 8 层纱布包扎，以利于通气和防止杂菌污染，同时减少瓶内装液量，把它放在往复式或旋转式摇床上作有节奏的振荡，以达到提供溶氧量的目的。此法最早由著名荷兰学者 A.J.Kluyver 发明（1933 年），目前仍广泛用于菌种筛选以及生理、生化、发酵和生命科学多领域的研究工作中。

(4) 台式发酵罐。

这是一种利用现代高科技制成的实训室研究用的发酵罐,体积一般为数升至数十升,有良好的通气、搅拌及其他各种必要装置,并有多种传感器、自动记录和调控装置。现成的商品种类很多,应用较为方便。

二、工业生产培养法

1. 固态培养法

(1) 好氧菌的曲法培养。

在距今 4000～5000 年前我国已发明制曲酿酒。原始的曲法培养就是将麸皮、碎麦或豆饼等固态基质经蒸煮和自然接种后,薄薄地铺在培养容器表面,使微生物既可获得充足的氧气,又有利于散发热量,对真菌来说还十分有利于产生大量孢子。

根据制曲容器的形状和生产规模的大小,可把制曲形式分成瓶曲、袋曲(一般用塑料袋制曲)、盘曲(用木盘制曲)、帘子曲(用竹帘子制曲)、转鼓曲(用大型木质空心转鼓横向转动制曲)和通风曲(厚层制曲)等。其中瓶曲、袋曲形式在目前的食用菌制种和培养中仍有广泛应用。通风曲是一种机械化程度和生产效率都较高的现代大规模制曲技术,在中国酱油酿造业中广泛应用。在制曲过程中,有一个面积为 10 m^2 的水泥曲槽,槽上有曲架和用适当材料编织而成的筛板,其上可摊一层约 30 cm 厚的曲料,曲架下部不断通以低温、湿润的新鲜过滤空气,以此制备半无菌状态的固体曲。

(2) 厌氧菌的堆积培养法。

生产实践上对厌氧菌进行大规模固态培养的例子还不多见。在中国传统的白酒生产中,一向采用大型深层地窖对固态发酵料进行堆积式固态发酵,这对酵母菌的酒精发酵和已酸菌的已酸发酵等都十分有利,因此可生产名优大曲酒(蒸馏白酒)。

2. 液体培养法

工业上好氧菌的培养方法有以下两种。

(1) 浅盘培养。

这是一种用大型盘子对好氧菌进行浅层液体静止培养的方法。在早期的青霉素和柠檬酸等发酵中均使用过这种方法,但因存在劳动强度大、生产效率低以及易污染杂菌等缺点,故未能广泛使用。

(2) 深层液体通气培养。

这是一类应用大型发酵罐进行深层液体通气搅拌的培养技术,它的发明在微生物培养技术发展史上具有革命性的意义,并成为现代发酵工业的标志。

发酵罐是一种最常规的生物反应器,一般是一个钢质圆筒形直立容器,其底和盖为扁球形,直径与高之比一般为 1∶(2～2.5)。容积可大可小,大型发酵罐一般为 50～500 m^3,最大的为英国用于甲醇蛋白生产的巨型发酵罐,其有效容积达 1500 m^3。

发酵罐的主要作用是为微生物提供丰富、均匀的养料,良好的通气和搅拌条件,适宜的温度和酸碱度,并能消除泡沫和确保防止杂菌的污染等。为此,除了罐体有相应的各种结构(图 4-1)外,还有一套必要的附属装置,如培养基配制系统,蒸汽灭菌系统,空气压缩

和过滤系统,营养物流加系统,传感器和自动记录、调控系统,以及发酵产物的后处理系统(俗称“下游工程”)等。除了上述典型发酵罐作为好氧菌的深层液体培养装置外,还要各种其他类型的发酵罐、连续发酵罐和用于固定化细胞发酵的各种生物反应器。

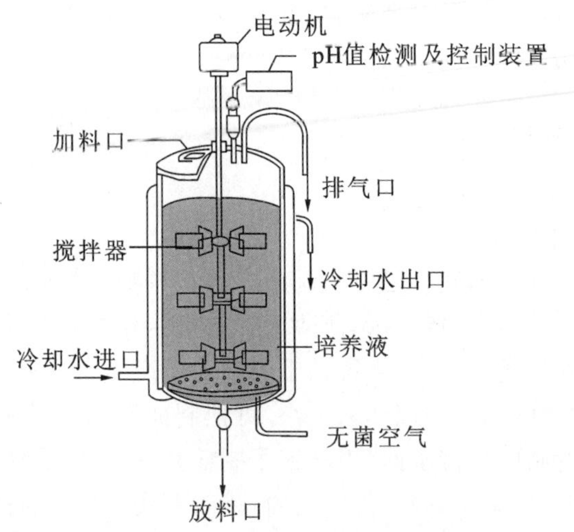

图 4-1 典型发酵罐的构造示意图

项目二 微生物生长的测定方法与技术

微生物,特别是单细胞微生物,它们的体积都很小,个体生长很难测定。因此,测定它们的生长不是依据个体的大小,而是测定群体的增加量,即群体的生长。微生物的生长情况可以通过测定单位时间里微生物数量或生物量的变化来评价。通过微生物生长的测定可以客观地评价培养条件、营养物质等对微生物生长的影响,或评价不同的抗菌物质对微生物产生抑制(或杀死)作用的效果,或客观地反映微生物生长的规律。因此,微生物生长的测定在理论上和实践上有着重要的意义。微生物生长的测定主要有计数法和生长量法两种。

一、计数法

1. 直接计数法

本法仅适用于单细胞的微生物类群。测定时需用细菌计数器(petroff-Hauser counter)或血球计数板(适用于酵母、真菌孢子等)。具体做法是取定容稀释的单细胞微生物(细菌)悬液放置在计数板上,在显微镜下计数一定体积中的平均细胞数,换算出供试样品的细胞数。

应注意,用于直接计数的菌悬液浓度一般不宜过低或过高,活跃运动的细菌应先用甲醛杀死或适度加热停止其运动。本法的优点是快捷简便、容易操作,缺点是难于区分死、活细胞及形状与微生物类似的杂质。为解决这一矛盾,已有用特殊染料做活菌染色后再用光学显微镜计数的方法。例如，用美蓝染液对酵母菌染色后，其活细胞为无色，而死细胞则为蓝色，故可做分别计数；细菌经吖啶橙染色后，在紫外显微镜下可观察到活细胞发出橙色荧光，而死细胞则发出绿色荧光，因此也可做活菌和总菌计数。

2. 间接计数法

(1) 比浊法。

比浊法是测定悬液中细胞数的快速方法。其原理是根据在一定的浓度范围内，菌悬液中的微生物细胞浓度与液体的吸光度成正比，与透光率成反比。细菌数越多，透光量越低。因此，可使用光电比色计测定，通过测定菌悬液的吸光度或透光率反映细胞的浓度。由于细胞浓度仅在一定范围内与吸光度呈直线关系，因此待测菌悬液的细胞浓度不应过低或过高，培养液的色调也不宜过深，颗粒性杂质的数量应尽量减少。本法常用于观察和控制在培养过程中微生物细菌数的消长情况。如细菌生长曲线的测定和发酵罐中的细菌生长量的控制等。同时菌悬液浓度必须在 10^7 个/mL 以上才能显示可信的混浊度。比浊法的优、缺点与直接计数法相同。

(2) 稀释平板计数法。

在大多数的研究和生产活动中，往往更需要了解活菌数的消长情况。从理论上讲，在高度稀释条件下每一个活的单细胞均能繁殖成一个菌落，即“菌落形成单位”(CFU)，培养皿上形成的菌落数乘上稀释度就可推算出菌样中所含的活菌数。本法是目前仍广泛采用的主要活菌计数方法，具体分为平板涂布法和浇注法。该法的缺点是操作较烦琐且要求操作者技术熟练，培养时间也较长，而且在混合微生物样品中只能测定占优势并能在供试培养基上生长的类群。

(3) 薄膜过滤计数法。

常用微孔薄膜过滤法测定空气和水中的微生物数量。将一定量的样品通过滤膜后，菌体便被阻留在滤膜上，取下滤膜放在培养基上培养，计算其上的菌落数，即可求出样品中的含菌数。此法适用于测定量大、含菌浓度很低的流体样品，如水、空气等。

二、生长量法

1. 直接测定法(细胞干重法)

将单位体积的微生物培养液经离心或过滤后收集，并用清水反复洗涤菌体，经常压或真空干燥，干燥温度常采用 105 ℃、100 ℃或红外线烘干，也可在较低温度(80 ℃或 40 ℃)下真空干燥，然后精确称重，即可计算出培养物的总生物量。过滤时丝状真菌用滤纸过滤，细菌用醋酸纤维素膜等进行过滤。

在琼脂平板培养基上培养的菌体经短时间高温待琼脂熔化后滤出真菌菌丝，洗净、烘干后测干重。一般 1 mg 细菌干重相当于 4～5 mg 湿菌鲜重和 4×10^9～5×10^9 个细胞鲜重。本法适宜于含菌量高，不含或少含非菌颗粒性杂质的环境或培养条件。

2. 间接测定法

(1) 总氮量测定法。

蛋白质是生物细胞的主要成分，核酸及类脂等中也含有一定量的氮。已知细菌细胞干重的含氮量一般为 12%～15%，酵母菌为 7.5%，霉菌为 6.0%。因此，只要用化学分析方法(如硫酸、高氯酸、碘酸或磷酸等消化法)测出待测样品的含氮量,就能推算出细胞的生物量。本方法适用于在固体或液体条件下微生物总生物量的测定,但需充分洗涤菌体以除去含氮杂质,缺点是操作程序较复杂,一般很少采用。

(2) DNA 含量测定法。

微生物细胞中的 DNA 含量虽然不高(如大肠杆菌占 3%～4%),但由于其含量较稳定,可估算出每一个细菌细胞平均含 DNA 8.4×10^{-5} ng。因此,也可以根据分离出样品中的 DNA 含量来计算微生物的生物量。

(3) 代谢活性法。

可根据微生物的生命活动强度来估算其生物量。如测定单位体积培养物在单位时间内消耗的营养物或 O_2 的量,或者测定微生物代谢过程中的产酸量或 CO_2 量等,均可以在一定程度上反映微生物的生物量。本法属于间接法,影响因素较多,误差也较大,仅在特定条件下作比较分析时使用。

项目三　微生物的生长规律与应用技术

一、同步培养

微生物的细胞是极其微小的,因此利用单个细胞研究微生物个体生长的规律是很困难的。在分批培养中,细菌群体能以一定速率生长,但所有细胞并非同时进行分裂。也就是说,培养中的细胞不是处于同一生长阶段,它们的生理状态和代谢活动也不完全一样。能使培养的微生物比较一致,生长发育在同一阶段上的培养方法称为同步培养法。利用上述实训室技术控制细胞的生长,使它们处于同一生长阶段,所有的细胞都同时分裂,这种生长方式称为同步生长。用同步培养法所得到的培养物称为同步培养物。采用同步培养技术就可以用研究群体的方法来研究个体水平上的问题。获得同步培养的方法很多,最常用的有以下三种。

1. 机械法(又称选择法)

(1) 离心沉降分离法。

处于不同生长阶段的细胞,其个体大小不同,通过离心就可使大小不同的细胞群体在一定程度上分开。有些微生物的子细胞与成熟细胞大小差别较大,易于分开。然后用同样大小的细胞进行培养便可获得同步培养物(图 4-2(b))。

(2) 膜洗脱法。

共分四步:①将菌液通过硝化纤维素滤膜,由于细菌与滤膜带有不同电荷,所以不同生长阶段的细菌均能附着于膜上;②翻转滤膜,再用新鲜培养液过滤培养;③附着于膜上的细菌进行分裂,分裂后的子细胞不与滤膜直接接触,由于菌体本身的质量,加之它所附着的培养液的质量,会下落到收集器内;④收集器在短时间内收集的细菌处于同一分裂阶段,用这种细菌接种培养便能得到同步培养物。如图 4-2(a)所示。

机械法同步培养物是在不影响细菌代谢的情况下获得的，因而菌体的生命活动较为正常。但此法有其局限性，有些微生物在相同的发育阶段个体大小也不一致，甚至差别很大，这样的微生物不宜采用这类方法。

2. 诱导法

此法主要通过控制环境条件如温度、营养物质等来诱导同步生长。

(1) 温度调整法。

将微生物的培养温度控制在接近最适温度条件下一段时间，它们将缓慢地进行新陈代谢，但又不进行分裂。换句话说，使细胞的生长在分裂前不久的阶段稍微受到抑制，然后将培养温度提高或降低到最适生长温度，大多数细胞就会同步分裂。利用这种现象已设计出多种细菌和原生动物的同步培养法。

(2) 营养条件调整法。

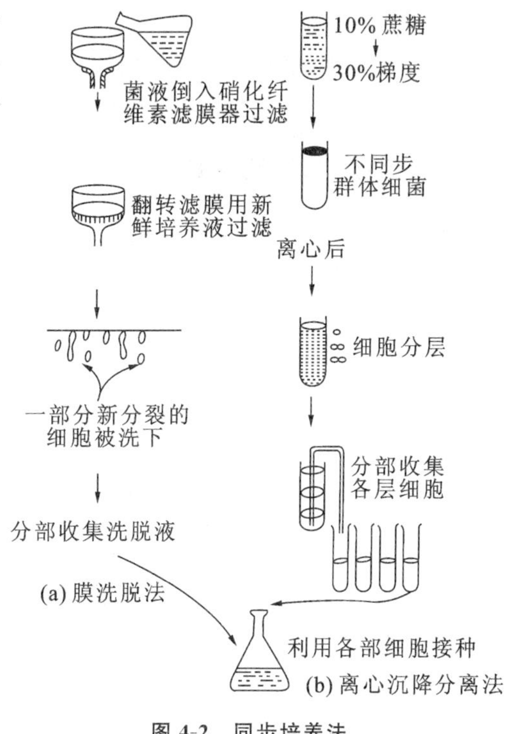

图 4-2　同步培养法

控制营养物的浓度或培养基的组成以达到同步生长。例如限制碳源或其他营养物，使细胞只能进行一次分裂而不能继续生长，从而获得刚分裂的细胞群体，之后转入适宜的培养基中，它们便进入了同步生长。对营养缺陷型菌株，同样可以通过控制它所缺乏的某种营养物质而达到同步化。例如对于大肠杆菌胸腺嘧啶缺陷型菌株，先将其在不含胸腺嘧啶的培养基内培养一段时间，所有的细胞在分裂后，由于缺乏胸腺嘧啶，新的 DNA 无法合成而停留在 DNA 复制前期，随后在培养基中加入适量的胸腺嘧啶，于是所有的细胞都同步生长。

除上述两种方法外，还可在培养基中加入某种抑制蛋白质合成的物质(如氯霉素)，诱导一定时间后再转到另一种完全培养基中培养；对光合性微生物的菌体可采用光照与黑暗交替处理法；或用紫外线处理等，均可达到同步化的目的。

3. 抑制 DNA 合成法

DNA 的合成是一切生物细胞进行分裂的前提。利用代谢抑制剂阻碍 DNA 合成一段时间，然后解除抑制，也可达到同步化的目的。试验证明：甲氨蝶呤、5-氟脱氧尿苷、羟基尿素、胸腺苷、脱氧腺苷和脱氧鸟苷等，对细胞 DNA 合成的同步化均有作用。1969 年，有人就进行了成功的试验：在细胞的无性繁殖的组织培养中，用 10^{-6} mol/L 的甲氨蝶呤或 5-氟脱氧尿苷处理培养物，在 16 h 内可以抑制 DNA 的合成。这种药物主要通过抑制胸腺核苷酸合成酶而阻碍胸腺核苷酸的合成。当加入 4×10^{-6} mol/L 的胸腺苷至培养物中，便能解除这种抑制，细胞即可进行同步化生长。

总之，机械法对细胞正常生理代谢影响很小，但对那些即使是相同的成熟细胞，其个体大小差异悬殊者不宜采用；而诱导同步分裂虽然方法较多，应用较广，但对正常代谢有

时也会有影响。同步生长的时间,因菌种和条件而变化。由于同步群体的个体差异,同步生长不能无限地维持,往往会逐渐被破坏,最多能维持2～3个世代,后又逐渐转变为随机生长。

二、细菌群体的生长规律——典型生长曲线

细菌在适宜的条件下若能保证养料供应和及时排出代谢产物,将能以较高的速度繁殖。若以大肠杆菌每20 min分裂一次的速度计算,一个细胞连续分裂48 h或144代之后,可以产生2.2×10^{43}个子细胞,其质量将超过2.2×10^{25} t,约为地球质量的3680倍。显然,这种条件是不可能在自然界存在的。细菌在一个有限容积的环境中不能无限制地高速生长,如以少量纯培养细菌接种有限的液体培养基,并在培养过程中定时取样测数,可以发现细菌的生长有一定的规律。若以时间为横坐标,以细菌数的对数为纵坐标,可以绘出一条类似于S形的曲线,这就是细菌的典型生长曲线(图4-3)。根据微生物的生长速率常数,即每小时分裂次数的不同,一般可把典型生长曲线分为延滞期、对数期、稳定期和衰亡期四个时期。

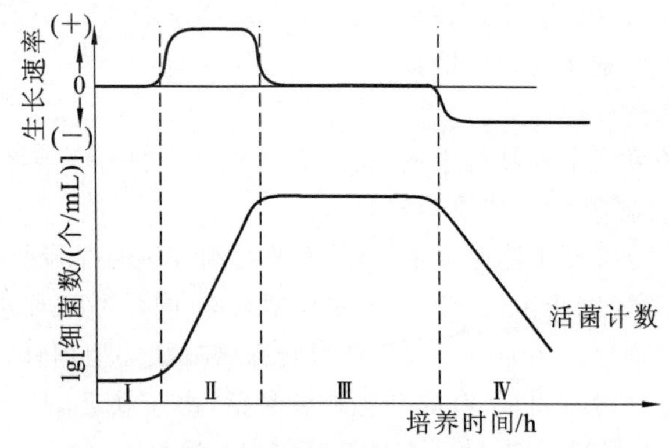

图4-3 细菌的典型生长曲线

Ⅰ—延滞期;Ⅱ—对数期;Ⅲ—稳定期;Ⅳ—衰亡期

1. 延滞期

延滞期又称停滞期、调整期或适应期。接种到新鲜培养液中的细菌一般不立即开始繁殖,它们往往需要一些时间来进行调整以适应新环境,必须重新调整其小分子和大分子的组成,包括酶和细胞结构成分,为细胞分裂做准备。这个时期内的细菌细胞通常表现为个体变长、体积增大和代谢活跃,细胞内的RNA含量增加使细胞质的嗜碱性增强,并由于代谢活动的提高而使储藏物消失,细胞对外界理化因子(如NaCl、热、紫外线、X射线等)的抵抗能力减弱。在延滞期,细菌的增殖率与死亡率相等,均为零;细菌数几乎不增加,曲线平稳。

影响细菌延滞期长短的因素很多,除菌种的遗传特性外,主要有以下三个因素。

(1) 接种龄。

接种龄指接种物或种子的生长年龄,亦即它生长到生长曲线上哪一阶段时用来作种子的。如果以对数期的种子接种,则子代培养物的延滞期就短;反之,如果以延滞期或衰亡期

的种子接种，则子代培养物的延滞期就长；如果以稳定期的种子接种，则延滞期居中。

（2）接种量。

接种量的大小明显影响延滞期的长短。一般来说，接种量大，延滞期短，反之则长。因此，在发酵工业上，为缩短延滞期以缩短生产周期，通常都采用较大接种量。

（3）培养基成分。

接种到营养丰富的天然培养基中的微生物，要比接种到营养单调的组合培养基中的延滞期短。所以，一般要求发酵培养基的成分与种子培养基的成分尽量接近，且应适当丰富些。

2. 对数期

对数期也称指数期。经过对新环境的适应阶段后，细菌在这个时期内生长旺盛，代谢活力增强，分裂速度加快，细菌数以几何级数增加，代时稳定，其生长曲线表现为一条上升的直线。

（1）对数期的特点如下。

① 生长速率常数最大，因而细胞每分裂一次所需的时间——代时（也称世代时间、增代时间或原生质增加一倍所需的倍增时间）最短。

② 细胞进行平衡生长，故菌体各部分的成分十分均匀。

③ 酶系活跃，代谢旺盛。

④ 活菌数和总菌数接近。

（2）影响微生物代时的因素较多，主要如下。

① 菌种。

不同菌种的代时差别极大。如漂浮假单胞菌的代时只要 9.8 min，最慢的梅毒螺旋体为 33 h，枯草芽孢杆菌为 26～32 min。

② 营养成分。

同一种微生物，在营养丰富的培养基中生长，其代时较短，反之较长。例如，同在 37 ℃下，大肠杆菌在牛奶中代时为 12.5 min，而在肉汤培养基中为 17 min。

③ 营养物质浓度。

营养物质的浓度也可影响微生物的生长速率和总生长量。在营养物质浓度很低的情况下，营养物质的浓度才会影响生长速率；随着营养物质浓度逐步增高，生长速率不受影响，而只影响最终的菌体产量；如果进一步提高营养物质的浓度，则生长速率和菌体产量两者均不受影响。凡是处于较低浓度范围内，影响生长速率和菌体产量的营养物质，就称为生长限制因子。

④ 培养温度。

温度对微生物的生长速率有极其明显的影响。其对发酵实践、食品保藏和夏天防范食物变质和食物中毒等都有重要的参考价值。

处于对数期的细菌细胞生长迅速，在形态、生理特性和化学组成等方面较为一致，而且菌体大小均匀，单个存在的细胞占多数，因而适于用作进行生理生化等研究的材料。由于旺盛生长的细胞对环境、理化等因子的作用敏感，因而也是研究遗传变异的好材料。在微生物发酵工业中，需要选取对数期细胞作为转种或扩大培养的种子，以便缩短发酵周期和提高设备利用率。

3. 稳定期

在对数期末期，由于营养物质(包括限制性营养物质)的逐渐消耗，有生理毒性的代谢产物在培养基中的积累及培养环境条件中 pH 值和氧化还原电位等对细菌生长不利的影响，使细菌的生长速度降低，增殖率下降，死亡率上升，当两者趋于平衡时，就转入稳定期。此时，活菌数基本保持稳定，生长曲线进入平坦阶段。细菌群体的活菌数在这个时期内最高，并可相对持续一段时间。进入稳定期，细胞内开始积聚糖原、异染颗粒和脂肪等内含物；芽孢杆菌一般在这时开始形成芽孢；有的微生物在这时开始以初生代谢物为前体，通过复杂的次生代谢途径合成抗生素等对人类有用的各种次生代谢物。所以，次生代谢物又称稳定期产物。细菌处于稳定期的时间长短与菌种特性和环境条件有关，在发酵工业中为了获得更多的菌体或代谢产物，还可以通过补料，调节 pH 值、温度或通气量等措施来延长稳定期。

稳定期的生长规律对生产实践有着重要的指导意义，例如，对以生产菌体或与菌体生长相平行的代谢产物(SCP、乳酸等)为目的的某些发酵生产来说，稳定期是产物的最佳收获期；对维生素、碱基、氨基酸等物质进行生物测定来说，稳定期是最佳测定期；此外，通过对稳定期到来原因的研究，还促进了连续培养原理的提出和相关工艺、技术的创建。

4. 衰亡期

衰亡期也称衰老期。细菌在经过稳定期后，由于营养和环境条件进一步恶化，死亡率迅速增加，以致明显超过增殖率，这时尽管群体的总菌数仍然较高，但活菌数急剧下降，其对数与时间成反比，表现为按几何级数下降，又称为对数死亡期。这个时期的细胞常表现为多种形态，产生许多大小或形态上变异的畸形或退化型，其革兰氏染色亦不稳定，许多革兰氏阳性菌的衰老细胞可能表现为革兰氏阴性。

应当指出，上述细菌生长曲线仅反映它们在有限营养液中的群体生长规律，如实训室中常用的浅层液体培养和摇瓶振荡培养以及工业生产中普遍采用的发酵罐深层搅拌通气培养。正确地认识和掌握细菌群体的生长特点和规律，对于科学研究和微生物工业发酵生产具有重要意义。

三、连续培养

在一个密闭系统内投入有限数量的营养物质后，接入少量微生物菌种进行培养，使微生物生长繁殖，在特定条件下完成一个生长周期的微生物培养方法称为分批培养。通过对细菌纯培养生长曲线的分析可知，在分批培养中，培养料一次加入后不予补充和更换，随着微生物的活跃生长，培养基中营养物质逐渐消耗，有害代谢产物不断积累，故细菌的对数期不可能长时间维持。如果在培养基中不断补充新鲜营养物质，并及时不断地以同样速度排出培养物(包括菌体及代谢产物)，那么从理论上讲对数期就可无限延长。只要培养液的流动量能使分裂繁殖增加的新菌数相当于流出的老菌数，就可保证培养基中总菌量基本不变，此种方法就称为连续培养法。连续培养法的出现，不仅可随时为微生物的研究工作提供一定生理状态的实训材料，而且可提高发酵工业的生产效益和自动化水平。此法已成为当前发酵工业的发展方向。

连续培养法用于工业发酵时称为连续发酵。我国已将连续培养法用于丙酮-丁醇的发酵生产中，缩短了发酵周期，效果良好。在国外，连续培养法应用更为广泛。连续发酵的最大优点是取消了分批发酵中各批之间的时间间隔，从而缩短了发酵周期，提高了设备利用率。另外，连续发酵便于自动化控制，降低动力消耗及劳动强度，产品也较均一。但连续发酵中杂菌污染和菌种退化问题仍较突出，代谢产物与机体生长不呈平行关系的发酵类型的连续培养技术也有待研究解决。

项目四　影响微生物生长环境的因素与分析技术

生长是微生物与外界环境因子共同作用的结果。在一定限度内环境因子变化会引起微生物形态、生理或遗传特性发生变化，但超过一定限度的环境因子变化，常常导致微生物死亡。反之，微生物在一定程度上也能通过自身活动，改变环境条件，以适合于它们的生存和发展。影响微生物生长的环境条件主要有物理、化学和生物因子。本节主要介绍营养物质、水、温度、pH 值、氧等理化因素对微生物的影响，生物因子将在微生物生态部分讨论。

一、营养物质

营养物质不足导致微生物生长所需要的能源、碳源、氮源、无机盐等成分不足，此时，机体一方面降低或停止产生细胞物质，避免能量的消耗，或者通过诱导合成特定的运输系统，充分吸收环境中微量的营养物质以维持机体的生存；另一方面，机体对胞内某些非必需成分或失效的成分进行降解以重新利用，这些非必需成分是指胞内储存的物质、无意义的蛋白质与酶、mRNA 等。例如在碳源、氮源缺乏时，机体内蛋白质的降解速率比正常条件下的细胞增加了 7 倍，同时 tRNA 合成减少和 DNA 复制的速率降低，导致生长停止。

二、水

微生物的生命活动离不开水，严格地讲，是离不开可被微生物利用的水。可利用水量的多少不仅取决于水的含量，而且主要取决于水与溶质或固体间的关系。水活度是用来表示在天然或人为环境中微生物可实际利用的自由水或游离水的含量，用 a_w 表示。a_w 的定义为：在相同温度和压力条件下，密闭容器中该溶液的饱和蒸气压(p)与纯水饱和蒸气压(p_0)的比值。

各种微生物生长范围的 a_w 值在 0.60～0.998 之间。a_w 过低时，微生物生长迟缓，比生长速率和总生长量减少。微生物不同，其生长的最适 a_w 不同。一般而言，细菌生长最适 a_w 较酵母菌和霉菌高，而嗜盐和嗜高渗微生物生长最适 a_w 则较低。

三、温度

温度是微生物生长的重要环境条件之一。尽管从总体上看微生物生长和适应的温度范围为 −12～100 ℃或更高，但具体到某一种微生物，则只能在有限的温度范围内生长，

并具有最低、最适和最高3个临界值。

最低生长温度是微生物生长温度的下限,低于该温度微生物将停止生长。低温一般不易导致微生物死亡,微生物可以在低温下较长期地保存其生活能力,因此才有可能用低温保藏微生物。最适生长温度是指某微生物群体生长繁殖速度最快的温度,代时也最短。微生物生长繁殖的最高温度界限称为最高生长温度,超过这个温度会引起细胞成分不可逆地失活而导致死亡。

温度对微生物生长的影响具体表现在以下几个方面。

1. 影响酶的活性

微生物生长过程中所发生的一系列化学反应绝大多数是在特定酶的催化下完成的,每种酶都有最适的酶促反应温度,温度变化影响酶促反应速率,最终影响细胞物质合成。

2. 影响细胞质膜的流动性

温度高,细胞质膜的流动性增强,有利于物质的运输;温度低,细胞质膜的流动性减弱,不利于物质运输,因此温度变化影响营养物质的吸收与代谢产物的分泌。

3. 影响物质的溶解度

物质只有溶于水才能被机体吸收或分泌,除气体物质以外,温度上升物质的溶解度增加,温度降低物质的溶解度降低,最终影响微生物的生长。

四、pH值

环境的酸碱度对微生物生长也有重要影响。总体而言,微生物能在pH值为1～11的范围内生长,但不同种类微生物的适应能力各异。每一种微生物都有其最适pH值和能适应的pH值范围。已知大多数细菌、藻类和原生动物的最适pH值为6.5～7.5,适宜范围为4.0～10.0;放线菌多以中性至微碱性为宜,最适pH值为7.0～8.0;真菌一般偏酸,最适pH值多为5.0～6.0。

除不同种类的微生物有其最适生长的pH值外,即使同一种微生物在其不同的生长阶段和不同的生理、生化过程,也有不同的最适pH值要求。例如,酵母菌在pH值为4.5～6.0时发酵蔗糖产生酒精,当pH>7.6时则可同时产生酒精、甘油和醋酸。又如黑曲霉在pH值为2.0～2.5时发酵蔗糖产生柠檬酸,在pH值为2.5～6.5时就以菌体生长为主,而当pH值升至中性时则大量合成草酸。因此,调节和控制发酵液pH值可以改变微生物的代谢方向,以获得需要的代谢产物。利用上述规律对提高发酵生产效率十分重要。

虽然微生物外环境的pH值变化很大,但细胞内环境中的pH值相当稳定,一般都接近中性。这就消除了DNA、ATP、菌绿素和叶绿素等重要成分被酸破坏,或RNA、磷脂类等被碱破坏的可能性。与细胞内环境的中性相适应,胞内酶的最适pH值一般也接近中性,而位于周质空间的酶和分泌到细胞外的胞外酶的最适pH值则接近环境的pH值。pH值除了对细胞发生直接影响外,还对细胞产生种种间接的影响。例如,可影响培养基中营养物质的离子化程度,从而影响微生物对营养物质的吸收,改变环境中养料的可给性或有害物质的毒性,以及影响代谢反应中各种酶的活性等。

微生物在环境中物质的代谢常常也能反过来改变环境的pH值。如许多细菌和真菌在分解培养基质中的碳水化合物时产酸使环境变酸性,另一些微生物则在分解蛋白质时产氨而使环境变碱性。因此，在配制培养基时，往往不仅需要调节 pH 值，有时还要选择适合 pH 值的缓冲液（主要是磷酸盐缓冲液），或加入过量碳酸钙等方法来维持微生物生长过程中的 pH 值。

五、氧

1. 氧对微生物生长的影响

氧对微生物影响很大。根据微生物与氧气的关系，可把它们粗分为好氧微生物和厌氧微生物两大类，并可进一步细分为以下五类。

(1) 专性好氧菌。

这类微生物必须在较高浓度分子氧的条件下才能生长，它们有完整的呼吸链，以分子氧作为最终氢受体，具有超氧化物歧化酶和过氧化氢酶。培养好氧微生物必须保证通气良好，振荡、通气、搅拌都是实训室和工业生产中常用的供氧方法。绝大多数真菌和多数细菌、放线菌都属于专性好氧菌，如固氮菌属、铜绿假单胞菌、白喉棒状杆菌等。

(2) 兼性厌氧菌。

这是一类以在有氧条件下的生长为主也可兼在厌氧条件下生长的微生物，亦可称兼性好氧菌。兼性厌氧菌有两套酶系统，既能在有氧情况下通过氧化磷酸化作用获得能量，又能在无氧条件下通过发酵作用获得能量。兼性厌氧菌细胞中含有超氧化物歧化酶(SOD)和过氧化氢酶，在有氧条件下比在无氧时生长得更好。这类微生物包括的范围较广，如肠道细菌、人及很多动物的病原菌、酵母菌和其他一些真菌等。

(3) 微好氧菌。

微好氧菌在氧气充足和绝对厌氧条件下均不能生长，只有在氧浓度很低（氧分压为 $1\times10^{3}\sim3\times10^{3}$ Pa）的条件下才能生长，也是通过呼吸链并以氧为最终氢受体而产能。霍乱弧菌、氢单胞菌属等都属这类微生物。

(4) 耐氧菌。

耐氧菌是耐氧厌氧菌的简称，是一类可在分子氧存在下进行发酵型厌氧生活的厌氧菌。它们的生长不需要任何氧，但分子氧的存在对它们也无害。它们不具有呼吸链，仅依靠专性发酵和底物水平磷酸化而获得能量。耐氧的机制是细胞内存在 SOD 和过氧化物酶（但缺乏过氧化氢酶）。通常的乳酸菌多为耐氧菌，如乳酸乳杆菌、乳链球菌、肠膜明串珠菌等；非乳酸菌类耐氧菌如雷氏丁酸杆菌等。

(5) 专性厌氧菌。

这类微生物的特点是：分子氧对它们有毒，即使短期接触也会抑制其生长甚至致死；在空气或含 10% O_2 的空气中，它们在固体或半固体培养基表面不能生长，只有在其深层无氧处或在低氧化还原电位的环境下才能生长；生命活动所需能量由发酵、无氧呼吸、循环光合磷酸化或甲烷发酵等过程提供；细胞内缺乏 SOD 和细胞色素氧化酶，大多数还缺乏过氧化氢酶。常见的厌氧菌有梭菌属、双歧杆菌属以及各种光合细菌和产甲烷菌等。

一些微生物在深层半固体琼脂柱中的生长状态可参见图 4-4。

2. 氧化还原电位(E_h)与微生物的生长

E_h值能较全面地反映环境的氧化还原状况。除受通气状况或氧分压的影响外，E_h值

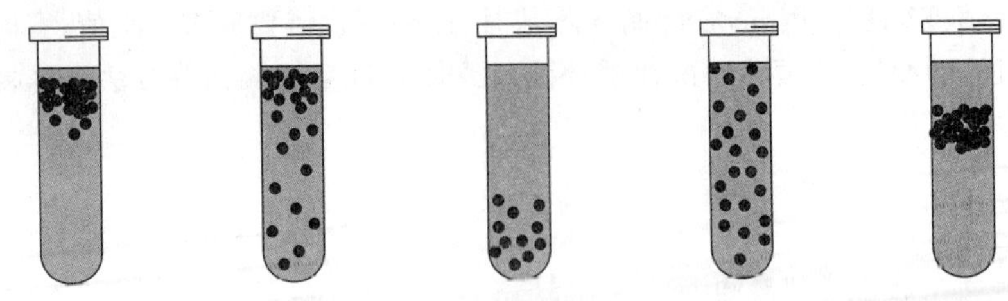

(a) 专性好氧型 (b) 兼性厌氧型 (c) 专性厌氧型 (d) 耐氧厌氧型 (e) 微好氧型

图 4-4 不同类型微生物在深层琼脂培养基中的生长状态

还取决于氧化-还原物质的含量和 pH 值等其他环境因素。据测定,当 pH 值为 7.0 时,完全富氧环境的 E_h 值最高,达+0.82 V;富氢环境的 E_h 值最低,为−0.42 V。一般环境的 E_h 值均介于以上两个极端值之间。

改善通气状况、降低 pH 值和加入氧化性物质等能提高环境的 E_h 值,反之则可以使 E_h 值下降。实践中,为了满足厌氧型微生物的生长而需要在培养基中添加半胱氨酸、硫代乙醇或硫代硫酸钠等还原性物质,其目的就是进一步降低 E_h 值。需氧菌一般在 $E_h>0.1$ V 时才生长,并以 0.3～0.4 V 为适宜。厌氧菌一般在 $E_h<0.1$ V 时才生长。兼性厌氧菌两种条件均可生长,但代谢方式各异,当 $E_h<0.1$ V 时进行发酵作用,当 $E_h>0.1$ V 时则进行呼吸作用。

微生物的生命活动也会反过来影响和改变环境的 E_h 值。在一个 E_h 值高的氧化型环境中,常能观察到由于好氧型微生物的大量繁殖,一方面耗掉了分子氧,另一方面也会因其代谢活动而产生某些还原态中间产物(如半胱氨酸、H_2S 等),从而可以造成局部的厌氧环境,为厌氧型微生物的生长创造条件。

项目五 有害微生物的控制方法与技术

在环境中,到处都有各种各样的微生物存在着,其中有一部分是对人类有害的微生物,它们通过气流、水流、接触和人工接种等方式,传播到合适的基质或生物对象上而造成种种危害。例如:食品或工农业产品的霉腐变质;实训室中的微生物、动植物组织或细胞纯培养物的污染;培养基、生化试剂、生物制品或药物的染菌、变质;发酵工业中的杂菌污染;人和动、植物受病原微生物的感染而患各种传染病等。对这些有害微生物必须采取有效的措施来杀灭或抑制它们。

一、几个基本概念

1. 灭菌

采用强烈的理化因素使任何物体内、外部的一切微生物永远丧失其生长繁殖能力的措施,称为灭菌,例如高温灭菌、辐射灭菌等。灭菌实质上还可分为杀菌和溶菌两种,前者指菌体虽死,但形体尚存;后者则指菌体被杀死后,其细胞因发生自溶、裂解等而消失的现象。

2. 消毒

从字义上来看，消毒就是消除毒害，这里的“毒害”专指传染源或致病菌。消毒是一种采用较温和的理化因素，仅杀死物体表面或内部一部分对人体或动、植物有害的病原菌，而对被消毒的对象基本无害的措施。例如一些常用的对皮肤、水果、饮用水进行药剂消毒的方法，对啤酒、牛奶、果汁和酱油等进行消毒处理的巴氏消毒法等。

3. 防腐

防腐就是利用某种理化因素完全抑制霉腐微生物的生长繁殖，即通过抑菌作用防止食品、生物制品等对象发生霉腐的措施。防腐的方法很多，原理各异，日常生活中人们常采用干燥、低温、盐腌、糖渍或隔氧等防腐措施来保藏食品。

4. 化疗

化疗即化学治疗，是指利用具有高度选择毒力的化学物质对生物体内部被微生物感染的组织或病变细胞进行治疗，以杀死组织内的病原微生物或病变细胞，但对机体本身无毒害作用的治疗措施。用于化学治疗目的的化学物质称为化学治疗剂，包括磺胺类等化学合成药物、抗生素、生物药物素和若干中草药中的有效成分等。

值得注意的是，理化因子对微生物生长是起抑菌作用还是杀菌作用并不是很严格分开的，因为理化因子的强度和浓度不同，作用效果也不同。例如有些化学物质低浓度时有抑菌作用，高浓度时则有杀菌作用，即使同一浓度作用时间长短不同，效果也不一样。另外，不同微生物对理化因子作用的敏感性不同，就是同一种微生物所在的生长时期不同，对理化因子的敏感性也不同。

二、控制微生物的物理方法

影响微生物的物理因素主要有温度、辐射、过滤、渗透压、干燥和超声波等，在一定条件下，它们对微生物的生长具有抑制或杀灭作用。

1. 高温灭菌的原理

当环境温度超过微生物的最高生长温度时，将引起微生物死亡。高温致死微生物的主要原因如下。

(1) 引起蛋白质和核酸不可逆地变性。

(2) 破坏细胞的组成。

(3) 热溶解细胞膜上类脂质成分形成极小的孔，使细胞的内容物泄漏。

2. 高温灭菌的指标

利用温度进行杀菌的定量指标有两种。

(1) 热死时间。

热死时间指在某一温度下，杀死某微生物的水悬浮液群体所需的最短时间。

(2) 热死温度。

热死温度指在一定时间内(一般为 10 min)，杀死某微生物的水悬浮液群体所需的最低温度。

3. 高温灭菌的方法

高温灭菌分干热灭菌和湿热灭菌两类。

(1) 干热灭菌法。

干热灭菌法是通过灼烧或烘烤等方法杀死微生物,包括烘箱热空气法和火焰灼烧法。

① 烘箱热空气法。

将灭菌物品置于鼓风干燥箱内,在160～170 ℃下维持2～3 h,即可达到彻底灭菌的目的。如果处理物品体积较大,传热较差,则需适当延长灭菌时间。干热可使细胞膜、蛋白质变性和原生质干燥,并可使各种细胞成分发生氧化变质。此法适用于培养皿、玻璃、陶瓷器皿、金属用具等耐高温物品的灭菌。优点是灭菌后物品是干燥的。

② 火焰灼烧法。

火焰灼烧法是一种最彻底的干热灭菌法,可是因其破坏力很强,故应用范围仅限于接种环、接种针、金属小工具、试管口、三角瓶口的灭菌或带病原菌的材料、动物尸体的烧毁等。

(2) 湿热灭菌(消毒)法。

湿热灭菌法是指用一定温度的热蒸汽进行灭菌。在同样温度和相同作用时间下,湿热灭菌效率比干热灭菌高,其原因有以下几点。

① 在湿热条件下,菌体蛋白易凝固。如卵蛋白含水量为50%时,30 min内凝固所需温度为50 ℃;含水量为18%时,凝固所需温度为80～90 ℃;含水量为0时,凝固所需温度为160～170 ℃。

② 热蒸汽的穿透力强,杀菌效果好。

③ 热蒸汽在菌体表面凝结为水时放出潜热,1 g水汽在100 ℃变为水时,放出2253 J的热量,从而可提高灭菌温度。

湿热灭菌法的种类很多,主要有以下几类。

① 常压法。

a. 巴氏消毒法。

因最早由法国微生物学家巴斯德用于果酒消毒,故得名。这是一种专用于牛奶、啤酒、果酒或酱油等不宜进行高温灭菌的液态风味食品或调料的低温消毒法。此法可杀灭物料中的无芽孢病原菌,又不影响其原有风味。巴氏消毒法是一种低温湿热消毒法,处理温度变化很大,一般在60～85 ℃处理15 s～30 min。具体方法可分为两类:第一类是经典的低温维持法,例如用于牛奶消毒只要在63 ℃下维持30 min即可;第二类是较现代的高温瞬时法,用此法进行牛奶消毒时只要在72 ℃保持15 s即可。

b. 煮沸消毒法。

在沸水中处理约30 min,欲杀死芽孢需处理2～3 h,适用于一般食品、衣物、瓶子、器材(皿)等的消毒。

c. 间歇灭菌法。

间歇灭菌法也称分段灭菌法或丁达尔灭菌法。具体方法:将待灭菌物品置于蒸锅(蒸笼)内常压下蒸煮30～60 min,以杀死其中的微生物营养细胞,冷却后置于一定温度(28～37 ℃)下培养过夜,促使第一次蒸煮中未被杀死的芽孢或孢子萌发成营养细胞,再用同样的方法处理，如此反复进行 3 次，可杀灭所有的营养细胞和芽孢、孢子，达到彻底灭菌的目的。此方法既麻烦又费时，一般适用于不宜用高压蒸汽灭菌的物品，如某些糖、明胶及牛奶培养基等。

② 加压法。

a. 常规加压蒸汽灭菌法。

一般称作“高压蒸汽灭菌法”。这是一种利用高温(而非压力)进行湿热灭菌的方法，优点是操作简便、效果可靠，故被广泛使用。其原理:将待灭菌的物件放置在盛有适量水的专用加压灭菌锅(或家用压力锅)内，盖上锅盖，并打开排气阀，通过加热煮沸让蒸汽驱尽锅内原有的空气，然后关闭锅盖上的阀门，再继续加热，使锅内蒸气压逐渐上升，随之温度也相应上升至 100 ℃以上。为达到良好的灭菌效果，一般要求温度达到 121 ℃，时间维持 15～20 min。有时为防止培养基内葡萄糖等成分被破坏，也可采用在较低温度(115 ℃)下维持 35 min 的方法。加压蒸汽灭菌法适合于一切微生物学实训室、医疗保健机构或发酵工厂中对培养基及多种器材或物料的灭菌。

b. 连续加压蒸汽灭菌法。

在发酵行业里也称“连消法”。此法仅用于大型发酵厂的大批培养基灭菌。主要操作原理是让培养基在管道的流动过程中快速升温、维持和冷却，然后流进发酵罐。培养基一般加热至 135～140 ℃下维持 5～15 s。优点:采用高温瞬时灭菌，既彻底地灭了菌，又有效地减少了营养成分的破坏，从而提高了原料的利用率和发酵产品的质量和产量。在抗生素发酵中，它可比常规的“实罐灭菌”(121 ℃，30 min)提高产量 5%～10%;因为总的灭菌时间比分批灭菌法明显减少，故缩短了发酵罐的占用时间，提高了它的利用率;由于蒸汽负荷均衡，故提高了锅炉的利用效率;适宜自动化操作，降低了操作人员的劳动强度。

4. 辐射

辐射是以电磁波的方式通过空间传递的一种能量形式。电磁波携带的能量与波长有关，波长越短，能量越高。不同波长的辐射对微生物生长的影响不同。

(1) 强可见光。

可见光的波长为 397～800 nm，它是光能自养和光能异养型微生物的唯一或主要能源。强烈的可见光可引起微生物的死亡，这是由于光氧化作用所致。当光线被细胞内的色素吸收，有氧时会引起一些酶或其他光敏感成分失去活性;在无氧条件下，不发生光氧化作用，吸收的光不会造成细胞损伤。

在细胞悬液内，加入少量染色剂，如甲苯胺蓝、曙红或亚甲基蓝等，经过这些染料处理的细胞，对可见光产生高度敏感性，在可见光下照射几分钟后即可引起菌体死亡，而在黑暗中它们仍可以继续生长。在低浓度染色剂中可见光对细菌的破坏作用称为光动力作用，其原因是染色剂诱使细胞吸收可见光中某些波长的光线而导致细胞死亡。

(2) 紫外线(UV)。

紫外线的波长范围是 100～400 nm，其中 200～300 nm 的紫外线杀菌作用最强。紫外线具有杀菌作用主要是因为它可以被蛋白质(约 280 nm)和核酸(约 260 nm)吸收，使其变性失活。紫外线可以使细胞核酸和原生质发生光化学反应，导致相邻的胸腺嘧啶(T)形成二聚体，形成嘧啶水合物和使 DNA 发生断裂和交联，干扰核酸的复制，进而导致微生物的变异和死亡。紫外线还可使空气中的分子氧变为臭氧,分解放出氧化能力极强的新生态[O],破坏细胞物质的结构,使菌体死亡。

紫外线的作用效果取决于微生物类群、生理状态和照射剂量。一般多倍体、有色细胞、干燥细胞、分生孢子或芽孢比单倍体、无色细胞、湿细胞和营养细胞的抗性要强。紫外线的穿透能力很弱,多用作空气或器皿的表面灭菌及微生物育种的诱变剂。在照射后,为避免发生光复活现象,紫外线照射及随之要进行的分离培养工作都应在黑暗条件下进行。

(3) 电离辐射。

电离辐射能使被照射的物质分子发生电离作用产生自由基,自由基能与细胞内的大分子化合物作用使之变性失活。射线是带正电的氦核流,有很强的电离作用,但穿透能力很弱,包括 X 射线、γ 射线、e 射线和 p 射线等。它们的共同特点是波长短,穿透力强,能量高,效应无专一性,作用于一切细胞成分。β 射线是带负电荷的电子流,穿透力虽大,但电离辐射作用弱。γ 射线是某些放射性同位素如^{65}Co 发射的高能辐射,能致死所有微生物。已有专门用于不耐热的大体积物品消毒的 γ 射线装置。

5. 过滤作用

高压蒸汽灭菌可以除去液态培养基中的微生物,但对于空气和不耐热的液体培养基的灭菌是不适宜的,为此可采用过滤除菌的方法。过滤除菌有三种类型。

第一种(最早使用)是在一个容器的两层滤板中填充棉花、玻璃纤维或石棉,灭菌后空气通过它就可以达到除菌的目的。为了缩小这种滤器的体积,后来改进为在两层滤板之间放入多层滤纸,灭菌后使用也可以达到除菌的作用。这种除菌方式主要用于发酵工业。

第二种是膜滤器,它是由醋酸纤维素或硝酸纤维素制成的较坚韧的具有微孔的膜,灭菌后使用,液体培养基通过它就可将细菌除去。这种滤器处理量比较小,主要用于科研。

第三种是核孔滤器,它是由核辐射处理得很薄的聚碳酸酯胶片(厚 10 μm)再经化学蚀刻而制成。辐射使胶片局部破坏,化学蚀刻使被破坏的部位成孔,而孔的大小则由蚀刻溶液的强度和蚀刻的时间来控制。溶液通过这种滤器就可以将微生物除去,这种滤器也主要用于科学研究。

6.渗透压

一般微生物都不耐高渗透压。微生物在高渗环境中,水从细胞中流出,使细胞脱水。盐腌制咸肉或咸鱼,糖浸果脯或蜜饯等均是利用此法保存食品的。

7.干燥

干燥的主要作用是抑菌,使细胞失水,代谢停止,也可引起某些微生物死亡。干果、稻谷、奶粉等食品通常采用干燥法保存,防止腐败。不同微生物对干燥的敏感性不同,革兰氏阴性菌如淋病球菌对干燥特别敏感,失水几小时便死去;链球菌用干燥法保存几年也不会丧失其致病性。休眠孢子抗干燥能力很强,在干燥条件下可长期不死,故可用于菌种保藏。

8.超声波

超声波(振动频率超过 20000 Hz 的声波)具有强烈的生物学作用,它主要是通过探头的高频振动引起周围水溶液的高频振动。当探头和水溶液的高频振动不同步时能在溶液内产生“空穴”(真空区),只要菌体接近或进入空穴,细胞内、外压力差会导致细胞破裂,细胞内含物外泄，从而使菌体死亡。此外，超声波振动使机械能转变为热能，因此溶液温度升高，细胞发生热变性，以此抑制或杀死微生物。科研中常用此法破碎细胞，研究其组成、结构等。超声波的破碎效果与处理功率、频率、次数、时间、微生物类型及其生理状态等因素有关。一般球菌的抗性比杆菌强，病毒由于颗粒小、结构简单，对超声波也有较强的抗性，芽孢的抗性强，几乎不受超声波处理的影响。

三、化学方法

许多化学药剂可抑制或杀灭微生物，因而被用于微生物生长的控制。化学药剂包括表面消毒剂和化学治疗剂两大类，其中化学治疗剂按其作用和性质又可分为抗代谢物和抗生素。在评价各种化学药剂的药效和毒性时，经常采用以下 3 种指标：①最低抑制浓度，是评定某化学药物药效强弱的指标，指在一定条件下某化学药剂抑制特定微生物的最低浓度；②半数致死量（LD_{50}），是评定某药物毒性强弱的指标，指在一定条件下某化学药剂能杀死 50％试验动物时的剂量；③最低致死剂量（MLD），是评定某化学药物毒性强弱的另一指标，指在一定条件下某化学药物能引起试验动物群体 100％死亡的最低剂量。

1. 表面消毒剂

表面消毒剂是指对一切活细胞都有毒性，不能用作活细胞或机体内治疗用的化学药剂。表面消毒剂的种类很多，它们的杀菌强度虽然各不相同，但几乎都有一个共同规律，即当其处于低浓度时往往会对微生物的生命活动起刺激作用，随着浓度的递增则相继表现为抑菌和杀菌作用，因而形成一个连续的作用谱。

为比较各种表面消毒剂的相对杀菌强度，学术界常采用在临床上最早使用的一种消毒剂——石炭酸作为比较的标准，并提出石炭酸系数（phenol coefficient，P.C.）这一指标，它是指在一定时间内，被试药剂能杀死全部供试菌的最高稀释度与达到同效的石炭酸的最高稀释度之比。一般规定处理的时间为 10 min，常用的供试菌有 3 种，它们是金黄色葡萄球菌（代表革兰氏阳性菌）、伤寒沙门氏菌（代表革兰氏阴性菌）和铜绿假单胞菌（一种抗性较强的革兰氏阴性菌）。例如，某药剂以 1∶300 的稀释度在 10 min 内杀死所有的供试菌，而达到同效的石炭酸的最高稀释度为 1∶100，则该药剂的石炭酸系数等于 3。由于化学消毒剂的种类很多（表 4-1），杀菌机制各不相同，故石炭酸系数仅有一定的参考价值。

2. 抗代谢物

抗代谢物又称代谢拮抗物或代谢类似物，是指一类在化学结构上与细胞内必要代谢物的结构相似，并可干扰正常代谢活动的化学药物。由于它们具有良好的选择毒力，因此是一类重要的化学治疗剂。抗代谢物的种类很多，都是有机合成药物，如磺胺类（叶酸对抗物）、6-巯基嘌呤（嘌呤对抗物）、5-甲基色氨酸（色氨酸对抗物）和异烟肼（吡哆醇对抗物）等。

抗代谢药物主要有 3 种作用：①与正常代谢物一起共同竞争酶的活性中心，从而使微生物正常代谢所需的重要物质无法正常合成，例如磺胺类；②“假冒”正常代谢物，使微生物合成出无正常生理活性的假产物，如 8-重氮鸟嘌呤取代鸟嘌呤而合成的核苷酸就会产生无正常功能的 RNA；③某些抗代谢物与某一生化合成途径的终产物的结构类似，可通过反馈调节破坏正常代谢调节机制,例如6-巯基腺嘌呤核苷酸的合成。

表 4-1 若干重要表面消毒剂及其应用

类型	名称及使用浓度	作用机制	应用范围
重金属盐类	0.05%～0.1%升汞	与蛋白质的巯基结合使其失活	非金属物品,器皿
	2%红汞	与蛋白质的巯基结合使其失活	皮肤,黏膜,小伤口
	0.01%～0.1%硫柳汞	与蛋白质的巯基结合使其失活	皮肤,手术部位,生物制品防腐
	0.1%～1% $AgNO_3$	沉淀蛋白质,使其变性	皮肤,滴新生儿眼睛
	0.1%～0.5% $CuSO_4$	与蛋白质的巯基结合使其失活	杀致病真菌与藻类
酚类	3%～5%石炭酸	使蛋白质变性,损伤细胞膜	地面,家具,器皿
	2%煤酚皂	使蛋白质变性,损伤细胞膜	皮肤
醇类	70%～75%乙醇	使蛋白质变性,损伤细胞膜,脱水,溶解类脂	皮肤,器械
酸类	5～10 mL/m^3醋酸(熏蒸)	破坏细胞膜和蛋白质	房间消毒(防呼吸道传染)
醛类	0.5%～10%甲醛	破坏蛋白质氢键或氨基	物品消毒,接种箱、接种室的熏蒸
	2%戊二醛(pH值约为8)	破坏蛋白质氢键或氨基	精密仪器等的消毒
气体	600 mg/L环氧乙烷	有机物烷化,酶失活	手术器械,毛皮,食品,药物
氧化剂	0.1% $KMnO_4$	氧化蛋白质的活性基团	皮肤,尿道,水果,蔬菜
	3% H_2O_2	氧化蛋白质的活性基团	污染物件的表面
	0.2%～0.5%过氧乙酸	氧化蛋白质的活性基团	皮肤,塑料,玻璃,人造纤维
	约1 mg/L臭氧	氧化蛋白质的活性基团	食品
卤素及其化合物	0.2～0.5 mg/L氯气	破坏细胞膜、酶、蛋白质	饮水,游泳池水
	10%～20%漂白粉	破坏细胞膜、酶、蛋白质	地面,厕所
	0.5%～1%漂白粉	破坏细胞膜、酶、蛋白质	饮水,空气(喷雾),体表
	0.2%～0.5%氯胺	破坏细胞膜、酶、蛋白质	室内空气(喷雾),表面消毒
	4 mg/L二氯异氰尿酸钠	破坏细胞膜、酶、蛋白质	饮水
	3%二氯异氰尿酸钠	破坏细胞膜、酶、蛋白质	空气(喷雾),排泄物,分泌物
	2.5%碘酒	酪氨酸卤化,酶失活	皮肤
表面活性剂	0.05%～0.1%新洁尔灭	使蛋白质变性,破坏膜	皮肤,黏膜,手术器械
	0.05%～0.1%杜灭芬	使蛋白质变性,破坏膜	皮肤,金属,棉织品,塑料
染料	2%～4%龙胆紫	与蛋白质的羧基结合	皮肤,伤口

磺胺类药物是青霉素等抗生素广泛应用前治疗多种细菌性传染病的“王牌药”，具有抗菌谱广、性质稳定、使用简便、在体内分布广等优点，在治疗由肺炎链球菌、痢疾志贺氏菌、金黄色葡萄球菌等引起的各种严重传染病中疗效显著。

3. 抗生素

(1) 定义。

抗生素是一类由微生物或其他生物生命活动过程中合成的次生代谢产物或其人工衍生物，它们在很低浓度时就能抑制或干扰其他种类的生物(包括病原菌、病毒、癌细胞等)的生命活动，因此可用作优良的化学治疗剂。自 Fleming(1929)和 Waksman(1944)相继发现青霉素和链霉素以来，至 1984 年已找到 1 万种以上新抗生素，并合成了 7 万多种的半合成抗生素，但真正用于临床治疗的只有五六十种。

(2) 抗生素的种类、作用机制与制菌谱。

抗生素的种类很多，其制菌谱和作用机制各异，应用范围广泛。对一些有代表性的抗生素及其作用机制的简介见表 4-2。

表 4-2 一些重要抗生素及其作用机制

名称及类型		作用机制	作用后果
抑制细胞壁合成	D-环丝氨酸	抑制 L-Ala 变为 D-Ala 的消旋酶	阻止胞壁酸上肽尾的合成
	万古霉素	抑制糖肽聚合物的伸长	阻止肽聚糖的合成
	瑞斯托菌素(利托菌素)	抑制糖肽聚合物的伸长	阻止肽聚糖的合成
	杆菌肽	抑制糖肽聚合物的伸长	阻止肽聚糖的合成
	青霉素	抑制肽尾与肽桥间的转肽作用	阻止糖肽链之间的交联
	氨苄青霉素(氨苄西林)	抑制肽尾与肽桥间的转肽作用	阻止糖肽链之间的交联
	头孢菌素	抑制肽尾与肽桥间的转肽作用	阻止糖肽链之间的交联
引起细胞壁降解	溶葡萄球菌素	水解肽尾和分解胞壁酸——葡萄糖胺链	溶解葡萄球菌
干扰细胞膜	短杆菌酪肽	损害细胞膜，减弱呼吸作用	细胞内含物外漏
	短杆菌肽	使氧化磷酸化解偶联，与膜结合	细胞内含物外漏
	多黏菌素	使细胞膜上的蛋白质释放	细胞内含物外漏

续表

名称及类型		作用机制	作用后果
抑制蛋白质合成	链霉素	与30S核糖体结合	促进错译,抑制肽链延伸
	新霉素	与30S核糖体结合	促进错译,抑制肽链延伸
	卡那霉素	与30S核糖体结合	促进错译,抑制肽链延伸
	四环素	与30S核糖体结合	抑制氨基酰-tRNA与核糖体结合
	伊短菌素	与30S核糖体结合	抑制氨基酰-tRNA与核糖体结合
	嘌呤霉素	与50S核糖体结合	引起不完整肽链的提前释放
	氯霉素	与50S核糖体结合	抑制氨基酰-tRNA附着核糖体
	红霉素	与50S核糖体结合	引起构象改变
	林可霉素	与50S核糖体结合	阻止肽键形成
抑制DNA合成	狭霉素C	抑制黄苷酸氨基酶	因阻止GMP合成而抑制DNA
	萘啶酸	作用于复制基因	切断DNA合成
	灰黄霉素	不清楚	抑制有丝分裂中的纺锤体功能
抑制DNA复制	丝裂霉素	使DNA的互补链相结合	抑制复制后的分离
抑制RNA转录	放线菌素D	与DNA中的鸟嘌呤结合	阻止依赖于DNA的RNA合成
抑制RNA合成	利福平	与RNA聚合酶结合	阻止RNA合成
	利福霉素	与RNA聚合酶结合	阻止RNA合成

各种抗生素有其不同的制菌范围,即抗菌谱。青霉素和红霉素主要抗革兰氏阳性菌;链霉素和新霉素以抗革兰氏阴性菌为主,也抗结核分枝杆菌;庆大霉素、万古霉素和头孢菌素兼抗革兰氏阳性和阴性菌;氯霉素、四环素、金霉素和土霉素等因能同时抗革兰氏阳性和阴性菌以及立克次氏体和衣原体,故称广谱抗生素;放线菌酮、两性霉素B、灰黄霉素和制霉菌素对真菌有抑制作用;而对于病毒性感染,至今还未找到特效抗生素。

(3)微生物的耐药性。

微生物与周围环境之间的关系十分复杂。虽然恶劣的环境条件对微生物的生长会产生不良的影响,但是微生物对环境也能产生主动反应,例如趋避运动,或产生适应性。随着化学药物的广泛应用,某些病原微生物如葡萄球菌、大肠杆菌、痢疾杆菌、结核杆菌等的耐药性日益严重,给传染病的治疗带来困难。耐药性主要表现为以下五种。

① 菌体内产生了钝化或分解药物的酶。

钝化是指将有活性的药物转变成没有抗菌作用的产物。例如,葡萄球菌的有些菌株能抗青霉素就是由于它们产生了青霉素酶(β-内酰胺酶),使青霉素分子中的β-内酰胺环开裂而丧失了抑菌作用,头孢霉素也因类似的原因而失效。现在通过半合成青霉素来改变青霉素的分子结构以保护β-内酰胺环,使其难以受到β-内酰胺酶的破坏,从而可以克服某些病原菌的耐药性。

抗卡那霉素的微生物,往往在细胞内产生了卡那霉素磷酸转移酶,在ATP的参与下，将卡那霉素转变为 3-磷酸卡那霉素而失活；抗链霉素的菌株，则在细胞内形成了链霉素磷酸转移酶和链霉素腺苷转移酶，在它们的作用下，这些抗生素失去活性。

② 改变细胞膜的通透性而导致耐药性的产生。

这类抗性菌株具有阻挠抗微生物药剂进入的作用，试管内产生的人工抗药菌株也有这种情况，因此认为这是细胞膜通透性降低的结果。

③ 细胞内被药物作用的部位发生了改变。

目前最典型的例子就是核糖体发生了改变。例如对链霉素敏感的菌株，由于链霉素与其核糖体(30S 亚基)结合干扰了蛋白质的合成，从而起到抑菌或杀菌作用。后来在大肠杆菌中得到抗链霉素的菌株，其核糖体(30S 亚基)发生改变，链霉素再不能与之结合，从而使链霉素对该菌株失效。

④ 增加抗药剂的酶的生成。

例如，抗氨基酸类似物 5-甲基色氨酸的抗性突变株，突变后体内形成大量抗 5-甲基色氨酸抑制作用的邻氨基苯甲酸合成酶，使色氨酸大量合成，而不再受 5-甲基色氨酸的影响。另外，还可以通过增加相拮抗药剂的代谢产物而对药剂产生抗性，即当一种药剂通过和正常代谢物的竞争作用来抑制细胞的生长时，该微生物对此药剂的抵抗是由于它增加了与此药剂相拮抗的代谢物的产量，而将竞争性药剂从酶的结合点上顶替下去。

⑤ 形成救护途径。

当某一药剂封闭了某终产物合成途径中的一个步骤，而影响了该产物的供应量时，可通过形成另一个途径产生该产物，从而获得耐药性。这类途径通常称为救护途径(salvage pathway)。例如，在腺嘌呤核苷合成途径中，氮杂丝氨酸和重氮氧代正亮氨酸，可抑制甲酰甘氨酰胺核糖-5-磷酸，微生物就不再受上述两种药剂的抑制。

技能训练 4-1 平板菌落计数法

实训目的

学习平板菌落计数的基本原理和方法。

实训原理

平板菌落计数法是将待测样品经适当稀释之后，其中的微生物充分分散成单个细胞，取一定量的稀释样液接种到平板上，经过培养，由每个单细胞生长繁殖而形成肉眼可见的菌落，即一个单菌落应代表原样品中的一个单细胞。统计菌落数，根据其稀释倍数和取样接种量即可换算出样品中的含菌数。但是，由于待测样品往往不易完全分散成单个细胞，所以，长成的 1 个单菌落也可能来自样品中的 2～3 个或更多个细胞。因此，平板菌落计数的结果往往偏低。为了清楚地阐述平板菌落计数的结果，现在已倾向使用菌落形成单位(CFU)而不以绝对菌落数来表示样品的活菌含量。

平板菌落计数法虽然操作较烦琐，结果需要培养一段时间才能取得，而且测定结果易受多种因素的影响，但是，由于该计数方法的最大优点是可以获得活菌的信息，所以被广

泛用于生物制品检验(如活菌制剂),以及食品、饮料和水(包括水源水)等的含菌指数或污染程度的检测。

实训器材

1. 菌种

大肠杆菌菌悬液。

2. 培养基

牛肉膏蛋白胨培养基。

3. 仪器或其他用具

1 mL 无菌吸管,无菌培养皿,盛有 4.5 mL 无菌水的试管,试管架,恒温箱等。

实训方法与步骤

1. 编号

取无菌培养皿 9 套,分别用记号笔标明 10^{-4}、10^{-5}、10^{-6}(稀释度)各 3 套。另取 6 支盛有 4.5 mL 无菌水的试管,依次标明 10^{-1}、10^{-2}、10^{-3}、10^{-4}、10^{-5}、10^{-6}。

2. 稀释

用 1 mL 无菌吸管吸取 1 mL 已充分混匀的大肠杆菌菌悬液(待测样品),精确地放出 0.5 mL 至 10^{-1}的试管中,此即为 10 倍稀释。将多余的菌液放回原菌液中。

将 10^{-1}试管置于试管振荡器上振荡,使菌液充分混匀。另取一支 1 mL 吸管插入 10^{-1}试管中来回吹吸菌悬液三次,进一步将菌体分散、混匀,吹吸菌液时不要太猛太快,吸时吸管伸入管底,吹时离开液面,以免将吸管中的过滤棉花浸湿或使试管内液体外溢。用此吸管吸取 10^{-1}菌液 1 mL,精确地放出 0.5 mL 至 10^{-2}试管中,此即为 100 倍稀释。其余以此类推,整个过程如图 4-5 所示。

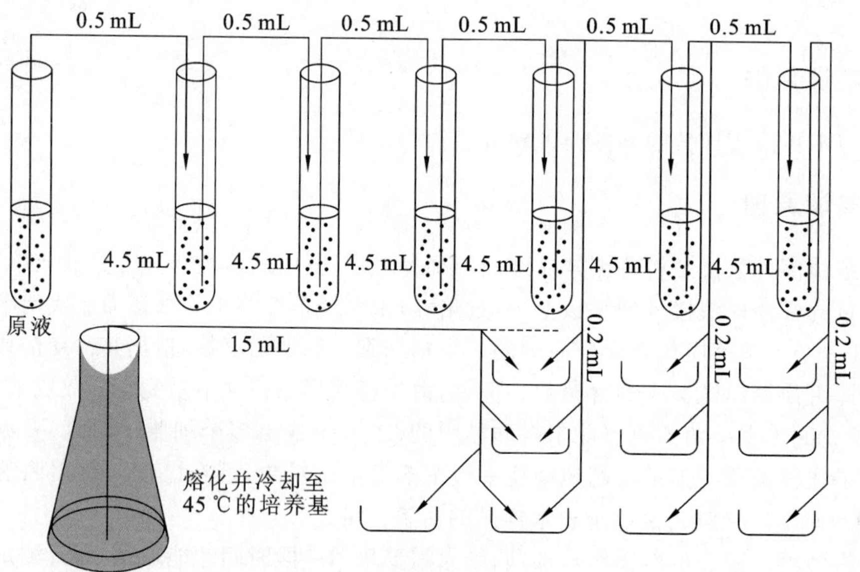

图 4-5　平板菌落计数操作步骤

放菌液时吸管尖不要碰到液面，即每一支吸管只能接触一个稀释度的菌悬液，否则稀释不精确，结果误差较大。

3. 取样

用三支 1 mL 无菌吸管分别吸取 10^{-4}、10^{-5} 和 10^{-6} 的稀释菌液各 1 mL，对号放入编好号的无菌培养皿中，每个培养皿放 0.2 mL。

不要用 1 mL 吸管每次只靠管尖部吸 0.2 mL 稀释菌液放入培养皿中，这样容易加大同一稀释度几个重复平板间的操作误差。

4. 倒平板

尽快向上述盛有不同稀释度菌液的培养皿中倒入熔化后冷却至 45 ℃的牛肉膏蛋白胨培养基约 15 mL，置于水平位置迅速旋动培养皿，使培养基与菌液混合均匀，而又不使培养基荡出培养皿或溅到培养皿盖上。

由于细菌易吸附到玻璃器皿表面，所以菌液加入培养皿后，应尽快倒入熔化并已冷却至 45 ℃的培养基，立即摇匀，否则细菌将不易分散或与长成的菌落连在一起，影响计数。

待培养基凝固后，将平板倒置于 37 ℃恒温箱中培养。

5. 计数

培养 48 h 后，取出培养平板，算出同一稀释度三个平板上的菌落平均数，并按下列公式进行计算：

每毫升中菌落形成单位(CFU)＝同一稀释度三次重复的平均菌落数×稀释倍数×5

一般选择每个平板上长有 30～300 个菌落的稀释度计算每毫升的含菌量较为合适。同一稀释度的三个重复对照的菌落数不应相差很大，否则表示试验不精确。实际工作中，同一稀释度重复对照平板不能少于三个，这样便于数据统计，减少误差。由 10^{-4}、10^{-5}、10^{-6} 三个稀释度计算出的每毫升菌液中菌落形成单位数也不应相差太大。

平板菌落计数法，所选择倒平板的稀释度是很重要的。一般以三个连续稀释度中的第二个稀释度倒平板培养后所出现的平均菌落数在 50 个左右为好，否则要适当增加或减少稀释度加以调整。

实训报告

将培养后菌落计数结果填入表 4-3 中。

表 4-3 培养后菌落计数结果

稀释度	10^{-4}				10^{-5}				10^{-6}			
	1	2	3	平均	1	2	3	平均	1	2	3	平均
CFU 数/平板												
每毫升中的 CFU 数												

技能训练 4-2　化学因素对微生物的影响

实训目的

(1) 了解常用化学消毒剂对微生物的作用。

(2) 学习测定石炭酸系数的方法。

实训原理

常用化学消毒剂主要有重金属及其盐类、有机溶剂(酚、醇、醛等)、卤族元素及其化合物、染料和表面活性剂等。重金属离子可与菌体蛋白质结合而使之变性,或与某些酶蛋白的巯基相结合而使酶失活,重金属盐是蛋白质沉淀剂,可与代谢产物发生螯合作用而使之变为无效化合物;有机溶剂可使蛋白质及核酸变性,也可破坏细胞膜透性使内含物外溢;碘可与蛋白质酪氨酸残基不可逆结合而使蛋白质失活,氯气与水发生反应产生的强氧化剂也具有杀菌作用;染料在低浓度条件下可抑制细菌生长,染料对细菌的作用具有选择性,革兰氏阳性菌普遍比革兰氏阴性菌对染料更加敏感;表面活性剂能降低溶液表面张力,这类物质作用于微生物细胞膜,改变其透性,同时也能使蛋白质发生变性。

各种化学消毒剂的杀菌能力常以石炭酸为标准,以石炭酸系数(酚系数)来表示。将某一消毒剂作不同程度稀释,在一定时间及一定条件下,该消毒剂杀死全部供试微生物的最高稀释倍数与达到同样效果的石炭酸的最高稀释倍数的比值,即为该消毒剂对该种微生物的石炭酸系数。

实训器材

1. 菌种

大肠杆菌,金黄色葡萄球菌。

2. 培养基

牛肉膏蛋白胨琼脂培养基,牛肉膏蛋白胨液体培养基。

3. 溶剂或试剂

2.5%碘酒,5%石炭酸,75%乙醇,100%乙醇,1%来苏水,0.25%新洁尔灭,2%过氧乙酸,无菌生理盐水。

4. 仪器或其他用具

无菌培养皿,无菌滤纸片(牛津杯),试管,吸管,无菌三角涂布棒等。

实训方法与步骤

1. 滤纸片法测定化学消毒剂的杀(抑)菌作用

(1) 将已灭菌并冷却至 50 ℃的牛肉膏蛋白胨琼脂培养基倒入无菌培养皿中,水平放置待凝固。

(2) 用无菌吸管吸取 0.2 mL 培养 18 h 的白色葡萄球菌菌液加入上述平板中，用无菌三角涂布棒涂布均匀。

(3) 将已涂布好的平板底皿划分成 4～6 等份，每一等份内标明一种消毒剂的名称。

(4) 用无菌镊子将已灭菌的小圆滤纸片(ϕ5 mm)分别浸入装有各种消毒剂溶液的试管中浸湿。

注意：取出滤纸片时保证滤纸片所含消毒剂溶液量基本一致，并在试管内壁沥去多余药液。

将滤纸片贴在平板相应区域(无菌操作)，平板中间贴上浸有无菌生理盐水的滤纸片作为对照。

(5) 将上述贴好滤纸片的含菌平板倒置放于 37 ℃恒温箱中，24 h 后取出观察抑(杀)菌圈的大小(图 4-6)。

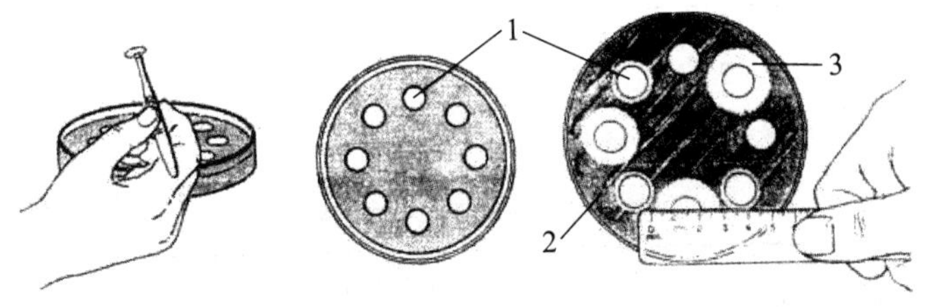

图 4-6　圆滤纸片法测定化学消毒剂的杀(抑)菌作用

2. 石炭酸系数的测定

(1) 将石炭酸稀释配成 1∶50、1∶60、1∶70、1∶80 及 1∶90 等不同的浓度，分别取 5 mL 装入相应的试管中。

(2) 将待测消毒剂(来苏水)稀释配成 1∶150、1∶200、1∶250、1∶300 及 1∶500 等不同的浓度，各取 5 mL 装入相应的试管。

(3) 取盛有已灭菌的牛肉膏蛋白胨液体培养基的试管 30 支，其中 15 支标明石炭酸的 5 种浓度，每种浓度 3 管(分别标记上 5 min、10 min 及 15 min)；另外 15 支标明来苏水的 5 种浓度，每种浓度 3 管(分别标记上 5 min、10 min 及 15 min)。

(4) 在上述盛有不同浓度的石炭酸和来苏水溶液的试管中各接入 0.5 mL 大肠杆菌菌液并摇匀。

注意：吸取菌液时要将菌液吹打均匀，保证每支试管中接入的菌量一致。

自接种时起分别于 5 min、10 min 和 15 min 用接种环从各管内取一环菌液接入标记有相应石炭酸及来苏水浓度的装有牛肉膏蛋白胨液体培养基的试管中。

(5) 将上述试管置于 37 ℃恒温箱中，48 h 后观察并记录细菌的生长状况。细菌生长者试管内培养液混浊，以"＋"表示；不生长者培养液澄清，以"－"表示。

(6) 计算石炭酸系数。找出将大肠杆菌在药液中处理 5 min 后仍能生长，而处理 10 min 和15 min 后不生长的来苏水及石炭酸的最大稀释倍数，计算两者比值。例如，若来苏水和石炭酸在 10 min 内杀死大肠杆菌的最大稀释倍数分别是 250 和 70，则来苏水的石炭酸系数为 250/70≈3.6。

实训报告

1. 各种化学消毒剂对金黄色葡萄球菌的作用能力

请将相关结果填入表 4-4 中。

表 4-4　各种化学消毒剂对金黄色葡萄球菌的作用

消毒剂	抑(杀)菌圈直径/mm	消毒剂	抑(杀)菌圈直径/mm
2.5%碘酒		1%来苏水	
5%石炭酸		0.25%新洁尔灭	
75%乙醇		2%过氧乙酸	
100%乙醇			

2. 石炭酸系数的测定和计算

请将相关数据填入表 4-5 中。

表 4-5　石炭酸系数的测定

消毒剂	稀释倍数	生长状况			石炭酸系数
		5 min	10 min	15 min	
石炭酸	50				
	60				
	70				
	80				
	90				
来苏水	150				
	200				
	250				
	300				
	500				

技能训练 4-3　氧对微生物的影响

实训目的

了解氧对微生物生长的影响及其实训方法。

实训原理

各种微生物对氧的需求是不同的，这反映出不同种类微生物细胞内生物氧化酶系统的差别。根据对氧的需求及耐受能力的不同，可将微生物分为五类。

(1) 专性好氧菌(aerobes)：必须在有氧条件下生长，在高能分子如葡萄糖的氧化降解过程中需要氧作为氢受体。

(2) 微好氧菌(microaerobes)：生长需要少量的氧，过量的氧常导致这类微生物的死亡。

(3) 兼性厌氧菌(facultative anaerobes)：有氧及无氧条件下均能生长，倾向于以氧作为氢受体，在无氧条件下可利用 NO_3^- 或 SO_4^{2-} 作为最终氢受体。

(4) 专性厌氧菌(obligate anaerobes)：必须在完全无氧的条件下生长繁殖，由于细胞内缺少超氧化物歧化酶和过氧化氢酶，氧的存在常导致有毒害作用的超氧化物及氧自由基(O_2^-)的产生，对这类微生物具有致死作用。

(5) 耐氧厌氧菌(aerotolerant anaerobes)：有氧及无氧条件下均能生长，与兼性厌氧菌不同之处在于耐氧厌氧菌虽然不以氧作为最终氢受体，但由于细胞具有超氧化物歧化酶和(或)过氧化氢酶，在有氧条件下也能生存。

本实训采用深层琼脂法来测定氧对不同类型微生物生长的影响，在葡萄糖牛肉膏蛋白胨琼脂培养基试管中接入各类微生物，在适宜条件下培养后，观察生长状况，根据微生物在试管中的生长部位，判断各类微生物对氧的需求及耐受能力。

实训器材

1. 菌种

金黄色葡萄球菌，干燥棒状杆菌，保加利亚乳杆菌，酿酒酵母及黑曲霉。

2. 培养基

葡萄糖牛肉膏蛋白胨琼脂培养基。

3. 溶剂或试剂

无菌生理盐水。

4. 仪器或其他用具

无菌吸管、冰块等。

实训方法与步骤

(1) 在各类菌种斜面中加入 2 mL 无菌生理盐水，制成菌悬液。

(2) 将装有葡萄糖牛肉膏蛋白胨琼脂培养基的试管置于 100 ℃水浴中熔化并保温 5～10 min。

(3) 将试管取出静置冷却至 45～50 ℃时，做好标记，无菌操作吸取 0.1 mL 各类微生物菌悬液加入相应试管中，双手快速搓动试管，避免振荡使过多的空气混入培养基，待菌种均匀分布于培养基内后，将试管置于冰浴中，使琼脂迅速凝固。

(4) 将上述试管置于 28 ℃恒温箱中静置保温 48 h 后开始进行连续观察，直至结果清晰为止。

实训报告

将实训结果记录于表 4-6 中,用文字描述其生长位置(表面生长、底部生长、接近表面生长、均匀生长、接近表面生长旺盛等),并确定该微生物的类型。

表 4-6　实训结果记录

菌名	生长位置	类型	菌名	生长位置	类型
金黄色葡萄球菌			酿酒酵母		
干燥棒状杆菌			黑曲霉		
保加利亚乳杆菌					

技能训练 4-4　生物因素对微生物的影响

实训目的

了解某一抗生素的抗菌范围,学习抗菌谱试验的基本方法。

实训原理

生物之间的关系从总体上可分为互生、共生、寄生、拮抗等,微生物之间的拮抗现象普遍存在于自然界中,许多微生物在其生命活动过程中能产生某种特殊代谢产物如抗生素,具有选择性地抑制或杀死其他微生物的作用,不同抗生素的抗菌谱是不同的,某些抗生素只对少数细菌有抗菌作用,例如青霉素一般只对革兰氏阳性菌具有抗菌作用,多黏菌素只对革兰氏阴性菌有作用,这类抗生素称为窄谱抗生素;另一些抗生素对多种细菌有作用,例如四环素、土霉素对许多革兰氏阳性菌和革兰氏阴性菌都有作用,称为广谱抗生素。

本实训利用滤纸条测定青霉素的抗菌谱,将浸润有青霉素溶液的滤纸条贴在豆芽汁葡萄糖琼脂培养基平板上,再与此滤纸条垂直划线接种试验菌,经培养后,根据抑菌带的长短即可判断青霉素对不同类型微生物的影响,初步判断其抗菌谱。实训中所用菌种通常以各种具有代表性的非致病菌来代替人体或动物致病菌,常用的试验菌株见表 4-7,而植物致病菌由于对人畜一般无直接危害,可直接用作试验菌株。

表 4-7　用于抗生素筛选的几种常用试验菌株

试验菌株	所代表的微生物类型
金黄色葡萄球菌	革兰氏阳性球菌
枯草芽孢杆菌	革兰氏阳性杆菌
大肠杆菌	革兰氏阴性肠道菌

续表

试验菌株	所代表的微生物类型
草分枝杆菌	结核分枝杆菌
酿酒酵母	酵母状真菌
白假丝酵母	酵母状真菌
灰棕黄青霉	丝状真菌
黑曲霉	丝状真菌

实训器材

1. 菌种

大肠杆菌,金黄色葡萄球菌,枯草芽孢杆菌。

2. 培养基

豆芽汁葡萄糖琼脂培养基。

3. 溶液或试剂

青霉素溶液(80 万单位/mL),氨苄青霉素溶液(80 万单位/mL)。

4. 仪器或其他用具

无菌培养皿,无菌滤纸条,镊子,接种环等。

实训方法与步骤

(1) 将豆芽汁葡萄糖琼脂培养基熔化后冷却至 45 ℃,倒平板。

(2) 用镊子将无菌滤纸条分别浸入过滤除菌的青霉素溶液和氨苄青霉素溶液中润湿(无菌操作),并在容器内壁沥去多余溶液,再将滤纸条分别贴在两个已凝固的上述平板上。

注意:滤纸条形状要规则,滤纸条上含有的溶液量不要太多,而且在贴滤纸条时不要在培养基上拖动滤纸条,避免抗生素溶液在培养基中扩散时分布不均匀。

(3) 用接种环从滤纸条边缘分别垂直向外划直线接种大肠杆菌、金黄色葡萄球菌和枯草芽孢杆菌(无菌操作)。

注意:划线接种时要尽量靠近滤纸条,但不要接触,避免将滤纸条上的抗生素溶液与菌种混合。

(4) 将接种好的平板倒置于 37 ℃恒温箱保温 24 h,取出观察并记录三种细菌的生长状况。

实训报告

绘图表示说明青霉素和氨苄青霉素对大肠杆菌、金黄色葡萄球菌及枯草芽孢杆菌的抑菌效能,解释其原理。

拓展习题

习　题

1. 现代实训室中,培养厌氧菌的"三大件"是什么?

2. 试设计一表格比较"三大件"的特点。

3. 试述生产实践上微生物培养装置发展的几大趋势,并总结其中的一般规律。

4. 什么是典型生长曲线?它可分为几个时期?划分的依据是什么?

5. 延滞期有何特点?如何缩短延滞期?

6. 对数期有何特点?处于此期的微生物有何应用?

7. 稳定期为何会到来?有何特点?

8. 什么是连续培养?有何优点?为何连续时间是有限的?

9. 说明测定微生物生长的意义、微生物生长测定方法的原理,并比较各测定方法的优缺点。

10. 试分析影响微生物生长的主要因素及它们影响微生物生长繁殖的机理。

11. 试列表比较灭菌、消毒、防腐和化疗的异同,并各举若干实例。

12. 某细菌肥料是由相关的不同微生物组成的一个菌群并通过混合培养得到的,活菌数的多少是质量好坏的重要指标之一,但在质量检查中有时数据相差很大。试分析产生这种现象的原因及如何克服。

13. 抗生素对微生物的作用机制分几类?试各举一例。

学习情境五

微生物的代谢及调控技术

新陈代谢贯穿于生命活动的始终。微生物总是不停地从外界环境吸收适当的营养物质，同时，又把衰老的细胞物质和从外界吸收的营养物质进行分解变成简单物质，在这些过程中伴随着能量的代谢。微生物自身有一套准确的代谢调节系统，以保证复杂的代谢过程有条不紊地进行。

项目一　微生物的代谢原理分析

微生物代谢是指微生物吸收营养物质维持生命和增殖并降解基质的一系列化学反应过程，包括分解代谢(catabolism)和合成代谢(anabolism)。分解代谢中，有机物在分解代谢酶系的作用下发生氧化和酶降解过程，使结构复杂的大分子降解，产生简单的分子；合成代谢中，微生物在合成代谢酶系的催化下，利用营养物及分解代谢中释放的能量，合成复杂的大分子化合物。正是这种关系，使分解代谢和合成代谢之间有着极其密切的联系，两者相互对立而又统一，在生物体内偶联着进行，使生命繁衍不息。

任务一　微生物的能量代谢原理

微生物的生命活动属于耗能反应，能量代谢的关键是将外界环境中多种形式的最初能源转换成一切生命活动都通用的能源——三磷酸腺苷(ATP)。自然界中的能量以多种形式存在，但生物只能利用光能或化学能，而光能也必须在一定的生物体(光合生物)内转化成化学能后才能被生物利用。因此，生成 ATP 的过程需要光能或化学能。

一、微生物的分解代谢(底物脱氢途径)

微生物主要是通过生物氧化而获得能量。生物氧化就是指细胞内一切代谢物所进行的氧化作用，它们在氧化过程中能产生大量的能量，分段释放，并以高能磷酸键形式储藏

在 ATP 分子内,供需要时用。

生物氧化的过程可分为脱氢(或电子)、递氢(或电子)和受氢(或电子)三个阶段(图 5-1),生物氧化的功能有产能(ATP)、产生还原力[H]和产小分子中间代谢物三种。下面以葡萄糖作为典型的生物氧化底物,介绍底物脱氢的四条途径,每条途径既有脱氢、产能的功能,又有产生多种形式小分子中间代谢物的功能。

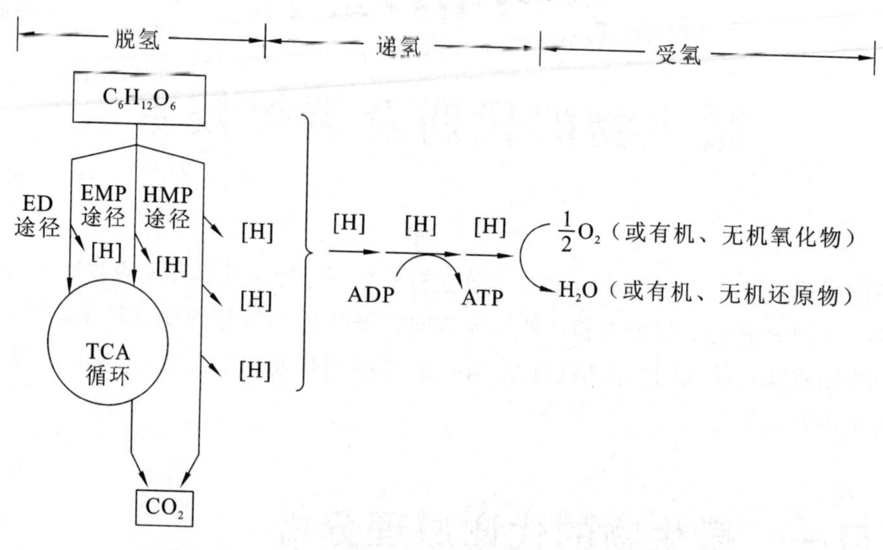

图 5-1　底物脱氢的途径及其与递氢、受氢阶段的联系

1. EMP 途径(Embden-Meyerhof-Parnas pathway)

EMP 途径(图 5-2)又称已糖双磷酸降解途径或糖酵解途径,是指在无氧条件下,酶将葡萄糖降解成丙酮酸并释放少量能量的过程,发生在细胞质基质。

EMP 途径大致可以分为两个阶段。第一阶段,葡萄糖分子经转化成 1,6-二磷酸果糖后,在醛缩酶的催化下,裂解成两个三碳化合物的中间代谢产物,即磷酸二羟丙酮和 3-磷酸甘油醛。第二阶段,3-磷酸甘油醛被进一步氧化,释放能量合成 ATP,同时生成 2 分子丙酮酸。

也就是说,1 分子葡萄糖可降解成 2 分子 3-磷酸甘油醛,并消耗 2 分子 ATP。2 分子 3-磷酸甘油醛被氧化生成 2 分子丙酮酸、2 分子 NADH 和 4 分子 ATP。

总反应式为

$$C_6H_{12}O_6+2NAD^++2ADP+2Pi\longrightarrow 2CH_3COCOOH+2ATP+2NADH+2H^++2H_2O$$

EMP 途径的关键酶是磷酸己糖激酶和果糖二磷酸醛缩酶。该途径开始时消耗 ATP,后来又产生 ATP,总计起来,每分子葡萄糖通过 EMP 途径净合成 2 分子 ATP,产能水平较低。

EMP 途径是生物体内 6-磷酸葡萄糖转变为丙酮酸的最普遍的反应过程,许多微生物都具有 EMP 途径。但 EMP 途径往往和 HMP 途径同时存在于同一种微生物中。以 EMP 途径作为唯一降解途径的微生物极少,只有在含有牛肉汁酵母膏复杂培养基上生长的同型乳酸细菌可以利用 EMP 途径作为唯一降解途径。EMP 途径的生理作用主要是为微生物代谢提供能量(ATP)、还原剂(NADH)及代谢的中间产物如丙酮酸等。

在 EMP 途径的反应过程中所生成的 NADH 不能积累,必须被重新氧化为 NAD^+ 后,才能保证继续不断地推动全部反应的进行。NADH 重新氧化的方式因不同的微生物和不同的条件而异。厌氧微生物及兼性厌氧微生物在无氧条件下,NADH 的受氢体可以是丙酮酸,如乳酸细菌所进行的乳酸发酵,也可以是丙酮酸的降解产物——乙醛,如酵母的酒精发酵等。好氧微生物和在有氧条件下的兼性厌氧微生物经 EMP 途径产生的丙酮酸进一步通过三羧酸循环,被彻底氧化,生成 CO_2,氧化过程中脱下的氢和电子经电子传递链生成 H_2O 和大量 ATP。

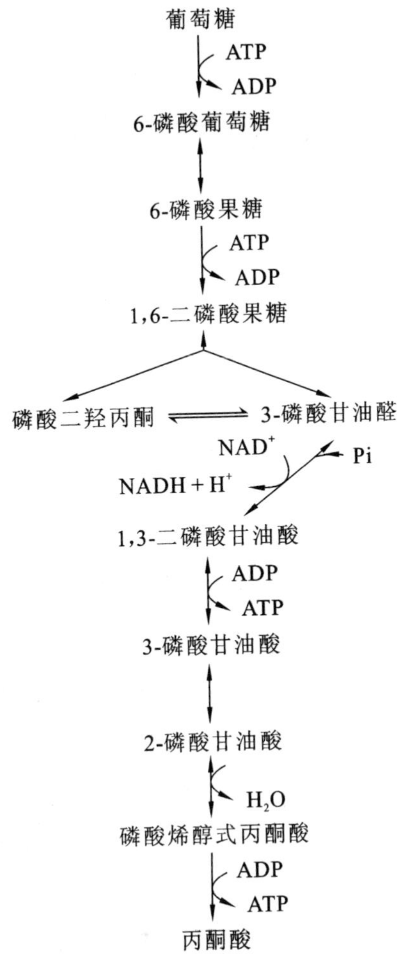

图 5-2 EMP 途径的反应过程

2. HMP 途径(Hexose-Monophosphate pathway)

HMP 途径也称己糖单磷酸降解途径或磷酸戊糖循环。这个途径的特点是当葡萄糖经一次磷酸化脱氢生成 6-磷酸葡萄糖酸后,在 6-磷酸葡萄糖酸脱氢酶作用下,再次脱氢降解为 1 分子 CO_2 和 1 分子 5-磷酸核酮糖。5-磷酸核酮糖的进一步代谢较复杂,可发生异构化生成 5-磷酸核糖和 5-磷酸木酮糖,再经转酮酶和转醛酶作用生成 3-磷酸甘油醛。反应步骤详见图 5-3。

(1) HMP 途径的反应简式。

HMP 途径的反应简式如图 5-4 所示。

(2) HMP 途径的关键步骤有三个。

① 葡萄糖⟶6-磷酸葡萄糖酸

② 6- 磷酸葡萄糖酸⟶5- 磷酸核酮糖⟶5- 磷酸木酮糖

└⟶5- 磷酸核糖⟶参与核酸生成

③ 5-磷酸核酮糖⟶6-磷酸果糖＋3-磷酸甘油醛(进入 EMP 途径)

(3) HMP 途径的总反应式。

6(6-磷酸葡萄糖)＋12$NADP^+$＋7H_2O⟶5(6-磷酸葡萄糖)＋12NADPH＋12H^+＋6CO_2＋Pi

(4) HMP 途径在微生物生命活动中有着极其重要的意义。

① 为核苷酸和核酸的生物合成提供磷酸戊糖。

② 产生大量的 NADPH,一方面参与脂肪酸、固醇等细胞物质的合成,另一方面可通过呼吸链产生大量的能量,这些都是 EMP 途径和 TCA 循环无法完成的。

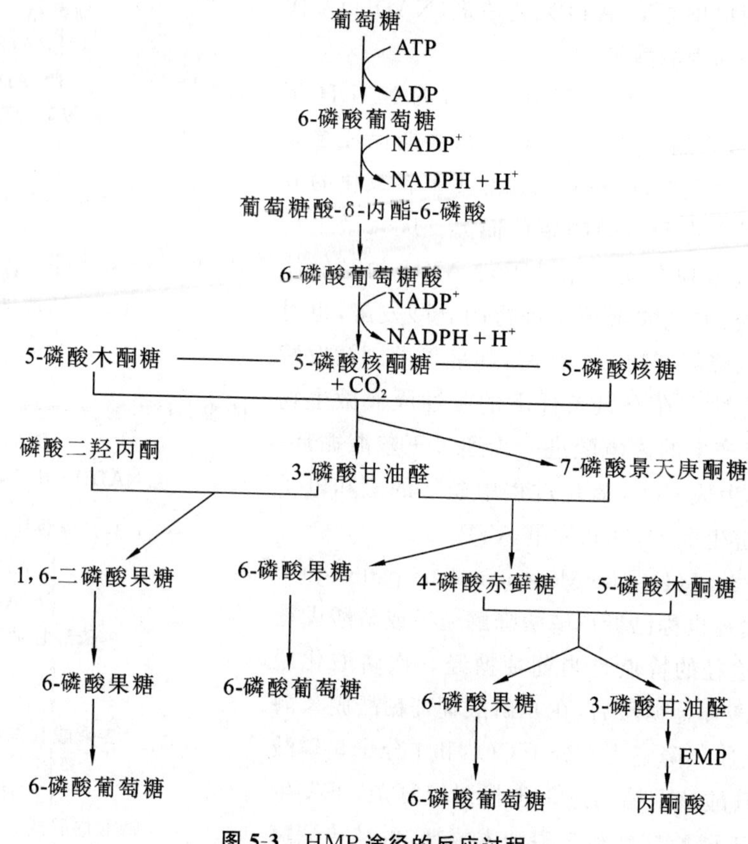

图 5-3　HMP 途径的反应过程

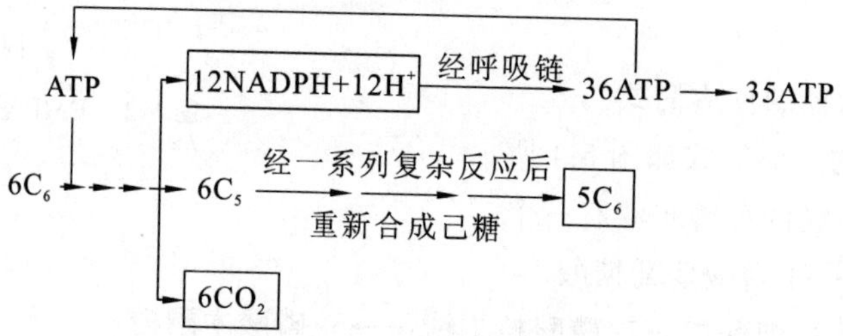

ATP
12NADPH+12H+　经呼吸链　36ATP → 35ATP
$6C_6$ → $6C_5$　经一系列复杂反应后 重新合成己糖 → $5C_6$
$6CO_2$

图 5-4　HMP 途径的反应简式

③ 反应中的四碳糖(赤藓糖)可用于芳香族氨基酸的合成,如苯丙氨酸、酪氨酸、色氨酸和组氨酸等。

④ 在反应中存在 3～7 碳糖,使具有该途径的微生物的碳源谱更广泛。

⑤ 通过该途径可产生许多发酵产物,如核苷酸、氨基酸、辅酶、乳酸等。

总而言之,HMP 途径的特点表现在:(a)不经 EMP 途径和 TCA 循环而得到彻底氧化,无 ATP 生成;(b)产生大量的 NADPH;(c)产生重要的中间物(5-磷酸核糖、4-磷酸赤藓糖);(d)单独 HMP 途径较少,一般与 EMP 途径同存;(e)HMP 途径是戊糖代谢的主要途径。

3. ED 途径(Entner-Doudoroff pathway)

ED 途径是 Entner 和 Doudoroff 在研究嗜糖假单胞菌(*Pseudomonas saccharophila*)时发现的。

在这一途径中,6-磷酸葡萄糖先脱氢产生 6-磷酸葡萄糖酸,后在脱水酶和醛缩酶的作用下,生成 1 分子 3-磷酸甘油醛和 1 分子丙酮酸。3-磷酸甘油醛随后进入 EMP 途径转变成丙酮酸。1 分子葡萄糖经 ED 途径最后产生 2 分子丙酮酸,并净得各 1 分子的 ATP、NADPH 和 NADH。ED 途径见图 5-5。

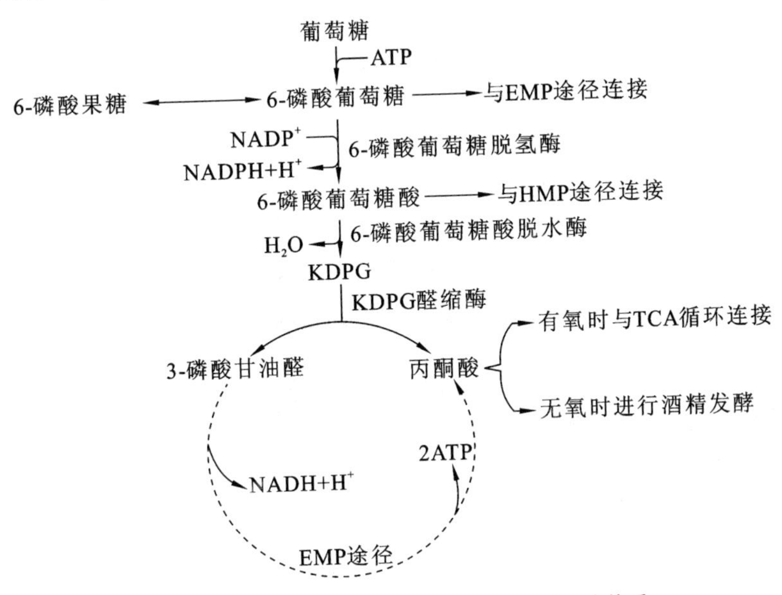

图 5-5　ED 途径及其与 EMP、HMP、TCA 的关系

ED 途径的特点如下。

(1) 2-酮-3-脱氧-6-磷酸葡萄糖酸(KDPG)裂解为丙酮酸和 3-磷酸甘油醛是有别于其他途径的特征反应。

(2) 2-酮-3-脱氧-6-磷酸葡萄糖酸醛缩酶是 ED 途径特有的酶。

(3) ED 途径中最终产物,即 2 分子丙酮酸,其来历不同。1 分子由 2-酮-3-脱氧-6-磷酸葡萄糖酸直接裂解产生,另 1 分子由 3-磷酸甘油醛经 EMP 途径获得。这 2 个丙酮酸的羧基分别来自葡萄糖分子的第 1 位与第 4 位碳原子。

(4) 1 mol 葡萄糖经 ED 途径只产生 1 mol ATP,从产能效率而言,ED 途径不如 EMP 途径。

4. PK 途径(phosphoketolase pathway)

在微生物降解己糖的过程中,除了 EMP、HMP 和 ED 途径外,还有一条途径即磷酸解酮酶途径(phosphoketolase pathway),为少数细菌所独有。磷酸解酮酶有两种:一种是磷酸戊糖解酮酶,一种是磷酸己糖解酮酶。有些异型乳酸发酵的微生物,如明串珠菌属(*Leuconostoc*)中的肠膜明串球菌(*Leuconostoc mesenteulides*)和乳杆菌属(*Lactobacillus*)中的短乳酸杆菌(*Lactobacillus brevie*)、甘露乳酸杆菌(*Lactobacillus manitopoeum*)等,由于没有转酮-转醛酶系,只具有磷酸戊糖解酮酶,因此就不能通过 HMP 途径进行异型乳酸发酵,而是通过磷酸戊糖解酮酶途径进行的,反应途径见图 5-6。

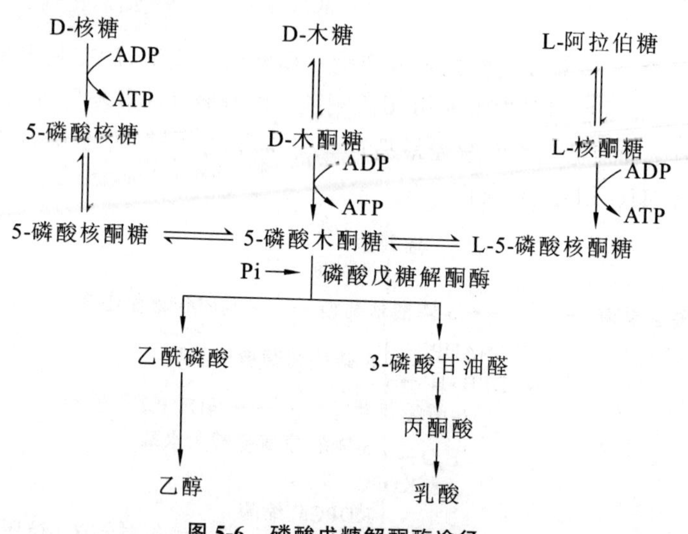

图 5-6 磷酸戊糖解酮酶途径

这个途径的特点是降解 1 分子葡萄糖只产生 1 分子 ATP,相当于 EMP 途径的一半,另一特点是几乎产生等量的乳酸、乙醇和 CO_2。总反应式为

$$C_6H_{12}O_6+ADP+Pi \longrightarrow CH_3CHOHCOOH+CH_3CH_2OH+CO_2+ATP$$

磷酸戊糖解酮酶途径的关键酶系是磷酸木酮糖解酮酶,它催化 5-磷酸木酮糖裂解为 3-磷酸甘油醛和乙酰磷酸的反应。

二、微生物的呼吸类型

在物质与能量代谢中底物降解释放出的高位能电子,通过呼吸链(也称电子传递链)最终传递给外源电子受体 O_2 或氧化型化合物,从而生成 H_2O 或还原型产物并释放能量的过程,称为呼吸或呼吸作用(respiration)。在呼吸过程中通过氧化磷酸化合成 ATP。呼吸与氧化磷酸化是微生物特别是好氧微生物产能代谢中形成 ATP 的主要途径。在呼吸作用中,NAD、NADP、FAD 和 FMN 等电子载体是呼吸链电子传递的参与者。因此,它们在呼吸产能代谢中发挥着重要的作用。

呼吸又可根据在呼吸链末端接受电子的是氧还是氧以外的氧化型物质分为有氧呼吸与无氧呼吸两种类型。以分子氧作为最终电子受体的称为有氧呼吸(aerobic respiration),而以氧以外的外源氧化型化合物作为最终电子受体的称为无氧呼吸(anaerobic respiration)。

1. 有氧呼吸

微生物的有氧呼吸过程与真核生物相同,只是细菌呼吸链在细胞膜上进行,而真核生物的呼吸链在线粒体上进行。

葡萄糖通过好氧呼吸完全氧化生成 CO_2 和水的过程除糖酵解作用外,还有三羧酸循环(tricarboxylic acid cycle,图 5-7)与电子传递链两部分的化学反应,前者使丙酮酸彻底氧化成 CO_2,后者使脱下的电子交给分子氧生成水并伴随有 ATP 生成。有氧呼吸的最

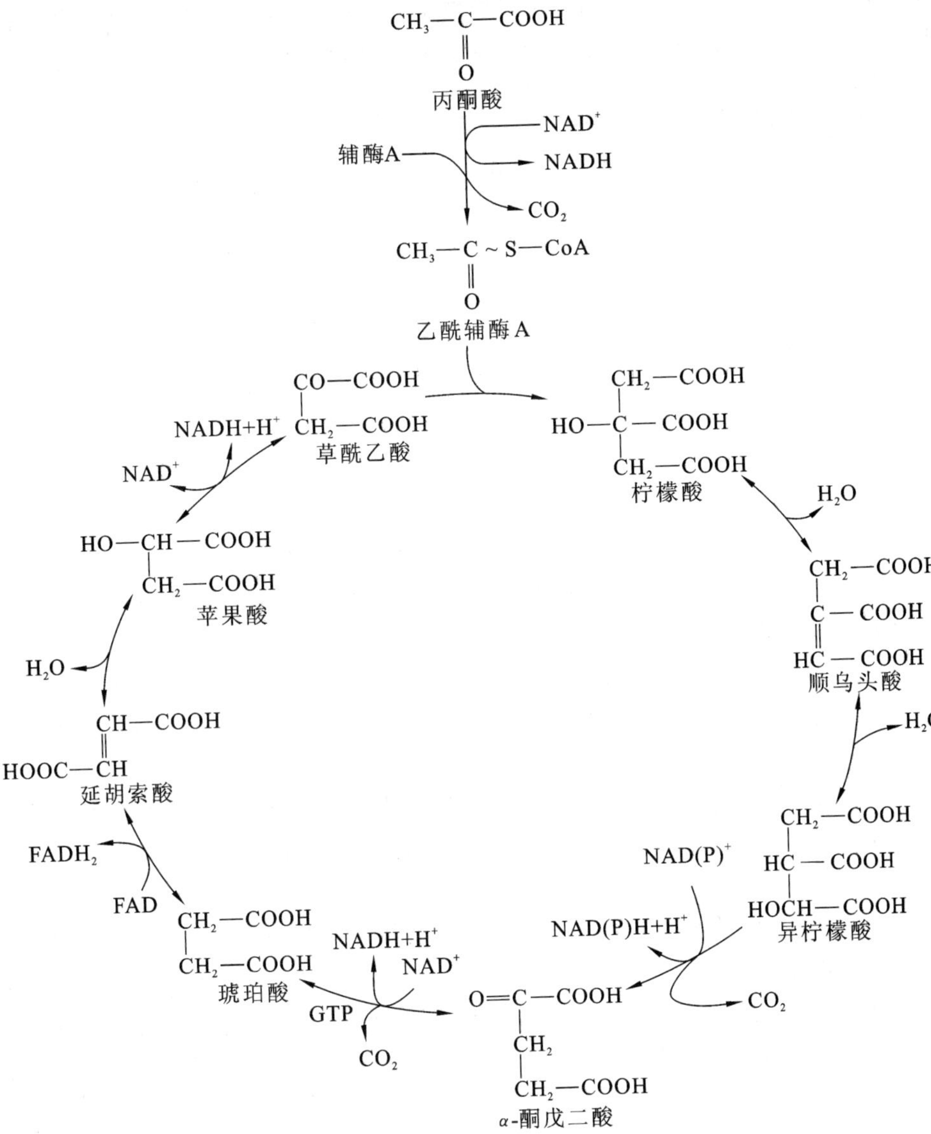

图 5-7　三羧酸(TCA)循环

终产物是 CO_2 和 H_2O，同时释放大量能量。反应式为

$$C_6H_{12}O_6 + 6O_2 \longrightarrow 6CO_2 + 6H_2O$$

对于每个经三羧酸循环而被氧化的丙酮酸分子来讲，在整个氧化过程中共释放出 3 分子的 CO_2，同时生成 4 分子的 NADH 和 1 分子的 $FADH_2$。

也有少数微生物在有氧的情况下使有机物的氧化不彻底，氧化最终产物不是 CO_2 和 H_2O，而是较少的有机物。如醋酸杆菌，在缓慢的三羧酸循环过程中，有氧呼吸时大量积累醋酸，这种氧化称为不完全氧化，由酒变醋也是不完全氧化。

2. 无氧呼吸

某些厌氧和兼性厌氧微生物在无氧条件下进行无氧呼吸。无氧呼吸的最终电子受体不是氧,而是无机物。能作为无氧呼吸最终电子受体的无机物有硝酸盐、碳酸盐、硫酸盐,这些无机盐接受电子后被还原,但由于部分能量在充分释放之前就随电子传递给了最终电子受体,故产生的能量比有氧呼吸少。

(1) 硝酸盐还原(反硝化作用)。

微生物的硝酸盐还原有同化型和异化型两种方式。N_2O 的作用称为异化型硝酸盐还原,又称为反硝化作用。

硝酸盐还原可将土壤肥力降低一半,造成土壤中氮素的损失,对农业生产不利,但对大气整体氮素循环是有利的。能够进行异化型硝酸盐还原的微生物并不多。

(2) 硫酸盐还原(反硫化作用)。

有些硫酸盐还原菌如脱硫弧菌,以有机物为氧化基质(H_2或有机物,大部分不能利用葡萄糖)可以使硫酸盐还原成 H_2S。乳酸常被脱硫弧菌氧化成乙酸,并脱下 8 个氢,使硫酸盐还原为 H_2S,同时通过电子传递磷酸化生成 ATP。反应式为

$$2\,\text{乳酸}+2H_2O \longrightarrow 2\,\text{乙酸}+2CO_2+8[H]$$

$$SO_4^{2-}+8[H] \longrightarrow 4H_2O+S^{2-}$$

硫酸盐还原菌多生活在稻田等处。这些地方硫酸盐被其还原菌还原,导致 H_2S 含量过高,会造成水稻烂秧。

(3) 碳酸盐还原(甲烷生成作用)。

产甲烷菌能在氢等物质的氧化过程中将 CO_2 还原成甲烷,这就是碳酸盐还原,又称为甲烷生成作用。

产甲烷菌的分布很广,江河湖底、淤泥中、沼泽地及动物消化道中都有很多产甲烷菌。产甲烷菌以 H_2 为电子供体,以 CO_2 为电子受体和碳素为来源合成甲烷——沼气,还有些产甲烷菌能以甲酸、乙酸、甲醇为碳源合成甲烷。

许多产甲烷菌能利用 CO_2 和 H_2 生长,这点类似于自养型细菌。也有将产甲烷菌归属为自养型微生物的。

在以 CO_2 和 H_2 为原料合成甲烷的过程中,辅酶 M 起着重要作用。辅酶 M 先与 CO_2 结合,再逐步被还原,最后生成甲烷和辅酶 M。产甲烷菌电子传递的方式和产能方式的具体细节目前还没有完全弄清楚。

任务二　微生物次级代谢原理与次级代谢产物的利用

微生物从外界吸收各种营养物质,通过分解代谢和合成代谢,生成维持生命活动所必需的物质和能量的过程,称为初级代谢。

不同的微生物可产生不同的初级代谢产物,例如某些青霉、芽孢杆菌和黑曲霉在一定的条件下可以分别合成青霉素、杆菌肽和柠檬酸等次级代谢产物。

相同的微生物在不同条件下产生不同的初级代谢产物,例如用于青霉菌的两种培养基:Raulin 培养基(葡萄糖 5%,酒石酸 0.27%,酒石酸铵 0.27%,磷酸氢二铵 0.04%,硫酸镁 0.027%,硫酸铵 0.017%,硫酸锌 0.005%,硫酸亚铁 0.005%);Czapek Dox 培养基(葡萄糖 5%,硝酸钠 0.2%,磷酸氢二钾 0.1%,氯化钾 0.05%,硫酸镁 0.05%,硫酸亚铁

0.001%）。

① 灰黄青霉在 Czapek Dox 培养基上培养时可以合成灰黄霉素，在 Raulin 培养基上培养时则合成褐菌素。

② 产黄青霉在 Raulin 培养基中培养时可以合成青霉酸，但在 Czapek Dox 培养基中培养则不产青霉酸。

③ 荨麻青霉（*Penicillium urticae*）在含有 0.5×10^{-8} mol/L 的锌离子的 Czapek Dox 培养基里培养时合成的主要次级代谢产物是 5-氨基水杨酸，在含 0.5×10^{-6} mol/L 的锌离子的 Czapek Dox 培养基里培养时不合成 5-氨基水杨酸，但可以合成大量的龙胆醇、甲基醌醇和棒曲霉素。

次级代谢是某些生物为了避免在初级代谢过程中某种中间产物积累所造成的不利作用而产生的一类有利于生存的代谢类型。因此，可以认为次级代谢是某些生物在一定条件下通过突变获得的一种适应生存的方式。

通过次级代谢合成的产物通常称为次级代谢产物，次级代谢产物大多是分子结构比较复杂的化合物。根据其作用，次级代谢产物可分为抗生素、激素、生物碱、毒素及维生素等类型。

次级代谢只存在于某些生物（如植物和某些微生物）中，并且代谢途径和代谢产物因物种不同而不同，同物种也会由于培养条件不同而产生不同的次级代谢产物。

次级代谢产物虽然也是从少数几种初级代谢过程中产生的中间体或代谢产物衍生而来，但它的骨架碳原子的数量和排列上的微小变化如氧、氮、氯、硫等元素的加入，或在产物氧化水平上的微小变化，都可以导致产生各种各样的次级代谢产物，并且每种类型的次级代谢产物往往是一群化学结构非常相似的不同成分的混合物。例如，目前已知的新霉素有 4 种，杆菌肽、多黏菌素分别有 10 多种，而放线菌素有 20 多种等。

初级代谢产物和次级代谢产物对产生者自身的重要性不同。初级代谢产物如单糖或单糖衍生物、核苷酸、脂肪酸等单体，以及由它们组成的各种大分子聚合物如蛋白质、核酸、多糖、脂类等，通常都是机体生存必不可少的物质，如果在这些物质的合成过程的某个环节上发生障碍，轻则引起生长停止，重则导致机体发生突变或死亡。次级代谢产物对于产生者本身来说，不是机体生存所必需的物质，即使在次级代谢的某个环节上发生障碍，也不会导致机体生长的停止或死亡，至多只是影响机体合成某种次级代谢产物的能力。

也有人把超出生理需求的过量初级代谢产物看作次级代谢产物。次级代谢产物通常都分泌到胞外，有些与机体的分化有一定的关系，并在同其他生物的生存竞争中起着重要的作用。

初级代谢产物和次级代谢产物同微生物生长过程的关系明显不同。初级代谢自始至终存在于一切生活的机体中，同机体的生长过程呈平行关系。次级代谢则是在机体生长的一定时期内（通常是微生物的对数期末期或稳定期）产生的，它与机体的生长不呈平行关系，一般可明显地表现为机体的生长期和次级代谢产物形成期两个不同的时期。

初级代谢产物和次级代谢产物在对环境条件变化的敏感性或遗传稳定性上明显不同。初级代谢产物对环境条件的变化敏感性小（遗传稳定性大），而次级代谢产物对环境条件变化很敏感，其产物的合成往往因环境条件变化而停止。

相对来说，催化初级代谢产物合成的酶专一性强，催化次级代谢产物合成的某些酶专

一性不强,因此在某种次级代谢产物合成的培养基中加入不同的前体物质时,往往可以导致机体合成不同类型的次级代谢产物。另外,催化次级代谢产物合成的酶往往是一些诱导酶,它们是在产生菌对数末期或稳定期内,由于某种中间代谢产物积累而诱导机体合成的一种能催化次级代谢产物合成的酶,这些酶通常因环境条件变化而不能合成。

初级代谢与次级代谢是某些机体内存在的两种既有联系又有区别的代谢类型。初级代谢是次级代谢的基础,它可以为次级代谢产物合成提供前体物质和所需要的能量,初级代谢产物合成中的关键性中间体也是次级代谢产物合成中的重要中间体物质;次级代谢则是初级代谢在特定条件下的继续与发展,避免初级代谢过程中某种(或某些)中间体或产物过量积累对机体产生的毒害作用。

阅读材料

微生物独特合成代谢途径举例

微生物特有的合成代谢类型有很多,例如生物固氮,各种结构大分子、细胞储藏物和很多次级代谢产物的生物合成等。以下选取其中的生物固氮和细菌细胞壁肽聚糖的生物合成作简单介绍。

拓展阅读材料

一、生物固氮

所有的生命都需要氮,氮的最终来源是无机氮。尽管大气中氮气占了约78%,但所有的动、植物以及大多数微生物都不能利用分子态氮作为氮源。目前,仅发现一些特殊类群的原核生物能够将分子态氮还原为氨,然后由氨转化为各种细胞物质。微生物将氮还原为氨的过程称为生物固氮。

1. 固氮微生物

具有固氮作用的微生物有近50属100种,包括细菌、放线菌和蓝细菌。目前尚未发现真核微生物具有固氮作用。根据固氮微生物与高等植物以及其他生物的关系,可以把它们分为三大类:自生固氮体系、共生固氮体系和联合固氮体系。好氧自生固氮菌以固氮菌属较为重要,固氮能力较强。厌氧自生固氮菌以巴氏固氮梭菌较为重要,但其固氮能力较弱。共生固氮菌中最为人们所熟知的是根瘤菌,它与其所共生的豆科植物有严格的种属特异性。此外,弗兰克氏菌能与非豆科植物共生固氮。联合固氮的固氮菌有雀稗固氮菌、产脂固氮螺菌等,它们在某些作物的根系黏膜鞘内生长发育,并把所固定的氮供给植物,但并不形成类似根瘤的共生结构。

2. 固氮的生化机制

要进行生物固氮需要具备以下六个要素。

(1) ATP的供应。

每固定1 mol氮大约需要21 mol ATP,这些能量来自氧化磷酸化或光合磷酸化。

(2) 还原力[H]及其载体。

在体内进行固氮时还需要一些特殊的电子传递体,其中主要是铁氧还蛋白和以FMN作为辅基的黄素氧还蛋白。铁氧还蛋白和黄素氧还蛋白的电子供体来自 NADPH，受体是固氮酶。

(3) 固氮酶。

固氮酶的结构比较复杂，由铁蛋白和钼铁蛋白两个组分组成。

(4) 镁离子。

生物固氮时镁离子的作用不容忽视。

(5) 严格的厌氧微环境。

严格的厌氧微环境是生物固氮顺利进行的保证。

(6) 还原底物 N_2（有 NH_3 存在时会抑制固氮作用）。

$$N_2+6e^-+6H^++12ATP \longrightarrow 2NH_3+12ADP+12Pi$$

固氮酶除能催化 $N_2 \longrightarrow NH_3$ 外，还具有催化 $2H^+ \longrightarrow H_2$ 反应的氢酶活性。当固氮菌生活在缺 N_2 条件下时，其固氮酶可将 H^+ 全部还原成 H_2；在有 N_2 条件下，固氮酶也总是用 75% 的还原力[H]去还原 N_2，而把另外 25% 的[H]以形成 H_2 的方式浪费了。但在大多数的固氮菌中还含有另一种经典的氢酶，它能将被固氮酶浪费的分子氢重新激活，以回收一部分还原力[H]和 ATP。

二、肽聚糖的合成

肽聚糖是绝大多数原核生物细胞壁所含有的独特成分，它在细菌的生命活动中有着重要的功能，是许多重要抗生素作用的物质基础。

整个肽聚糖合成过程的步骤极多，各类细菌合成肽聚糖的过程基本相同，根据反应发生的地点可划分为三个阶段：在细胞质中的合成；在细胞膜中的合成；在细胞膜外的合成。如图 5-8 所示，其中 G 为葡萄糖，Ⓖ为 N-乙酰葡萄糖胺，M（方框）为 N-乙酰胞壁酸，“Park”核苷酸即 UDP-N-乙酰胞壁酸五肽。

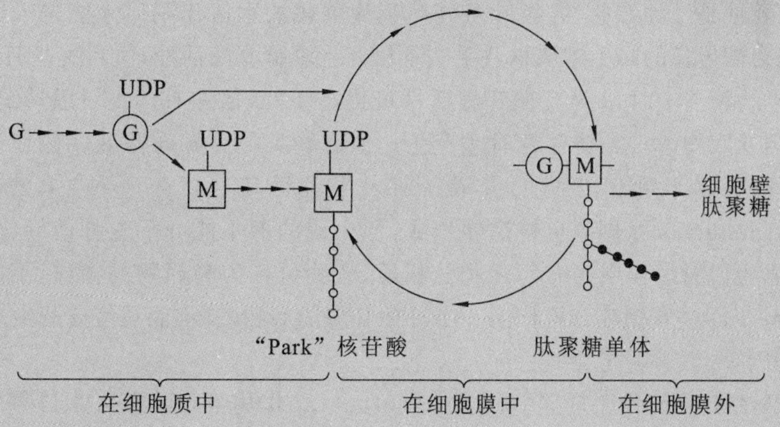

图 5-8 肽聚糖合成的三个阶段及其主要中间代谢物

项目二　微生物的代谢调控原理与应用

为适应环境因子的变化，也为协调各种代谢途径之间的关系，微生物发展了多种调节机制。因为代谢作用是细胞生长的基础，是在酶的催化下进行的，所以代谢调节作用主要是调节酶的合成和酶的活力。

任务一　酶合成的调节原理

酶合成的调节是通过酶量的变化来控制代谢速率的，这是基因表达水平上的调节，有诱导和阻遏两种方式，前者诱导酶的合成，后者阻止酶的合成。

一、酶合成的诱导

1. 组成酶和诱导酶

组成酶(constitutive enzymes)经常存在于细胞内，不依赖于底物，如发酵葡萄糖的酶。诱导酶(inducible enzymes)的合成依赖于底物或底物结构类似物。诱使诱导酶合成的物质称为诱导剂，诱导酶只在有诱导剂时才生成。酶诱导生成的调节使微生物在需要时才合成某些酶，不需要时便不合成，这样就避免了能量和代谢物的浪费。

2. 诱导酶底物和底物类似物

在大多数情况下，诱导酶的底物就是有效的诱导剂，但诱导剂不一定是诱导酶的底物。例如，乳糖是一种二糖，需经β-半乳糖苷酶催化的水解作用后才能进入己糖降解途径，利用葡萄糖生长的野生型菌株几乎测不出β-半乳糖苷酶活性，但当这些菌株生长在乳糖或其他半乳糖苷上时，β-半乳糖苷酶活性可提高1000倍左右。在一般情况下，该酶只有在它的诱导底物——乳糖存在时才产生。但底物类似物异丙基-β-D-硫代半乳糖硫苷(IPTG)可诱导β-半乳糖苷酶的合成。加入半乳糖硫苷产生一种“无偿诱导”作用(gratuitous induction)，即酶可被诱导生成，但生成的酶不能分解这种诱导物，也不能使该诱导物成为代谢过程中的有用之物。相反，有些可作为酶底物的物质，不能诱使酶生成。如苯基-β-D-半乳糖硫苷可作为β-半乳糖苷酶的底物，却不能诱使此酶生成。

3. 顺序诱导和协同诱导

底物A在其降解代谢过程中，在酶 a_1、a_2、a_3、a_4 作用下，经历B、C、D等中间代谢产物时，出现酶的诱导作用，有以下几种理论上的可能途径。

(1) 酶的合成依次出现顺序诱导。

诱导剂诱导生成第一种酶，此酶催化的反应产物又诱导生成第二种酶，第二种酶的产物又诱导生成第三种酶……此谓顺序诱导(或链式诱导)。

(2) 所有参与代谢的酶协同诱导。

此即底物 A 诱导 a_1 至 a_4 所有的酶。

(3) 连续反应中每一种酶(a_1、a_2、a_3)都是协同诱导,产物 D 诱导后面反应中的酶 a_4 的合成。

顺序诱导作用必须在前面的反应产物达到一定浓度时才能诱导下一种酶的合成,因此底物转化和细胞生长的速度均很慢。显然,底物降解代谢过程中所有酶的协同合成对细胞是有利的,因为这使细胞在该底物存在时能迅速进行代谢。

二、酶合成的阻遏

酶合成的阻遏与酶合成的诱导相反,是指同时有两种分解底物存在时,利用快的那种底物会阻遏利用慢的底物的有关酶的合成。如果这种化合物是某一合成途径的终点产物,则称为终点产物阻遏或反馈阻遏;若这种化合物是分解代谢途径中的产物,则称为分解代谢物阻遏。

所有可迅速代谢的碳源都阻遏分解另一被缓慢利用的碳源所需酶的形成,故称这一现象为分解代谢物的阻遏作用。酶的生成往往被易分解利用的碳源(如葡萄糖)所阻遏(葡萄糖效应)。当环境中有几种底物存在时,微生物往往首先利用常用底物,其他底物的利用被抑制。如葡萄糖与乳糖同时存在时,大肠杆菌首先通过组成酶来利用葡萄糖,此时乳糖不减少。当葡萄糖被耗尽后,细胞再产生利用乳糖的诱导酶以利用乳糖,因而出现二次生长现象(生长第二峰)。在第二次生长开始前有停滞现象,此时诱导生成利用乳糖的酶,这就是所谓的葡萄糖效应。这种现象普遍存在于许多代谢途径中(包括分解途径与合成途径),被阻遏的酶可以是诱导酶,也可以是组成酶,但在大多数情况下是诱导酶,加入有效的诱导剂常可解除这种阻遏。如产气杆菌的组氨酸裂解酶可将组氨酸分解成为 α-酮戊二酸和氨,而葡萄糖也可降解成 α-酮戊二酸,故能阻止组氨酸裂解酶的生成。如果某种酶的作用产物没有和葡萄糖(或其他快速利用的碳源)分解的中间产物相同的物质,便不会发生葡萄糖效应。

末端(终点)产物阻遏作用主要发生在合成代谢途径中。一个生物合成途径的终点产物,往往同时阻止涉及此合成途径中所有酶的生成。如甲硫氨酸可同时阻遏大肠杆菌由高丝氨酸合成甲硫氨酸的三种酶的生成。又如鼠伤寒沙门氏菌(*Salmonella typhimurium*)合成组氨酸需要十种酶,这十种酶的生成都同时被组氨酸所阻遏。微生物具有终点产物阻遏的调节系统,使微生物在已合成足够自身需要的物质时或由外源加入该物质时,就停止生成与其合成有关的酶类,而当该物质缺乏时又开始生成这些酶,由此节约了大量的能量和原料。

三、酶合成的调节机制——操纵子学说

1. 乳糖操纵子的诱导机制

大肠杆菌乳糖操纵子(lac)由 *lac* 启动基因,*lac* 操纵基因和 *Z*、*Y*、*A* 三个结构基因组成。结构基因 *Z*、*Y*、*A* 分别编码 β-半乳糖苷酶、渗透酶和转乙酰基酶。在缺乏乳糖等诱导物时,由调节基因产生的大量阻遏蛋白与操纵基因结合,抑制结构基因上转录的进行。

当有诱导物乳糖存在时,乳糖与阻遏蛋白结合,后者发生构象变化,与操纵基因的亲和力降低,不能结合在操纵子上,操纵子的"开关"打开,转录、翻译即可顺利进行,从而合成大量诱导酶。这是负调节机制。乳糖操纵子的调节示意图如图 5-9 所示,其中,P 为启动基因,O 为操纵基因,Z、Y、A 为三个结构基因,R 为调节基因,T 为终止基因。

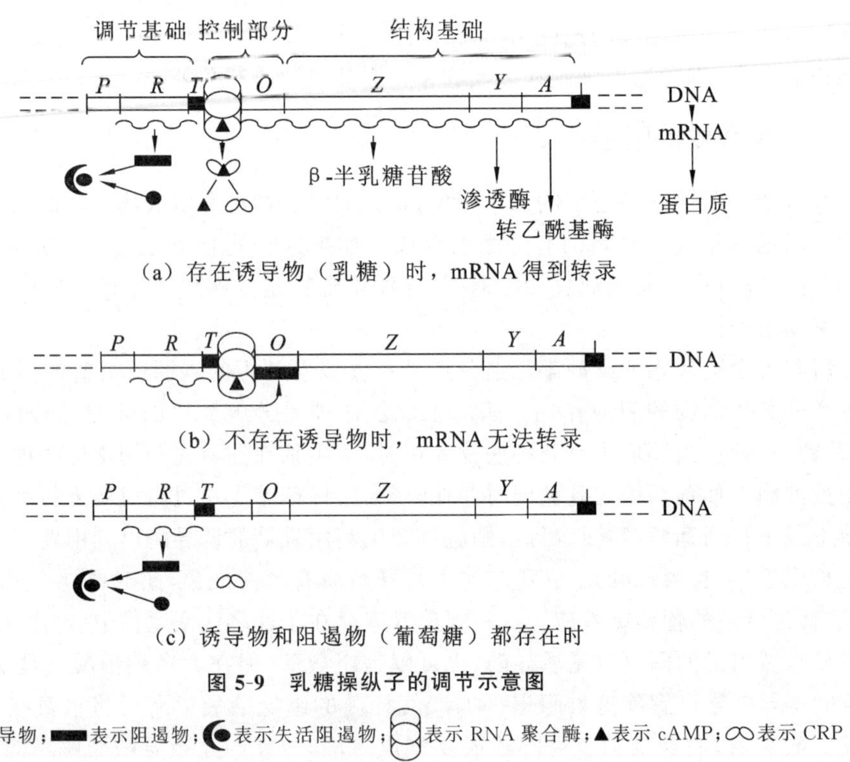

图 5-9 乳糖操纵子的调节示意图

●表示诱导物;▬表示阻遏物;表示失活阻遏物;表示 RNA 聚合酶;▲表示 cAMP;表示 CRP

若调节基因发生突变不能产生活跃的阻遏蛋白,或者操纵基因发生突变不能结合阻遏蛋白,则无论有无诱导物都可以合成酶,亦即成为固有酶(组成酶)的类型。

2. 乳糖操纵子的分解

代谢产物的阻遏机制发生在乳糖操纵子内,RNA 聚合酶不能自由地与启动基因结合,必须由两个化合物组合的复合物与启动基因结合后,RNA 聚合酶才能连接到 DNA 链上而开始转录。这两个化合物一个称为分解物活化蛋白(CAP)或环腺一磷受体蛋白(CRP),另一个称为环腺一磷(cAMP),cAMP 的合成需要 ATP 和腺苷酸环化酶。腺苷酸环化酶位于细胞膜上,它的作用需要磷酸组蛋白和酶Ⅱ(一群酶的总称,包括多种不同性质的特异性酶)参与。在葡萄糖的运输过程中也需要这两种蛋白,而这两种蛋白对葡萄糖的亲和力较大,因此,只要有葡萄糖存在,腺苷酸环化酶就无法得到这两种蛋白,于是 cAMP 就无法产生。

在大肠杆菌中,cAMP 一方面可由腺苷酸环化酶催化合成,另一方面也可由磷酸二酯酶催化分解。而这两种酶的浓度又受葡萄糖代谢的间接调节,因为葡萄糖分解产物可抑制腺苷酸环化酶的活力或促进磷酸二酯酶的活力。这样,葡萄糖浓度增加,cAMP 浓度相应降低。

由此可见，葡萄糖和乳糖同时存在时，利用乳糖的诱导酶被遏制。这是一种正调节机制（图 5-10）。

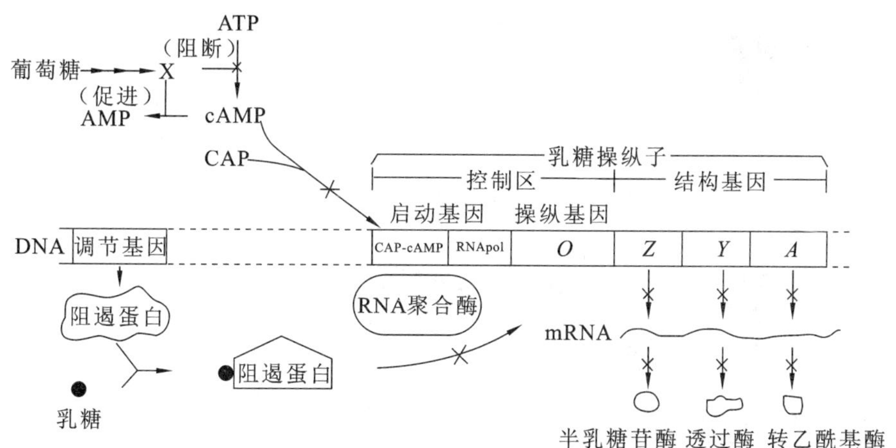

图 5-10　乳糖操纵子的分解代谢物阻遏机制模型

乳糖操纵子正、负控制系统的比较如表 5-1 所示。

表 5-1　乳糖操纵子正、负控制系统

比较项目	正控制系统	负控制系统
主要作用因子	CAP-cAMP	阻遏蛋白
转录	进行	抑制
作用位点	启动基因	操纵基因
消除作用的因子	葡萄糖	乳糖

3. 色氨酸操纵子的末端产物反馈阻遏机制

大肠杆菌色氨酸操纵子也是由调节基因、操纵基因和结构基因三部分组成的。结构基因上有 5 个基因，分别编码合成色氨酸途径中的 5 种酶。调节基因 *trpR* 与操纵基因不连锁，它编码的调节蛋白是一种无活性的阻遏物质，有终产物色氨酸时，以色氨酸酰-tRNA 的形式起辅助阻遏物的作用，与阻遏物原结合，改变其构型，成为呈活性状态的完全阻遏物，能结合到操纵基因上限制基因的转录而关闭操纵子，酶蛋白合成即终止。

当色氨酸浓度降低后，调节蛋白又恢复到无活性状态，转录又可正常进行，继续合成酶蛋白。所以，色氨酸操纵子的末端产物阻遏是一种正调节（图 5-11）。

末端产物虽能阻遏“新酶”的生成，却无法抑制原有酶的活性，因此末端产物还能继续被合成，造成浪费现象。微生物具有另一套快速抑制末端产物合成的作用——末端产物抑制作用，以调节酶的活性。

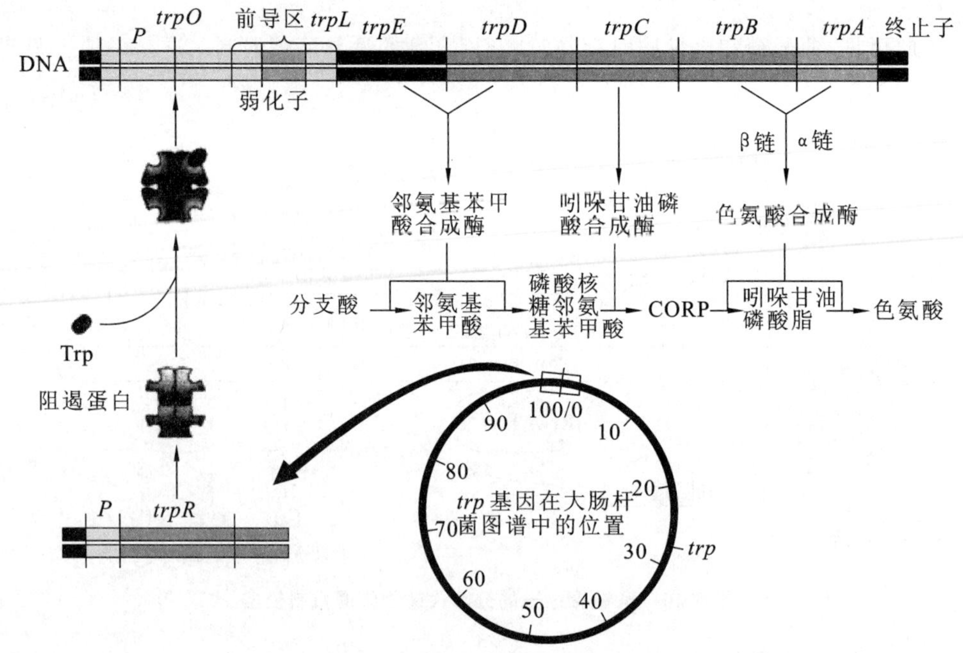

图 5-11　色氨酸操纵子示意图

任务二　酶活性的调节原理

酶活性的调节是在酶分子水平上的一种代谢调节,它是通过改变现成的酶分子活性来调节新陈代谢的速率,包括酶活性的激活和抑制两个方面。

一、酶活性的激活

酶活性的激活指在分解代谢途径中,后面的反应可被较前面的中间产物所促进,包括两种情况:一种是前体代谢物激活代谢途径中的后阶段反应中某种酶的活性,另一种是中间代谢物激活代谢途径中的前阶段或第一种酶的活性。

二、酶活性的抑制——反馈抑制

在一系列合成反应过程中,末端产物的积累可使反应过程的速度变慢,这种现象就是反馈抑制或末端产物抑制作用。若末端产物被消耗或被转移,反应速度又加快。这种调节作用是由于末端产物改变了酶的活性产生的。受末端产物抑制的酶往往是反应过程中的第一种酶。

1. 反馈抑制的类型

(1) 单线式代谢途径中的反馈抑制。

如图 5-12 所示,合成产物(E)过多可抑制途径中第一种酶的活性,使一系列中间代谢物都无法合成,最终导致末端产物合成的停止。

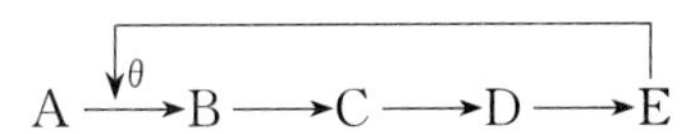

图 5-12 单线式代谢途径的反馈抑制

(2) 分支式代谢途径中的反馈抑制。

分支式代谢途径中,反馈抑制的情况较为复杂。为了避免在一个分支上的产物过多时影响另一分支上产物的供应,微生物发展出多种调节方式。主要有同工酶的调节、顺序反馈抑制、协同反馈抑制、合作反馈抑制、累积反馈抑制等。

同工酶指催化相同的生化反应但分子结构有差别的一组酶。在一个分支代谢途径中,如果在分支点以前的一个较早的反应是由几个同工酶催化,则分支代谢的几个最终产物往往分别对这几个同工酶发生抑制作用(图 5-13)。某一产物过量仅抑制相应酶活力,对其他产物没有影响。如大肠杆菌的天冬氨酸族氨基酸合成的调节。

顺序反馈抑制(图 5-14)指一种终产物的积累导致前一中间产物的积累,通过后者反馈抑制合成途径关键酶的活性,使合成终止。

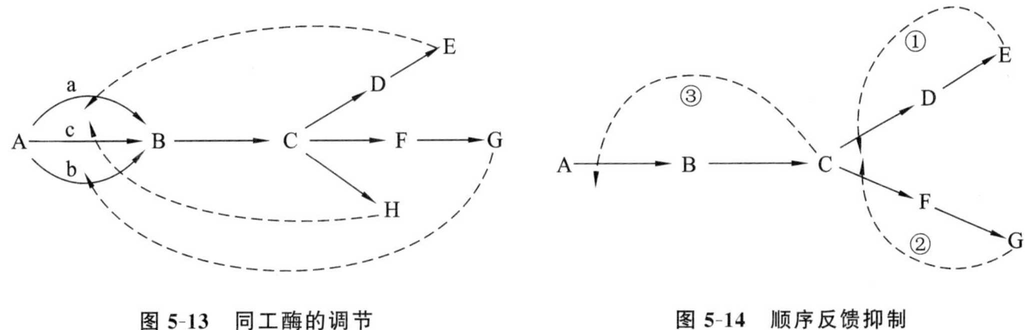

图 5-13 同工酶的调节

图 5-14 顺序反馈抑制

协同反馈抑制(图 5-15)指在分支代谢途径中几个末端产物同时过量时才能抑制共同途径中的第一种酶的一种反馈调节方式。

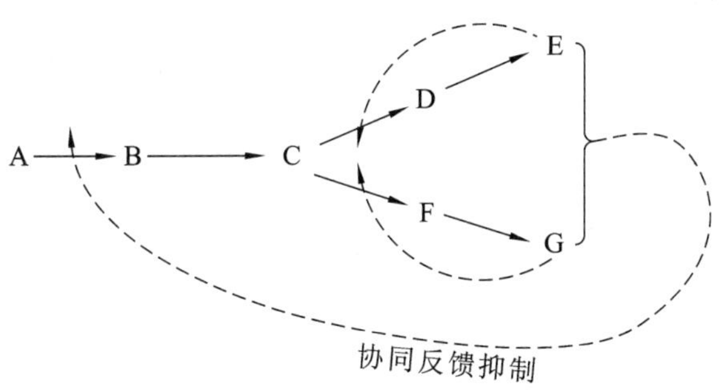

图 5-15 协同反馈抑制

合作反馈抑制(图 5-16)指两种末端产物同时存在时,共同的反馈抑制作用大于两者单独作用之和。如在嘌呤核苷酸合成中,磷酸核糖焦磷酸酶受 AMP 和 GMP(或 IMP)的合作反馈抑制,两者共同存在时,可以完全抑制该酶的活性。而两者单独过量时,分别抑制其活性的 70%和 10%。

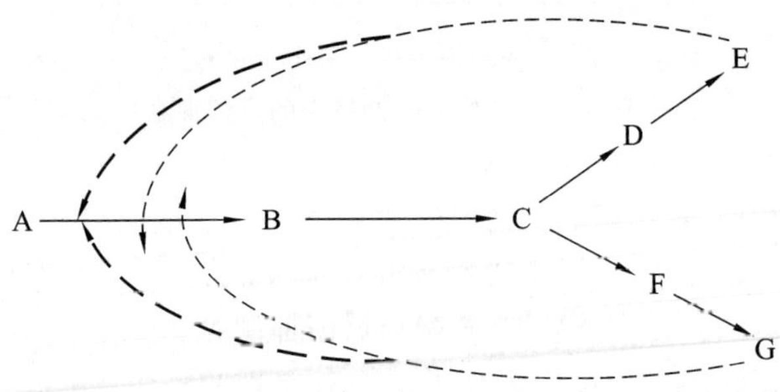

图 5-16　合作反馈抑制

累积反馈抑制(图 5-17)指每一分支途径末端产物按一定百分比单独抑制共同途径中前面的酶,所以当几种末端产物共同存在时它们的抑制作用是积累的,各末端产物之间既无协同效应,又无拮抗作用。

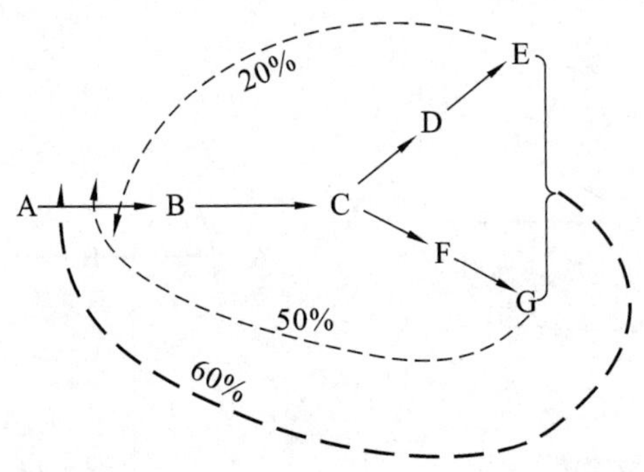

图 5-17　累积反馈抑制

2. 反馈抑制的机制——调节酶学说

受末端产物抑制的酶称为调节酶,它也是一种变构酶(别构酶)。在这类酶的分子上有两个中心:一个是与底物结合的活性中心,另一个是与调节物(激活剂或抑制剂)相结合的调节中心。前者负责酶对底物的结合与催化,后者则负责调节酶的反应速度。调节物与调节中心结合后诱导出酶分子的某种构象,使活性中心对底物的结合与催化作用受到影响,从而改变酶的反应速度及代谢过程。变构酶的激活和抑制如图 5-18 所示。

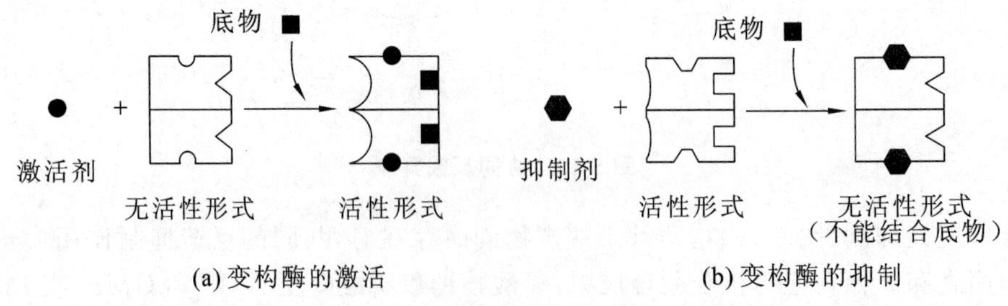

图 5-18　变构酶的激活和抑制

总之,反馈抑制在微生物代谢中是非常重要的,其机制除前述几种之外还存在多种方式，这些还有待于进一步研究和证明。

阅读材料

代谢调节机制在生产实践中的应用

(1) 改变微生物细胞膜的通透性，使终产物分泌到细胞外，避免出现末端产物的反馈调节，使细胞不断合成终产物。

(2) 选育终产物的营养缺陷型菌株，解除反馈抑制和反馈阻遏，使中间产物大量积累。

(3) 选育抗反馈调节的突变株，过量合成代谢产物。

(4) 培养基营养成分采用混合碳源，快速利用的碳源满足微生物生长的需要，缓慢利用的碳源使分解代谢物处于低水平，避免或减轻分解产物阻遏作用。

技能训练 5-1 糖发酵

实训目的

(1) 了解糖发酵的原理和在肠道细菌鉴定中的作用。

(2) 掌握通过糖发酵鉴别不同微生物的方法。

实训原理

糖发酵试验是最常用的生化反应，在肠道细菌的鉴定中尤为重要。绝大多数细菌都能利用糖类作为碳源和能源，但是它们在分解糖的能力上有很大的差异，有些细菌能分解某种糖并产酸（如乳酸、乙酸、丙酸等）和气体（如氢、甲烷、二氧化碳等），有些细菌只产酸不产气。例如，大肠杆菌能分解乳糖和葡萄糖，产酸并产气；伤寒杆菌能分解葡萄糖，产酸不产气，不能分解乳糖；普通变形杆菌分解葡萄糖，产酸产气，不能分解乳糖。

酸的产生可利用指示剂来断定。在配制培养基时预先加入溴甲酚紫（pH 5.2 时显黄色，pH 6.8 时显紫色），当发酵产酸时，可使培养基由紫色变为黄色。气体的产生可由发酵管中倒置的德汉氏小管中有无气泡来证明。

实训器材

1. 菌株

大肠杆菌，枯草芽孢杆菌，土壤分离菌。

2. 材料

盛有葡萄糖发酵培养基的试管（内有倒置的德汉氏小管），试管架，接种环等。

实训方法与步骤

(1) 用记号笔在各试管上分别标明发酵培养基名称和所接种的菌名。

(2) 取盛有葡萄糖发酵培养基的试管3支,按试管标记1支接种大肠杆菌,另1支接种枯草芽孢杆菌,第3支接种土壤分离菌,每一大组留一支管不接种,作为对照。

(3) 将上述已接种的葡萄糖发酵试管和对照管置于37 ℃恒温箱中培养24 h。

(4) 观察各试管颜色变化及是否有气泡。

实训报告

将结果填入表5-2中,"⊕"表示产酸产气,"+"表示产酸,"-"表示阴性。

表5-2 实训结果记录

糖类发酵	大肠杆菌	枯草芽孢杆菌	土壤分离菌	对照
葡萄糖发酵				

技能训练5-2 甲基红试验

实训目的

(1) 了解甲基红试验的原理和在肠道细菌鉴定中的方法及意义。

(2) 掌握甲基红试验的基本方法。

实训原理

某些细菌在糖代谢过程中分解葡萄糖产生丙酮酸,丙酮酸可进一步分解,产生甲酸、乙酸、乳酸等,使培养基的pH值降至4.5以下,加入甲基红试剂后会由橘黄色(pH 6.3)变成红色(pH 4.2),为甲基红试验阳性。若细菌分解葡萄糖产酸量少,或产生的酸进一步转化为其他物质(如醇、酮、醚、气体和水等),则培养基的pH值仍在6.2以上,故加入甲基红指示剂呈黄色。

甲基红试验主要用于鉴别大肠杆菌与产气肠杆菌,前者表现为阳性,后者表现为阴性。此外,肠杆菌科中沙门氏菌属、志贺氏菌属、柠檬酸杆菌属、变形杆菌属等表现为阳性,而肠杆菌属、哈夫尼亚菌属则表现为阴性。

实训器材

1. 菌株

大肠杆菌,产气肠杆菌。

2. 材料

葡萄糖蛋白胨水培养基,接种针,试管架,培养箱。

实训方法与步骤

（1）用接种针将大肠杆菌、产气肠杆菌分别接种于葡萄糖蛋白胨水培养基中，用不接种的培养基作为对照，37 ℃培养 2～4 d。

（2）向培养好的葡萄糖蛋白胨培养基中，各加入 2～3 滴甲基红指示剂，注意沿管壁加入。

（3）仔细观察培养液上层，若培养液上层变成红色即为阳性反应，若仍呈黄色则为阴性反应，分别用“＋”“－”表示。

实训报告

将结果填入表 5-3 中，“＋”表示阳性反应，“－”表示阴性反应。

表 5-3　甲基红试验结果记录

颜色比较	大肠杆菌	产气肠杆菌	对照
开始颜色			
最终颜色			

技能训练 5-3　微生物对大分子物质的水解试验

实训目的

（1）了解微生物对各种有机大分子水解能力的差异。

（2）掌握进行微生物大分子水解试验的原理和方法。

实训原理

微生物对大分子的淀粉、蛋白质和脂肪不能直接利用，必须靠产生的胞外酶将大分子物质分解才能吸收利用。胞外酶主要为水解酶，通过加水裂解大的物质为较小的化合物，使其能被运输至细胞内。例如：淀粉酶水解淀粉为小分子的糊精、双糖和单糖；脂肪酶水解脂肪为甘油和脂肪酸；蛋白酶水解蛋白质为氨基酸等。这些过程均可通过观察细菌菌落周围的物质变化来证实：淀粉遇碘液会产生蓝色，但细菌水解淀粉的区域用碘测定时不再产生蓝色，表明细菌产生淀粉酶。脂肪水解后产生脂肪酸可改变培养基的 pH 值，使 pH 值降低，加入培养基的中性红指示剂会使培养基从淡红色变为深红色，说明胞外存在脂肪酶。

微生物可以利用各种蛋白质和氨基酸作为氮源，当缺乏糖类物质时亦可用它们作为碳源和能源。明胶是由胶原蛋白经水解产生的蛋白质，在 25 ℃以下可维持凝胶状态，以固体形式存在，而在 25 ℃以上明胶就会液化。有些微生物可产生一种称作明胶酶的胞外酶，水解这种蛋白质，而使明胶液化，甚至在 4 ℃仍能保持液化状态。

还有些微生物能水解牛奶中的蛋白质酪素，酪素的水解可用石蕊牛奶培养基来检测。石蕊牛奶培养基由脱脂牛奶和石蕊组成，呈混浊的蓝色。酪素水解成氨基酸和肽后，培养基就会变得透明。石蕊牛奶培养基也常被用来检测乳糖发酵，因为在酸存在下石蕊会转变为粉红色，而过量的酸可引起牛奶的固化（形成凝乳）。氨基酸的分解会引起碱性反应，使石蕊变为蓝色。此外,某些细菌能还原石蕊,使试管底部变为白色。

尿素是由大多数哺乳动物消化蛋白质后分泌在尿中的废物。尿素酶能分解尿素释放出氨,这是一个分辨细菌时很有用的诊断试验。尽管许多微生物都可以产生尿素酶,但它们利用尿素的速度比变形杆菌属(*Proteus*)的细菌要慢,因此尿素酶试验被用来从其他非发酵乳糖的肠道微生物中快速区分此属的成员。尿素琼脂含有蛋白胨、葡萄糖、尿素和酚红。酚红在 pH6.8 时为黄色,而在培养过程中,产生尿素酶的细菌将分解尿素产生氨,使培养基的 pH 值升高,当 pH 值升至 8.4 时,指示剂就转变为深粉红色。

实训器材

1. 菌种

枯草芽孢杆菌,大肠杆菌,金黄色葡萄球菌,铜绿假单胞菌(*Pseudomonas aeruginosa*),普通变形杆菌。

2. 培养基

固体油脂培养基,固体淀粉培养基,明胶培养基(试管),石蕊牛奶培养基(试管),尿素琼脂培养基(试管)。

3. 溶液或试剂

革兰氏染色用卢戈氏碘液(Lugol's iodine solution)。

4. 仪器或其他用具

无菌平板,无菌试管,接种环,接种针,试管架。

实训方法与步骤

1. 淀粉水解试验

(1) 将固体淀粉培养基熔化后冷却至 50 ℃,无菌操作制成平板。

(2) 用记号笔在平板底部划成四部分。

(3) 将枯草芽孢杆菌、大肠杆菌、金黄色葡萄球菌、铜绿假单胞菌分别在不同的部分划线接种,在平板的反面写上各菌名。

(4) 将平板倒置在 37 ℃温箱中培养 24 h。

(5) 观察各种细菌的生长情况,将平板盖子打开,滴入少量卢戈氏碘液于培养皿中,轻轻旋转平板,使碘液均匀铺满整个平板。

如菌苔周围出现无色透明圈,说明淀粉已被水解,表现为阳性。通过透明圈的大小可初步判断该菌水解淀粉能力的强弱,即产生胞外淀粉酶活力的高低。

2. 脂肪水解试验

(1) 将熔化的固体油脂培养基冷却至 50 ℃时,充分摇荡,使油脂均匀分布。无菌操作倒入平板,待凝。

(2) 用记号笔在平板底部划成四部分,分别标上菌名。

(3) 将上述四种菌分别用无菌操作划十字接种于平板的相对应部分的中心。

(4) 将平板倒置,于 37 ℃温箱中培养 24 h。

(5) 取出平板,观察菌苔颜色,如出现红色斑点说明脂肪水解,为阳性反应。

3. 明胶液化试验

(1) 取三支明胶培养基试管,用记号笔标明各管准备接种的菌名。

(2) 用接种针分别穿刺接种枯草芽孢杆菌、大肠杆菌、金黄色葡萄球菌。

(3) 将接种后的试管置于 20 ℃恒温箱中,培养 2～5 d。

(4) 观察明胶液化情况。

4. 石蕊牛奶试验

(1) 取两支石蕊牛奶培养基试管,用记号笔标明各管准备接种的菌名。

(2) 分别接种普通变形杆菌和金黄色葡萄球菌。

(3) 将接种后的试管置于 35 ℃恒温箱中,培养 24～48 h。

(4) 观察培养基颜色变化。石蕊在酸性条件下为粉红色,在碱性条件下为蓝色,被还原后则褪色变白。

5. 尿素试验

(1) 取两支尿素培养基斜面试管,用记号笔标明各管准备接种的菌名。

(2) 分别接种普通变形杆菌和金黄色葡萄球菌。

(3) 将接种后的试管置于 35 ℃恒温箱中,培养 24～48 h。

(4) 观察培养基颜色变化。尿素酶存在时为红色,无尿素酶时应为黄色。

实训报告

将结果填入表 5-4 中,"＋"表示产酸,"－"表示阴性。

表 5-4 实训结果记录

菌名	枯草芽孢杆菌	大肠杆菌	金黄色葡萄球菌	铜绿假单胞菌	普通变形杆菌
淀粉水解试验					
脂肪水解试验					
明胶液化试验					
石蕊牛奶试验					
尿素试验					

1. EMP 途径有几个阶段？每个阶段发生怎样的反应？
2. 微生物的代谢原理是什么？
3. HMP 途径有几个阶段？每个阶段发生怎样的反应？
4. ED 途径有什么特点？
5. 三羧酸循环过程是怎样的？
6. 什么是微生物的次级代谢？
7. 酶活性的反馈抑制有哪些类型和特点？

学习情境六

微生物的遗传原理与育种技术

遗传是指上一代生物将自身的一整套遗传基因稳定地传递给下一代。变异是指生物体在某种外因或内因的作用下，发生遗传物质结构或数量的改变，而且这种改变稳定，具有可遗传性。遗传保证了微生物种的相对稳定性、种的存在和延续，而变异则推动了种的进化和发展。学习微生物的遗传与变异规律，为微生物育种工作提供重要的理论基础。

遗传型(基因型)，指生物体所携带的全部基因的总称。

表型，指具有一定遗传型的个体，在特定的外界环境中，通过生长和发育所表现出的种种形态和生理特征的总和。

相同遗传型的生物，在不同的外界条件下会呈现不同的表型，称为饰变。但这不是真正的变异，因为在这种个体中，其遗传物质结构并未发生变化，所以饰变是不遗传的，只有遗传性的改变，即生物体遗传物质结构上发生的变化，才称为变异。

微生物育种技术已从常规的突变和筛选技术发展到基因诱变、基因重组和基因工程、代谢工程等。微生物育种方法的不断发展以及技术的不断成熟，大大提高了微生物育种的效果。

项目一　微生物遗传变异的物质基础

遗传必须有物质基础，即遗传信息必须由某些物质作为载体携带和传递。下面介绍3个经典试验，证实核酸尤其是DNA才是生物一切遗传变异的真正物质基础，并从7个方面讨论遗传物质在生物体的存在方式。

任务一　证明"核酸是遗传物质"的经典试验

一、转化试验

转化现象是由英国医生F.Griffith在1928年发现的。当时，他把少量无毒的肺炎链球菌的R型(无荚膜,菌落粗糙型)和大量加热杀死的有毒的S型(有荚膜,菌落光滑型)细胞混合注射到小白鼠体中,使小白鼠病死,结果意外地在其尸体内发现有活的S型细胞。试验过程如下。

(1) 将无毒性的R型活细菌注射到小白鼠体内,小白鼠不死亡。

(2) 将有毒性的S型活细菌注射到小白鼠体内,小白鼠患败血症死亡。

(3) 将加热杀死后的S型细菌注射到小白鼠体内,小白鼠不死亡。

(4) 将无毒性的R型活细菌与加热杀死后的S型细菌混合后,注射到小白鼠体内,小白鼠患败血症死亡。

试验结论:已经加热杀死的S型细菌中,必然含有某种促成这一转化的活性物质——"转化因子"。

1944年,Avery等人在离体条件下重复了这一试验,并对转化现象的本质进行了一系列深入的研究。他们把转化因子、蛋白质、荚膜多糖从活的S型细菌中抽提出来,分别把每一成分与活的R型细菌混合,然后培养在合成培养液中。结果发现,只有转化因子能够使R型活菌转变为S型活菌,且转化因子纯度越高,转化越有效。如果转化因子经过酶处理,就不出现转化现象。经过10年努力,在离体条件下完成了转化过程,证明了引起R型细菌转化为S型细菌的转化因子是DNA,即DNA是遗传物质。

二、噬菌体的感染试验

1952年,A.D.Hershey和M.Chase利用示踪元素,对大肠杆菌T2噬菌体的吸附、增殖和释放进行了一系列研究。

由于蛋白质分子含硫而不含磷,DNA分子则恰恰与此相反,故可用^{35}S和^{32}P分别标记大肠杆菌,然后用T2噬菌体感染,即可分别得到标有^{35}S的T2和^{32}P的T2。正式试验时,把标记的噬菌体与其寄主大肠杆菌混合,经短时间(如10 min)保温后,T2完成了吸附和侵入过程,然后,在组织捣碎器中剧烈搅拌,以使吸附在噬菌体外表的T2蛋白外壳脱离细胞并均匀分布。接着进行离心沉淀,再分别测定沉淀物和上清液中的同位素标记。结果发现,几乎全部的^{32}P都和细菌一起出现在沉淀物中,而几乎全部^{35}S都在上清液中。这意味着噬菌体的蛋白外壳经自然分离后仍留在细胞外部,只有DNA才进入寄主体内。同时,由于最终能释放出一群具有与亲代同样蛋白外壳的完整的子代噬菌体,所以说明只有DNA才是其全部遗传信息的载体(图6-1)。通过电子显微镜的观察也证实了这个论点。

三、病毒的拆开和重建试验

H.Fraenkel-Conrat(1956年)在植物病毒领域中的著名试验,证明烟草花叶病毒(TMV)的主要感染成分是核酸(RNA),而病毒外壳的主要作用只是保护其RNA核心。他们通过甲、乙两株植物病毒的核酸和蛋白质的拆合和相互对换的巧妙试验(图6-2,图中实与虚的箭头表示遗传信息的去向),令人信服地证实了RNA是烟草花叶病毒的遗传物质基础。

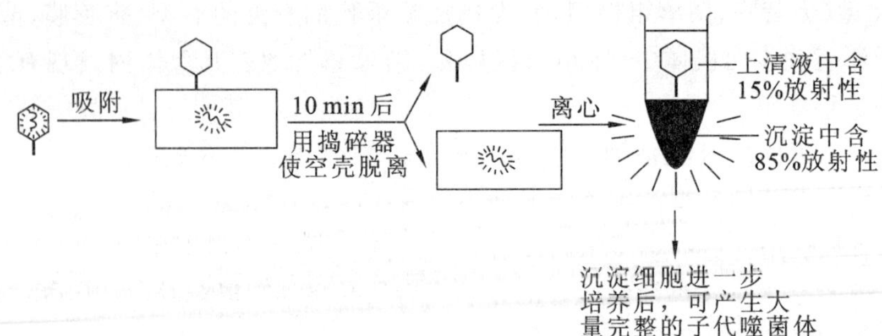

(a) 用含 ^{32}P-DNA核心的噬菌体作感染

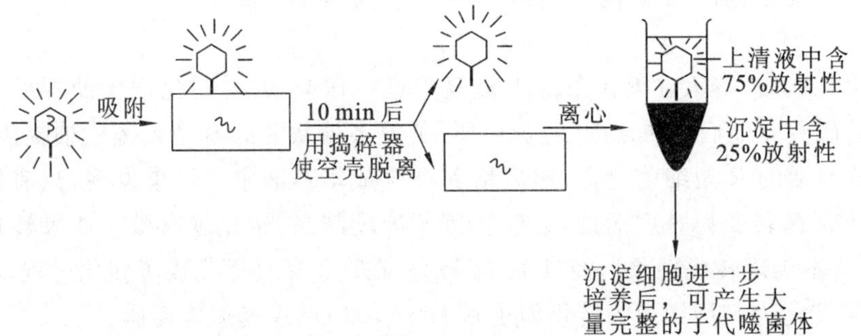

(b) 用含 ^{35}S-蛋白质外壳的噬菌体作感染

图 6-1 *E.coli* 噬菌体的感染试验

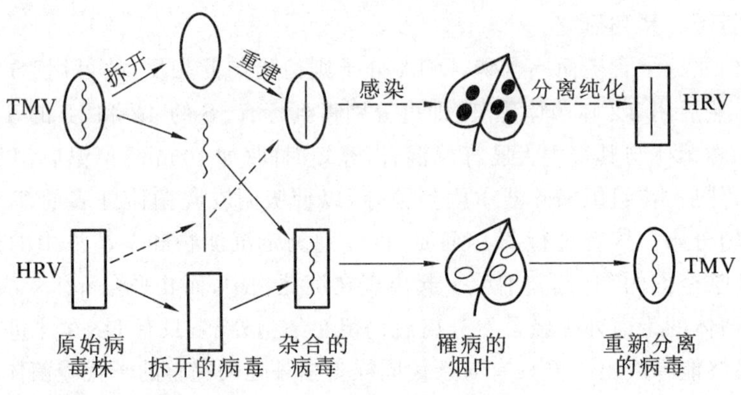

图 6-2 TMV 重建试验示意图

任务二 遗传物质在细胞中的存在方式

一、细胞水平

从细胞水平来看，不论是真核微生物还是原核微生物，它们的大部分 DNA 集中在细胞核或核区中。在不同种微生物细胞或是在同种微生物的不同类型细胞中，细胞核的数目是不同的。例如，酵母、黑曲霉、构巢曲霉、产黄青霉等真菌一般是单核的，担子菌多是双核的，另一些如脉孢菌、米曲霉以及多数放线菌是多核的，但其孢子是单核的。在细菌中，杆菌大多存在两个核区，而球菌一般只有一个。

二、细胞核水平

从细胞核水平来看，真核生物与原核生物之间存在着一系列明显的差别。前者在核外有核膜包裹，形成有完整形态的核，核内的 DNA 与组蛋白结合成显微镜下可见的染色体。而后者的核则无核膜包裹，呈松散的核质体状态存在，DNA 不与蛋白质相结合。

不论是真核生物还是原核生物，它们除了具有集中着大部分 DNA 的核或核区外，在细胞质中还存在着一些能自主复制的另一类遗传物质，广义地讲，它们都可称作质粒。例如真核生物中的各种细胞质(叶绿体、线粒体、中心体等)基因，酵母菌 2 μm 质粒，原核生物中如细菌的致育因子(F 因子)、抗药性因子(R 因子)及大肠杆菌素因子(Col 因子)等。

三、染色体水平

不同生物细胞核内的染色体数目一般是不同的。真核微生物常有较多的染色体，如酵母菌属有 17 条，汉逊酵母属有 4 条，脉孢菌属有 7 条等。而在原核微生物中，每一个核质体只由一个裸露的、在光学显微镜下无法看到的球状染色体组成，因此对原核生物来说，染色体水平实际上就是核酸水平。如果一个细胞中只有一套染色体，称为单倍体，自然界中存在的微生物多数是单倍体。如果一个细胞中含有两套相同功能的染色体，称为双倍体，少数微生物(如酿酒酵母)的营养细胞及由单倍体性细胞结合形成的合子是双倍体。

四、核酸水平

从核酸的种类来看，大多数微生物的遗传物质是 DNA，只有部分病毒(其中多数是植物病毒，还有少数是噬菌体)的遗传物质是 RNA。在真核生物中，DNA 总是缠绕着组蛋白，两者一起构成了复合物——染色体，而原核生物的 DNA 都是单独存在的。在核酸的结构上，绝大多数微生物的 DNA 是双链的，只有少数病毒为单链结构，RNA 也有双链(大多数真菌病毒)与单链(大多数 RNA 噬菌体)之分。

五、基因水平

在生物体内，一切具有自主复制能力的遗传功能单位都可称为基因，它的物质基础是一个具有特定核苷酸顺序的核酸片段，由众多基因组成染色体。基因有两种，其中的结构基因用于编码酶及结构蛋白，为细胞产生蛋白质提供了可能，而调节基因则用于调节酶的合成，它使该细胞在某一特定条件下合成蛋白质的功能得到实现。一个基因的相对分子质量约为 6.7×10^5，即含 1000 对核苷酸。一个细菌一般含有 5000～10000 个基因。

六、密码子水平

遗传密码就是指 DNA 链上各个核苷酸的特定排列顺序，每个密码子是由三个核苷酸顺序所决定的，它是负载遗传信息的基本单位。生物体内的无数蛋白质都是生物体各种

生理功能的具体执行者,蛋白质分子并无自主复制能力,它是按 DNA 分子结构上遗传信息的指令而合成的,其间要经历一段复杂的过程:先把 DNA 上的遗传信息转移到 mRNA 分子上去,形成一条与 DNA 碱基顺序互补的 mRNA 链(转录),然后由 mRNA 上的核苷酸顺序决定合成蛋白质时的氨基酸的排列顺序(翻译)。20 世纪 60 年代初,经过许多科学工作者的深入研究,终于找出了转录与翻译间的相互关系,破译了遗传密码的奥秘,并发现各种生物都遵循着一套共同的密码。由于 DNA 上的三联密码子要通过转录成 mRNA 密码子才与氨基酸相对应,因此,三联密码子一般都是用 mRNA 上的核苷酸顺序来表示的。

由 4 种核苷酸组成三联密码子的方式可多达 64 种,它们用于决定 20 种氨基酸已是绰绰有余了。事实上,在生物进化过程中早已解决了这一问题,有些密码子的功能是重复的(如决定亮氨酸的就有 6 个密码子),而另一些则被用作“起读”(AUG,代表甲硫氨酸或甲酰甲硫氨酸,是一个起始信号)或“终止”(UAA、UGA 和 UAG)信号。

七、核苷酸水平

基因是一个遗传的功能单位,密码子是一种信息单位,核苷酸是一个最低突变单位或交换单位,当基因中某一个核苷酸中的碱基发生变化,会导致一个密码子意义改变,进而导致整个基因信息改变,指导合成新的蛋白质,引起性状改变。在绝大多数生物的 DNA 中,都只有 dAMP、dTMP、dGMP 和 dCMP 4 种脱氧核苷酸,但也有少数例外,它们含有一些稀有碱基,例如,T 偶数系噬菌体的 DNA 上就含有少量 5-羟甲基胞嘧啶。

阅读材料

基因组学的蓬勃发展——在分子水平上的研究

一、基因组与基因组学

基因组是一个物种中所有基因的整体组成。基因组学是指对所有基因进行基因组作图、核苷酸序列分析、基因定位和基因功能分析的一门科学,包括结构基因组学、比较功能基因组学和功能基因组学。结构基因组学代表基因组分析的早期阶段,以建立生物体高分辨率遗传、物理和转录图谱为主;比较功能基因组学是在基因组图谱及序列测定的基础上,对已知的基因和基因组结构进行比较,以了解基因的功能、表达机理及物种进化的学科;功能基因组学又往往被称为后基因组学,它是利用结构基因组学提供的信息和产物,发展和应用新的试验手段,通过在基因组或系统水平上全面分析基因的功能,使得生物学研究从对单一基因或蛋白质的研究转向对多个基因或蛋白质同时进行系统研究的一门科学。

基因组学是在分子生物学发展的基础上建立起来的,分子生物学是从分子水平研究生物大分子的结构与功能从而阐明生命现象本质的科学,是生物学的前沿与生长点,其主要研究领域包括蛋白质体系、蛋白质-核酸体系和蛋白质-脂质体系。

人类基因组计划(human genome project，HGP)是由美国科学家率先提出并于1990年正式启动的。美国、英国、法国、德国、日本和中国科学家共同实施了这一预算达30亿美元的项目，目标是要揭开组成人体4万个基因的30亿个碱基对的秘密。人类基因组计划与曼哈顿原子弹计划和阿波罗登月计划并称为三大科学计划。

人类基因组计划的目的是解码生命，了解生命的起源，了解生命体生长发育的规律，认识种属之间和个体之间存在差异的起因，认识疾病产生的机制以及长寿与衰老等生命现象，为疾病的诊治提供科学依据。

以人类基因组计划为代表的生物体基因组研究成为整个生命科学研究的前沿，而微生物基因组研究又是其中的重要分支。

微生物是包括细菌、病毒、真菌以及一些小型的原生动物等在内的一大类生物群体，它们个体微小，却与人类生活密切相关。微生物在自然界中可谓“无处不在，无处不有”，涵盖了众多种类，广泛涉及健康、医药、工农业、环保等诸多领域。

从分子水平上对微生物进行基因组研究，为探索微生物个体以及群体间作用的奥秘提供了新的线索和思路，更能在此基础上发展一系列与人们的生活密切相关的基因工程产品，包括接种用的疫苗、治疗用的新药、诊断试剂和应用于工农业生产的各种酶制剂等。通过基因工程方法的改造，促进新型菌株的构建和传统菌株的改造，全面促进微生物工业时代的来临。

鉴于微生物在多领域发展中具有重要价值，因此许多国家纷纷制订了微生物基因组研究计划，对微生物基因资源的开发展开了激烈竞争。发达国家和一些发展中国家首先对人类重要病原微生物进行了大规模的序列测定，随后又对有益于能源生产、改善环境以及工业加工的细菌开展了基因组序列测定工作。

我国是一个遗传资源大国，无论是在人群及其疾病，还是在动、植物及其病虫害方面，都有自己独特的资源优势。2009年，我国科学家共同发起“万种微生物基因组计划”，预计在3年内完成1万种微生物物种全基因组序列图谱的构建，并以此为核心开展一系列基因组水平上的探索和研究。

二、微生物基因组研究四大目标

1. 深化病原微生物致病机制的研究

将不同微生物间进行基因组结构和功能基因的比较，促进对结构改变与功能变异之间的相关性研究，不断引导发现新的核心序列、特异序列及耐药位点，推动致病因子存在、发生、变异和调节规律的研究。结合生物信息学构建各种生理过程的数学模型进行研究，将深化对致病机制、耐药机制的认识，为防病治病奠定基础。

2. 推动生命进化的研究

基因组遗传信息的解析推动了生命进化的研究。大量致病和非致病性微生

物基因组的研究证明,基因的水平转移机制致使很多基因可在生物体中跨域分享,这对于研究生物的系统发生很有意义。相信越来越多的基因组信息的积累和分析,将为研究生命进化提供更丰富的信息和更有力的证据。

3. 开发诊断试剂、构建疫苗、筛选药物,为防病治病服务

以完整的基因组序列为基础,预测和筛选出新的、更特异的保护性抗原基因,在此基础上发展高效疫苗;鉴定新的毒力相关因子、调节因子,经过遗传学操作改造疫苗菌株、构建活疫苗以及发展基因工程菌载体的构建。以分子模拟等生物信息学方法对小分子药物进行设计和筛选,以期获得针对性强、副作用小的好药。微生物的特异序列还可用于制备疾病的诊断试剂,结合大规模的检测方法,如基因芯片技术等,应用于疾病快速及时的诊断和分型,以及研究基因突变和多态性的存在。可以预见,这一领域的发展潜力巨大,前景广阔。

4. 促进传统工艺的改良、传统工农业的改造

基于微生物基因组的研究,将不断发现关键基因,明确关键基因的代谢机制尤其是相关酶基因及其蛋白产物,将蛋白制剂直接应用于生产过程或对基因进行遗传操作,改造菌株或构建新的基因工程菌,对扩大应用领域,改良或简化传统工艺步骤,提高生产效率,甚至以新的生物技术手段对传统工业的现代化改造,将产生深远影响。

对经济作物致病菌的基因组研究应逐渐加强,从分子水平上掌握致病规律,发展防治新对策;将微生物中抗冻、抗虫、耐盐碱、固氮等优良基因转入经济作物体内,减少化肥和农药的使用,同时发展生物杀虫剂,减少污染,不断提高农产品的产量和质量,促进传统农业的现代化改造。

微生物基因组研究成果,不仅可以极大推动理论科学的发展,还能以疫苗、新型药物、诊断试剂、极端酶等各种酶制剂、工程菌的多种形式广泛应用于生物医药、工农业生产、生物除污、传统工艺、工业的改良改造,新型生物技术的发生发展等诸多领域。以微生物为研究和开发主体的工业时代即将来临。其中,微生物基因组研究所开辟和发展的丰富资源,对于这种新的微生物工业的形成和发展将产生巨大的推动作用。

人们通过对基因组的研究,可以了解生物体各种代谢过程,遗传机制和生命活动所需的基本条件以及生物特殊功能如致病性的遗传基础。

微生物是地球上种类最多、分布最广、与人类关系最为密切的物种,也是工业生物技术的核心及重要的国际竞争战略资源。“万种微生物基因组计划”的研究领域涵盖了工业微生物、农业微生物、医学微生物等,研究种类包括古细菌、细菌、真菌、原生生物、藻类和病毒。该计划将推动我国微生物基因组学深入、系统研究,打造微生物全基因组的“百科全书”,完成“生命之树”计划的微生物分支,并带动相关学科及产业的发展。

该计划的实施,将有力促进我国发酵业、制药业、食品加工业的升级换代,并推动新型生物能源、绿色制造、疫苗生产、环保产业发展,为解决“三农”问题,实现节能减排和生物安全，拉动内需提供重要支持。

人类等生物的基因组研究结果表明，功能基因的数目远远少于原先的预测，就单纯新基因的筛选、克隆的研究而言，存在着争夺资源的问题。因此，争取发现新的功能基因和新的基因功能研究上的知识产权，已经成为当前生命科学领域世界各国竞相争夺的"制高点"。

项目二　微生物的基因突变原理和基因重组技术

突变是组成生物基因组核酸序列的碱基发生了可遗传的变化。突变包括基因突变（又称点突变）和染色体畸变两类。基因突变是由于 DNA 链上的一对或少数几对碱基发生改变而引起的。染色体畸变则是 DNA 的大段变化（损伤）现象，表现为染色体的添加（插入）、缺失、重复、易位和倒位。

在微生物中突变经常发生，研究突变的规律，不但有助于对基因定位和基因功能等基本理论问题的了解，而且还为诱变育种提供必要的理论基础。

来自两个不同基因组的遗传因子组合成一个单位的过程称为基因重组，通过这一机制在不发生突变的情况下带来基因的新组合。基因重组能给生物带来某些新的功能，使生物可适应环境的改变。

任务一　基因突变原理与技术

一、基因突变的类型

基因突变的类型是极为多样的，按突变体表型特征的不同可分为以下几种类型。

1. 形态突变型

形态突变型指发生细胞形态变化或引起菌落形态改变的那些突变型。如细菌的鞭毛、芽孢或荚膜的有无，菌落的大小，外形的光滑（S 型）或粗糙（R 型）和颜色等的变异，放线菌或真菌产孢子的多少、外形或颜色的变异等。

2. 生化突变型

生化突变型指一类发生代谢途径变异但没有明显的形态变化的突变型。

3. 营养缺陷型

营养缺陷型是一类重要的生化突变型，是由基因突变而引起代谢过程中某种酶合成能力丧失的突变型，它们必须在原有培养基中添加相应的营养成分才能正常生长。营养缺陷型在科研和生产实践中有着重要的应用。

4. 抗性突变型

抗性突变型是一类能抵抗有害理化因素的突变型。根据其抵抗的对象可分为抗药性、抗紫外线或抗噬菌体等突变类型。它们十分常见且极易分离,一般只需要在含抑制生长浓度的某药物、相应的物理因素或相应噬菌体的平板上涂上大量的敏感细胞群体,经一定时间培养后即可获得。抗性突变型在遗传学基本理论的研究中十分有用,常作为选择性标记菌种。

5. 抗原突变型

抗原突变型指细胞成分尤其是细胞表面成分(细胞壁、荚膜、鞭毛)的细致变异而引起抗原性变化的突变型。

6. 致死突变型

致死突变型是由于基因突变而导致个体死亡的突变型。

7. 条件致死突变型

条件致死突变型指在某一条件下呈现致死效应,而在另一条件下却不表现致死效应的突变型。温度敏感突变型是最典型的条件致死突变型,它们的一种主要酶蛋白(例如DNA聚合酶、氨基酸活化酶等)在某种温度下呈现活性,而在另一种温度(一般是较高的温度)下却是钝化的。其原因是这些酶蛋白的肽链中更换了几个氨基酸,从而降低了原有的抗热性。例如,有些大肠杆菌菌株可生长在37 ℃下,但不能在12 ℃下生长;T4噬菌体的几个突变株在25 ℃下有感染力,而在37 ℃下则失去感染力等。

8. 产量突变型

产量突变型是所产生的代谢产物明显有别于原始菌株的突变株。产量高于原始菌株者称为正突变株,反之称为负突变株。筛选高产正突变株的工作对于生产实践极其重要,但由于产量的高低往往是由多个基因决定的,因此,在育种实践上,只有把诱变育种、基因重组育种以及基因工程育种有机结合,才会取得良好的结果。

另外,还有诸如毒力、糖发酵能力、代谢产物的种类以及对某种药物的依赖性突变型等。

二、基因突变的特点

由于生物的遗传物质基础是相同的,所以显示在遗传变异的本质上都遵循着同样的规律,这在基因突变的水平上尤为明显。以下以细菌的抗药性为例,说明基因突变的一般特点。

1. 不对应性

这是突变的一个重要特点,即突变的性状与引起突变的原因间无直接的对应关系。例如,细菌在有青霉素的环境下出现了抗青霉素的突变体,在紫外线的作用下出现了抗紫外线的突变体,在较高的培养温度下出现了耐高温的突变体等。表面上看来,会认为正是由于青霉素、紫外线或高温的“诱变”,才产生了相对应的突变性状,事实恰恰相反,这类性状都可通过自发的或其任何诱变因子诱发获得。这里的青霉素、紫外线或高温仅是起着淘汰原有非突变型(敏感型)个体的作用。如果说它们有诱变作用(例如其中的紫外线),那么也可以诱发任何性状的变异,而不是专一地诱发抗紫外线的一种变异。

2. 自发性

各种性状的突变,可以在没有人为的诱变因素处理下自发地发生。

3. 稀有性

自发突变虽可随时发生，但突变的频率较低且较稳定，一般在 10^{-9}～10^{-6}。所谓突变率，一般指每一细胞在每一世代中发生某一性状突变的概率，也有用每单位群体在繁殖一代过程中所形成突变体的数目来表示的。例如，突变率为 1×10^{-8} 者，就意味着当 10^{8} 个细胞群体分裂成 2×10^{8} 个细胞时，平均会形成一个突变体。由于突变率极低，所以非选择性突变型的突变率很难测定。只有测定选择性突变型才可获得有关数据。

4. 独立性

突变的发生一般是独立的，即在某一群体中，既可发生抗青霉素的突变型，也可发生抗链霉素或任何其他药物的抗药性，而且还可发生其他不属抗药性的任何突变。某一基因的突变，既不提高也不降低其他基因的突变率。同一细胞中同时发生两个基因突变的概率是极低的，因为双重突变率是两个单独突变概率的乘积。突变不仅对某一细胞是随机的，且对某一基因也是随机的。

5. 诱变性

通过诱变剂的作用可提高自发突变的频率，一般可提高 10～10^{5} 倍。不论是自发突变还是诱发突变(诱变)，得到的突变型之间并无本质上的差别，因为诱变剂仅起着提高突变率的作用。

6. 稳定性

由于突变的根源是遗传物质结构上发生了稳定的变化，所以产生的新性状也是稳定的、可遗传的。

7. 可逆性

由原始的野生型基因变异为突变型基因的过程称为正向突变，相反的过程则称为回复突变。试验证明，任何性状既有正向突变，也可发生回复突变。

三、基因突变的自发性和不对应性的证明

1. 变量试验

1943 年，S.E.Luria 和 M.Delbrück 根据统计学原理，设计了一个变量试验(图 6-3)。试验要点：取对 T1 噬菌体敏感的大肠杆菌对数期肉汤培养物，用新鲜培养液稀释成浓度为 10^{3} 个/mL 的细菌悬液，然后在甲、乙两试管内各装 10 mL；把甲管中的菌液先分装在 50 支小试管中(每管装 0.2 mL)，保温 24～36 h 后，把各小管的菌液分别倒在 50 个预先涂有 T1 噬菌体的平板上，经培养后计算各皿上所产生的抗噬菌体的菌落数；乙管中的 10 mL 菌液不经分装先整管保温 24～36 h，之后分成 50 份加到同样涂有 T1 噬菌体的平板上，适当培养后，计算各皿上产生的抗性菌落数。

结果指出，来自甲管的 50 个培养皿中，各培养皿间抗性菌落数相差极大，而来自乙管的则各皿数目基本相同。这就说明，大肠杆菌抗噬菌体性状的突变不是由环境因素——噬菌体诱导出来的，而是在它们接触到噬菌体前，在某一次细胞分裂过程中随机地自发产生的，噬菌体在这里仅起着淘汰原始的未突变的敏感菌和甄别抗噬菌体突变型的作用。利用这一方法，还可计算突变率。

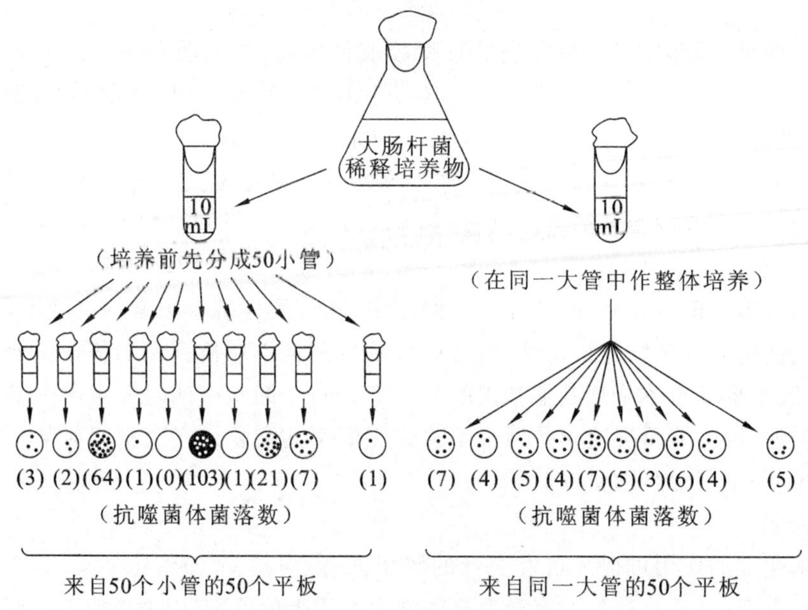

图 6-3　Luria 的变量试验

2. 涂布试验

1949 年,H.B.Newcombe 曾设计了一种与变量试验相似但更为简便的方法来证明同一观点,这就是涂布试验(图 6-4)。与变量试验不同,他用的是固体平板培养法。先在 12 只培养皿平板上各涂以数目相等(5×10^4 个)的对 T1 噬菌体敏感的大肠杆菌,经过 5 h 的培养约繁殖了 12.3 代,在培养皿上长出大量微菌落(这时每一菌落约含 5000 个细菌)。取其中 6 皿直接喷上 T1 噬菌体,另 6 皿则先用灭菌玻璃棒把上面的微菌落重新均匀涂布一次,然后同样喷上 T1 噬菌体。经培养过夜后,计算这两组培养皿上所形成的抗噬菌体菌落数。结果发现,在涂布过的一组中共有抗性菌落 353 个,要比未经涂布过的(仅 28 个菌落)高得多。这也意味着该抗性突变发生在未接触噬菌体前,噬菌体的加入只起甄别这类突变是否发生的作用,而不是诱导突变的因素。

3. 影印培养试验

1952 年,J.Lederberg 夫妇设计了一种更为巧妙的影印培养法(图 6-5),直接证明了微生物的抗药性突变是自发产生的,并与相应的环境因素毫不相干的论点。

利用影印培养技术证明大肠杆菌 K12 自发产生链霉素突变的试验,大致方法:首先把大量对链霉素敏感的大肠杆菌 K12 细胞涂布在不含链霉素的平板(1)的表面,待其长出密集的小菌落后,用影印法接种到不含链霉素的培养基平板(2)上,随即影印到含有链霉素的选择性培养基平板(3)上。影印的作用可保证这 3 个平板上所成长的菌落的亲缘和相对位置保持严格的对应性。经培养后,在平板(3)上出现了个别抗链霉素菌落。对培养皿(2)和(3)进行比较,就可在平板(2)相应的位置上找到平板(3)上那几个抗性菌落的“孪生兄弟”。然后把平板(2)中最明显的一个部位上的菌落(实际上是许多菌落)挑至不含链霉素的培养液(4)中,经培养后,再涂布在平板(5)上,并重复以上各步骤。上述同一

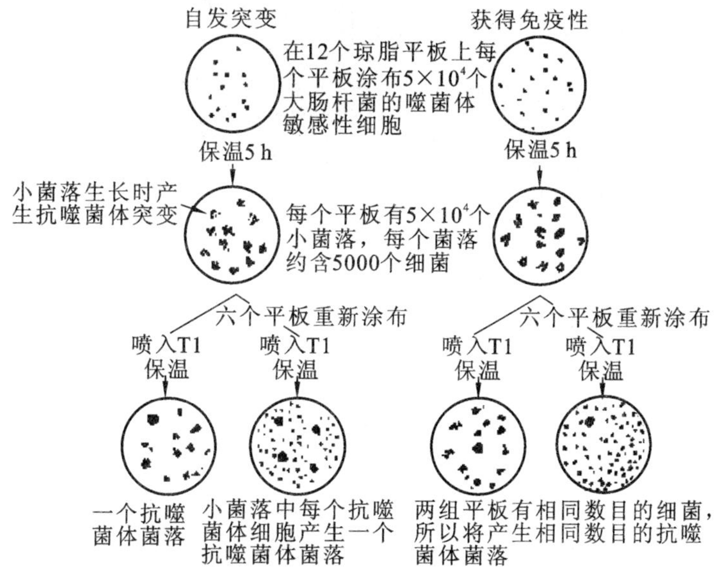

图 6-4　Newcombe 的涂布试验

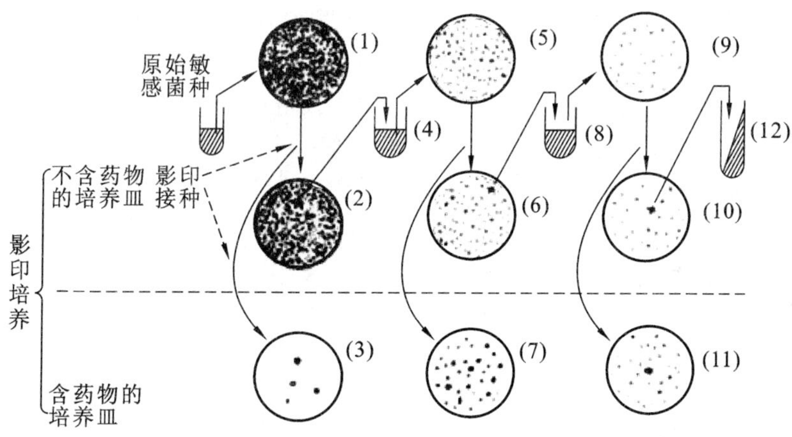

图 6-5　J.Lederberg 等设计的平板影印培养法

过程几经重复后，只要涂上越来越少的原菌液至相当于平板(1)的培养皿(5)和(9)中，就可出现越来越多的抗性菌落，最后甚至可以得到完全纯的抗性菌群体。由此可知，原始的链霉素敏感菌株只通过(1)→(2)→(4)→(5)→(6)→(8)→(9)→(10)→(12)的移种和选择序列，就可以在根本未接触链霉素的情况下筛选出大量的抗链霉素的菌株。

影印培养法不仅在微生物遗传理论的研究中有重要应用，而且在育种实践和其他研究中均有应用。

四、突变的机制

突变的原因是多种多样的，一般可概括如下(图 6-6)。

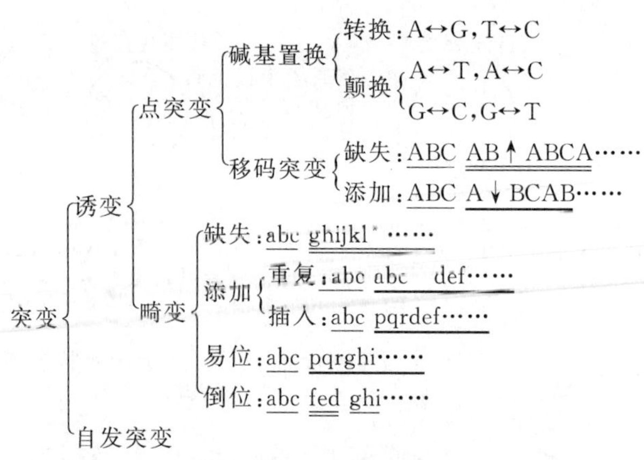

图 6-6 突变的原因

1. 诱变机制

凡能显著提高突变频率的理化因子都可称为诱变剂。诱变剂的种类很多,作用方式多样,即使是同一种诱变剂,也常有几种作用方式。以下从遗传物质结构变化的特点来讨论各种代表性诱变剂的作用机制。

(1) 碱基对的置换。

对 DNA 来说,碱基对的置换属于一种微小的损伤,有时也称为点突变。它只涉及一对碱基被另一对碱基所置换。

置换又可分为两个亚类:一类称为转换,即 DNA 链中的一个嘌呤被另一个嘌呤或是一个嘧啶被另一个嘧啶所置换;另一类称为颠换,即一个嘌呤被另一个嘧啶或是一个嘧啶被另一个嘌呤所置换(图 6-7)。对某一种具体诱变剂来说,既可同时引起转换与颠换,也可只具有其中的一个功能。

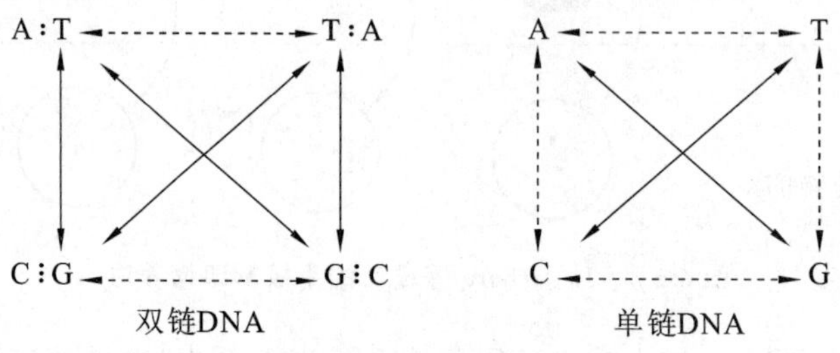

图 6-7 碱基的置换

注:实线表示转换;虚线表示颠换。

由碱基对置换而引起的密码子突变和多肽链合成的可能影响见图 6-8。

根据化学诱变剂是直接还是间接地引起置换,可以分成以下两类。

① 直接引起置换的诱变剂。

它们是一类可直接与核酸碱基发生化学反应的诱变剂,不论在机体内或在离体条件下均有作用。此类诱变剂种类很多,例如亚硝酸、羟胺和各种烷化剂(硫酸二乙酯、甲基磺酸乙酯、N-甲基-N-硝基-N-亚硝基胍、N-甲基-N-亚硝基脲、乙烯亚胺、环氧乙酸、氮芥等),它们可与一个或几个核苷酸发生化学反应,从而引起 DNA 复制时碱基配对的转换,

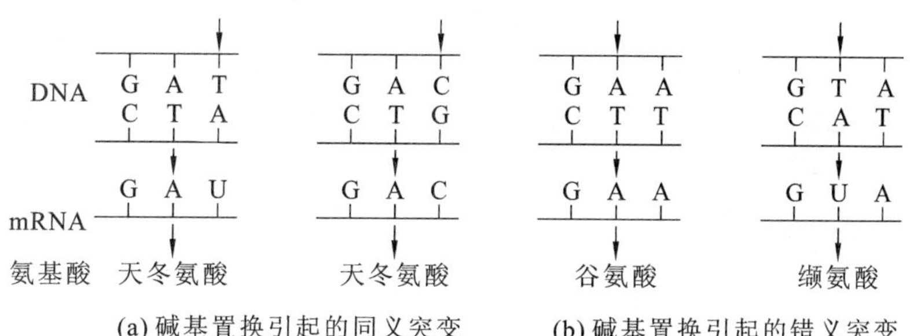

(a) 碱基置换引起的同义突变　(b) 碱基置换引起的错义突变

图 6-8　碱基对置换引起的突变

并进一步使微生物发生变异。能引起颠换的诱变剂很少。

现以亚硝酸为例来说明碱基转换的分子机制。亚硝酸可使碱基发生氧化脱氨作用，故能使腺嘌呤(A)变成次黄嘌呤(H)，以及胞嘧啶(C)变成尿嘧啶(U)，从而发生转换；也可使鸟嘌呤(G)变成黄嘌呤(X)，但这时不能引起转换。以下仅举例说明其中的 A→H 所引起的转换反应。由亚硝酸引起的 A∶T→G⋮C 转换的简式，见图 6-9。

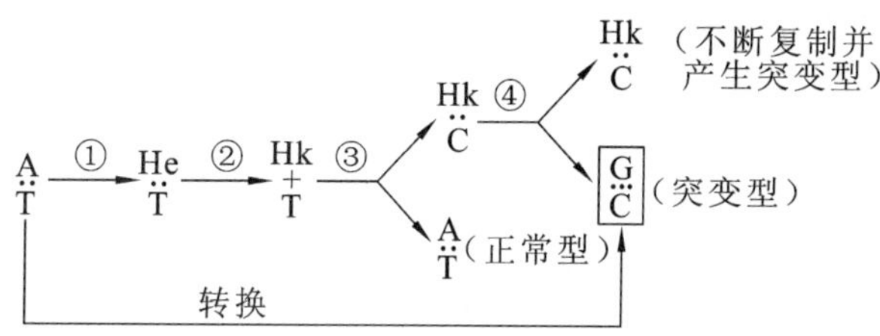

图 6-9　由亚硝酸引起的 A∶T↔G⋮C 转换过程(简式)

② 间接引起置换的诱变剂

引起这类变异的诱变剂是一些碱基类似物，如 5-溴尿嘧啶(5-BU)、5-氨基尿嘧啶(5-AU)、8-氮鸟嘌呤(8-NG)和 2-氨基嘌呤(2-AP)等。它们的作用是通过活细胞的代谢活动掺入 DNA 分子中而引起的，故是间接的。现以 5-溴尿嘧啶为例来加以说明。

5-溴尿嘧啶是碱基 T 的代谢类似物，当把某一微生物在含 5-溴尿嘧啶的培养液中培养时，细胞中有一部分新合成的 DNA 的 T 就被 5-溴尿嘧啶取代。5-溴尿嘧啶一般以酮式状态存在于 DNA 中，因而仍可正常地与碱基 A 配对，这时并未发生碱基对的转换。有时 5-溴尿嘧啶会以烯醇式状态出现在 DNA 中，于是当 DNA 进行复制时，在其相对位置上出现的就是碱基 G，而不是原来的碱基 A，因而引起碱基对从 A∶T 至 G⋮C 的转换。

(2) 移码突变。

这是指由一种诱变剂引起 DNA 分子中的一个或少数几个核苷酸的增添(插入)或缺失，从而使该部位后面的全部遗传密码发生转录和翻译错误的一类突变。吖啶类染料是移码突变的有效诱变剂，诱变机制至今还不是很清楚。由移码突变所产生的突变体称为移码突变株。与染色体畸变相比，移码突变也属于 DNA 分子的微小损伤。

(3) 染色体畸变。

某些理化因子，如 X 射线等的辐射和烷化剂、亚硝酸等，除了能引起点突变外，还会引起 DNA 的大损伤——染色体畸变，既包括染色体结构上的缺失、重复、倒位和易位，又

包括染色体数目的变化。

染色体结构上的变化又可分为染色体内畸变和染色体间畸变两类。染色体内畸变只涉及一个染色体上的变化,例如发生染色体的部分缺失或重复时,其结果可造成基因的减少或增加;又如发生倒位或易位时,则可造成基因排列顺序的改变,但数目不改变。其中,倒位是指断裂下来的一段染色体旋转180°后,重新插入原来染色体的位置上,从而使它的基因顺序与其他基因的顺序方向相反;易位则是指断裂下来的一小段染色体顺向或逆向地插入原来一条染色体的其他部位上。染色体间畸变是指非同源染色体间的易位。

染色体畸变在高等生物中一般很容易观察,而在微生物中,尤其在原核生物中,是近年才证实了它的存在。

实际上,许多理化因子的诱变作用都不是单一功能的。例如,上面曾讨论过的亚硝酸就既有碱基对的转换作用,又有诱发染色体畸变的作用,一些电离辐射也可同时引起基因突变和染色体畸变作用(表6-1)。

表6-1 诱变剂的作用机制及诱变功能

诱变因素	在DNA上的初级效应	遗传效应
碱基类似物	掺入作用	AT↔GC转换
羟胺	与胞嘧啶起反应	GC↔AT转换
亚硝酸	A、G、C的氧化脱氨作用 交联	AT↔GC转换 缺失
烷化剂	烷化碱基(主要是G) 烷化磷酸基团 丧失烷化的嘌呤 糖——磷酸骨架的断裂	AT↔GC转换 AT↔TA颠换 GC↔CG颠换 具大损伤(缺失、易位、倒位、重复)
吖啶类	碱基之间的相互作用(双链变形)	码组移动(+或-)
紫外线	形成嘧啶的水合物 形成嘧啶的二聚体	GC↔AT转换 码组移动(+或-)
电离辐射	碱基的羟基化和降解 DNA降解 糖——磷酸骨架的断裂	AT↔GC转换 码组移动(+或-) 具大损伤(缺失、易位、倒位、重复)
加热	C脱氨基	CG↔TA转换
Mu噬菌体	结合到一个基因中间	码组移动

2. 自发突变的机制

自发突变是指微生物在没有人工参与下所发生的突变。称它为"自发突变",这绝对不意味着这种突变是没有原因的,而只是说明人们对它们还没有很好的认识。对诱变机制的研究启发了人们对自发突变机制的了解。下面讨论几种自发突变的可能机制。

（1）背景辐射和环境因素的诱变。

不少“自发突变”实质上是由于一些原因不详的低剂量诱变因素长期的综合效应。例如充满宇宙空间的各种短波辐射、高温的诱变效应以及自然输送中普遍存在的一些低浓度的诱变物质（在微环境中有时也可能是高浓度）的作用等。

（2）微生物自身代谢产物的诱变。

过氧化氢是微生物的一种正常代谢产物，对脉孢菌具有诱变作用。它可因同时加入过氧化氢酶而降低，如果同时再加入过氧化氢酶的抑制剂（KCN），可以提高自发突变率。这就说明，过氧化氢可能是自发突变中的一种内源诱变剂。在许多微生物的陈旧培养物中易出现自发突变株，可能也是这个原因。

（3）互变异构效应。

在上面关于5-溴尿嘧啶诱变机制的讨论中，已经知道它的作用是由于发生酮式至烯醇式的互变异构效应而引起的。因为A、T、G、C四种碱基的第六位上不是酮基（T、G）就是氨基（C、A），所以有人认为，T和G会以酮式或烯醇式两种互变异构的状态出现，而C和A则可以氨基式或亚氨基式两种状态出现。由于平衡一般倾向于酮式或氨基式，因此，在DNA双链结构中一般总是以A∶T和G⋮C碱基配对的形式出现。可是，在偶然情况下T也会以稀有的烯醇式形式出现，因此在DNA复制到达这一位置的一瞬间，通过DNA聚合酶的作用，它的相对位置上就不再出现常规的A而是出现G，同样，如果C以稀有的亚氨基形式出现在DNA复制到达这一位置时，则在新合成DNA单链的与C相应的位置上就将是A而不是往常的G，这或许就是发生相应的自发突变的原因。

必须指明的是，由于在任何一瞬间，某一碱基是处于酮式还是烯醇式，是氨基式还是亚氨基式状态，目前还无法预测，所以要预言在某一时间、某一基因将会发生自发突变将是难以做到的。但是，人们运用数学方法对这些偶然事件做了大量统计分析后，还是可以发现并掌握其中的规律的。例如，据统计，碱基对发生自发突变的概率为10^{-9}～10^{-6}。

（4）环出效应。

环出效应即环状突出效应。有人提出，在DNA复制过程中，如果其中一单链上偶尔产生一小环，则会因其上的基因越过复制而发生遗传缺失，从而造成自发突变。

3. 紫外线对DNA的损伤及其修复

对紫外线来说，嘧啶要比嘌呤敏感得多，嘧啶的光化产物主要是二聚体和水合物（图6-10）。其中了解较清楚的是胸腺嘧啶二聚体的形成和消除。

紫外线的主要作用是使同链DNA的相邻嘧啶间形成共价结合的胸腺嘧啶二聚体。二聚体的出现会削弱双链间氢键的作用，并引起双链结构发生扭曲变形，阻碍碱基间的正常配对，从而有可能引起突变甚至导致个体死亡。在互补双链间形成嘧啶二聚体的机会较少，但一旦形成就会妨碍双链解开，因而影响DNA的复制和转录，并使细胞死亡。微生物能以多种方式去修复损伤后的DNA，主要有以下几种。

（1）光复活作用。

经紫外线照射后的微生物暴露于可见光下时，可明显降低其死亡率的现象，称为光复活作用。这一现象最早（1949年）是Kelner在大肠杆菌中发现的。

现已了解，经紫外线照射后形成的带有胸腺嘧啶二聚体的DNA分子，在黑暗中会被

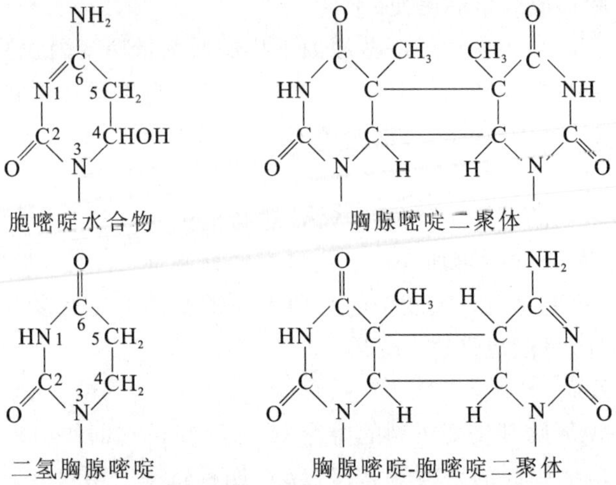

胞嘧啶水合物　　胸腺嘧啶二聚体

二氢胸腺嘧啶　　胸腺嘧啶-胞嘧啶二聚体

图 6-10　嘧啶的紫外线光化产物

一种光激活酶(光裂合酶)结合,当形成的复合物暴露在可见光(300～500 nm)下时,会因获得光能而发生解离,从而使二聚体重新分解成单体。与此同时,光激活酶也从复合物中释放出来,以便重新执行功能(图 6-11)。有人计算过,每一个大肠杆菌细胞中约含有 25 个光激活酶分子。

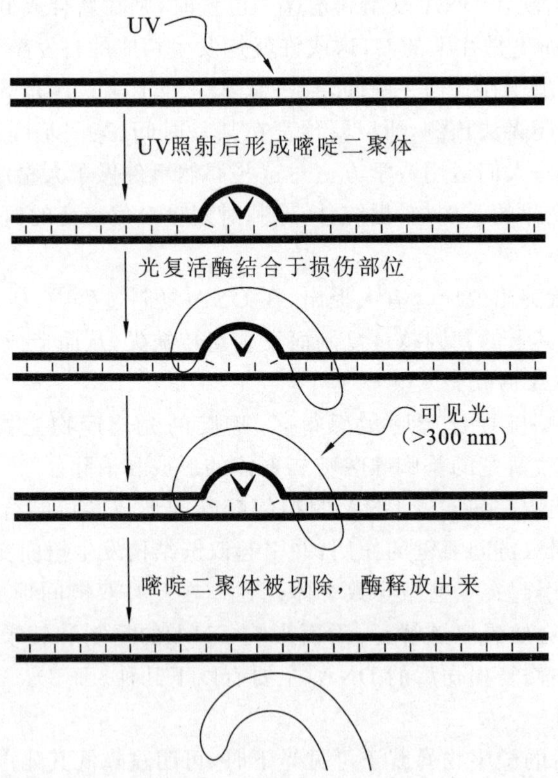

图 6-11　含胸腺嘧啶二聚体 UV 损伤 DNA 的光修复

由于在微生物中一般都存在着光复活作用，所以在进行诱变育种工作时，经紫外线照射后的菌液都须在避光下（可用红光）进行操作或处理。

（2）暗修复作用。

暗修复作用又称切除修复作用，是活细胞内一种用于修复被紫外线等（如烷化剂、X 射线、γ 射线）损伤后的 DNA 的机制。与光复活作用不同，这种修复作用与光无关。如图 6-12 所示，其修复过程中有 4 种酶参与，核酸内切酶在胸腺嘧啶二聚体的 5′一侧切开一个 3′-OH 和 5′-P 的单链缺口；核酸外切酶从 5′-P 至 3′-OH 方向切除二聚体，并扩大缺口；DNA 聚合酶以 DNA 的另一条互补链作模板，从原有链上暴露的 3′-OH 端起逐个延长，重新合成一段缺失的 DNA 链；通过连接酶的作用，把新合成的寡核苷酸的 3′-OH 末端与原链的 5′-磷酸末端连接起来。

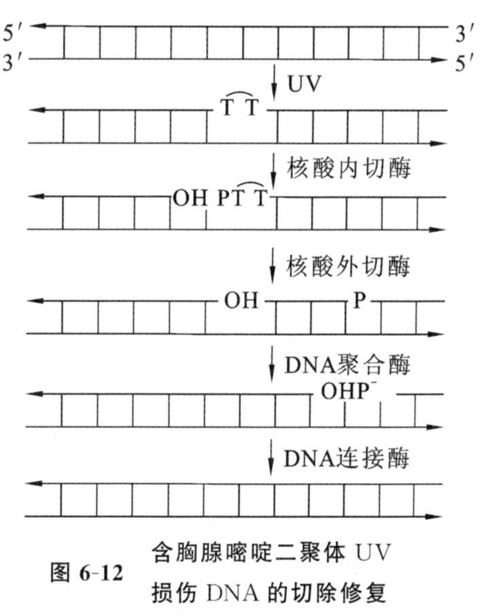

图 6-12 含胸腺嘧啶二聚体 UV 损伤 DNA 的切除修复

（3）SOS 修复作用。

SOS 修复是指紧急修复。SOS 是一组基因，它是 DNA 修复最重要、最广泛的基因集团，它们为 DNA 的损伤所诱导。这些基因在 DNA 未受重大损伤时受阻遏蛋白的抑制，使 mRNA 和蛋白质合成都保持在低水平状态，只合成少量修复蛋白用于零星损伤修复。一旦 DNA 受到重大损伤，少量存在的修复蛋白立即与 DNA 单链结合，结合后其修复活性被激活，激活的修复蛋白切除阻遏蛋白，使基因得以修复表达，产生的修复蛋白对损伤的 DNA 部分（如形成的二聚体）进行切除而修复整个 DNA。因此 SOS 修复是 DNA 分子受到重大损伤时诱导产生的保护 DNA 分子的一种应急反应。

任务二　基因重组原理与技术

凡把两个不同性状个体内的遗传基因转移在一起重新组合，形成新的遗传个体的方式，称为基因重组。基因重组在自然界的微生物细胞之间、微生物与其他高等动植物细胞之间都有发生，也就是说，微生物除了前述的由亲代向子代进行垂直方向的基因传递外，具有多种途径进行水平方向的基因转移（也有称水平漂移）。微生物细胞或作为基因供体向其他微生物细胞提供基因，或作为基因受体接受其他微生物细胞提供的基因，这些基因被整合到受体细胞的染色体或质粒上并表达，使受体细胞具有新的性状。这种基因的转移、交换、重组是生物得以进化的动力。

基因重组可分为自然发生和人为操作两类。在原核微生物中，自然发生的基因重组方式主要有结合、转导、转化和原生质融合等。在真核微生物中有有性杂交、准性杂交、酵母菌 2 μm 质粒转移等。人为操作的基因重组即基因工程。

一、原核微生物的基因重组

1. 转化

受体菌直接吸收来自供体菌的 DNA 片段，通过交换，将其组合到自己的基因组中，从而获得供体菌的部分遗传性状的现象，称为转化，转化后的受体菌称为转化子。转化现象的发现，尤其是转化因子 DNA 本质的证实，是现代生物学发展史上的一个重要里程碑，并由此开创了分子生物学这门崭新的学科。

在原核生物中，转化虽然是一个较普遍的现象，但目前还只在部分细菌种属中发现，例如肺炎双球菌、嗜血杆菌属、芽孢杆菌属、奈氏球菌属、根瘤菌属、链球菌属、葡萄球菌属、假单胞杆菌属和黄单胞杆菌属等。在若干放线菌和蓝细菌，以及少数真核微生物如酵母、粗糙脉孢菌和黑曲霉中，也有转化的报道。在细菌中，肠杆菌科的一些菌很难进行转化，这主要是由于外来 DNA 难以掺入细胞中，而且还由于在受体细胞内常存在降解线状 DNA 的核酸酶。如果用 $CaCl_2$ 处理大肠杆菌，就可发生低频率的转化。

两个菌种或菌株间能否发生转化，与它们在进化过程中的亲缘关系有着密切的联系。但即使在转化率极高的那些菌种中，其不同菌株间也不一定都可发生转化。能进行转化的细胞必须是感受态的。受体菌最易接受外源 DNA 片段并实现转化的生理状态，称为感受态。处于感受态的细胞，其吸收 DNA 的能力有时可比一般细胞大 100 倍。

一般的转化因子都是线状双链 DNA，也有少数报道认为线状单链 DNA 也有转化作用。

用革兰氏阳性的肺炎双球菌作材料，发现转化过程大体如下。

(1) 双链 DNA 片段与感受态受体菌的细胞表面特定位点(主要在新形成细胞壁的赤道区)结合。

(2) 在位点上的 DNA 发生酶促分解，形成平均相对分子质量为$(4\sim5)\times10^6$的 DNA 片段。

(3) DNA 双链中的一条单链逐步降解，同时，另一条单链逐步进入细胞，这是一个耗能过程。相对分子质量小于 5×10^5 的 DNA 片段不能进入细胞。

(4) 转化 DNA 单链与受体菌染色体组上的同源区段配对，接着受体染色体组的相应单链片段被切除，并被外来的单链 DNA 所交换和取代，于是形成了杂种 DNA 区段(它们间的 DNA 顺序不一定互补，故可呈杂合状态)。

(5) 受体菌染色体组进行复制，杂合区段分离成两个，其中之一类似供体菌，另一类似受体菌。当细胞分裂后，此染色体发生分离，于是就形成了一个转化子(图 6-13)。

如果把噬菌体或其他病毒的 DNA(或 RNA)抽提出来，用它去感染感受态的寄主细胞，并进而产生正常的噬菌体或病毒，这种特殊的"转化"称为转染。

2. 转导

通过缺陷噬菌体的媒介，把供体细胞的 DNA 片段携带到受体细胞中，从而使后者获得了前者部分遗传性状的现象，称为转导。

转导现象最早(1952 年)是在鼠伤寒沙门氏杆菌中发现的，以后在许多原核微生物中都陆续发现了转导，如大肠杆菌、芽孢杆菌属、变形杆菌属、假单胞杆菌属、志贺氏杆菌属和葡萄球菌属等。

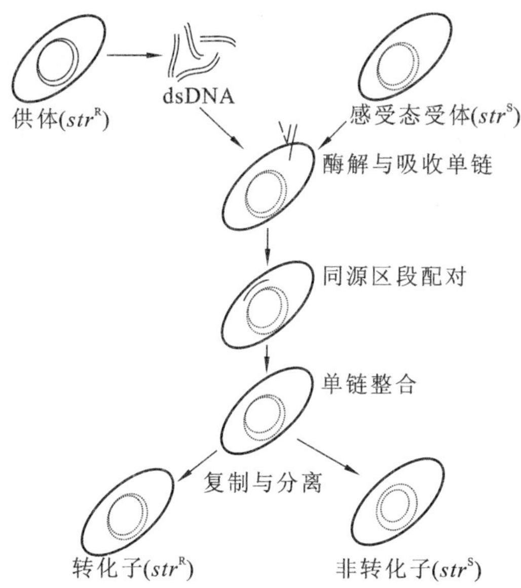

图 6-13　转化过程示意图

(1) 普遍转导。

噬菌体可误包供体菌中的任何基因(包括质粒),并使受体菌实现各种性状的转导,此即普遍转导。普遍转导又可分为以下两种。

① 完全普遍转导。

完全普遍转导简称完全转导,在鼠伤寒沙门氏菌的完全普遍转导试验中,曾以其野生型菌株作供体菌,营养缺陷型菌株为受体菌,P22 噬菌体作为转导媒介。当 P22 在供体菌内发育时,寄主的染色体组断裂,待噬菌体成熟之际,极少数($10^{-8}\sim10^{-5}$)噬菌体的衣壳将与噬菌体头部 DNA 芯子相仿的供体菌 DNA 片段(在 P22 情况下,约为供体菌染色体组的 1%)误包入其中,因此,形成了完全不含噬菌体 DNA 的假噬菌体(一种完全缺陷的噬菌体)。当供体菌裂解时,如把少量裂解物与大量的受体菌群相混,这种误包着供体菌基因的特殊噬菌体就将这一外源 DNA 片段导入受体菌内。由于一个细胞只感染一个完全缺陷的假噬菌体(转导噬菌体),故受体细胞不会发生溶源化,更不会裂解,还由于导入的供体 DNA 片段可与受体染色体组上的同源区段配对,再通过双交换而重组到受体菌染色体上,所以就形成了遗传性稳定的转导子(图 6-14)。

除鼠伤寒沙门氏杆菌 P22 噬菌体外,大肠杆菌的 P1 噬菌体和枯草芽孢杆菌的 PBS1、SP10 等噬菌体都能进行完全普遍转导。

② 流产普遍转导。

在许多获得供体菌 DNA 片段的受体菌内,如果转导 DNA 不能进行重组和复制,其上的基因仅经过转录而得到了表达,就称为流产普遍转导,简称流产转导。当这一细胞进行分裂时,只能将这段 DNA 分配给一个子细胞,而另一个子细胞只获得供体基因的产物——酶,因此仍可在表型上出现供体菌的特征(图 6-15)。所以,能在选择性培养基平板上形成微小菌落成为流产普遍转导的特点。

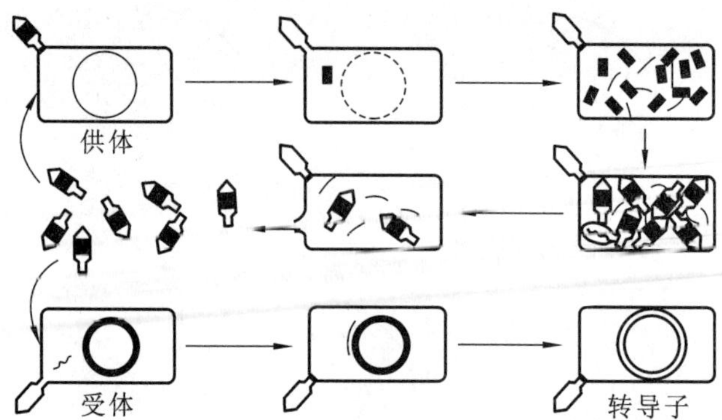

图 6-14　由 P22 噬菌体引起的完全普遍转导

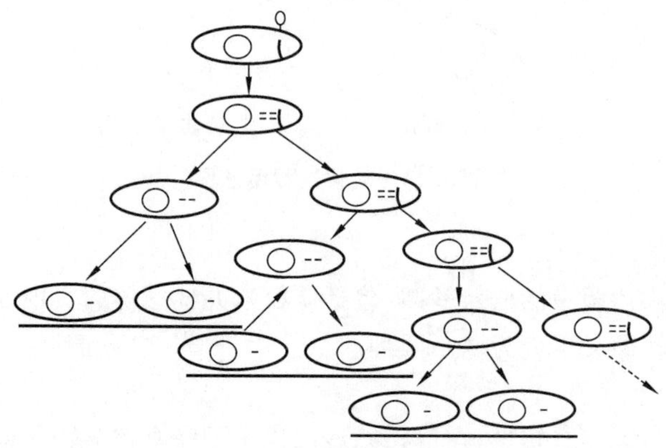

图 6-15　流产普遍转导示意图

(2) 局限转导。

1954 年在大肠杆菌 K12 菌株中发现了局限转导,它是指通过某些部分缺陷的温和噬菌体把供体菌的少数特定基因转移到受体菌中的转导现象。已知当温和噬菌体感染受体菌后,其染色体会整合到细菌染色体的特定位点上,从而使寄主细胞发生溶源化。当该溶源菌因诱导而发生裂解时,在前噬菌体插入位点两侧的少数寄主基因(如大肠杆菌的 λ 前噬菌体,其两侧分别为 *gal* 和 *bio* 基因)会因偶尔发生的不正常切割而连在噬菌体 DNA 上(当然噬菌体也将相应一段 DNA 遗留在寄主染色体上)(图 6-16),两者同时包入噬菌体外壳中。这样,就产生了一种特殊的噬菌体——缺陷噬菌体:它们除含大部分自身的 DNA 外,缺失的基因被几个原来位于前噬菌体整合位点附近的寄主基因取代,因此,它们没有正常噬菌体的溶源性和增殖能力。如果将引起普遍传导的噬菌体称为"完全缺陷"噬菌体的话,则能引起局限转导的噬菌体就是一种"部分缺陷"噬菌体。

局限转导又可分为低频转导和高频转导两种。

① 低频转导(LFT)。

在大肠杆菌 K12 的 λ 噬菌体成熟时,产生转导噬菌体($\lambda dgal$),$\lambda dgal$ 表示带有半乳糖基因的 λ 缺陷噬菌体,频率一般为 $10^{-6} \sim 10^{-4}$,故称为低频转导,用这一裂解物去感染受体菌大肠杆菌 K12 gal^- 群体时,就有极少数受体菌导入了 gal^+,通过交换和重组最终可

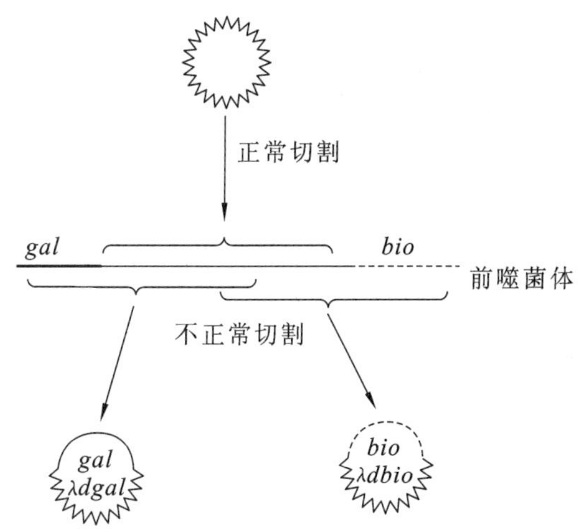

图 6-16　正常 λ 噬菌体和具有局限转导能力的缺陷型 λ 噬菌体的产生机制

gal—半乳糖基因；*bio*—生物素基因

形成少数稳定的 gal^+ 转导子。

② 高频转导(HFT)。

当大肠杆菌 gal^- 受体菌用高感染复数的 LFT 裂解物进行感染时，则凡感染有 λ*dgal* 噬菌体的任一细胞，几乎都同时还感染有野生型(非缺陷型)的正常噬菌体。这时，这两种噬菌体可同时整合到一个受体菌的染色体组上，并使它成为一个双重溶源菌。当双重溶源菌被紫外线等诱导时，其上的正常噬菌体(称为辅助噬菌体)的基因可补偿缺陷噬菌体所缺失的基因的功能，因而两种噬菌体同时获得复制的机会。由此产生的裂解物中，大体上含有等量的 λ 和 λ*dgal* 粒子。如果用这一裂解物去感染另一个大肠杆菌 gal^- 受体菌，则可高频率地将它转导成 gal^+。故这种局限性转导就称为高频转导，而含 λ 及 λ*gal* 各占一半的裂解物就称为 HFT 裂解物。

转导现象在自然界中比较普遍，在低等生物的进化过程中，它可能是产生新的基因组合的一种方式。

还有一种与转导相似但又不同的现象，称为溶源转变。当温和噬菌体感染其寄主而使之发生溶源化时，因噬菌体的基因整合到寄主的基因组上，而使后者获得了除免疫性以外的新性状的现象，称为溶源转变。当寄主丧失这一噬菌体时，通过溶源转变而获得的性状也同时消失。溶源转变与转导有本质上的不同，首先是它的温和噬菌体不携带任何供体菌的基因；其次，这种噬菌体是完整的，而不是缺陷型的。

溶源转变的典型例子是不产毒素的白喉棒状杆菌菌株在被 β 噬菌体感染而发生溶源化时，会变成产白喉毒素的致病菌株；另一例子是鸭沙门氏菌用 E15 噬菌体感染而引起溶源化时，细胞表面的多糖结构会发生相应的变化。国内有人发现，在红霉素链霉菌中的 P4 噬菌体也具有溶源转变能力，它决定了该菌的红霉素生物合成及形成气生菌丝等能力。

3. 接合

通过供体菌和受体菌完整细胞间的直接接触而传递大段 DNA 的过程，称为接合(有时也称“杂交”)。在细菌和放线菌中都存在着接合现象,接合还可发生在不同属的一些种间,如大肠杆菌与沙门氏菌间或沙门氏菌与志贺氏菌之间。

凡有F因子的菌株,其细胞表面就会产生1～4条中空而细长的丝状物,称为性毛(或性菌毛)。它的功能是在接合过程中转移DNA,有关机制还不甚清楚。

根据F因子在细胞中的有无和存在方式的不同,可把大肠杆菌分成以下4种接合类型。

(1) F^+(“雄性”)菌株。

在这种细胞中存在着游离的F因子,在细胞表面还有与F因子数目相当的性毛。当F^+菌株与F^-菌株接合,F^-菌株也转变成F^+(一般达到100%)。F因子的传递过程为:①F因子上的一条DNA单链在特定的位置上发生断裂;②断裂的单链逐渐解开,同时以留下的另一条单链作模板,通过模板的旋转,一方面将解开的一条单链通过性毛推入F^-中,另一方面在供体细胞内重新合成一条新的环状单链,以取代解开的单链,此即称为“滚环模型”;③在F^-细胞中,外来的供体DNA单链上也合成了一条互补的新DNA链,并随之恢复成一条环状的双链F因子,因此,F^-就变成了F^+。

(2) F^-(“雌性”)菌株。

在这种细胞中没有F因子,表面也不具性毛。它可通过与F^+菌株或F'菌株接合,从而使自己成为“雄性”的菌株,同时还可接受来自Hfr(高频重组)菌株的一部分或全部染色体信息。如果是后一种情况,则它在获得一系列Hfr菌株性状的同时,还获得了处于转移染色体末端的F因子,使自己从原来的“雌性”菌株转变成“雄性”菌株。有人统计,从自然界分离的2000个大肠杆菌菌株中,F^-约占30%。

(3) Hfr菌株。

它与F^-接合后的重组频率比与F^+接合后的重组频率高出数百倍。在Hfr细胞中,存在着与染色体特定位点相整合的F因子(产生频率约为10^{-5}),当它与F^-菌株接合时,Hfr染色体在F因子处发生断裂,由环状变成线状,整段线状染色体转移至F^-细胞的全过程约需100 min。在转移时,由于断裂发生在F因子中,所以必然要等Hfr的整条染色体组全部转移完成后,F因子才能完全进入F^-细胞。可是,事实上由于种种原因,这种线状染色体在转移过程中经常会发生断裂,所以Hfr的许多基因虽可进入F^-,但越在前端的基因进入的机会就越多,故在F^-中出现重组子的时间就越早,频率也越高,而F因子因位于最末端,故进入的机会最少,引起性别转化的可能性也最小,因此,Hfr与F^-接合的重组频率虽高,但很少出现F^+菌株。

Hfr菌株的染色体转移与F^+菌株的F因子转移过程基本相同,所不同的是,进入F^-的单链染色体片段经双链化后形成部分合子(又称半合子),然后两者的同源染色体进行配对,一般认为要经过两次或两次以上的交换后才发生遗传重组。

由于上述转移过程存在着严格的顺序性,所以,在实训室中可以每隔一段时间利用强烈搅拌(例如用组织捣碎器或杂交中断器)等措施,使接合对中断接合,从而可以获得呈现不同Hfr性状的F^-接合子。根据这一实训原理,就可选用几种有特定整合位点的Hfr菌株,在不同时间使接合中断,最后根据在F^-细胞中出现Hfr各种性状的时间早晚(用分钟表示)画出一幅比较完整的环状染色体图。

(4) F′菌株。

当 Hfr 菌株内的 F 因子因不正常切割而脱离其染色体组时，可形成游离的但携带一小段(最多可携带三分之一段染色体组)染色体基因的 F 因子，特称 F′因子。携带有 F′因子的菌株，其性状介于 F^+ 与 Hfr 之间，这就是初生 F′菌株。通过初生 F′菌株与 F^- 菌株的接合，就可以使后者转变成 F′菌株，这就是次生 F′菌株。它既获得了 F 因子，又获得了来自初生 F′菌株的若干遗传性状。以这种接合来传递供体菌基因的方式，称为 F 因子转导、性导或 F 因子媒介的转导。这时，受体菌的染色体和由 F′因子所携带来的细菌基因之间，通过同源染色体区(双倍体区)的交换，实现了重组(图 6-17)。

在次生的 F′群体中，大约有 10% 的 F′因子重新整合到染色体组上，而恢复成 Hfr 菌，故该群体显示出来的特征介于 F^+ 和 Hfr 供体菌之间。

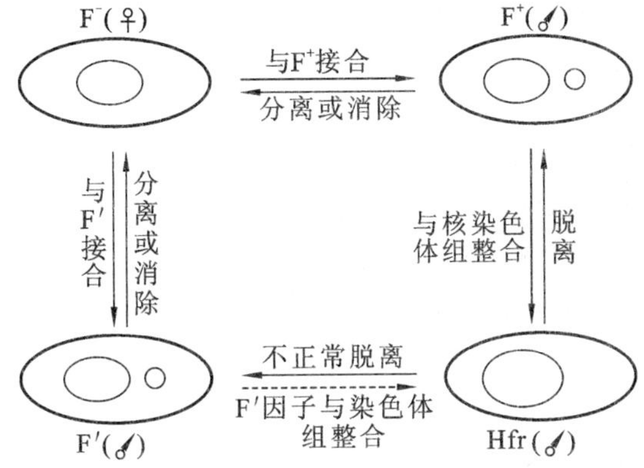

图 6-17 F 质粒的 4 种存在方式及相互关系

4. 原生质体融合

通过人为方法，使遗传性状不同的两细胞的原生质体发生融合，并产生重组子的过程，称为原生质体融合或细胞融合(图 6-18)。这是近年来继转化、转导和接合之后才发现的一种较有效的遗传物质转移手段。

能进行原生质体融合的细胞不仅有原核生物中的细菌、放线菌，而且还有真核微生物中的酵母、霉菌以及高等动、植物细胞。

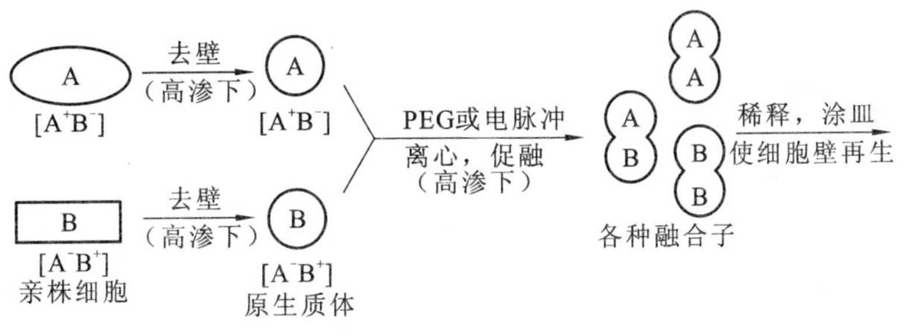

图 6-18 原生质体融合操作示意图

有关原生质体融合的机制还有待研究。细胞融合现象的发现,为一些还未发现转化、转导或接合的原核生物的遗传学研究和育种技术的提高创造了有利的条件,还使种间、属间、科间甚至更远缘的微生物或高等生物细胞间进行融合,以期得到生产性状极其优良的新物种。

二、真核微生物的基因重组

1. 有性杂交

杂交是在细胞水平上发生的一种遗传重组方式。有性杂交,一般指性细胞间的接合和随之发生的染色体重组,并产生新遗传型后代的一种方式。凡能产生有性孢子的酵母菌或霉菌,原则上都可应用与高等动、植物杂交育种相似的有性杂交方法进行育种。现在以工业上常用的酿酒酵母为例来加以说明。

酿酒酵母有其完整的生活史。从自然界中分离得到的,或在工业生产中应用的酵母,一般都是双倍体。将不同生产性状的甲、乙两个亲本(双倍体)分别接种到产孢子培养基(醋酸钠培养基等)斜面上,使其产生子囊,经过减数分裂后,在每个子囊内会形成四个子囊孢子(单倍体)。用蒸馏水洗下子囊,经机械法(加硅藻土和石蜡油,在匀浆管中研磨)或用酶法(如用蜗牛酶处理)破坏子囊,再经离心,然后用获得的子囊孢子涂布平板,就可以得到单倍体菌落。把两个亲体的不同性别的单倍体细胞密集在一起就有更多机会出现种种双倍体的杂交子代。有了各种双倍体的杂交子代后,就可以进一步从中筛选出优良性状的个体。

生产实践中利用有性杂交培养优良品种的例子很多。例如,用于酒精发酵的酵母和用于面包发酵的酵母虽属同一种酿酒酵母,但两者是不同的菌株,表现在前者产酒精率高而对麦芽糖和葡萄糖的发酵力弱,后者则产酒精率低而对麦芽糖和葡萄糖的发酵力强。两者通过杂交,就得到了既能产酒精,又能将其残余的菌体综合利用作为面包厂和家用发面酵母的优良菌种。

2. 准性繁殖

准性繁殖是类似于有性繁殖,但比它更为原始的一种繁殖方式,它可使同一生物的两个不同来源的体细胞经融合后,不通过减数分裂而导致低频率的基因重组。准性繁殖常见于某些真菌,尤其是半知菌中(图 6-19)。

(1) 菌丝联结。

它发生在一些形态上没有区别的,但在遗传性状上可以有差别的同种亲本的体细胞(单倍体)间,发生联结的频率很低。

(2) 形成异核体。

两个体细胞经联结后,使原有的两个单倍体核集中到同一个细胞中,就形成了双相的异核体,异核体能独立生活。

(3) 核融合或核配。

在异核体中的双核,偶尔可以发生核融合,产生双倍体杂合子核。如构巢曲霉和米曲霉核融合的频率为 10^{-7}~10^{-5}。某些理化因素如樟脑蒸气、紫外线或高温等的处理,可以提高核融合的频率。

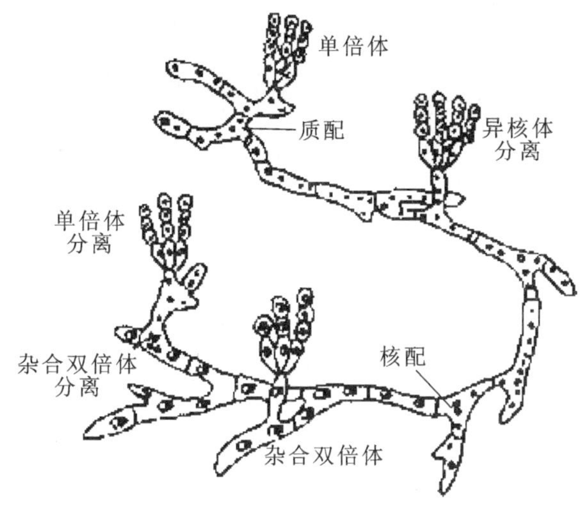

图 6-19　半知菌的准性繁殖示意图

(4) 体细胞交换和单倍体化。

体细胞交换即体细胞中染色体的交换，也称为有丝分裂交换。双倍体杂合子性状极不稳定，在有丝分裂过程中，其中的极少数核中的染色体会发生交换和单倍体化，从而形成极个别的具有新性状的单倍体杂合子。如果对双倍体杂合子用紫外线、γ 射线等进行处理，就会促进染色体断裂、畸变或导致染色体在两个子细胞中的分配不均，因而有可能产生各种不同性状组合的单倍体杂合子。

阅读材料

从基因工程到合成生物学

一、基因工程

基因工程又称 DNA 重组技术，是以分子遗传学为理论基础，以分子生物学和微生物学的现代方法为手段，将不同来源的基因按预先设计的蓝图在体外构建杂种 DNA 分子，然后导入活细胞，以改变生物原有的遗传特性，获得新品种，生产新产品。基因工程技术为基因的结构和功能的研究提供了有力的手段。基因工程包括上游技术和下游技术两大组成部分。上游技术指的是基因重组、克隆和表达的设计与构建(重组 DNA 技术)，下游技术则涉及基因工程菌或细胞的大规模培养以及基因产物的分离纯化过程。基因工程和细胞工程、酶工程、蛋白质工程和微生物工程共同组成了生物工程。

1. 基因工程的发展

由于分子生物学和分子遗传学发展的影响，基因分子生物学的研究也取得了前所未有的进步，为基因工程的诞生奠定了坚实的理论基础。这些成就主要包括 3 个方面：第一，在 20 世纪 40 年代确定了遗传信息的携带者，即基因的分子载体是 DNA 而不是蛋白质，从而明确了遗传的物质基础问题；第二，在 20 世纪 50 年代揭示了 DNA 分子的双螺旋结构模型和半保留复制机制，解决了基

因的自我复制和传递的问题；第三，在20世纪50年代末和20世纪60年代初，相继提出了中心法则和操纵子学说，并成功地破译了遗传密码，从而阐明了遗传信息的流向和表达问题。

在20世纪70年代有两项关键的技术：DNA分子的切割与连接技术。DNA的核苷酸序列分析技术从根本上解决了DNA的结构分析问题，是重组DNA的核心技术。

1975年，世界上第一家基因工程公司"Genetech"注册登记，意味着基因工程的实际应用已进入商业运作的阶段。

基因工程在20世纪取得了很大的进展，这至少有两个有力的证明：一是转基因动、植物，二是克隆技术。转基因动、植物由于植入了新的基因，具有原先没有的全新的性状，这引起了一场农业革命。如今，转基因技术已经开始广泛应用，如抗虫西红柿、生长迅速的鲫鱼等。1997年，世界十大科技突破之首是克隆羊的诞生。这只叫"多利"的母绵羊是第一只通过无性繁殖产生的哺乳动物，它完全继承了给予它细胞核的那只母羊的遗传基因，"克隆"一时成为人们注目的焦点。尽管有着伦理和社会方面的忧虑，但生物技术的巨大进步使人类对未来有了更广阔的想象空间。

进入21世纪，在基因工程发展的基础上，进一步发展了蛋白质工程、代谢工程和基因组工程。

2. 基因工程操作

(1) 提取目的基因。

获取目的基因是实施基因工程的第一步。主要有两条途径：一是从供体细胞的DNA中直接分离基因；二是人工合成基因。

(2) 目的基因与运载体结合。

基因表达载体的构建是实施基因工程的第二步，也是基因工程的核心。

(3) 将目的基因导入受体细胞。

将目的基因导入受体细胞是实施基因工程的第三步。目的基因的片段与运载体在生物体外连接形成重组DNA分子后，下一步是将重组DNA分子引入受体细胞中进行扩增。

(4) 目的基因的检测和表达。

目的基因导入受体细胞后，是否可以稳定维持和表达其遗传特性，只有通过检测与鉴定才能知道。这是基因工程的第四步工作。

3. 基因工程应用

基因工程应用广泛，主要应用在转基因动植物、环境保护、基因工程药品的生产、基因治疗等方面。例如：我国已生产出生长快、耐不良环境、肉质好的转基因鱼；阿根廷生产出乳汁中含有人生长激素的转基因牛、转黄瓜抗青枯病基因的甜椒、转鱼抗寒基因的番茄、转黄瓜抗青枯病基因的马铃薯、不会引起过敏的转基因大豆。基因工程制成的"超级细菌"能吞食和分解多种污染环境的物质。胰岛素是治疗糖尿病的特效药，长期以来只能依靠从猪、牛等动物的胰腺中提取，100 kg 胰腺只能提取 4～5 g 的胰岛素，其产量之低和价格之高可想而知。将合成的胰岛素基因导入大肠杆菌，每 2000 L 培养液就能产生 100 g 胰岛素。大规模工业化生产不但解决了这种比黄金还贵的药品产量问题，还使其价格降低了 30%～50%。干扰素治疗病毒感染简直是"万能灵药"。过去从人血中提取干扰素，300 L 血才提取 1 mg，其"珍贵"程度自不用多说。基因工程人干扰素 α-2b（安达芬）是我国第一种全国产化基因工程人干扰素，它具有抗病毒、抑制肿瘤细胞增生、调节人体免疫功能的作用，广泛用于病毒性疾病治疗和多种肿瘤的治疗，是当前国际公认的病毒性疾病治疗的首选药物和肿瘤生物治疗的主要药物。运用基因工程设计制造的"DNA 探针"检测肝炎病毒等病毒感染及遗传缺陷，不但准确而且迅速。通过基因工程给患有遗传病的人体内导入正常基因可"一次性"解除病人的疾苦。

二、合成生物学

合成生物学是指人们将"基因"连接成网络，让细胞来完成设计人员设想的各种任务。例如把网络同简单的细胞相结合，可提高生物传感性，帮助检查人员确定地雷或生物武器的位置。再如向网络加入人体细胞，可以制成用于器官移植的完整器官。

1. 合成生物学的发展

"合成生物学"一词首次出现在 1911 年的美国《科学》杂志上，2000 年以后在国内外各类学术刊物及互联网上逐渐大量出现。2004 年，合成生物学被美国 MIT 出版的《技术评论》评为"将改变世界的 10 大新技术之一"。2007 年，美国生物经济研究协会发表了题为《基因组合成和设计未来：对美国经济的影响》的研究报告。合成生物学将比 DNA 重组技术发展得更快。

美国国家自然科学基金（NSF）2006 年投入 2000 万美元资助建立"合成生物学工程研究中心"，欧盟"合成生物学"项目也于 2007 年启动。我国以"合成生物学"为主题的科学会议于 2008 年 5 月在北京召开，首届合成微生物学学术研讨会于 2010 年 9 月在上海举行，对我国合成生物学的发展起到重要的推动作用。合成生物学的发展有可能推动生物产业成为继我国"汽车、房地产、旅游"三大支柱产业之后的第四个经济支柱产业。

合成生物学在人类认识生命、揭示生命的奥秘、重新设计及改造生物等方面具有重大的科学意义，代表下一代的生物技术。人们认为合成生物学将会像信息技术一样得到迅速发展，将在能源、化学品、材料、疫苗等领域得到广泛应用，具有巨大的社会效益及经济效益。合成生物学的产业化应用已经初现端倪，据报道，美国两家企业已开始使用人工细菌生产生物燃料，制药公司赛诺菲-安万特公司已经获准使用合成生物学改造的啤酒酵母生产青蒿素。

2. 发展合成生物学的基础理论

以系统生物学思想指导合成生物学理论发展。建立生物功能元件的分析与

测试技术,包括结构元件和调控元件;鉴定(包括发现和整合)生物体(体系)功能模块、分子元件(组件资源),研究对其功能起决定作用的基因组组分结构及其调控机理(组件调控和被调控的定量信息及机理计算)。研究并进而设计和建造具有生物学功能的元件或反应系统、装置和网络,多元件组成的功能单位及其更高级复杂系统的组装等。尝试利用合成生物学方法,以"综合、整体"的思路,研究现代工业生物技术领域的若干难题。

3. 建立合成生物学的基本技术

建立合成生物学所需要的核心工程技术,主要包括以下几个方面。

(1) 建立微量、高并行和高保真的大片段DNA设计和合成技术,建立优化核酸编码、生物系统工作元件和生物系统调控元件技术,建立新生物功能元件设计制造技术。

(2) 建立从单基因到代谢途径的基因全合成及应用的综合生化技术,包括大片段DNA的合成及在体外和体内的拼接、超级寄主细胞的构建、异源基因的高效可控表达等技术,实现技术整合。

(3) 发展体外蛋白质的结构和活力检测技术以及蛋白质人工改造的工程技术,建立蛋白质体外人工生物合成体系,并建立相关的平行化、高通量技术体系。

(4) 构建代谢网络和调控网络的系统检测和分析、设计技术,逐步发展、改造和设计体内构建系统,基于基因组数据库构建跨物种的生物合成路线数据库,建立合成路线设计软件等。

4. 以重要产品为目标的合成生物学设计和改造

针对我国在能源、环境、健康等方面面临的需求与挑战(如生物能源、重要代谢产品与生物基产品等),聚焦若干重要的工业生物体系,在分子和细胞等层次上,实施合成生物学的研究与技术开发。

(1) 基于合成生物学的重大药物设计。

针对重要抗肿瘤新药和生物农药,人工全合成或半合成抗生素的生物合成基因簇,构建超级寄主细胞,实现异源基因的高效、可控表达。

(2) 基于合成生物学的能源产品设计。

针对重要生物燃料、生物能源产品(如丁醇、氢),以能够利用廉价原料或高耐受性微生物作为生物燃料生产的寄主菌株,导入生物燃料的合成途径,获得能够高效利用木质纤维素热化学裂解产物的生物燃料生产菌株,实现生物燃料的高浓度生产,降低其发酵的生产成本。

(3) 基于合成生物学的分子机器设计和合成。

综合高能量、高灵敏度的筛选以及比较基因组学、酶学、结构生物学、基因工程和蛋白质工程的理论和技术,引入研究蛋白质与配体相互作用的技术,通过设计、改造和合成获得高催化活性和高稳定性的重要工业用酶(如纤维素酶)。

三、从基因工程到合成生物学

基因工程通常只涉及少量基因的改造,比如将编码某种蛋白药物的单一基因转入酵母，然后用该酵母发酵生产该药物。代谢工程会涉及大幅度的基因改变，比如为在大肠杆菌中生产某种代谢产物（紫杉醇，尚在研究阶段），必须把一系列相关途径的酶的基因全部导入大肠杆菌，并且敲除不必要和有害的大肠杆菌中原本就有的代谢通路，以构建出一整套大肠杆菌中原本没有的紫杉醇的代谢途径，使大肠杆菌能够生产紫杉醇。

再如，在酵母糖基人源化的改造中，共敲除了酵母的大约 11 个基因，然后导入大约 5 个人类的糖基转移酶基因才初步实现。代谢工程的实质就是基因工程，只是涉及的基因改变的量远比基因工程巨大。

而合成生物学的目标，则是试图采用从自然界分割出来的标准生物学元件（可被修饰、重组乃至创造），进行理性（设计）的重组（乃至从头合成）以获得新的生命（生物体）。

例如，2007 年，有人将丝状支原体的几乎不带蛋白质的裸 DNA 移植到山羊支原体细胞中，首次实现了不同细菌种类的整个基因组的替换，将一种物种变为另一种物种，向从零开始构建简单的基因组迈出关键一步。

再如，2008 年，将完全利用化学方法合成长度达 582970 bp 的生殖道支原体的全基因组克隆到酵母中，该工作向创造“人造生命”又迈进了一步。

至此，人工化学合成病毒和细菌基因组均已实现，这为运用合成生物学方法改造、构建新型细菌，以合成目标产物、降解有害物质等开辟了新的途径。

合成生物学与基因工程明显不同之一就是，前者特别注重代谢流的量化描述（虽然现在很难做到），讲究基因的协调表达和表达量的准确控制。

如果说基因工程代表上一代生物技术，合成生物学则代表下一代的生物技术，并将在能源、化学品、材料、疫苗等领域得到广泛应用。

合成生物学是生物科学在 21 世纪刚刚出现的一个分支学科，其目的在于设计和构建工程化的生物体系，使其能够处理信息、加工化合物、制造材料、生产能源、提供食物和处理污染等，从而应对人类社会发展所面临的挑战。

迄今为止，由于资源分散、理论创新和技术整合不足，我国合成生物学研究基本上尚处于起步阶段。我们必须早做准备，从开始介入就要在生物安全、伦理、知识产权等方面建立必要的法规和制度，以保证合成生物学健康、快速发展。

项目三　微生物的菌种选育技术

良好的菌种是微生物发酵工业的基础，如何获得优良的微生物菌种是微生物工业发展的关键，只有选育到性能优良的生产菌种，才能使微生物工业产品的种类、产量和质量有较大的改善，才能保证得到良好的应用效果。在微生物育种中，获得优良的微生物菌株

主要有以下两个途径。一是通过从不同生态环境中取样进行菌株分离和筛选,从广阔的自然界中获得新的菌种,分离微生物大体上可分为采样、增殖、纯化和性能测定等步骤。二是对已有菌种进行遗传诱变,从中筛选获得具有优良性状的菌株,包括自发突变选育、诱变育种、杂交育种和基因工程育种等。如果不具备育种条件,可以根据有关信息向菌种保藏机构、工厂或科研单位直接索取。

任务一　自发突变与育种技术

一、从自然界分离菌种

我国幅员辽阔,各地气候条件、土质条件、植被条件差异很大,这为自然界中各种微生物的存在提供了良好的生存环境。自然界中微生物种类繁多,有几十万种,但目前已为人类研究及应用的不过千余种。由于微生物到处都有,无孔不入,所以它们在自然界大多是以混杂的形式群居在一起的。而现代发酵工业是以纯种培养为基础的,故采用各种不同的筛选手段,挑选出性能良好、符合生产需要的纯种是工业育种的关键一步。自然界工业菌种分离筛选的主要步骤:采样、增殖培养、培养分离和筛选。如果产物与食品制造有关,还需对菌种进行毒性鉴定。

1. 采样

采样就是从自然界中采集含有目的菌的样品。从何处采样,主要根据筛选的目的、微生物的分布概况及与外界环境的关系等进行具体的分析来决定。

土壤是微生物的大本营,采样时以采集土壤为主。一般在有机质较多的肥沃土壤中,微生物的数量较多,中性偏碱的土壤以细菌和放线菌为主,酸性红土壤及森林土壤中霉菌较多,果园、菜园和野果生长区等富含碳水化合物的土壤和沼泽地中,酵母和霉菌较多。采样的对象也可以是植物、腐败物品、某些水域等。采样时应充分考虑采样的季节性和时间因素,以温度适中、雨量不多的初秋为好。

在选好适当的地点后,用无菌刮铲、土样采集器等,采集有代表性的样品,如特定的土样类型和土层,叶子碎屑和腐殖质,根系及根系周围区域,海底水、泥及沉积物,植物表皮及各部,阴沟污水及污泥,反刍动物第一胃内含物,发酵食品等。

具体采集土样时,就森林、旱地、草地而言,可先掘洞,由土壤下层向上层顺序采集;就水田等浸水土壤而言,一般是在不损坏土层结构的情况下插入圆筒采集。如果层次要求不严格,可取离地面 5～15 cm 处的土。将采集到的土样盛入清洁的聚乙烯袋、牛皮袋或玻璃瓶中。采好的样必须完整地标上样本的种类及采集日期、地点以及采集地点的地理、生态参数等。采好的样品应及时处理,暂不能处理的也应储存于 4 ℃下,但储存时间不宜过长,这是因为一旦采样结束,试样中的微生物群体就脱离了原来的生态环境,其内部生态环境就会发生变化,微生物群体之间就会出现消长。当要分离嗜冷菌时,在室温下保存试样会使嗜冷菌数量明显降低。

在采集植物根际土样时,一般方法是将植物根从土壤中慢慢拔出,浸渍在大量无菌水中约 20 min,洗去黏附在根上的土壤,然后用无菌水漂洗下根部残留的土,这部分土即为根际土样。

在采集水样时，将水样收集于100 mL干净、灭菌的广口塑料瓶中。由于表层水中含有泥沙，应从较深的静水层中采集水样。方法：握住采样瓶浸入水面下30～50 cm处，瓶口朝下打开瓶盖，让水样进入。如果有急流存在，应直接将瓶口反向于急流。水样采集完毕时，应迅速从水中取出采集瓶，水样不应装满采样瓶，采集的水样应在24 h之内迅速进行检测，或者在4 ℃下储存。

2. 增殖培养

一般情况下，采来的样品可以直接进行分离，但是如果样品中所需要的菌类含量并不是很多，而另一些微生物却大量存在，此时，为了容易分离到所需要的菌种，让无关的微生物至少是在数量上不要增加，设法增加所要菌种的数量，以增加分离的概率，可以通过配制选择培养基（如营养成分、添加抑制剂等），选择一定的培养条件（如培养温度、培养基酸碱度等）来控制。具体方法是根据微生物利用碳源的特点，可选定糖、淀粉、纤维素或者石油等，以其中的一种为唯一碳源，那么只有利用这一碳源的微生物才能大量正常生长，而其他微生物就可能死亡或淘汰。对革兰氏阴性菌有选择性的培养基（如结晶紫营养培养基、红-紫胆汁琼脂等）通常含有5%～10%的天然提取物。在分离细菌时，培养基中添加浓度一般为50 μg/mL的抗真菌剂（如放线菌酮和制霉菌素），可以抑制真菌的生长。在分离放线菌时，通常于培养基中加入1～5 mL天然浸出汁（植物、岩石、有机混合腐殖质等的浸出汁）作为最初分离的促进因子，由此可以分离出更多不同类型的放线菌类型。放线菌还可以十分有效地利用低浓度的底物和复杂底物（如几丁质），因此，大多数放线菌的分离培养是在贫瘠或复杂底物的琼脂平板上进行的，而不是在含丰富营养的生长培养基上分离的，在放线菌分离琼脂中通常加入抗真菌剂制霉菌素或放线菌酮，以抑制真菌的繁殖。此外，为了对某些特殊种类的放线菌进行富集和分离，可选择性地添加一些抗生素（如新生霉素）。在分离真菌时，利用低碳氮比的培养基可使真菌生长菌落分散，利于计数、分离和鉴定，在分离培养基中加入一定的抗生素如氯霉素、四环素、卡那霉素、青霉素、链霉素等即可有效地抑制细菌生长及其菌落形成。从土壤中分离产柠檬酸的黑曲霉时，采用含90%甘薯粉醪和10%柠檬酸的增殖培养基，控制pH值在2.0～2.5，黑曲霉得以大量增殖。微生物的营养细胞对热敏感，在60～70 ℃下10 min即被杀死，而芽孢杆菌能抵抗100 ℃或更高的温度，如果目的菌为芽孢杆菌，就可先将样品稀释液经过80 ℃的水浴处理10 min，将所有营养细胞全部杀死而保留芽孢，然后进行增殖或直接分离，这样的筛选效果就很好。

3. 培养分离

通过增殖培养，样品中的微生物还是处于混杂生长状态，因此，还必须分离、纯化。在这一步，增殖培养的选择性控制条件还应进一步应用，而且要控制得细一点、好一点。同时必须进行纯种分离，常用的分离方法有稀释分离法、划线分离法和组织分离法。稀释分离法的基本方法是将样品进行适当稀释，然后将稀释液涂布于培养基平板上进行培养，待长出独立的单个菌落后进行挑选分离。划线分离法要首先倒培养基平板，然后用接种针（接种环）挑取样品，在平板上划线。划线方法可用分步划线法或一次划线法，无论用哪种方法，基本原则都是要确保培养出单个菌落。组织分离法主要用于食用菌菌种或某些植物病原菌的分离,分离时,首先用10%漂白粉或0.1%升汞液对植物或器官组织进行表面消毒,用无菌水洗涤数次后,移植到培养皿中的培养基上,于适宜温度培养数天后,可见微生物向组织块周围扩展生长。经菌落特征和细胞特征观察确认后,即可由菌落边缘挑取部分菌种移接斜面培养。

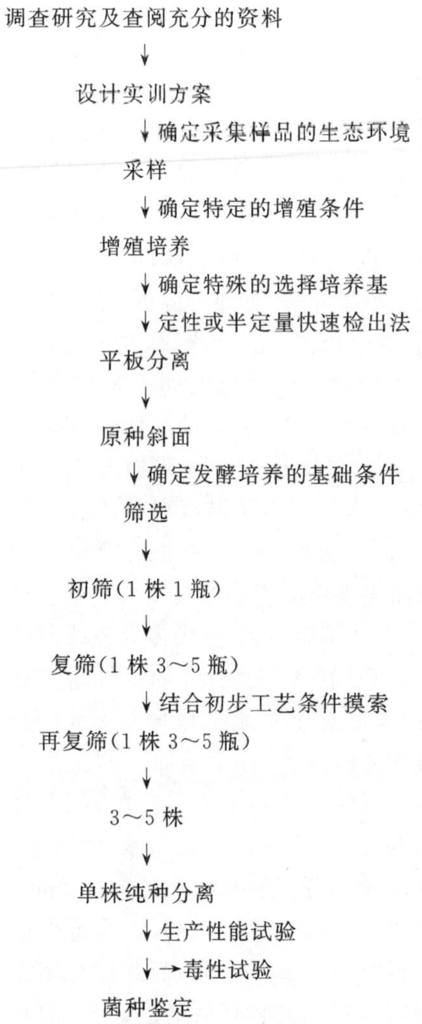

对于有些微生物如毛霉、根霉等在分离时,由于其菌丝的蔓延性,极易生长成片,很难挑取单菌落。常在培养基中添加0.1%的去氧胆酸钠或在察氏培养基中添加0.1%的山梨糖及0.01%的蔗糖,利于单菌落的分离。

4. 筛选

经过分离培养,在平板上出现很多单个菌落,通过菌落形态观察,选出所需菌落,然后取菌落的一半进行菌种鉴定,对于符合目的菌特性的菌落,可将之转移到试管斜面纯培养。这种从自然界中分离得到的纯种称为野生型菌株,得到野生型菌株只是筛选的第一步,所得菌种是否具有生产上的实用价值,能否作为生产菌株,还必须采用与生产相近的培养基和培养条件,通过三角瓶进行小型发酵试验,以求得到适合于工业生产用的菌种。如果此野生型菌株产量偏低,达不到工业生产的要求,可以留之作为菌种选育的出发菌株。

5. 毒性试验

自然界的一些微生物在一定条件下会产生毒素,为了保证食品的安全性,凡是与食品工业有关的菌种,除啤酒酵母、脆壁酵母、黑曲霉、米曲霉和枯草芽孢杆菌不需作毒性试验外,其他微生物均需通过两年以上的毒性试验。

菌种筛选主要步骤如图6-20所示。

调查研究及查阅充分的资料
↓
设计实训方案
↓确定采集样品的生态环境
采样
↓确定特定的增殖条件
增殖培养
↓确定特殊的选择培养基
↓定性或半定量快速检出法
平板分离
↓
原种斜面
↓确定发酵培养的基础条件
筛选
↓
初筛(1株1瓶)
↓
复筛(1株3～5瓶)
↓结合初步工艺条件摸索
再复筛(1株3～5瓶)
↓
3～5株
↓
单株纯种分离
↓生产性能试验
↓→毒性试验
菌种鉴定

二、从生产中选育

在日常的大生产过程中,微生物也会以一定频率发生自发突变,富于实际经验和善于细致观察的人们就可以及时抓住这类良机来选育优良的生产菌种。例如,从污染噬菌体的发酵液中有可能分离到抗噬菌体的再生菌;又如,在酒精工业中,曾有过一株分生孢子为白色的糖化菌“上酒白种”,就是在原来孢子为黑色的宇佐美曲霉3578发生自发突变后及时从生产过程中挑选出来的,这一菌株不仅产生丰富的白色分生孢子,而且糖化率比原菌株强,培养条件也比原菌株粗放。

三、定向培育优良菌种

任何育种工作者都希望自己能在最短的时间内培育出比较理想的菌株，因此，定向培育微生物的工作是与微生物的应用相伴发展的。

定向培育一般是指用某一特定环境长期培养某一微生物培养物（群体），同时不断对它们进行移种传代，以达到积累和选择合适的自发突变体的一种古老的育种方法。由于自发突变的频率较低，变异程度较轻微，所以培育新种的过程一般十分缓慢。与诱变育种、杂交育种和基因工程技术相比，定向培育法处于守株待兔的被动状态，除某些抗性突变外，往往要坚持相当长的时间才能奏效。

吡哆醇异烟肼定向培育异烟肼的吡哆醇高产菌株的方法：先在培养皿中加入10 mL 的一般琼脂培养基，斜放于皿底，待凝固后将皿底放平，再在原先的培养基上倒10 mL 含有适当浓度（通过试验来决定）的异烟肼的培养基，待凝。用此法制成的琼脂平板上存在着一个从浓到稀的异烟肼的浓度梯度。然后在平板表面涂以大量微生物细胞，经培养后，右边是低浓度异烟肼区域，因此长满了原始的敏感菌；左边则是高浓度区域，故该微生物的生长受到了抑制；只有在适中的部位才出现少数由抗异烟肼的细胞所形成的菌落。这类抗性菌落由于产生了某种自发突变，所以能抗异烟肼的抑制。根据微生物产生抗药性的原理，它们有可能因产生了可分解异烟肼的酶类，也有可能通过合成更高浓度的代谢产物（吡哆醇）来克服异烟肼的竞争性抑制作用。这类试验结果证明，多数菌株因发生了后一性质的变异才获得抗性，这样，利用梯度培养皿就达到了定向培育某一代谢产物高产菌株的目的。例如，在酵母菌中，通过梯度培养皿法曾获得吡哆醇产量提高 7 倍的变异株。应用同样原理，还获得过许多其他有关代谢产物的高产菌株。

任务二　诱变育种技术

从自然界直接分离的菌种，一般而言其发酵活力往往是比较低的，不能达到工业生产的要求，因此要根据菌种的形态、生理上的特点来改良菌种。以微生物的自然变异为基础的生产选种的概率并不高，因为这种变异率太小，仅为 $10^{-10} \sim 10^{-6}$。为了加大其变异率，采用物理和化学因素促进其诱发突变，这种以诱发突变为基础的育种就是诱变育种，它是国内外提高菌种产量、性能的主要手段。诱变育种具有极其重要的意义，当今发酵工业所使用的高产菌株，几乎都是通过诱变育种而大大提高了生产性能。诱变育种不仅能提高菌种的生产性能，而且能改进产品的质量、扩大品种数量和简化生产工艺等。从方法上讲，它具有方法简便、工作速度快和效果显著等优点。因此，虽然目前在育种方法上，杂交、转化、转导以及基因工程、原生质体融合等方面的研究都在快速地发展，但诱变育种仍为目前比较重要、广泛使用的育种手段。

一、诱变育种的基本环节

诱变育种的具体操作环节很多，且常因工作目的、育种对象和操作者的安排而有所差异，但其中最基本的环节是相同的。现以产量变异为例概括如下（图 6-21）。

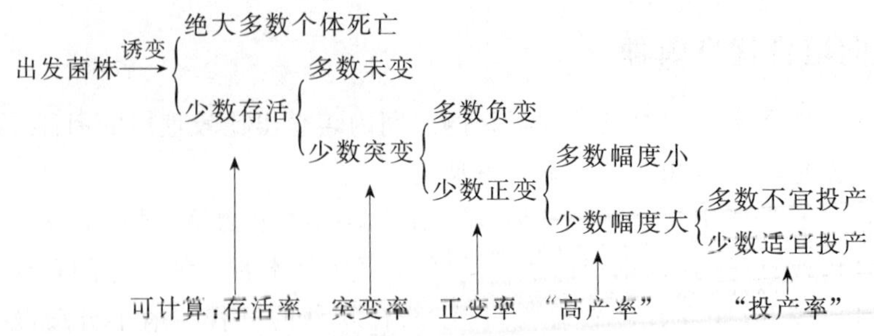

图 6-21 诱变育种的基本环节

二、诱变育种工作中的几个原则

1. 选择简便有效的诱变剂

诱变剂主要有两大类,即物理诱变剂和化学诱变剂。物理诱变剂如紫外线、X 射线、γ 射线和快中子等;化学诱变剂的种类极多,其中烷化剂类由于能和辐射一样引起基因突变和染色体畸变,所以也有"拟辐射物质"之称。

要知道某一诱变剂是否有诱变作用以及诱变作用的强弱程度,从生产实践的角度来看,最理想的方法是设法直接测定它对提高某一菌种产量的实际效果究竟有多大。可是在具体工作中,由于这种方法所需的工作量太大,定量性状不易确定,所以常用其他简便而间接的定性方法来代替,例如营养缺陷型的回变法、抗药性突变法、形态突变法或溶源细菌的裂解法等。采用这些替代方法的理论依据:一切生物的遗传物质都是核酸,尤其是 DNA,一切诱变剂的作用机制都是引起 DNA 分子结构的改变。因此,凡对微生物有效的诱变剂,对高等生物同样有效,反之亦然;同时,凡能引起某一性状突变的诱变剂,对其他性状也必然有类似的作用。于 1973 年建立的利用一组鼠伤寒沙门氏菌营养缺陷型的回复突变来检测各种化学物质对高等动物是否有致癌作用的艾姆氏试验法,就是利用上述诱变剂"共性原则"的一个范例。利用这种大大简化后的方法,发现化学药剂对细菌的诱变率与其对动物的致癌性成正比(约有 95%的致癌剂都是诱变剂)。

2. 挑选优良的出发菌株

出发菌株就是用于育种的原始菌株。选用合适的出发菌株,就有可能提高育种工作的效率。在育种工作中,可以参考以下一些实际经验来选用出发菌株。

(1) 最好是生产中选育过的自然变异菌株。

(2) 采用具有有利性状的菌株,如生长速度快、营养要求低以及产孢子早而多的菌株。

(3) 由于有些菌株在发生某一变异后,会提高其他诱变因素的敏感性,故有时可考虑选择已发生其他变异的菌株作为出发菌株。例如,在金霉素生产菌株中,曾发现当以分泌黄色色素的菌株为出发菌株时,只会使产量下降,而以失去色素的变异菌株作为出发菌株时,则产量会不断提高。

(4) 在细菌中曾发现一类称为增变菌株的变异菌株,它们对诱变剂的敏感性比原始菌株大为提高,故更适宜作为出发菌株。

(5) 在选择产核苷酸或氨基酸的出发菌株时,最好考虑至少能累积少量所需产品或其前体的菌株，而在选择产抗生素的出发菌株时，最好选择已通过几次诱变并发现每次的效价都有一定程度提高的菌株作为出发菌株。

3. 处理单孢子(或单细胞)悬液

在诱变育种中，所处理的细胞必须是单细胞的、均匀的悬液状态。这是因为，一方面分散状态的细胞可以均匀地接触诱变剂，另一方面又可避免长出不纯菌落。

在某些微生物中，即使用这种单细胞悬浮液来处理还是很容易出现不纯的菌落，这是由于在许多微生物的细胞内同时含有几个核。有时，虽已处理了单核的细胞或孢子，但由于诱变剂一般只作用于DNA双链中的某一条单链，故某一突变无法反映在当代表型上，只有经过DNA的复制和细胞分裂后，才会使表型发生变异，于是出现了不纯菌落，这就称为表型延迟。这类不纯菌落的存在，也是诱变育种工作中初分离的菌株经传代后很快出现生产性状"衰退"的主要原因。

鉴于上述原因，在诱变霉菌或放线菌时应处理它们的孢子，对芽孢杆菌则应处理它们的芽孢。微生物的生理状态对诱变处理也会产生很大的影响，细菌一般以对数期为好，霉菌或放线菌的分生孢子一般处于休眠状态，所以培养时间的长短对孢子的影响不大，但稍加萌发后的孢子则可提高诱变效率。

在实际工作中，要得到均匀分散的细胞悬液，通常可用无菌的玻璃珠来分散成团的细胞，然后用脱脂棉过滤。至于诱变后出现的不纯菌落，则可用适当的分离纯化方法加以纯化。

4. 选用最适剂量

各类诱变剂剂量的表达方式不同，如紫外线的剂量指强度与作用时间的乘积，化学诱变剂的剂量则以在一定温度下诱变剂的浓度和处理时间来表示。在育种实践中，还常采用杀菌率作为诱变剂的相对剂量。在产量性状的诱变育种中，凡在提高诱变率的基础上，既能扩大变异幅度又能促使变异移向正变范围的剂量，就是合适的剂量。

要确定一个合适的剂量，常常要经过多次试验。就一般微生物而言，诱变率往往随剂量的增高而提高，但达到一定剂量后，再提高剂量反而会使诱变率下降。根据对紫外线、X射线和乙烯亚胺等诱变效应的研究结果，发现正变较多地出现在偏低的剂量中，而负变则较多地出现于偏高的剂量中，尤其是对于经过多次诱变所获得的高产菌株，在较高剂量时负突变率更高。因此，在诱变育种工作中，目前比较倾向于采用较低的剂量。例如，在用紫外线作诱变剂时，倾向采用杀菌率为70%～75%，甚至更低(30%～70%)的剂量，特别是对于经多次诱变后的高产菌株更是如此。

紫外诱变的方法是：将10 mL菌悬液放在直径为9 cm的培养皿中，液层厚度约为2 mm，启动磁力搅拌器，使用功率为15 W的紫外灯管，照射距离为30 cm，照射时间以几秒至数十分钟为宜，具芽孢的菌株需处理10 min。为准确起见，照射前紫外灯应先预热20～30 min，然后进行处理。不同的微生物对于紫外线的敏感程度不一样，因此不同的微生物对于诱变所需要的剂量也不同。在紫外灯的功率、照射距离已定的情况下，决定照射剂量的只有照射时间，这样可以设计一个照射不同时间(照射时间呈梯度变化)的试验，根据不同时间照射的死亡率作出照射时间与死亡率的曲线，这样就可以选择适当的照射剂量。试验时，为了避免光复活现象，处理过程应在暗室的红光下操作，处理完毕后，将盛菌

悬液的器皿用黑布包起来培养,然后进行分离筛选。为了提高变异率,可采用紫外线与光照复活交替处理,当应用一次紫外线处理后,光照复活一次,突变率会降低,但当增加剂量再次用紫外线照射时,变异频率会增加。据报道,灰色链霉菌经6次交替处理,变异率从最初的14.6%提高到35%。

5. 利用复合处理的协同效应

诱变剂的复合处理常常呈现一定的协同效应,这对于育种实践是很有参考价值的。复合处理方法包括两种或多种诱变剂的先后使用,同一种诱变剂的重复使用,两种或多种诱变剂的同时使用等。如果能用不同作用机制的诱变剂来做复合处理,可能取得更好的诱变效果。

6. 利用和创造形态、生理与产量间的相关指标

为了确切地了解某一突变株产量性状的提高程度,必须进行大量的分析测定和统计工作,而一些形态变异虽能直接和迅速地加以观察,但又不一定与产量变异相关。如果能找到这两者间的相关性,则初筛效率就可大大提高。例如,在灰黄霉素产生菌荨麻青霉的育种中,发现菌落的棕红色变深时,产量往往有所提高。

利用鉴别性培养基或其他途径,把原来肉眼无法观察的生理性状或产量性状转化为可见的"形态"性状,可大大提高筛选效率。如通过观察蛋白酶水解圈、淀粉酶变色圈、氨基酸显色圈、抗生素抑菌圈、指示菌指示圈的变化等都是在初筛工作中创设"形态"指标来估计某突变株代谢产量的成功事例。

7. 设计和采用高效筛选方案和方法

通过诱变处理,在微生物群体中会出现种种突变型个体,但其中绝大多数是负变体,要从其中把极个别的产量提高较显著的正变体筛选出来可能比沙里淘金还要难。为了花费最少的工作量,又能在最短的时间内取得最大的成效,就要求努力设计和采用效率较高的科学筛选方案和具体的筛选方法。

关于筛选方案,在实际工作中,一般认为筛选过程以初筛与复筛两个阶段进行为好。前者以量(选留菌株的数量)为主,后者以质(测定数据的精确度)为主。例如,在工作量限度为200只摇瓶的具体条件下,为了取得最大的工效,有人提出了以下的筛选方案。

第一轮:

一个出发菌株 —诱变剂处理→ 选出200个单孢子菌株 —初筛(每株1瓶)→ 选出50株 —复筛(每株4瓶)→ 选出5株

第二轮:

五个出发菌株 —诱变剂处理→ {→40株, →40株, →40株, →40株, →40株} —初筛(每株1瓶)→ 选出50株 —复筛(每株4瓶)→ 选出5株

第三轮、第四轮……(都同第二轮)

初筛既可在培养皿平板上进行,也可在摇瓶中进行,两者各有利弊。如在平板上进行,则快速简便,工作量小,结果直观性强(例如上述的变色圈、透明圈、生长圈、抑菌圈或沉淀圈等生理效应的测定),缺点则是由于培养皿平板上的种种条件与摇瓶培养,尤

其与发酵罐中进行液体深层培养时的条件有很大差别，所以两者结果常不一致，但也有十分一致的例子，例如，在柠檬酸生产菌宇佐美曲霉的筛选进程中，有人把待测菌株的单孢子用特制的不锈钢多点接种器接种到浸有淀粉培养基和溴甲酚绿指示剂的厚滤纸片上，经培养后，根据黄色变色圈的直径和菌落直径之比，就可筛选出产量较高的菌种。

对突变株的生产性能做比较精确的工作常称为复筛。一般是将微生物接种在三角瓶内的培养液中作振荡培养（摇瓶培养），然后对培养液进行分析测定。在摇瓶培养中，微生物在培养液内分布均匀，既能满足丰富的营养，又能获得充足的氧气（对好氧微生物而言），因此与发酵罐的条件比较接近，所以测得的数据就更具有实际意义。此法的缺点是需要较多的劳力、设备和时间，故产量难以大幅度增加。

三、营养缺陷型的筛选

营养缺陷型是指通过诱变而产生的，在一些营养物质（如氨基酸、维生素和碱基等）的合成能力上出现缺陷，因此必须在基本培养基中加入相应的有机营养成分才能正常生长的变异菌株。变异前的原始菌株称为野生型。凡能满足某一菌种的野生型或原养型菌株营养要求的最低成分的合成培养基，称为基本培养基，常以“[－]”表示；如果在基本培养基中加入一些富含氨基酸、维生素和碱基之类的天然物质（如蛋白胨、酵母膏等），以满足该微生物的各种营养缺陷型都能生长的培养基，就称为完全培养基，常用“[＋]”表示；如果在基本培养基上只是有针对性地加上某一种或几种其自身不能合成的营养成分，以满足相应的营养缺陷型生长的培养基，则称为补充培养基，可按所加成分相应的用“[A]”“[B]”等来表示。

营养缺陷型菌株不论是在基本理论和应用理论研究上，还是在生产实践工作中都有十分重要的意义。在科学试验中，它们既可作为研究代谢途径和杂交（半知菌的准性杂交、细菌的接合）、转化、转导和原生质体融合等遗传规律所必不可少的标记菌种，也可作为氨基酸、维生素或碱基等物质生物测定的试验菌种；在生产实践中，它们既可直接用作发酵生产核苷酸、氨基酸等代谢产物的生产菌株，也可作为生产菌种杂交育种必不可少的带有特定标记的亲本菌株。

筛选营养缺陷型菌株一般要经过诱变剂处理、淘汰野生型、检出和鉴定营养缺陷型4个环节。现分述如下。

1. 诱变剂处理

与上述一般处理相同。

2. 淘汰野生型

在诱变后的存活个体中，营养缺陷型的比例一般较低，通常只有千分之几至百分之几。通过抗生素法或菌丝过滤法就可以淘汰为数众多的野生型菌株，从而达到了“浓缩”营养缺陷型的目的。

在抗生素法中，青霉素法主要适用于细菌，其原理是青霉素能抑制细菌细胞壁的生物合成，因而能杀死生长繁殖的细菌，但不能杀死处于休止状态的细菌。如果将诱变后的细菌在含有青霉素的基本培养基中培养,就可淘汰大部分生长繁殖活跃的野生型细胞,从而达到“浓缩”营养缺陷型细胞的目的。制霉菌素法则适合于真菌,制霉菌素是大环内酯类抗生素,可与真菌细胞膜上的甾醇作用,引起细胞膜损伤,因为它只能杀死生长繁殖的酵母或霉菌,所以也可以用于淘汰相应的野生型菌株和“浓缩”营养缺陷型菌株。

菌丝过滤法只用于有丝状真菌的场合。其原理是在基本培养基中,野生型的孢子能发芽成菌丝,而营养缺陷型则不能,因此,将诱变剂筛后的孢子在基本培养基中培养一段时间后,再进行过滤,如此重复数次后,就可以去除大部分野生型个体,同样达到“浓缩”营养缺陷型的目的。

3. 检出营养缺陷型

检出营养缺陷型菌株的方法很多。在同一培养皿上就可检出的有夹层培养法和限量补充培养法,要在不同培养皿上分别进行对照和检出的有逐个检出法和影印接种法。现分别介绍如下。

(1) 夹层培养法。

先在培养皿上倒一层不含菌的基本培养基,待凝固后再添加一层混有经诱变剂处理菌液的基本培养基,其上再浇一薄层不含菌的基本培养基,经培养后,在皿底用笔对首次出现的菌落一一做好记号。再加一层完全培养基,经培养后新出现的小菌落多数是营养缺陷型(图 6-22)。

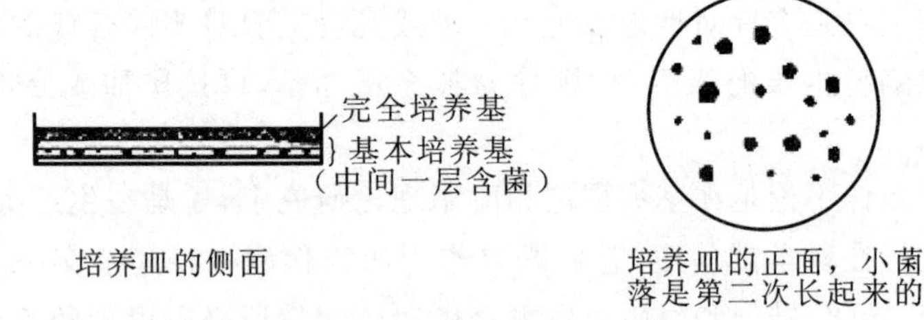

图 6-22　夹层培养法及结果

(2) 限量补充培养法。

把诱变处理后的细胞接种在含有微量(0.01%以下)蛋白胨的基本培养基上,野生型迅速长成较大的菌落,而营养缺陷型则生长缓慢,并只能形成微小的菌落。如果想得到某一特定营养缺陷型菌株,也可直接在基本培养基上加入微量的相应物质。

(3) 逐个检出法。

把经诱变处理后的细胞涂布在完全培养基平板上,待长成单个菌落后,用接种针或灭过菌的牙签把这些单个菌落逐个依次地分别接种到基本培养基和另一完全培养基上。经培养后,如果在完全培养基某一部位上出现菌落,而在基本培养基的相应位置上不长,说明这是一个营养缺陷型。

(4) 影印接种法。

将诱变处理后的细胞涂布在完全培养基表面上,经培养后长出菌落。然后用前面已介绍过的影印接种工具,把此培养皿上的全部菌落转印到另一基本培养基平板上。经培养后，比较这两个培养皿上长出的菌落。如果发现在前一培养基上某一部位长有某菌落，而在后一培养基的相应部位没有，说明这是一个营养缺陷型(图 6-23)。

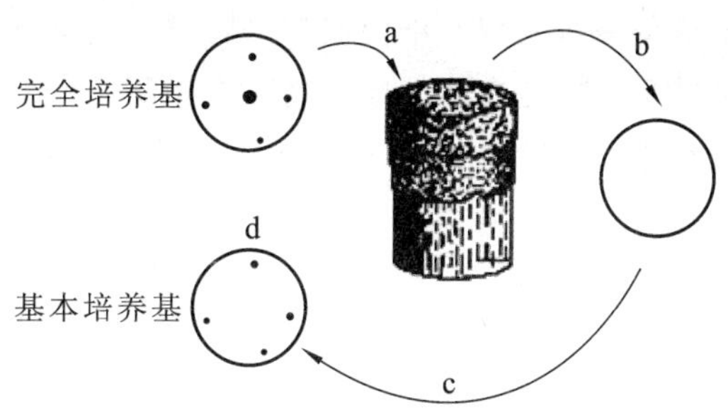

图 6-23　影印接种法检出营养缺陷型突变株

4. 鉴定营养缺陷型

把生长在完全培养基里的营养缺陷型细胞或斜面孢子洗下，用无菌水离心清洗后，配成浓度为 10^7～10^8 个/mL 的悬液，随后取 0.1 mL 与基本培养基均匀混合，再倒在培养皿上。待表面稍干燥后，在皿背划若干区域，然后在其上加微量的氨基酸、维生素、嘌呤、嘧啶等营养物(也可用滤纸片法)。经培养后，如果发现某一营养物的周围有微生物的生长圈，说明该微生物就是它的相应营养缺陷型。

任务三　基因工程与工业菌种改良技术

基因工程技术也称体外重组 DNA 技术，是指将含目的基因的 DNA 片段经体外操作与载体连接，转入一个受体细胞并使之扩增、表达的过程。基因工程育种是指利用重组 DNA 技术而达到定向改变菌种遗传特性或创造新菌种之目的的一种育种技术，因此比其他育种方法更有目的性和方向性，效率更高。

基因工程的主要操作步骤包括目的基因的获得、载体的选择、目的基因与载体 DNA 的体外重组、重组载体导入受体细胞及重组菌的筛选与鉴定。如图 6-24 所示。

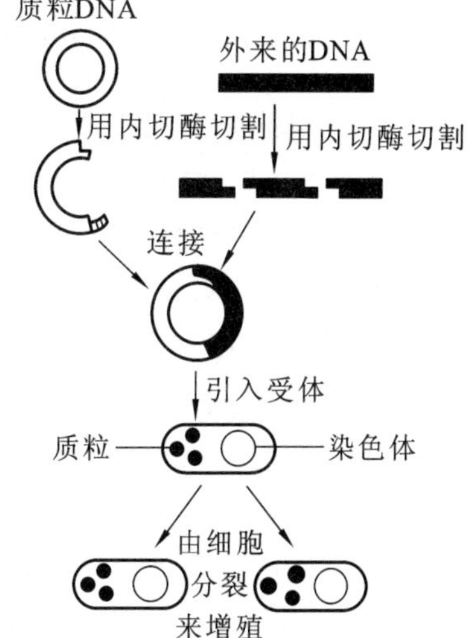

图 6-24　基因工程操作过程模式图

一、目的基因的获得

目的基因的获得一般有四条途径：从生物细胞中提取、纯化染色体 DNA 并经适当的限制性内切酶部分酶切；经反转录酶的作用由 mRNA 在体外合成互补 DNA(cDNA)，主要用于真核微生物及动、植物细胞中特定基因的克隆；化学合成，主要用于那些结构简单、核苷酸顺序清楚的基因的克隆；从基因库中筛选、扩增获得，目前认为这是取得任何目的基因的最好和最有效的方法。

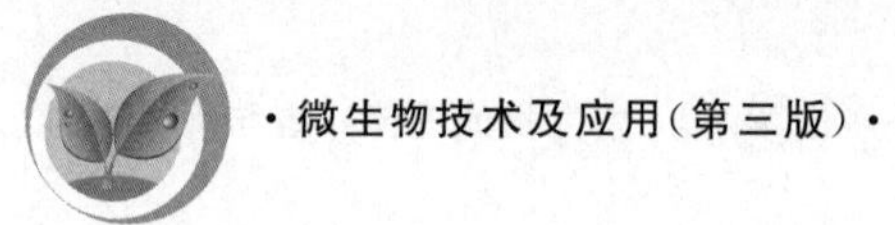

二、载体的选择

基因工程中所用的载体系统主要有细菌质粒、黏性质粒、酵母菌质粒、λ噬菌体、动物病毒等。载体一般为环状DNA,能在体外经限制性内切酶及DNA连接酶的作用同目的基因结合成环状DNA(重组DNA),然后经转化进入受体细胞大量复制和表达。

二、重组载体的构建

采用限制性内切酶处理含有酶切点的目的基因DNA分子和载体DNA分子,使两种DNA分子上产生相同的黏端,在外加连接酶的作用下,目的基因与载体之间进行共价连接,形成一个环状、完整的、有复制能力的重组载体。

四、重组载体导入受体细胞

用人工方法使体外重组的DNA分子转移到受体细胞,主要是借鉴细菌或病毒侵染细胞的途径。如果运载体是质粒,受体细胞是细菌,一般是将细菌用氯化钙处理,以增大细菌细胞壁的通透性,使含有目的基因的重组质粒进入受体细胞。目的基因导入受体细胞后,就可以随着受体细胞的繁殖而复制,由于细菌的繁殖速度非常快,因此在很短的时间内就能够获得大量的目的基因。理想情况下,进入受体细胞内的杂种质粒(或杂种噬菌体)可通过自我复制达到扩增,并使受体细胞表达出作为供体细胞所固有的部分遗传性状,成为“工程菌”。

五、重组受体细胞的筛选和鉴定

含重组载体的受体细胞称为重组受体细胞。在全部的受体细胞中,真正能够摄入重组DNA分子的受体细胞是很少的,因此,必须通过一定的手段对受体细胞中是否导入目的基因进行检测。检测的方法有很多种,例如,大肠杆菌的某种质粒具有青霉素抗性基因,当这种质粒与外源DNA组合在一起形成重组质粒并被转入受体细胞后,就可以根据受体细胞是否具有青霉素抗性来判断受体细胞是否获得了目的基因。重组DNA分子进入受体细胞后,受体细胞必须表现出特定的性状,才能说明目的基因完成了表达过程。

基因工程在工业微生物育种应用方面潜力较大,例如,增加控制代谢产物产量的基因拷贝数来大幅度提高产量;将动、植物或某些微生物特有的产物的控制基因植入细菌,快速、经济地大量生产;以假单孢菌为受体菌,将具有不同性能的多种质粒植入,使新菌株在清除污染、以非粮食为原料进行发酵生产方面出现突破等。总之,基因工程在工业微生物育种方面将发挥越来越大的作用。

项目四　微生物菌种保藏与复壮技术

性状稳定的菌种是微生物学工作最重要的基本要求，否则生产或科研都无法正常进行。在微生物的基础研究和应用研究中，选育一株理想的菌株是一件艰苦的工作，而欲使菌种始终保持优良性状的遗传稳定性便于长期使用，还需要做很多日常的工作。实际上，由于各种各样的原因，要使菌种永远不变是不可能的，菌种衰退是一种潜在的威胁。只有掌握了菌种衰退的某些规律，才能采取相应的措施，尽量减少菌种的衰退或使已衰退的菌种得以复壮。

任务一　菌种的衰退原理与复壮技术

一、菌种的衰退

生物在自然进化进程中，变异是绝对的，稳定是相对的。变异中的退化性变异是大量的，而进化性变异是个别的，个别的适应性变异通过自然选择得到保存和发展，成为进化的方向，不适应变异被淘汰。

1. 菌种衰退现象

衰退是指由于自发突变的结果，而使某物种原有一系列生物学性状发生量变或质变的现象。菌种衰退具体表现在以下几个方面。

(1) 菌落和细胞形态改变。

如果典型的形态特征逐渐减少，即表现为衰退。例如苏云金杆菌的芽孢和伴孢晶体变小甚至丢失等。

(2) 生长速度缓慢，产生的孢子变少。

例如，细黄链霉菌“5406”的菌苔变薄，生长缓慢，不产生丰富的孢子层，有时甚至只长些黄绿色的基内菌丝。

(3) 代谢产物生产能力下降。

例如，黑曲霉糖化力、放线菌抗生素发酵单位的下降以及各种发酵代谢产物量的减少等，在生产上是十分不利的。

(4) 致病菌对寄主侵染能力下降。

例如，白僵菌对寄主的致病力减弱或消失等。

(5) 对外界不良条件抵抗能力下降。

如对低温、高温或噬菌体侵染抵抗力下降等。

2. 菌种衰退原因

菌种的衰退是发生在微生物细胞群中的一个由量变到质变的逐步演化过程。开始时,在群体细胞中仅有个别细胞发生自发突变(一般均为负变),不会使群体菌株性能发生改变。经过连续传代,群体中的负变个体达到一定数量,发展成为优势群体,从而使整个群体表现为严重的衰退。导致这一现象的原因有以下几个方面。

(1) 基因突变。

基因突变是导致菌种衰退的最本质原因,即使在良好的培养条件下,菌种在移种传代过程中也会发生自发突变。虽然自发突变的频率很低(一般为 10^{-9} ～10^{-6}),尤其是对于某一特定基因来说变异频率更低,但是由于微生物具有极高的代谢繁殖能力,随着传代次数增加,衰退的细胞数目就会不断增加,在数量上逐渐占优势,最终导致菌种衰退。

(2) 连续传代。

连续传代是加速菌种衰退的一个主要原因。一方面,传代次数越多,发生自发突变的概率越高;另一方面,传代次数越多,群体中个别的衰退型细胞数量增加并占据优势,致使群体表型出现衰退。

(3) 不适宜的培养和保藏条件。

不适宜的培养和保藏条件是加速菌种衰退的另一个重要原因。不良的培养条件和保藏条件如营养成分、温度、湿度、pH 值、通气量等,不仅会诱发衰退型细胞的出现,还会促进衰退细胞迅速繁殖,在数量上超过正常细胞,造成菌种衰退。

3. 菌种衰退的防止

(1) 控制传代次数。

尽量避免不必要的移种和传代,并将必要的传代降低到最低限度,以减少自发突变的概率。采用一套良好的菌种保藏方法可以大大减少不必要的移种和传代次数。

(2) 创造良好的培养条件。

创造一个适合原种的生长条件,就可在一定程度上防止菌种的衰退。例如,给予营养缺陷型适当的营养必需成分,可降低回复突变频率。控制好碳源、氮源等培养基成分和 pH 值、温度等培养条件,使之有利于正常菌株的生长,限制退化菌株的数量,防止衰退。

(3) 利用不同类型的细胞进行接种传代。

放线菌和霉菌一般是用单核的孢子接种的,菌丝细胞常含有几个细胞核,甚至是由异核体组成的,用于接种就易出现变异或衰退,而用孢子接种时,就不会发生这种现象。有些霉菌,如构巢曲霉用分生孢子接种易退化,用子囊孢子接种则不易退化。

(4) 采用有效的菌种保藏方法。

用于工业生产的菌种,其重要性状多属于数量性状,而这类性状往往是最易衰退的。菌种保藏的温度、所用的培养基等可影响自发突变,有效的菌种保藏方法是防止菌种衰退的重要措施。例如,用于啤酒酿造的酿酒酵母,保持其优良发酵性能的最有效保藏方法是 −70 ℃低温保藏,其次是 4 ℃低温保藏,冷冻干燥保藏法及液氮保藏法的效果并不理想。

(5) 定期进行分离纯化。

定期进行分离纯化,对相应指标进行检查,也是有效防止菌种退化的方法。

二、菌种的复壮

1. 复壮

从菌种衰退的本质可以看出，通常在已衰退的菌种中存在一定数量尚未衰退的个体。

狭义的复壮是指菌种已发生衰退后，通过纯种分离和测定典型性状、生产性能等指标，从已衰退的群体中筛选出尚未退化的个体，以达到恢复原菌株固有性状的相应措施。

广义的复壮是指在菌种的典型特征或生产性状尚未衰退时，就经常有意识地采取纯种分离和生产性状的测定工作，以期从中选择到自发的正变个体。

由此可见，狭义的复壮是一种消极的措施，而广义的复壮是一种积极的措施，也是目前工业生产中积极提倡的措施。

2. 复壮的主要方法

(1) 纯种分离法。

通过纯种分离把退化菌种的细胞群中仍保持原有典型性状的单细胞分离出来，扩大培养，就可恢复菌株的典型性状。

常用的纯种分离方法分两类：一类较粗放，可达到“菌落纯”水平，采用稀释平板法、涂布平板法及平板划线法等方法获得单菌落；另一类是较精细的单细胞或单孢子分离方法，可以达到“菌株纯”水平，方法很多，采用分离小室法、显微操作法及菌丝尖端切割法等进行单细胞分离。

(2) 寄主体内复壮法。

对于因长期在人工培养基上移种传代而衰退的病原菌，可接种到相应的昆虫或动、植物寄主体内来提高菌株的毒性。例如，苏云金芽孢杆菌经过长期人工培养会发生毒力减退、杀虫效率降低等衰退现象，可用退化的菌株感染菜青虫的幼虫，再从病死的虫体内分离典型的产毒菌株，以达到复壮的目的。

(3) 淘汰法。

对衰退菌种进行一定的处理(如药物、低温、高温等)，也能淘汰已衰退个体而达到复壮的目的。例如，将“5406”农用抗生菌的分生孢子，采用－30～－10 ℃的低温处理5～7 d，退化的个体死亡，留下的10%～20%的个体是未退化的。

任务二　菌种的保藏技术

微生物菌种是一种极其重要和珍贵的生物资源，是生物多样性的重要体现，也是微生物科学研究、教学及生物技术产业可持续发展的基础。菌种保藏是一项十分重要的基础性、公益性工作。菌种保藏机构的任务是广泛收集实训室和生产用菌种、菌株、病毒毒株(有时还包括动、植物的细胞株和微生物质粒等)，并将它们妥善保藏，使之不死、不衰、不乱，便于研究、交换和使用。用于长期保藏的原始菌种称为保藏菌种或原种。

一、菌种保藏的原理

挑选典型菌种的优良纯种,最好是它们的休眠体,保藏于低温、隔氧、干燥、避光的环境中,尽量降低或停止微生物的代谢活动,减慢或停止微生物的生长繁殖,不被杂菌污染,能在较长时期内保持活力。

二、菌种保藏的方法

一种良好的菌种保藏方法,首先应保持原菌的优良性状长期稳定,同时还需考虑方法的通用性、操作的简便性和设备的普及性等。下面介绍常用的菌种保藏方法。

1. 定期移植保藏法

将菌种接种在斜面、液体或穿刺培养基上,待生长完全后,置于普通冰箱 4 ℃保藏,湿度在 50%～70%,将棉塞换成不通气的橡皮塞更好。低温可减缓生长速度,但细胞仍有一定的活动条件,一般 4～6 个月必须传代一次。优点是方便,不受条件限制,各类微生物均可。缺点是保藏时间短、传代多、易退化。

2. 液体石蜡法

将生长完全的斜面上覆盖无菌的液体石蜡,液面高于斜面 1 cm,普通冰箱保藏。加上石蜡可防止培养基水分蒸发,也可隔氧,保藏时间为 1～2 年。除石油发酵微生物外,各类微生物均可使用。优点是低温、无氧,保藏效果好,时间可达几年。缺点是不能保存石油微生物。

3. 沙土保藏法

将沙和土用酸浸泡去除其中的有机质,洗涤中和,干燥,分装于安瓿瓶内,加塞灭菌,把健壮的孢子悬液滴于沙土中搅拌均匀,真空干燥后封口,置于冰箱或干燥器中。优点是低温、干燥、无氧、无营养,保藏效果好,时间可达几年至数十年。缺点是只适用于产孢子的微生物,不能用于保藏营养细胞。

4. 冷冻干燥保藏法

将液体样品(含保护剂的菌悬液)在冻结状态下升华其中水分,最后达到干燥状态。培养物用无菌脱脂牛奶(保护剂)制成菌悬液,加入安瓿瓶中,冷冻、抽真空、封口。优点是低温、干燥、无氧、有保护剂,可保藏各大类微生物,保藏时间可达几十年,是目前使用最广、最有效的保藏方法。一般专业机构大都使用此法保藏。缺点是不能保藏真菌菌丝。

5. 液氮超低温保藏法

用甘油或二甲基亚砜作保护剂制备细胞悬液,分装并密封于无菌安瓿瓶内,置液氮罐内保藏,液氮温度可达－196 ℃。优点是保藏时间长、效果好。缺点是价格昂贵。

微生物往往对不同的保藏方法有不同的适应性,迄今为止尚没有一种方法能被证明对所有的微生物均适用。因此,在具体选择保藏方法时必须对被保藏菌株的特性、保藏物的使用特点及现有条件等进行综合考虑。对于一些比较重要的微生物菌株,则要尽可能多地采用各种不同的手段进行保藏,以免因某种方法的失败而导致菌种的丧失。

三、菌种保藏机构

各国对菌种保藏工作都十分重视，并成立了相应的菌种保藏机构，如美国典型培养物保藏中心（ATCC）位于美国马里兰州，保藏有各类菌 1 万株以上，包括细菌、真菌、动植物病毒、噬菌体、原生动物、藻类等，以细菌最多。霉菌中心保藏所（CBS）位于荷兰，是全世界最著名的霉菌保藏机构，该所保藏的各种菌种近 2 万种，其中霉菌达 12000 种以上。日本的菌种保藏机构多为大学，其中最大的保藏机构是大阪发酵研究所，保藏近 1 万株。国际性组织是世界菌种保藏联合会（WFCC）。

国内菌种保藏由中国微生物菌种保藏管理委员会（CCCCM）负责，下设 7 个保藏中心，12 个保藏机构，见表 6-2。

表 6-2　国内外部分菌种保藏机构

单位简称	单 位 名 称	单位简称	单 位 名 称
CCCCM	中国微生物菌种保藏管理委员会	ATCC	美国标准菌株保藏中心
CGMCC	中国普通微生物菌种保藏管理中心	NCTC	英国国立典型菌种收藏馆
AS	中国科学院微生物研究所	IAM	东京大学应用微生物研究所
AS-IV	中国科学院武汉病毒研究所	CCTM	法国典型微生物保藏中心
CACC	中国抗生素微生物菌种保藏中心	KIM	德国微生物研究所菌种收藏室
ACCC	中国农业微生物菌种保藏中心	CBS	荷兰真菌中心收藏所
CICC	中国工业微生物菌种保藏中心	NRC	加拿大国家研究委员会
IFFI	中国食品发酵工业研究院	CNCTC	捷克和斯洛伐克国家菌保会
CMCC	中国医学微生物菌种保藏中心	WFCC	世界菌种保藏联合会

（1）中国普通微生物菌种保藏管理中心（CGMCC），归属中国科学院，菌种保藏在中国科学院微生物研究所（AS）和中国科学院武汉病毒研究所（AS-IV）。

（2）中国农业微生物菌种保藏中心（ACCC），归属中国农业科学院，菌种保藏在中国农业科学院土壤与肥料研究所（ISF）。

（3）中国工业微生物菌种保藏中心（CICC），菌种保藏在中国食品发酵工业研究院（IFFI）。

（4）中国医学微生物菌种保藏中心（CMCC），归属卫健委，菌种保藏在位于南京的中国医学科学院皮肤病研究所（ID）、中国食品药品检定研究所（NICPBP）和中国预防医学科学院病毒学研究所。

（5）中国抗生素微生物菌种保藏中心（CACC），归属国家中医药管理局，菌种保藏在中国医学科学院医学生物学研究所（IEM）、四川抗生素研究所（SIA）和位于石家庄的华北制药集团有限责任公司抗生素研究所（IANP）。

（6）中国兽医微生物菌种保藏管理中心（CVCC），归属农业部，菌种保藏在农业部兽药监察研究所(NCIVBP)。

(7) 中国林业微生物菌种保藏中心(CFCC),归属中国林业科学院,菌种保藏在中国林业科学院林业研究所(RIF)。

技能训练 6-1　微生物接种技术

实训目的

练习常用的接种技术,掌握无菌操作要求,了解一般微生物的培养方法。

实训原理

微生物在自然界中不是单一地存在的,为获得所需菌种,必须把它们分离出来,在保存菌种时难免不慎受到污染也需予以重新分离、提纯,这些工作又都离不开接种。接种是指将微生物接到适于生长繁殖的培养基或活的生物体中的手段,接种方法有多种,可根据实训要求选择运用。在接种过程中需严格进行无菌操作,否则会造成杂菌污染而使试验失败。微生物接种技术是微生物实训工作必不可少的技能。

实训器材

1. 仪器

生化培养箱。

2. 菌种

大肠杆菌、枯草芽孢杆菌、酵母菌、青霉、曲霉。

3. 培养基

营养琼脂斜面培养基、半固体肉汤蛋白胨培养基、肉汤培养液、PDA 培养基。

4. 其他

接种环(针)、酒精灯、电炉、火柴、灭菌培养皿、记号笔。

实训方法与步骤

1. 斜面接种技术

斜面接种是将纯菌种接种于新鲜斜面培养基上,是菌种保存和扩大菌量的基本方法,适合各类微生物。

(1) 贴标签。

接种前在试管上贴上标签,注明菌名、接种日期、接种人姓名等,贴在距试管口 2～3 cm 的位置。若用记号笔标记则不需标签。

(2) 点燃酒精灯。

根据操作规范点燃酒精灯。

(3) 接种。

用接种环将少许菌种移接到贴好标签的试管斜面上。操作必须按无菌操作法进行。

(a) 手持试管。

将菌种和待接斜面的两支试管用大拇指和其他四指握在左手中,使中指位于两试管之间部位。斜面面向操作者,并使它们位于水平位置(图 6-25)。

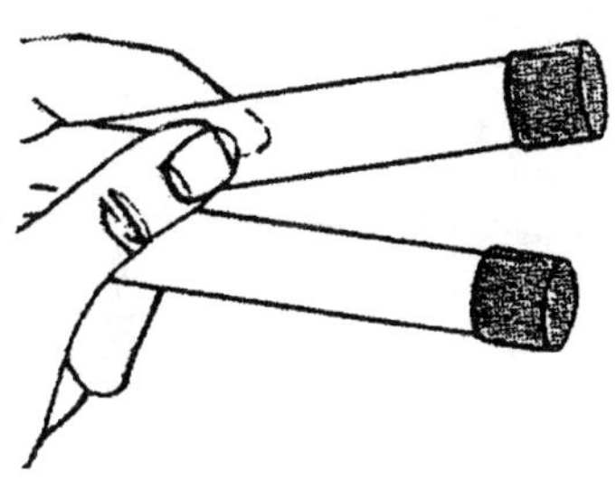

图 6-25　菌种管和待接试管在左手中的拿法

(b) 旋松管塞。

先用右手松动棉塞或塑料管盖,以便接种时拔出。

(c) 取接种环。

右手拿接种环(如握钢笔一样),在火焰上将环端灼烧灭菌,然后将有可能伸入试管的其余部分灼烧灭菌,重复此操作,再灼烧一次。

(d) 拔管塞。

用右手的无名指、小指和手掌边先后取下菌种管和待接试管的管塞,然后让试管口缓缓过火灭菌(切勿烧得过烫),如图 6-26(a)所示。

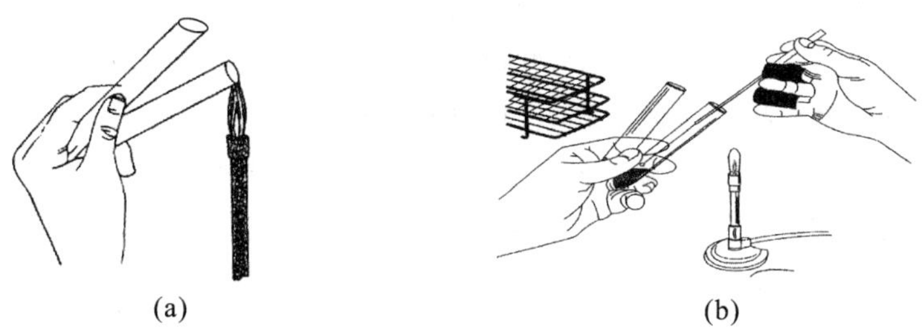

(a)　　(b)

图 6-26　试管拔塞后过火灭菌和取菌

(e) 接种环冷却。

将灼烧过的接种环伸入菌种管,先使环接触没有长菌的培养基部分,使其冷却。

(f) 取菌。

待接种环冷却后,轻轻蘸取少量菌体或孢子,然后将接种环移出菌种管,注意不要使接种环碰到管壁,取出后不可使带菌接种环通过火焰,如图 6-26(b)所示。

(g) 接种。

在火焰旁迅速将蘸有菌种的接种环伸入另一支待接斜面试管。从斜面培养基的底部向上部做 Z 形来回密集划线,切勿划破培养基。有时也可用接种针仅在斜面培养基的中央拉一条直线作斜面接种,直线接种可观察不同菌种的生长特点,如图 6-27 所示。

(h) 塞管塞。

取出接种环,灼烧试管口,并在火焰旁将管塞旋上。塞棉塞时,不要用试管去迎棉塞,以免试管在移动时纳入不洁空气。

(i) 灼烧灭菌。

将接种环灼烧灭菌,放下接种环,再将棉塞旋紧。

(4) 培养。

将接种好的培养基放入生化培养箱 28 ℃或 37 ℃培养。

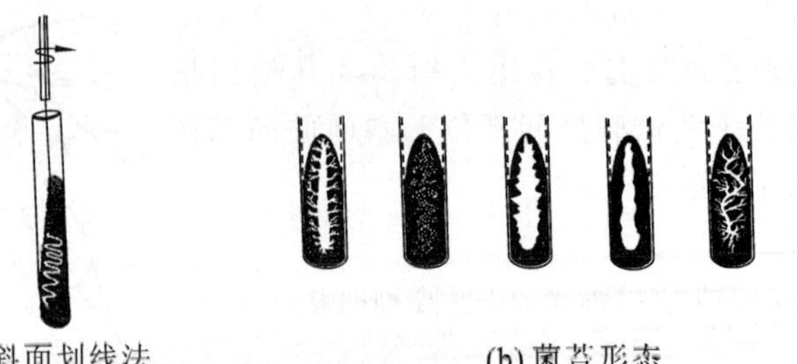

(a) 斜面划线法　　　　(b) 菌苔形态

图 6-27　斜面划线法和不同细菌直线接种长出的菌苔形态

2. 液体接种技术

(1) 用斜面菌种接种液体培养基时,有下面两种情况。

如接种量小,可用接种环取少量菌体移入培养基容器(试管或三角瓶等)中,将接种环在液体表面振荡或器壁上轻轻摩擦使菌苔散开,抽出接种环,塞好棉塞,再将液体摇动,菌体即均匀分布在液体中。如接种量大,可先在斜面菌种管中注入一定量无菌水,用接种环把菌苔刮下研开,再把菌悬液倒入液体培养基中,倒前需将试管口在火焰上灭菌。

(2) 用液体培养物接种液体培养基时,可根据具体情况采用以下不同的方法。

用无菌的吸管或移液管吸取菌液接种,直接把液体培养物移入液体培养基中接种,利用高压无菌空气通过特制的移液装置把液体培养物注入液体培养基中接种,利用压力差将液体培养物接入液体培养基中接种(如发酵罐接入种子菌液)。

3. 点植接种

霉菌单菌落观察宜用平板的点植接种培养方法。在一定琼脂平板上,用灭菌的接种针蘸取少量霉菌孢子点接等边三角形三点或在中央一点,经培养后,可在平板上观察霉菌的菌落形态及霉菌菌丝和孢子的生长情况。

点植接种的无菌操作过程与其他的接种方法相似,但必须注意以下几点。

(1) 接种针经灼烧后先在菌种斜面(或平板)的培养基上冷却或使针尖蘸湿,然后轻轻蘸上少量孢子。在离开试管(或平板)前,将接种针柄轻轻碰一下管口(或平板边缘),使针尖蘸得不牢的孢子掉下来,以免孢子落在外面而造成污染。

(2) 把接种针上沾着的孢子轻轻地点接在培养基的表面,切勿把培养基刺破。

4. 穿刺接种技术

穿刺接种技术是一种用接种针从菌种斜面上挑取少量菌体并把它穿刺到固体或半固体的深层培养基中的接种方法。经穿刺接种后的菌种常作为保藏菌种的一种形式,同时也是检查细菌运动能力的一种方法,只适宜于细菌和酵母的接种培养。具体操作如下。

(1) 贴标签。

(2) 点燃酒精灯。

(3) 穿刺接种。

(a) 手持试管。

(b) 旋松棉塞。

(c) 右手拿接种针在火焰上将针端灼烧灭菌，接着把在穿刺中可能伸入试管的其他部位也灼烧灭菌。

(d) 用右手的小指和手掌边拔出棉塞。接种针先在培养基部分冷却，再用接种针的针尖蘸取少量菌种。

(e) 接种有两种手持操作法：一种是水平法，它类似于斜面接种法；另一种则称为垂直法，如图 6-28 所示。尽管穿刺时手持方法不同，但穿刺时所用接种针都必须挺直，将接种针自培养基中心垂直地刺入培养基中。穿刺时要做到手稳、动作轻巧快速，并且要将接种针穿刺到接近试管的底部，然后沿着接种线将针拔出。最后，塞上棉塞，再将接种针上残留的菌种在火焰上烧掉。

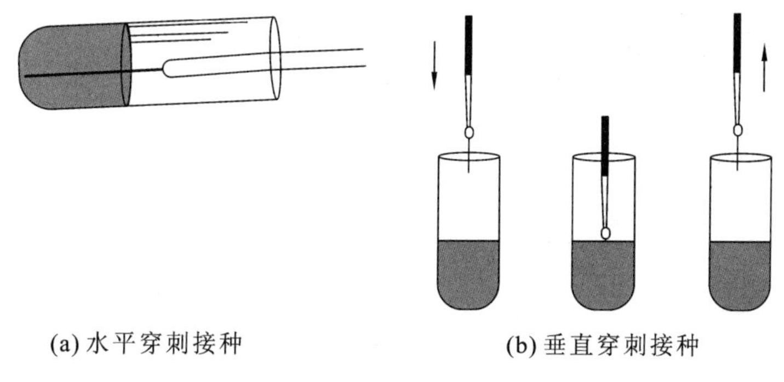

(a) 水平穿刺接种　　(b) 垂直穿刺接种

图 6-28　穿刺接种

(f) 将接种过的试管直立于试管架上，放在 37 ℃或 28 ℃恒温箱中培养。24 h 后观察结果。注意：若为具有运动能力的细菌，它能沿着接种线向外运动而弥散，故形成的穿刺线较粗而散，反之则细而密。

5. 固体接种技术

固体接种最普遍的形式是接种固体曲料，因所用菌种或种子菌来源不同，可分为以下几种。

(1) 用菌液接种固体料。

包括用菌苔刮洗制成的悬液和直接培养的种子发酵液。接种时可按无菌操作法将菌液直接倒入固体料中，搅拌均匀。注意接种所用菌液量要计算在固体料总加水量之内，否则往往在用液体种子菌接种后曲料含水量加大，影响培养效果。

(2) 用固体种子接种固体料。

包括用孢子粉、菌丝孢子混合种子菌或其他固体培养的种子菌，直接把接种材料混入灭菌的固体料。接种后必须充分搅拌，使之混合均匀。一般是先把种子菌和一小部分固体料混匀后再拌大堆料。固体料接种应注意“抢温接种”，即在曲料灭菌后不要使料温降得过低(尤其在气温低的季节)，一般在料温高于培养温度 5～10 ℃时抓紧接种(如培养温度为 30 ℃，料温降至 35～40 ℃时即可接种)。抢温接种可使培养菌在接种后及时得到适宜的温度条件，从而能迅速生长繁殖，长势好，杂菌不易滋生，此法适用于芽孢菌和产生孢子的放线菌与霉菌的接种。另一个措施是“堆积起温”，即在大量的固体曲料接种后，不要立即分装曲盘或上帘，应先堆积起来，上加覆盖物，防止散热，使培养菌适应新的环境条件，逐渐生长旺盛，产生较大热量使堆温升高后，再分装到一定容器中培养，这样可以避免一开始培养菌繁殖慢、料温上不去、拖延培养时间、水分蒸发大、杂菌易发展等缺点。

实训报告

将不同接种方法的观察结果记入表6-3中。

表6-3　不同接种方法的观察结果

接种方法	菌种	培养条件	培养结果
斜面接种	大肠杆菌		
	枯草芽孢杆菌		
液体接种	大肠杆菌		
	枯草芽孢杆菌		
穿刺接种	大肠杆菌		
	枯草芽孢杆菌		
点植接种	青霉		
	曲霉		
固体接种	酵母霉		
	青霉		

技能训练6-2　微生物纯种的分离、纯化技术

实训目的

掌握倒平板的方法和几种常用的分离纯化微生物的基本操作技术。

实训原理

从混杂的微生物群体中获得只含有某一种或某一株微生物的过程称为微生物的分离与纯化。常用的方法有以下几种。

1. 简易单孢子分离法

它需要特制的显微操作器或其他显微技术，因而其使用受到限制。简易单孢子分离法是一种不需显微单孢子操作器，直接在普通显微镜下利用低倍镜分离单孢子的方法。此法采用很细的毛细管吸取较稀的萌发的孢子悬浮液滴在培养皿盖的内壁上，在低倍镜下逐个检查微滴，在只含有一个萌发孢子的微滴上放一小块营养琼脂片，使其发育成微菌落，再将微菌落转移到培养基中，即可获得仅由单个孢子发育而成的纯培养。

2. 平板分离法

该方法操作简便，普遍用于微生物的分离与纯化。其基本原理包括两个方面。

(1) 选择适合于待分离微生物的生长条件，如营养、酸碱度、温度和氧等，或加入某种抑制剂造成只利于该微生物生长，而抑制其他微生物生长的环境，从而淘汰一些不需要的微生物。

(2) 微生物在固体培养基上生长形成的单个菌落可以是由一个细胞繁殖而成的集合体。因此，可通过挑取单个菌落而获得一种纯培养。获取单个菌落可通过稀释涂布平板或平板划线等技术完成。

值得指出的是，从微生物群体中经分离生长在平板上的单个菌落并不能保证是纯培养。因此，纯培养的确定除观察其菌落特征外，还要结合显微镜检测个体形态特征后才能确定，有些微生物的纯培养要经过一系列的分离与纯化过程和多种特征鉴定方能得到。

实训器材

1. 菌种

米曲霉，大肠杆菌，枯草芽孢杆菌或其他待分离菌样。

2. 培养基

淀粉琼脂培养基(高氏Ⅰ号培养基)，牛肉膏蛋白胨琼脂培养基，马丁氏琼脂培养基，察氏琼脂培养基。

3. 仪器或其他用具

无菌玻璃涂棒，无菌吸管，接种环，无菌培养皿，显微镜，血球计数板等。

实训方法与步骤

1. 稀释涂布平板法

(1) 倒平板。

将培养基加热熔化，待冷却至 55～60 ℃时倒平板。用记号笔标明培养基名称、样品编号和实训日期。

倒平板的方法：右手持盛培养基的试管或三角瓶置于火焰旁边，左手将试管塞或瓶塞轻轻地拔出，试管或瓶口保持对着火焰；然后用右手手掌边缘或小指与无名指夹住管(瓶)塞(也可将试管塞或瓶塞放在左手边缘或小指与无名指之间夹住。如果试管内或三角瓶内的培养基一次用完，则管塞或瓶塞不必夹在手中)。左手拿培养皿并将皿盖在火焰附近打开一缝，迅速倒入培养基约 15 mL(图 6-29)，加盖后轻轻摇动培养皿，使培养基均匀分布在培养皿底部，然后平置于桌面上，待凝后即为平板。

(2) 制备样品稀释液。

可以是任何需分离纯化的菌液。

(3) 涂布。

用无菌吸管吸取 0.1 mL 菌液放入平板中，用无菌玻璃涂棒按图 6-30 所示，在培养基表面轻轻地涂布均匀，室温下静置 5～10 min，使菌液吸进培养基。

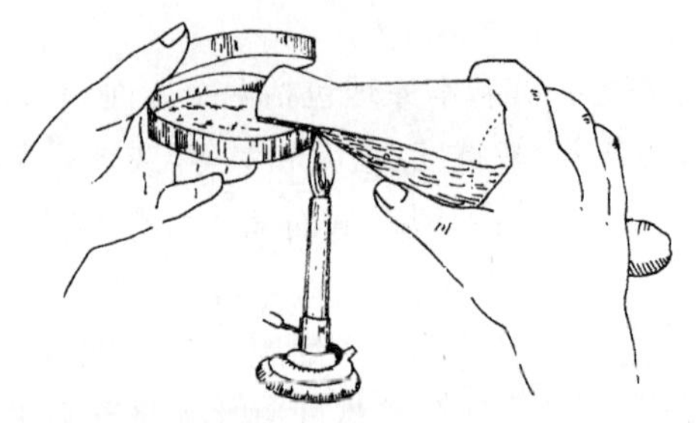
图 6-29　倒平板

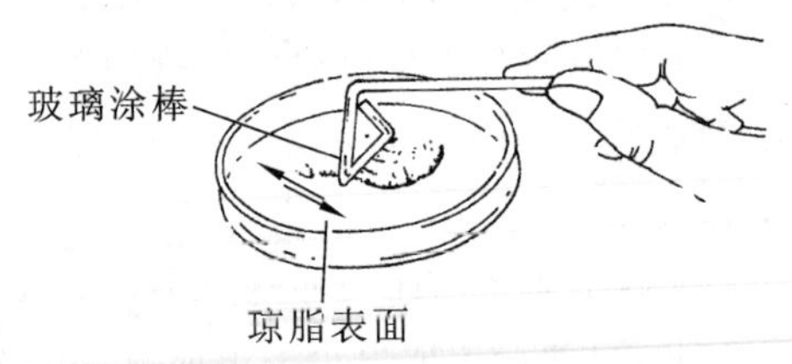

图 6-30　平板涂布操作图

平板涂布方法:将 0.1 mL 菌悬液小心地滴在平板培养基表面中央位置(0.1 mL 的菌液要全部滴在培养基上,若吸管尖端有剩余的,需将吸管在培养基表面上轻轻地按一下便可)。右手拿无菌玻璃涂棒平放在平板培养基表面上,将菌悬液先沿一条直线轻轻地来回推动,使之分布均匀,然后改变方向沿另一垂直线来回推动,平板内边缘处可改变方向用涂棒再涂布几次。

(4) 培养。

真菌置于 28 ℃培养箱中培养 3～5 d,细菌置于 37 ℃培养箱中培养 2～3 d。培养时培养皿要倒置。

(5) 挑菌落。

将培养后长出的单个菌落分别挑取少许细胞接种到培养基的斜面上,分别置于 28 ℃和 37 ℃培养箱中培养,待菌苔长出后检查其特征是否一致,同时将细胞涂片染色后用显微镜检查是否为单一的微生物。若发现有杂菌,需再一次进行分离、纯化,直到获得纯培养。

2. 平板划线分离法

(1) 倒平板。

按稀释涂布平板法倒平板。

(2) 划线。

在近火焰处,左手拿皿底,右手拿接种环,挑取菌液一环在平板上划线(图 6-31)。划线的方法很多,目的都是通过划线将样品在平板上进行稀释,使之形成单个菌落。常用的划线方法有下列两种。

(a) 用接种环以无菌操作挑取菌液一环,先在平板培养基的一边作第一次平行划线,共划 3～4 条,再转动培养皿约 70°角,并将接种环上的剩余物烧掉,待冷却后通过第一次划线部分做第二次平行划线。再用同样的方法通过第二次划线部分做第三次平行划线,以及通过第三次平行划线部分做第四次平行划线(图 6-32(a))。划线完毕后,盖上培养皿盖,倒置于培养箱中培养。

(b) 将挑取有样品的接种环在平板培养基上作连续划线(图 6-32(b))。划线完毕后,盖上培养皿盖,倒置于培养箱中培养。

(3) 挑菌落。

同稀释涂布平板法,一直到分离的微生物纯化为止。

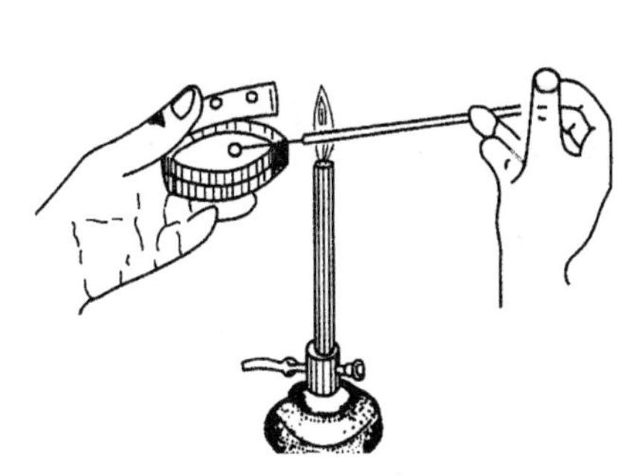

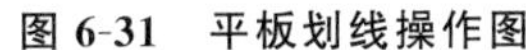

图 6-31 平板划线操作图

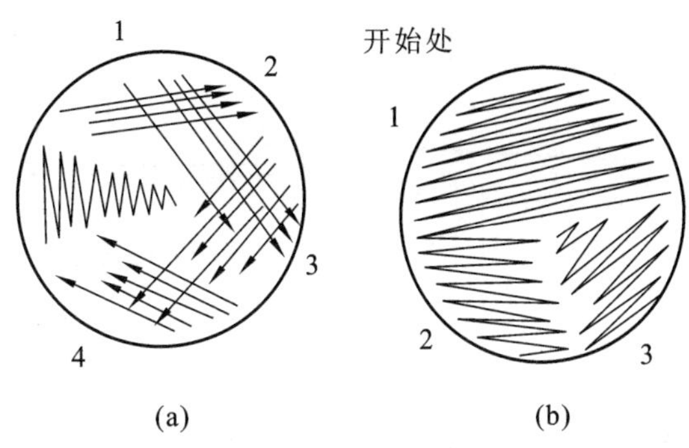

图 6-32 划线分离图

3. 简易单孢子分离法

(1) 厚壁磨口毛细滴管的制备。

截取一段玻璃管，将所要拉细的区域在火焰上烧红，然后用镊子夹住其尖端，在火焰上拉成很细的毛细管。从尖端适当的部位割断，用砂轮或砂纸仔细湿磨，使管口平整、光滑。毛细滴管要求达到点样时出液均匀、快速，每微升孢子悬液约点 50 微滴，每滴的大小略小于低倍镜的视野。

(2) 分离小室的准备。

取无菌培养皿倒入约 10 mL 4%水琼脂作为保湿剂。在皿盖上用记号笔(最好用红色)画方格。待凝固后倒置于 37 ℃恒温箱烘数小时，使皿盖干燥。

(3) 萌发孢子悬液的制备。

① 孢子悬液的制备。

用接种环挑取米曲霉孢子数环接入盛有 10 mL 察氏培养液及玻璃珠的无菌三角瓶中，振荡 5～10 min，使孢子充分散开。

② 过滤。

用无菌漏斗(塞棉花)或自制的过滤装置将上述充分散开的孢子液过滤，收集过滤液。

③ 孢子萌发。

将孢子过滤液用血球计数板测定孢子的浓度(此处可由教师准备)，再用察氏培养液调整孢子液至(0.5～1.5)×10^6 个孢子/mL 后于 28 ℃培养 8 h。

④ 点样。

用无菌自制的厚壁磨口毛细滴管吸取萌发孢子液少许，快速轻巧地点在培养皿的内壁的方格中，每微滴面积略小于显微镜低倍镜视野，依次将每方格点上萌发孢子液，成为分离小室。最后将皿盖小心快速翻过来，盖在原来的平板上。

⑤ 镜检。

如图 6-33 所示，将点样的分离小室平板放在显微镜镜台上，用低倍镜逐个检查皿盖内壁上的微滴。当观察到某微滴内只有一个萌发孢子时，用记号笔在皿盖上做记号。

⑥ 加薄片培养基。

取少量察氏琼脂培养基倒入无菌培养皿(培养皿先于 45 ℃预热)中制成薄层平板。待其凝固后用无菌小刀片将平板琼脂切成若干小片(其面积应小于培养皿盖上所画小方

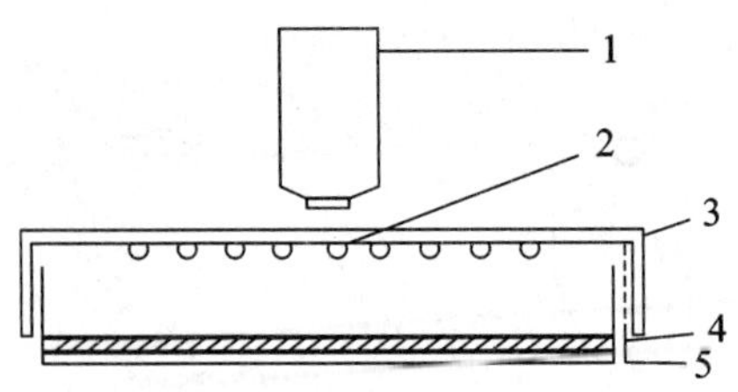

图 6-33　单孢子分离室

1—物镜；2—单孢子悬液滴；3—皿盖；4—水琼脂；5—皿底

格的面积)，然后挑小片放在做有记号的单孢子微滴上，其他依次进行，最后盖好皿盖。

⑦ 培养。

将分离小室平板于 28 ℃培养 24 h，直至单孢子形成微菌落。

⑧ 转种。

用无菌微型小刀小心地挑取长有微菌落的琼脂薄片移至新鲜的察氏培养基斜面或液体培养基中，于 28 ℃培养 4～7 d，即可获得由单孢子发育而成的纯培养。

实训报告

你所做的稀释涂布平板法和平板划线分离法操作是否较好地得到了单菌落？如果不是，请分析其原因并重做。

技能训练 6-3　新菌种的分离筛选技术——土壤中微生物的分离与纯化

实训目的

(1) 学习、掌握从土壤稀释分离、划线分离各类微生物的技术。

(2) 学习从样品中分离、纯化出所需菌株。

(3) 学习并掌握平板倾注法和斜面接种技术，了解培养细菌、放线菌、酵母菌及霉菌四大类微生物的条件和时间。

(4) 学习平板菌落计数法。

实训原理

从混杂的微生物群体中获得纯种微生物的方法虽然很多，但基本原理是相似的，即将待分离的样品进行一定的稀释，使微生物的细胞(或孢子)尽量呈分散状态，选用有针对性的培养基，在不同温度、通风等条件下培养，让其长成一个纯种单个菌落。

本实训通过系列稀释平板法(定量用)及平板划线法(定性用)学习土壤中一般异养性细菌、放线菌、真菌的分离方法。

要想获得某种微生物的纯培养，还需提供有利于该微生物生长繁殖的最适培养基及培养条件。微生物四大类菌的分离培养基、培养温度、培养时间可参见表 6-4。

表 6-4 微生物四大类菌的分离和培养要求

样品来源	分离对象	分离方法	稀释度	培养基名称	培养温度/℃	培养时间/d
土样	细菌	稀释分离	10^{-5},10^{-6},10^{-7}	牛肉膏蛋白胨	30～37	1～2
土样	放线菌	稀释分离	10^{-3},10^{-4},10^{-5}	高氏Ⅰ号	28	5～7
土样	霉菌	稀释分离	10^{-2},10^{-3},10^{-4}	马丁氏琼脂	28～30	3～5
面肥或土肥	酵母菌	稀释分离	10^{-4},10^{-5},10^{-6}	马铃薯葡萄糖	28～30	2～3
细菌分离平板	单菌落	划线分离	10^{-2}	牛肉膏蛋白胨	30～37	1～2

实训器材

1. 菌源土样

现场采集菌源土样，处理后备用。

2. 培养基

牛肉膏蛋白胨培养基，马丁氏琼脂培养基，高氏Ⅰ号合成培养基，马铃薯葡萄糖培养基(制平板和斜面)。

3. 无菌水

250 mL 三角瓶，每瓶装 99 mL 无菌水(或 95 mL 为分离霉菌用)，内装 10 粒玻璃珠。4.5 mL 无菌水试管(每人 5～7 支)。

4. 其他物品

无菌培养基，无菌移液管，无菌玻璃涂棒(刮刀)，称量纸，药匙，10%酚溶液等。

实训方法与步骤

1. 系列稀释平板法

(1) 取土样。

选定取样点，按对角交叉法(五点法)取样。先除去表层约 2 cm 的土壤，将铲子插入土中数次，然后取 2～10 cm 深处的土壤。盛土的容器应是无菌的。将 5 点样品共约 1 kg 充分混匀，除去碎石、植物残根等杂物，装入已灭过菌的牛皮纸袋内，封好袋口，并记录取样地点、环境及日期。土样采集后应及时分离，凡不能立即分离的样品，应保存在低温、干燥条件下，尽量减少其中菌种的变化。

(2) 制备土壤稀释液。

称土样 1 g 于盛有 99 mL 无菌水的三角瓶中，充分振荡，此即为 10^{-2} 倍浓度的菌悬液。用无菌移液管吸取菌悬液 0.5 mL 于 4.5 mL 无菌水试管中，用移液管吹吸三次，摇匀，此即为 10^{-3} 倍浓度。以同样方法依次稀释到 10^{-7}。稀释过程需在无菌室或无菌操作条件下进行，稀释过程见图 6-34。

(3) 接种。

分离不同的微生物类群时采用不同的稀释度。

从稀至浓分别吸取各浓度稀释液 1 mL 于各培养皿中(每个稀释度做 2～3 个培养

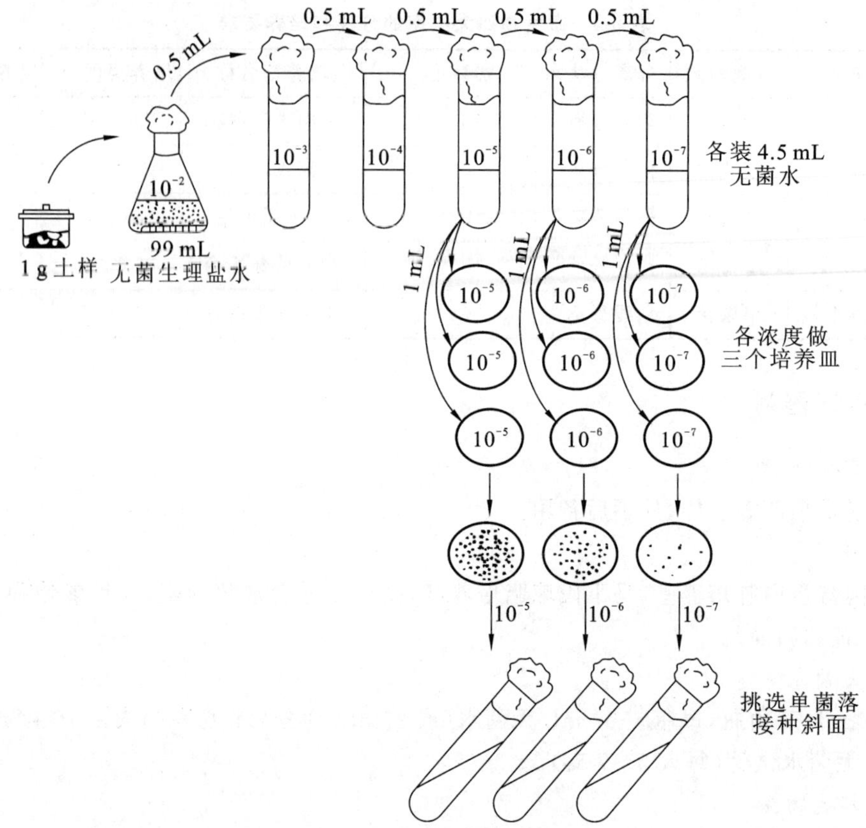

图 6-34　稀释分离过程示意图

皿,并注意做好浓度及培养基种类标记),同时做空白对照,倒入熔化后冷却至 45～50 ℃的相应培养基,见图 6-35,轻轻地摇动并旋转培养皿,使菌悬液与培养基混合均匀,水平静置待凝,倒置于相应温度的培养箱中培养,2～5 d 后观察菌落情况及计数。

用完的移液管重新放入纸套内,待灭菌后,再洗刷,或将用过的移液管放在废弃物缸中,用 3%～5%来苏水浸泡 1 h 后再灭菌洗涤。

(4) 培养。

冷凝后,将平板倒置在各自适宜的温度下培养,培养一定时间后观察。

(5) 计数。

选菌落单个分散、菌落适量且各平行皿数量接近的稀释度的培养皿计数。通常细菌和放线菌选取菌落数在 30～300 的培养皿,霉菌选取菌落数在 10～100 的培养皿,最后换算成每克干土所含菌数,记录于相应的表中。

$$每克干土含菌数=\frac{同一稀释度的平均菌落数\times 稀释倍数}{1-土壤含水量}$$

2. 涂布法分离(酵母菌定量分离用)

依前法向无菌培养皿中倾倒已熔化并冷却至 45～50 ℃的马铃薯葡萄糖培养基,待平板冷凝后,用无菌移液管分别吸取三个不同稀释度的菌悬液 0.1 mL,依次滴加于相应编号已制

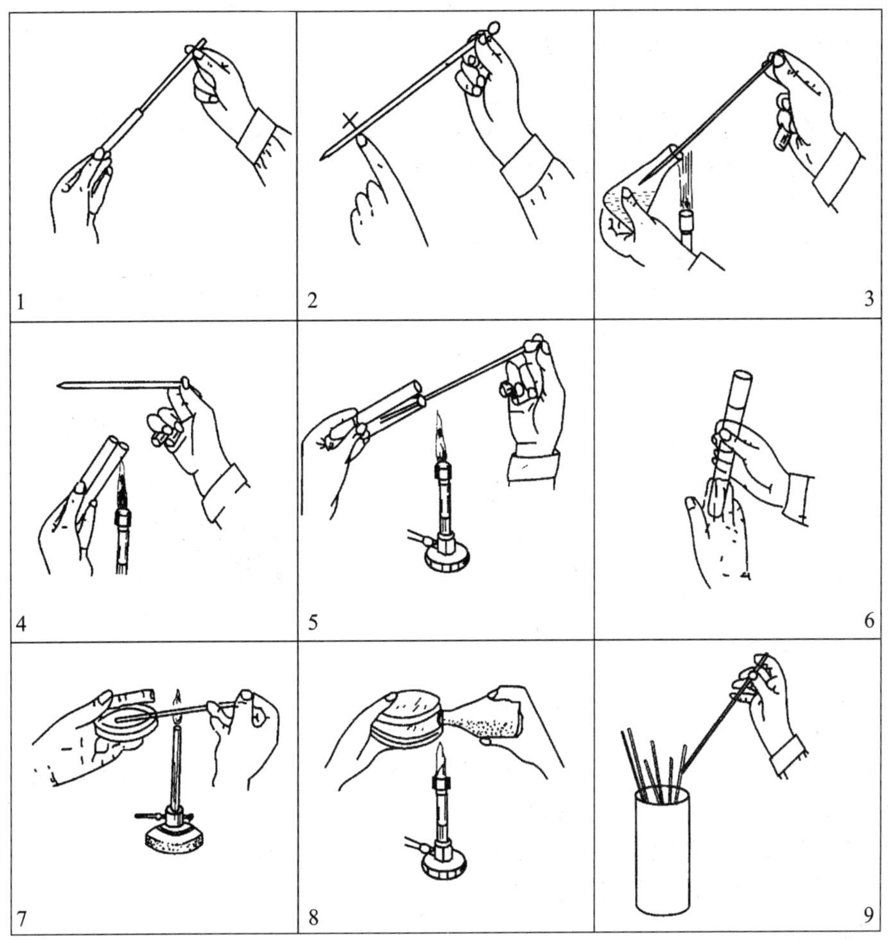

图 6-35　稀释分离无菌操作图

1—从包装纸套中取出无菌移液管；2—安装橡皮头，勿用手指触摸移液管；3—在火焰旁取出土壤悬浮液；4—灼烧试管口及移液管吸液口；5—在火焰旁对试管中土壤悬浮液进行稀释；6—用手掌敲打试管，混匀土壤稀释液；7—从最小稀释度开始，将稀释液加入无菌培养皿内；8—将熔化后冷至 45～50 ℃的培养基倒入培养皿内；9—用完的移液管装入废弃物缸中浸泡消毒后灭菌洗涤

备好的马铃薯葡萄糖培养基平板上，右手持无菌玻璃涂棒，左手拿培养皿，并用拇指将皿盖打开一缝，在火焰旁右手持无菌玻璃涂棒于培养皿平板表面将菌液自平板中央均匀向四周涂布扩散，切忌用力过猛将菌液直接推向平板边缘或将培养基划破(图 6-36)。

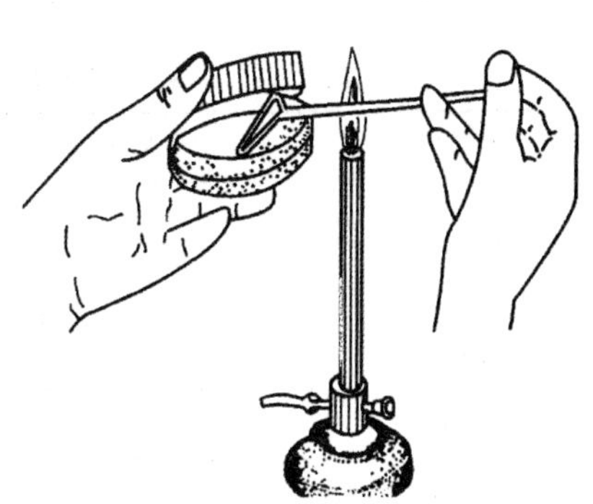

图 6-36　涂布操作示意图

3. 平板划线法

取各平板一只做好标记，将接种环经火焰灭菌并冷却后，蘸一环 10^{-2} 土壤稀释液，在培养基表面轻轻划线，注意勿划破琼脂。划线完毕，将培养基倒置培养，2～5 d 后挑取单个菌落，并移植于斜面上培养。

如果只有一种菌生长，即得纯培养菌种。如有杂菌，可取培养物少许，制成悬液，再做划线分离，有时要反复几次，才能得到纯种。

4. 平板菌落形态及个体形态观察

从不同平板上选择不同类型的菌落观察，区分细菌、放线菌、酵母菌和霉菌的菌落形态特征。再用接种环挑取不同菌落，在显微镜下进行个体形态观察。将所分离的各类菌株的主要菌落特征和细胞形态记录于相应的表中。

5. 分离纯化菌株转接斜面(斜面接种)

在分离细菌、放线菌、酵母菌和霉菌的不同平板上选择分离效果较好的菌落，各挑选一个用接种环接种斜面，见图 6-37。

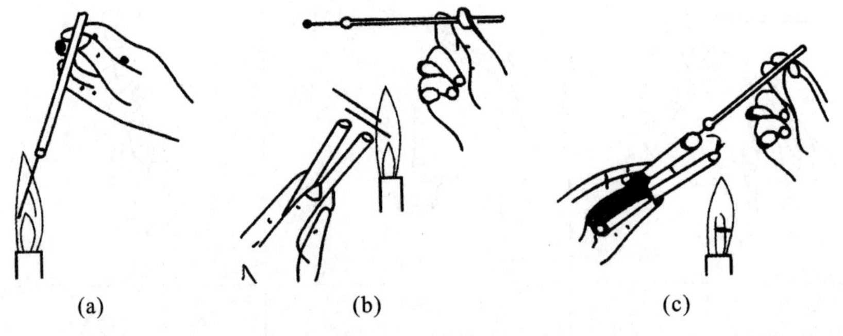

图 6-37　斜面接种技术

将细菌接种于牛肉膏蛋白胨斜面，放线菌接种于高氏Ⅰ号斜面，霉菌接种于马丁氏琼脂中，酵母菌接种于马铃薯葡萄糖斜面上。

贴好标签，在各自适宜的温度下培养，培养后观察是否为纯种。记录斜面培养条件及菌苔特征于相应的表中。置于冰箱中保藏。

实训报告

(1) 简述分离微生物纯种的原则并列出分离操作过程的关键无菌操作技术。

(2) 将所检测样品中四大类微生物的菌落数填入表 6-5 中。

(3) 将所检测样品中各类菌株的主要菌落特征和细胞形态填入表 6-6 中。

(4) 记录斜面培养基条件及菌苔特征(包括纯化结果)于表 6-7 中。

表 6-5　样品中四大类微生物的菌落数

采用日期		采样地点				
类别	菌落数					
	10^{-2}	10^{-3}	10^{-4}	10^{-5}	10^{-6}	平均每克样品所含微生物数
细菌						
放线菌						
酵母菌						
霉菌						

表 6-6 各类菌株的主要菌落特征和细胞形态

微生物	菌株编号	分离培养基	菌株特征	细胞形态
细菌	1			
	2			
放线菌	1			
	2			
酵母菌	1			
	2			
霉菌	1			
	2			

表 6-7 四大类微生物斜面培养基条件及菌苔特征

微生物	培养基名称	培养温度	培养时间	菌苔特征	纯化程度
细菌					
放线菌					
酵母菌					
霉菌					

技能训练 6-4 紫外线诱变育种——绘制存活率曲线和突变率曲线

实训目的

了解紫外线诱变育种的原理,掌握紫外线诱变的基本方法。

实训原理

基因突变可分为自发突变和诱发突变。许多物理因素、化学因素和生物因素对微生物都有诱变作用,能使突变率提高到自发突变水平以上的物质称为诱变剂。

紫外线(UV)是一种最常用的物理诱变因素。它的主要作用是使 DNA 双链之间或同一条链上两个相邻的胸腺嘧啶形成二聚体,阻碍双链的分开、复制和碱基的正常配对,从而引起突变。紫外线照射引起的 DNA 损伤,可由光复活酶的作用进行修复,使胸腺嘧啶二聚体解开恢复原状。因此,为了避免光复活,用紫外线照射处理时以及处理后的操作应在红光下进行,并且将照射处理后的微生物放在暗处培养。

本实训以紫外线作为单因子诱变剂处理产生淀粉酶的枯草芽孢杆菌,根据试验菌诱变后在淀粉培养基上透明圈直径的大小来指示诱变效应。一般来说,透明圈越大,淀粉酶活性越强。

实训器材

1. 菌株

枯草芽孢杆菌。

2. 培养基

淀粉培养基。

3. 溶液或试剂

碘液,无菌生理盐水,盛 4.5 mL 无菌水的试管。

4. 仪器或其他用具

1 mL 无菌吸管,无菌玻璃涂棒,血球计数板,显微镜,紫外灯(15 W),磁力搅拌器,台式离心机,振荡混合器等。

实训方法与步骤

1. 菌悬液的制备

(1) 取培养 48 h 生长丰满的枯草芽孢杆菌斜面 4～5 支,用 10 mL 的无菌生理盐水将菌苔洗下,倒入一支无菌大试管中。将试管在振荡混合器上振荡 30 s,以打散菌块。

(2) 将上述菌液离心(3000 r/min,10 min),弃去上清液。用无菌生理盐水将菌体洗涤 2～3 次,制成菌悬液。

(3) 用显微镜直接计数法计数,调整细胞浓度为 10^8 个/mL。

2. 平板制作

将淀粉琼脂培养基熔化,倒平板,凝固后待用。

3. 紫外线处理

(1) 将紫外灯开关打开,预热约 20 min。

(2) 取直径 6 cm 无菌培养皿 7 套,分别加入上述调整好细胞浓度的菌悬液 3 mL,并放入一根无菌搅拌棒或大头针。

(3) 将上述 7 套培养皿先后置于磁力搅拌器上,打开板盖,在距离为 30 cm,功率为 15 W 的紫外灯下分别搅拌照射 1 min、3 min、5 min、7 min、10 min、13 min、15 min。盖上皿盖,关闭紫外灯。

照射计时从开盖起,加盖止。先开磁力搅拌器开关,再开盖照射,使菌悬液中的细胞接受照射均等。操作者应戴上玻璃眼镜,以防紫外线伤眼睛。

4. 稀释

用 10 倍稀释法把经过照射的菌悬液在无菌水中稀释成 10^{-6}～10^{-1}。

5. 涂平板

取 10^{-4}、10^{-5} 和 10^{-6} 三个稀释度的菌悬液涂平板,每个稀释度涂 2 套平板,每套平板加稀释菌液 0.1 mL,用无菌玻璃涂棒均匀地涂满整个平板表面。以同样的操作,取未经紫外线处理的菌液稀释涂平板作为对照。

从紫外线照射处理开始,直到涂布完平板的几个操作步骤都需在红光下进行。

6. 培养

将上述涂匀的平板，用黑色的布或纸包好，于 37 ℃培养 48 h。注意每个平板背面要事先标明处理时间和稀释度。

7. 计数

将培养好的平板取出进行细菌计数。根据对照平板上的 CFU 数，计算出每毫升菌液中的 CFU 数。同样计算出紫外线处理 1 min、3 min、5 min、7 min、10 min、13 min、15 min 后的 CFU 数及存活率。绘制存活率曲线。

$$存活率=\frac{处理后每毫升\ CFU\ 数}{对照每毫升\ CFU\ 数}\times 100\%$$

8. 观察诱变效应

分别向平板内加碘液数滴，在菌落周围出现透明圈即为突变菌，透明圈越大突变效果越好，计突变 CFU 数。与对照平板相比较，分别计算不同诱变处理的突变率，绘制突变曲线。

$$突变率=\frac{处理后每毫升突变\ CFU\ 数}{对照每毫升\ CFU\ 数}\times 100\%$$

选取突变效果好的菌落移到试管斜面上培养，此斜面可做复筛用。也可根据存活率曲线与突变率曲线确定诱变效果较好的处理剂量，进行诱变处理，以期取得更好的突变菌株。

实训报告

绘制存活率曲线与突变率曲线。

技能训练 6-5　细菌质粒 DNA 的提取

实训目的

学习和掌握碱裂解法制备质粒 DNA 的原理、方法和技术，为质粒的转化实训提供样品。

实训原理

细菌质粒的发现是微生物学对现代分子生物学发展的重要贡献之一。特别是 20 世纪 70 年代末以来根据质粒分子生物学特性而构建的一系列克隆和表达载体更是现代分子生物学发展、改良生物品种和获得基因工程产品不可缺少的分子载体。而质粒的分离和提取则是最常用和最基本的试验技术，其方法很多。仅大肠杆菌质粒的提取就有十多种，包括碱裂解、煮沸、氯化铯-溴化乙锭梯度平衡超离心法以及各种改良方法等。本实训以大肠杆菌的 pUC18 质粒为例来介绍目前常用的碱裂解法小量制备质粒 DNA 的技术。

由于大肠杆菌染色体 DNA 比通常用作载体的质粒 DNA 分子大得多，因此在提取过程中，染色体 DNA 易断裂成线型 DNA 分子，而大多数质粒 DNA 则是共价闭环型，根据这一差异便可以设计出各种分离、提纯质粒 DNA 的方法。碱裂解法就是基于线型的大分子染色体DNA与小分子环形质粒DNA的变性与复性的差异而达到分离的目的。在pH12.0～12.6的碱性环境中，线型染色体DNA和环型质粒DNA氢键均发生断裂，双链解开而变性，但质粒DNA由于其闭合环型结构，氢键只发生部分断裂，且其两条互补链不发生完全分离；将pH值调至7并在高盐浓度存在的条件下，已分开的染色体DNA互补链不能复性而交联形成不溶性网状结构，通过离心，大部分染色体DNA、不稳定的大分子RNA和蛋白质-SDS复合物等一起沉淀下来而被除去，而部分变性的闭合环型质粒DNA在中性条件下很快复性，恢复到原来的构型，呈可溶性状态保存在溶液中，离心后的上清液中便含有所需要的质粒DNA；之后通过用酚、氯仿抽提，乙醇沉淀等步骤而获得纯的质粒DNA。

 实训器材

1. 菌株

大肠杆菌 TGI/pUC(Amp^r)。

2. 培养基

含氨苄青霉素(Amp)的LB液体和固体培养基。

3. 溶液或试剂

溶液Ⅰ、Ⅱ、Ⅲ和Ⅳ，TE缓冲液，10 μg/mL的无DNase的RNase，100%冷乙醇，电泳缓冲液(TAE缓冲液)，0.7%琼脂糖凝胶，凝胶加样缓冲液，1 mg/mL溴化乙锭，氨苄青霉素水溶液(100 μg/mL)。

4. 仪器或其他用具

稳压电泳仪和水平式微型电泳槽，透射式紫外分析仪，旋涡混合器，微量加样器等。

 实训方法与步骤

(1) 挑取大肠杆菌TGI/pUC18的一个单菌落于盛有5 mL LB培养基的试管中(含100 μg/mL的氨苄青霉素)，37 ℃振荡培养过夜(16～24 h)。

(2) 吸取1.5 mL的过夜培养物于一小塑料离心管(又称Eppendorf管)中，离心(12000 r/min，30 s)后，弃去上清液，留下细胞沉淀。

离心可在4 ℃或室温(25～28 ℃)下进行，离心时间不可太长，以免影响下一步菌体的分散悬浮。

(3) 加入100 μL冰预冷的溶液Ⅰ，在旋涡混合器上强烈振荡混匀。

要确保细胞被完全悬浮，使细胞最大数量地接触下一步的溶液Ⅱ，达到完全裂解，以提高质粒的产量。

(4) 加入200 μL溶液Ⅱ，盖严管盖，反复颠倒小离心管5～6次或用手指弹动小管数次，以混合内容物。置于冰浴中3～5 min(根据不同菌株可适当缩短)。

注意不要强烈振荡，以免染色体DNA断裂成小碎片而不易与质粒DNA分开。

(5) 加入150 μL溶液Ⅲ，在旋涡混合器上快速短时(约2 s)振荡混匀，或将管盖朝下温和振荡10 s，置于冰浴中3～5 min。

(6) 离心(12000 r/min)5 min，以沉淀细胞碎片和染色体DNA。取上清液转移至另

一洁净的小离心管中。

(7) 加入等体积的溶液Ⅳ，振荡混匀。室温下离心 2 min，小心吸取上层水相至另一洁净小离心管中。

(8) 加入 2 倍体积的冷无水乙醇，置于室温下 2 min，以沉淀核酸。

(9) 室温下离心 5 min，弃上清液。加入 1 mL 70%乙醇振荡漂洗沉淀。

(10) 离心后，弃上清液，可见 DNA 沉淀吸附在离心管管壁上，用记号笔标记其位置，并用消毒的滤纸条小心吸净管壁上残留的乙醇，将管倒置在滤纸上，室温下蒸发痕量乙醇 10～15 min 或真空抽干乙醇 2 min。也可在 65 ℃烘箱中干燥 2 min。

(11) 加入 50 μL TE 缓冲液(含 RNase，20 μg/mL)，充分混匀，取 5 μL 进行琼脂糖凝胶电泳，剩下的储存于－20 ℃冰箱内，为下一个实训用。

用加入的 50 μL TE 缓冲液多次、反复地洗涤 DNA 沉淀标记部位，以充分溶解附在管壁上的质粒 DNA。

(12) 琼脂糖凝胶电泳观察质粒 DNA。

① 将微型电泳槽的胶板两端挡板插上，在其一端放好梳子，在梳子的底部与电泳槽底板之间保持约 0.5 mm 的距离。

② 用电泳缓冲液配制 0.7%的琼脂糖凝胶，加热使其完全熔化，加入一小滴溴化乙锭溶液(1 mg/mL)，使胶呈微红色，摇匀(但不要产生气泡)，冷却至 65 ℃，倒胶(凝胶厚度一般为 0.3～0.5 cm)。倒胶之前先用琼脂糖封好电泳胶板两端挡板与其底板的连接处，以免漏胶(图 6-38(a))。

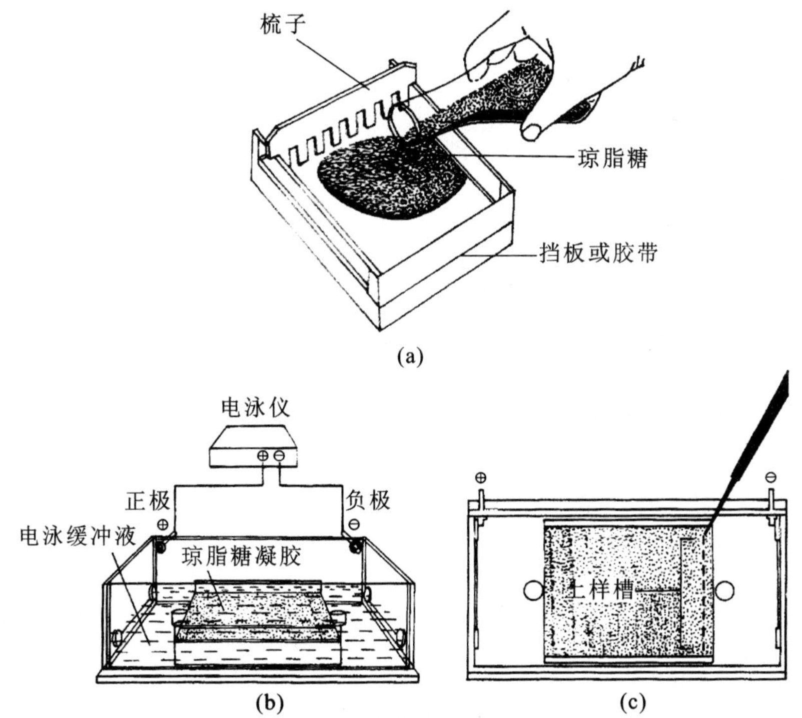

图 6-38　琼脂糖凝胶电泳

根据实训需要,溴化乙锭也可不直接加入胶中,而是在电泳完毕后,将凝胶放在0.5 mg/mL 的溴化乙锭中染色 15～30 min,然后转入蒸馏水中脱色 15～30 min。

③ 待胶完全凝固后,小心取出两端挡板和梳子,将载有凝胶的电泳胶板(或直接将凝胶)放入电泳槽的平台上,加电泳缓冲液,使其刚好浸没胶面(液面约高出胶面 1 mm)。

④ 取上述获得的质粒 DNA 3～5 μL,加 1～2 μL 加样缓冲液(内含溴酚蓝指示剂),混匀后上样(图 6-38(b))。

⑤ 接通电源,上样槽一端位于负极,电压降选择为 1～5 V/cm(长度以两个电极之间的距离计算)(图 6-38(c))。

⑥ 根据指示剂迁移的位置,判断是否中止电泳。切断电源后,再取出凝胶,置于紫外透射仪上观察结果或拍照。

溴化乙锭特异性地插入质粒 DNA 分子后,因为同一种质粒的相对分子质量大小一致,因此在凝胶中形成一条整齐的荧光带而有别于染色体荧光带。

实训报告

描绘出在紫外透射仪上观察到的质粒凝胶电泳的结果。

附:试剂配制

① 溶液Ⅰ

葡萄糖	50 mol/L
Tris-HCl(pH8.0)	25 mol/L
EDTA	10 mol/L

配制 100 mL 溶液,121 ℃灭菌 15 min,4 ℃储存。

② 溶液Ⅱ(新鲜配制)

NaOH	0.2 mol/L
SDS	1%

③ 溶液Ⅲ(100 mL,pH4.8)

5 mol/L　KAc	60 mL
冰醋酸	11.5 mL
水	28.5 mL

配制好的溶液Ⅲ含 3 mol/L 钾盐,5 mol/L 醋酸。

④ 溶液Ⅳ

酚、氯仿、异戊醇的质量配比为 25∶24∶1。

⑤ TE 缓冲液

Tris-HCl(pH8.0)	10 mmol/L
EDTA	1 mmol/L

121 ℃灭菌 15 min,4 ℃储存。

⑥ TAE 电极缓冲液(50 倍浓储存液 100 mL)

Tris 碱	242 g

冰醋酸	57.1 mL
0.5 mol/L EDTA(pH8.0)	100 mL

使用时用双蒸水稀释 50 倍。

⑦ 凝胶加样缓冲液 100 mL

溴酚蓝	0.25 g
蔗糖	40 g

⑧ 1 mg/mL 溴化乙锭(EB)

溴化乙锭	100 mg
双蒸水	100 mL

溴化乙锭是强诱变剂，配制时要戴手套，一般由教师配好，盛于棕色试剂瓶中，4 ℃避光保存。

⑨ 5 mol/L NaCl

在 800 mL 水中溶解 292.2 g NaCl，加水定容至 1 L，分装后高压蒸汽灭菌。

⑩ CTAB/NaCl

溶解 4.1 g NaCl 于 80 mL 水中，缓慢加 CTAB，边加热边搅拌，如果需要可加热到 65 ℃使其溶解，调最终体积到 100 mL。

⑪ 蛋白酶 K(20 mg/mL)

将蛋白酶 K 溶于无菌双蒸水或 5 mmol/L EDTA 和 0.5% SDS 缓冲液中。

⑫ 1 mol/L $CaCl_2$

在 200 mL 双蒸水中溶解 54 g $CaCl_2 \cdot 6H_2O$，用 0.22 μm 滤膜过滤除菌，分装成 10 mL 小份，于－20 ℃储存。

制备感受态细胞时，取出一小份解冻，并用双蒸水稀释至 100 mL，用 0.45 μm 滤膜过滤除菌，然后骤冷至 0 ℃。

技能训练 6-6　菌种保藏技术

实训目的

了解并掌握菌种保藏的常用方法、基本原理及其应用。

实训原理

菌种保藏的原理是微生物在低温、干燥、缺氧的条件下会降低代谢活动，使细胞处于休眠和代谢停滞状态，从而能够较长期地保藏菌种，并能推迟细胞退化，降低菌种的变异率。

常用的保藏方法包括斜面传代保藏法、穿刺保藏法、液体石蜡保藏法、沙土管保藏法等。这些方法操作简便易行，不需要特殊设备，为一般实训室及生产单位广泛采用。

实训器材

1. 菌种

细菌、放线菌、酵母菌、霉菌斜面菌种。

2. 培养基

牛肉膏蛋白胨培养基,高氏Ⅰ号培养基,马丁氏培养基,马铃薯葡萄糖培养基。

3. 试剂

10%盐酸,无水氯化钙,医用液体石蜡(相对密度 0.83~0.89),河沙,瘦黄土(含有机物少的黄土)。

4. 器材

干燥器,40 目及 100 目无菌筛子,无菌试管,无菌移液管(1 mL 及 5 mL),接种环,接种针,无菌滴管,超净工作台,恒温箱,高压蒸汽灭菌锅。

实训方法与步骤

1. 沙土管保藏法

此法仅适用于保藏产生芽孢或孢子的微生物,常用于保藏芽孢杆菌、梭菌、放线菌或霉菌等。

(1) 无菌沙土管制备。

① 河沙处理。取河沙 1000~1500 g,用 40 目筛子过筛,除去大的颗粒。再用 10%盐酸浸泡除去有机杂质,用量应浸没沙面,约浸泡 24 h,倒出盐酸,用自来水冲洗至中性,烘干。用磁铁石除去黄沙中的铁质。

② 筛土。取 30 cm 以下的较贫瘠非耕作层的黄土若干,用自来水冲洗至中性,烘干磨细,用 100 目筛子过筛。

③ 沙和土混合。沙和土以 1∶1或 3∶2混合均匀。装入 100 mm×10 mm 小试管中,装样量约 1 cm 高即可,塞上棉塞,包上牛皮纸。

④ 灭菌。高压蒸汽灭菌,121 ℃灭菌 1~1.5 h,每天一次,连续灭菌 3 d。在 50 ℃以下烘干。

⑤ 无菌检查。取灭菌后的沙土少许,接入牛肉膏蛋白胨培养基中,37 ℃培养 1~2 d。观察有无杂菌生长,如有则需重新灭菌。

(2) 制备菌悬液。

首先使斜面菌体生长健壮,孢子饱满,吸取 3~5 mL 无菌水至 1 支已培养待保藏的菌种斜面中,用接种环轻轻刮下孢子或菌苔(注意不要带入菌丝和培养基),使成菌悬液后细胞含量为 10^8~10^{10}个/mL。

(3) 加样。

用无菌吸管吸取菌悬液,在每支沙土管中滴加 4~5 滴菌悬液,用接种环拌匀,塞上沙土管棉塞。

（4）干燥。

将已滴加菌悬液的沙土管置于干燥器内。干燥器内应预先放置无水氯化钙用于吸水，当无水氯化钙因吸水变成糊状时则应进行更换。如此数次，沙土管层即可干燥。有条件时，也可用真空泵连续抽气约 4 h，即可达到干燥效果。

（5）抽样检查。

从抽干水分的沙土管中，每 10 支抽取 1 支进行检查。用接种环取少许沙土，接种到适合于所保藏菌种生长的斜面上，并进行培养。检查有无杂菌生长及所保藏菌种的生长情况。

（6）保藏。

若经检查没有发现问题，可将沙土管继续放在干燥器内（干燥器底部盛有硅胶、石灰或五氧化二磷等物），用橡皮塞或棉塞塞住试管口，并置于室温或 4 ℃冰箱保存。也可用真空泵抽干水分后用火焰封口。

2. 斜面保藏方法

斜面保藏方法是采用斜面菌种结合定期移接，直接在 4 ℃下保藏的方法。对不要求长期保藏的菌种，特别是那些不宜用冷冻干燥保藏的菌种，斜面保藏是最好的方法。每隔 1～3 个月移接一次，继续保藏。移接代数最好不超过 4 代。每次移接时，斜面数量可多一些，以延长使用期。

（1）贴标签。

在标签纸上写明接种的细菌菌名、培养基名称和接种日期，贴在试管斜面正上方至试管口 2～3 cm 处。

（2）斜面接种。

将待保藏的菌种用斜面接种法接种在已注明菌名的试管斜面上。

（3）培养。

细菌置于 37 ℃恒温箱中培养 18～24 h，酵母菌置于 28～30 ℃恒温箱中培养 26～60 h，放线菌和丝状真菌置于 28 ℃恒温箱中培养 4～7 d。

（4）保藏。

斜面长好后，直接放入 4 ℃的冰箱中保藏。这种方法一般可保藏 3 个月至半年。

3. 液体石蜡保藏法

此法适于保藏霉菌、酵母菌和放线菌，操作比较简单易行，但有些细菌和霉菌如固氮菌、乳杆菌、分枝杆菌和毛霉、根霉等不宜用此法保存。通常菌种保存 2～3 年，甚至 5 年转代移接一次，几乎能够保持其原有活性。

（1）液体石蜡灭菌。

将液体石蜡置于 100 mL 的三角瓶内，每瓶装 10 mL，塞上棉塞，外包牛皮纸，高压蒸汽灭菌，121 ℃灭菌 30 min。灭菌后将装有液体石蜡的三角瓶置于 105～110 ℃的烘箱内约 1 h，以除去液体石蜡中的水分。

（2）接种。

将菌种接种至适宜的斜面培养基上。

(3) 培养。

在适宜温度条件下培养,使其充分生长。

(4) 加液体石蜡。

用无菌吸管吸取已灭菌的液体石蜡,注入已长好菌的斜面上,液体石蜡的用量以高出斜面顶端 1～2 cm 为宜,使菌种与空气隔绝。加塞并用固体石蜡封口。

(5) 保藏。

将已注入液体石蜡的斜面培养物直立,置于 4～5 ℃冰箱或室温下保存。

(6) 转接。

到保藏期后,需将菌种转接至新的斜面培养基上,培养后再加入适量灭菌液体石蜡,进行保藏。

注意:从液体石蜡下面取培养物移种后将接种环在火焰上烧灼时,培养物容易与残留的液体石蜡一起飞溅。

实训报告

记录各种菌种保藏的方法和结果。

习　题

1. 微生物接种操作应特别注意哪些问题? 为什么?

2. 各种接种方法的特点与用途是什么?

3. 在微生物试验中除注意培养条件外,还有哪些条件必须重视?

4. 如何确定平板上某单个菌落是否为纯培养? 请写出实训的主要步骤。

5. 分离单孢子前为什么先使孢子萌发?

6. 如果一项科学研究需从自然界中筛选到能产高温蛋白酶的菌株,你将如何完成? 请写出简明的实训方案。(提示:产蛋白酶菌株在酪素平板上形成降解酪素的透明圈)

7. 用一根无菌移液管接种几个浓度的水样时,应从哪个浓度开始? 为什么?

8. 稀释分离时,为什么要将已熔化的琼脂培养基冷却到 45～50 ℃才能倒入盛有菌液的培养皿内?

9. 制备菌悬液为什么要用无菌生理盐水?

10. 在照射时为什么最好使样品转动?

11. 试分析下列实训结果产生的可能原因,指出哪一种是正确结果。

(1) 没有观察到任何荧光带。

(2) 观察到 2～3 条整齐的荧光带。

(3) 只观察到一片不成带型的“拖尾”荧光。

(4) 三种类型核酸(染色体 DNA、质粒 DNA 和 RNA)均观察到。

12. 如果只需要检测(而不是分离制备)某大肠杆菌菌株是否含有质粒(或重组质粒),能否在本实训的基础上提出一种(或多种)更为简便,迅速的方法?

提示:

(1) 可否将某些溶液(或成分)合并成一种溶液而减少操作?

(2) 检测某菌是否含有质粒时,是否一定将其染色体 DNA、RNA 去除干净?

13. 简述菌种沙土管保藏法的一般原理。

14. 沙土管保藏法仅适合于保藏何种类型的微生物? 灭菌后的沙土管为什么必须进行无菌检查?

15. 为防止菌种管棉塞受潮和长杂菌,可采取哪些措施?

16. 斜面传代保藏菌种有何优点?

学习情境七

微生物的生态特点及其应用技术

项目一　微生物在生态系统中的作用与特点

一、生态系统概述

生态系统(ecosystem)是指在一定的空间内生物的成分和非生物的成分通过物质循环和能量流动互相作用、互相依存而构成的一个生态学功能单位。在这个系统中,物质、能量在生物与生物、生物与环境之间不断循环流动,形成一个能够自己维持下去的、相对稳定的,并具有一定独立性的统一整体。

生物成分按其在生态系统中的作用,可划分为三大类群:生产者、消费者和分解者。

微生物生态系统是指微生物与周围的生物及非生物共同构成的整体系统。微生物生态学(microbial ecology)是研究生态系统中微生物之间、微生物与其他生物之间、微生物与环境之间的生态关系的科学,是生态学的一个分支。

通过对微生物生态系统的研究,了解微生物的分布和活动规律,为人类开发利用微生物资源提供依据,更好地发挥微生物在工业、农业、医药卫生和环境保护方面的有益作用。

二、微生物生态系统的特点

1. 微环境

微生物的微环境指直接影响微生物生存和发展的、与微生物的关系最为密切的微生物细胞环境。

2. 稳定性

由于微生物生态系统中微生物种类的多样性,当环境条件在一定范围内变化时,微生物的种类、组成比较稳定。

3. 适应性

微生物的微环境发生剧烈变化时,微生物群落的结构会发生相应的变化。

微生物的生命活动与其内、外环境有着密切的关系。它们之间的相互关系主要有互生、共生、拮抗、寄生和捕食等。

三、微生物在生态系统中的重要作用

微生物生态构成自然界生态系统能量物质流动循环中不可分割的一部分，可以在多个方面主要作为分解者在生态系统中起重要作用。

1. 微生物是有机物的主要分解者

微生物最大的价值在于其分解功能，可以说地球上 90%以上有机物由微生物分解。它们能分解生物圈内存在的动、植物和微生物残体等复杂有机物，并最后将其转化成最简单的无机物，再供初级生产者利用。

2. 微生物是地球物质循环的重要成员

微生物参与所有的物质循环，大部分元素(包括 C、N、P、S 等元素)及其化合物都受到微生物的作用。在一些物质的循环中，微生物是主要的成员，起主要作用；一些过程只有微生物才能进行，微生物起独特作用；有的是循环中的关键因素，微生物起关键作用。

3. 微生物是生态系统中的初级生产者

光能自养和化能自养微生物是生态系统的初级生产者，它们具有初级生产者所具有的两个明显特征，即一方面可直接利用太阳能、无机物的化学能作为能量来源，另一方面其积累下来的能量又可以在食物链、食物网中流动。

4. 微生物是物质与能量的储存者

微生物和动、植物一样也是由物质组成和由能量维持的生命有机体。在土壤、水体中有大量的微生物，储存着大量的物质和能量。

5. 微生物是生物进化中的先锋种类

微生物是最早出现的生物体，并进化成后来的动、植物。藻类的产氧作用改变了大气圈中的化学组成，为后来动、植物的出现打下了基础。

项目二　生态环境中的微生物

微生物种类多、繁殖快、适应环境能力强，因此广泛分布于自然界，在生物体内外、工农业产品上和某些极端环境中也可存在各种微生物。

一、土壤中的微生物

土壤是固体无机物(岩石和矿物质)、有机物、水、空气和生物组成的复合物，是微生物的合适生境，可以说土壤是细菌的“天然培养基”。土壤中存在的细菌种类繁多，数量庞大，是人类最丰富的“菌种物资库”。土壤中微生物的数量和种类很多，包含细菌、放线菌、真菌、藻类、原生动物和病毒等类群，其中细菌最多，占土壤微生物总量的 70%～90%，放

线菌、真菌次之,藻类、原生动物和病毒等较少。土壤中的微生物主要来自:①天然在土壤中生活的自养菌;②动物尸体腐烂后进入土壤中的腐物寄生菌;③随人或动物的排泄物及尸体进入土壤的致病菌。土壤中绝大多数的微生物对人类是有益的,但是一些能形成芽孢的细菌如破伤风芽孢梭菌、产气荚膜梭菌、肉毒梭菌、炭疽芽孢杆菌等可在土壤中存活多年,成为人类创伤感染的重要来源。

目前,在工业、农业、食品、医药等方面应用的菌种都来自土壤。所以,土壤被人们看作微生物资源的"大本营"或"宝库"。

二、水中的微生物

水中微生物的数量和分布受营养物、水体温度、光照、溶解氧和盐分等因素的影响,含有较多营养物或受生活污水、工业有机污水污染的水体中会有相当多的细菌。水是各种细菌生存的第二天然环境,但细菌种类和数量一般要比土壤中少得多。除生长于水中的水生微生物以外,水中的微生物主要来自土壤、尘埃、垃圾及人畜的排泄物等的污染。

水中微生物种类和数量与水体类型、受污水污染程度、有机物的含量、溶解氧含量、水温、pH 值及水深等各种因素有关。

由于水容易受人与动物的粪便及各种排泄物的污染,水中常见伤寒沙门氏菌、痢疾志贺氏菌、钩端螺旋体及霍乱弧菌等致病性细菌,可引起多种消化道传染病。因此,加强粪便管理,保护水源,成为预防和控制肠道传染病的重要措施。

三、空气中的微生物

空气中的营养物质少,不适宜微生物的生长,只有少量从土壤及水进入空气中的微生物。虽然空气中缺乏细菌生长繁殖所需的营养物质与水分,细菌等微生物不易繁殖,但由于人畜呼吸道及口腔中的细菌可随唾液、飞沫及飘扬起来的尘埃散布到空气中,土壤中的细菌也可随尘埃进入空气,因此,空气中存在一定种类的细菌。室内空气中的细菌比室外多,尤其在人口密集、空气不流通的公共场所如急诊室、门诊大厅、病房及火车站候车室等。

空气中的微生物主要有各种球菌、芽孢杆菌、产色素细菌以及对干燥和射线有抵抗力的真菌孢子等。也可能有病原菌,如脑膜炎奈瑟菌、结核分枝杆菌、溶血性链球菌、白喉棒状杆菌、百日咳博德特氏菌等,尤其在医院附近。

空气中含有大量的微生物,是生物制品、医药制剂、培养基、手术室等污染的主要来源,也可引起伤口或呼吸道的感染,对动植物病害的传播、发酵工业中的污染以及工农业产品的霉腐等都有很重要的关系。因此,医院的病房、手术室、制剂室、微生物实训室等都要进行空气消毒;医务工作者在执行医护操作过程中更要严格遵守无菌操作技术;在发酵工厂,在空气进入空气压缩机前,要先通过过滤器过滤掉颗粒较大的微生物。

四、正常人体及动物体上的微生物

正常人体及动物体上都存在着许多微生物。例如,动物的皮毛上经常有葡萄球菌、链球菌和双球菌等,在肠道中存在着大量的拟杆菌、大肠杆菌、双歧杆菌、乳杆菌、粪链球菌、产气荚膜梭菌、腐败梭菌和纤维素分解菌等。存在于健康人体和动物体各部位、数量大、种类较稳定且一般是有益无害的微生物种群,称为正常菌群。

人体在健康的情况下与外界隔绝的组织和血液是不含菌的,而身体的皮肤、黏膜以及一切与外界相通的腔道,如口腔、鼻咽腔、消化道和泌尿生殖道中存在许多正常的菌群。皮肤上最常见的是革兰氏阳性球菌,以表皮葡萄球菌多见,有时也有金黄色葡萄球菌存在;口腔含有的食物残渣以及温暖湿润的环境适合病原微生物生长繁殖,与龋齿的发生密切相关;胃中含有盐酸,pH 值较低,不适于微生物生活,健康人的胃中一般无菌;人体肠道呈中性或弱碱性,且含有被消化的食物,适于微生物的生长繁殖,所以肠道特别是大肠中含有很多微生物,在正常人的粪便中细菌量约占粪便干重的三分之一;正常情况下鼻咽腔、泌尿生殖道的外部有微生物的存在。

微生物在人体的一定部位生存,与寄主之间形成一种共生关系,在正常情况下对人体无害,而且有营养作用、免疫作用、拮抗作用、抗衰老作用及抗肿瘤作用。如肠道内的微生物可以合成人体不可缺少的硫胺素、核黄素、烟酸、维生素 B_{12}、维生素 K、生物素及多种氨基酸等营养物质;正常菌群可排斥或抑制外来微生物的侵入和寄生,起到保护人体,抵抗疾病的作用。

一般情况下,正常菌群与人体保持平衡状态,且菌群之间互相制约,维持相对的平衡,它们与人体的关系一般表现为互生关系。但在一定条件下,正常菌群与机体间的平衡可被破坏而使人患病,这些能引起疾病的正常菌群称为条件致病菌或机会致病菌。

1. 机体免疫功能降低

如皮肤大面积烧伤、黏膜受损、机体受凉或过度疲劳时,一部分正常菌群会成为病原微生物。

2. 正常菌群的寄居部位发生改变

如因外伤或手术等原因,大肠杆菌进入腹腔或泌尿生殖系统,可引起腹膜炎、肾炎或膀胱炎等炎症。

3. 菌群失调

某些因素破坏了人体与正常菌群之间的平衡,使正常菌群中各种细菌的数量和比例发生较大幅度的变化,严重的菌群失调使机体表现出一系列临床症状,称为菌群失调症。如长期服用广谱抗生素后,肠道内对药物敏感的细菌被抑制,而不敏感的白色假丝酵母菌或耐药性葡萄球菌则大量繁殖,从而引起病变。

因此在进行治疗时,除使用药物来抑制或杀灭致病菌外,还应考虑使用微生态制剂以调整肠道正常菌群的生态平衡。

五、工农业产品中的微生物

1. 农产品中的微生物

农产品在收割、运输、加工和储藏过程中可能受到各种微生物的污染,粮食尤为突出。在各种粮食和饲料上的微生物以曲霉属、青霉属和镰孢(霉)属的一些种为主,其中以曲霉危害最大,青霉次之,这些微生物的存在主要引起粮食霉变。据统计,全世界每年因霉变而损失的粮食占总产量的 2%左右,这是极大的浪费。有些真菌可产生真菌毒素,有的真

菌毒素是致癌物,其中以部分黄曲霉菌株产生的黄曲霉毒素最为常见。黄曲霉毒素是一种强烈的致肝癌毒物,对热稳定(300 ℃时才能被破坏),对人、家畜、家禽的健康危害极大。现已发现的黄曲霉毒素有 B_1、B_2、G_1、G_2、B_{2a}、G_{2a}、M_1、M_2、P_1 等十几种,其中以 B_1 的毒性和致癌性最强,含黄曲霉毒素最多的食品是花生及花生制品、玉米。另一类剧毒致癌毒素为 T2,由镰孢霉属的真菌产生,被人吸收后会引起白细胞下降和骨髓造血功能破坏。

2. 食品中的微生物

食品是用营养丰富的动、植物原料经过人工加工后的制成品,其种类繁多,如面包、糕点、罐头、蜜饯等。由于在食品的加工、包装、运输和储藏等过程中常遭到细菌、霉菌、酵母菌等的污染,在适宜的温、湿度条件下它们又会迅速繁殖,其中有的是病原微生物,有的能产生细菌毒素或真菌毒素,从而引起食物中毒或其他严重疾病的发生,所以食品的卫生工作就显得格外重要。

因此,要有效地防止食品的霉腐变质,必须在加工制作过程中注意清洁卫生,同时还要控制保藏条件,尤其要采用低温、干燥、密封等措施。此外,也可在食品中添加少量的苯甲酸、山梨酸等无毒的化学防腐剂。

3. 药品中的微生物

药品是一种特殊的商品,药品质量的好坏直接关系到使用者的健康和生命。在药品生产中,空气中的微生物可能污染原料,使药品被污染,而污染程度与空气的含菌量有关;生产用水中的微生物也是药物污染的重要来源;药品原材料、用于药品生产的设备(如粉碎机、药筛、压片机、制丸机、灌装机等)和容器表面可能有微生物滞留或滋生,药物制剂接触了这些设备工具、容器上的微生物就会被污染;操作人员操作不规范或卫生条件不佳时,其携带的微生物也会污染药品;此外包装材料也可带有一定的微生物,药品在运输和使用过程中也可因储存或使用不当而被污染。

药品微生物污染可引起药品变质、药品物理性状和外观的改变,产生有害代谢产物,降低或失去药用价值。药品污染了微生物,将对用药者的身体健康造成危害,甚至危及生命;当染菌药品被误用后,会引起药源性感染、中毒、超敏反应;外科用药染菌后,可引起皮肤病及外伤病人的感染;铜绿假单胞菌污染滴眼剂后,可导致眼部感染甚至失明。

所以在药物制剂生产的过程中要从环境、原材料、仪器设备、生产操作人员、包装等各方面控制微生物的污染。

阅读材料

不同条件下的微生物

一、极端环境下的微生物

在自然界中,存在着一些可在绝大多数微生物所不能生长的高温、低温、高酸、高碱、高盐、高压或高辐射强度等极端环境下生活的微生物,被称为极端环境微生物或极端微生物。

极端微生物在工业、农业、医药、卫生等方面有很高的应用价值。

1. 嗜热微生物

嗜热微生物生长的环境有热泉、草堆、积肥、煤堆、灼热的沙漠、海底火山附近、热水器和取暖用热水循环系统等处。它们的最适生长温度一般在 50～60 ℃,有的可以在更高的温度下生长,如热熔芽孢杆菌可在 92～93 ℃生长。专性嗜热菌的最适生长温度在 65～70 ℃,超嗜热菌的最适生长温度在 80～110 ℃。大部分超嗜热菌都是古生菌。不同的高温环境存在细菌、真菌和藻类等不同的嗜热微生物,但以细菌多见。

嗜热菌具有代谢快、酶促反应温度高、代时短等特点,在发酵工业、城市和农业废物处理等方面均具有特殊的作用。嗜热细菌耐高温 DNA 聚合酶为 PCR 技术的广泛应用提供了基础,但嗜热菌的良好抗热性也造成了食品保存上的困难。

2. 嗜冷微生物

嗜冷微生物是能在较低的温度(3～20 ℃或者 0 ℃以下)下生长的一类微生物,可以分为专性嗜冷微生物和兼性嗜冷微生物两类,前者的最高生长温度不超过 20 ℃,但可以在 0 ℃或低于 0 ℃条件下生长;后者可以在低温下生长,但也可以在 20 ℃以上生长。如嗜冷菌必须生活在低温条件下且最高生长温度不超过 20 ℃,最适生长温度在 15 ℃,在 0 ℃可生长繁殖。嗜冷微生物主要分布于极地、深海、寒冷水体、高山、冷冻土壤、阴冷洞穴、冷藏的食品等低温环境。嗜冷微生物主要有针丝藻和微单细胞菌等。嗜冷微生物的存在是造成低温保藏食品腐败的主要根源。

3. 嗜酸微生物

嗜酸菌分布在酸性矿泉水、酸性热泉和酸性土壤等处,生长最适 pH 值为 3～4,中性条件不能生长。如氧化硫硫杆菌的生长 pH 值范围为0.9～4.5,最适 pH 值为 2.5,在 pH0.5 下仍能存活,能氧化硫产生硫酸(浓度可高达 5%～10%)。氧化亚铁硫杆菌为专性自养嗜酸杆菌,能将还原态的硫化物和金属硫化物氧化产生硫酸,还能把亚铁氧化成高铁,并从中获得能量。嗜酸菌已被广泛用于冶金、煤、石油脱硫和肥料生产等方面。

4. 嗜碱微生物

嗜碱微生物生长最适 pH 值在 9 以上,专性嗜碱菌可在 pH11～12 的条件下生长,而在中性条件下不能生长。如巴氏芽孢杆菌在 pH11 时生长良好,最适 pH 值为 9.2,而低于 pH9 时生长困难;嗜碱芽孢杆菌在 pH10 时生长活跃,在 pH7 时不生长。嗜碱菌产生的碱性酶可被用于洗涤剂或其他用途。

5. 嗜盐微生物

嗜盐菌专指那些以一定浓度的盐为菌体生长所必需,且只有在一定浓度的盐溶液中才生长最好的菌类。根据嗜盐浓度不同,可分为轻度嗜盐菌(0.2～0.5 mol/L)、中度嗜盐菌(0.5～2.0 mol/L)和极端嗜盐菌(＞3.0 mol/L)。嗜盐菌通常分布在晒盐场、腌制海产品、盐湖和著名的死海等处,如盐生盐杆菌和红皮盐杆菌等,其生长的最适盐浓度高达 15%～20%,甚至还能生长在 32%的饱和盐水中。

嗜盐菌具有许多独特的生理特性，其应用前景十分广阔，如紫膜用来制造计算机芯片，某些嗜盐菌体内含有丰富的胡萝卜素、γ-亚油酸等成分，可望用于保健食品，另外嗜盐菌中的酶是工业上耐盐酶的重要来源，还可用于降解生物材料以及污水处理等方面。

嗜盐菌是一种古细菌，它的紫膜具有质子泵和排盐的作用，目前正设法利用这种机制来制造生物能电池和海水淡化装置。

6. 嗜压菌

需要高压才能良好生长的微生物称为嗜压微生物。嗜压菌仅分布在深海底部和深油井等少数地方，例如，从深海底部压力为 101.325 MPa 处，分离到一种耐压的假单胞菌；从深 3500 m、压力 40.53 MPa、温度 60～105 ℃的油井中分离到嗜热性耐压的硫酸盐还原菌。据报道，有些嗜压菌甚至可在 141.855 MPa 的压力下正常生长。研究嗜压菌需要特殊的加压设备，特别是不经减压作用，将大洋底部的水样或淤泥转移到高压容器内是非常困难的，使得对嗜压菌的研究工作受到一定限制，有关嗜压菌和耐压菌的耐压机制目前还不清楚。

7. 耐辐射微生物

耐辐射微生物只是对高辐射环境更具耐受性而不是对辐射有特别的“嗜好”。与微生物有关的辐射有可见光、紫外线、X 射线和 γ 射线，其中生物接触最多、最频繁的是太阳光中的紫外线。一般来说，革兰氏阳性菌比革兰氏阴性菌耐辐射性强得多；芽孢菌的耐辐射性要强于无芽孢菌；A 型肉毒梭菌的芽孢是有梭状孢子中耐辐射能力最强的一种。

研究耐辐射菌 DNA 损伤与修复系统具有非常重要的价值，它可能为解决日益严重因辐射过量所致疾病的治疗提供新的线索。另一方面，辐射灭菌已被确定为一种理想的冷杀菌方法，而耐辐射菌是辐射保藏食品腐败的主要原因。

二、不同药品或剂型常见的污染微生物

污染药品的微生物种类很多，主要有细菌、真菌、酵母菌等。但不同制剂、不同剂型的药品微生物污染的状况和种类有所不同，见表 7-1。

表 7-1　不同药品、不同剂型常见的污染微生物

药品或剂型	常见的污染微生物
注射剂和输液剂	以革兰氏阴性菌为主，如大肠杆菌、产气杆菌、变形杆菌、铜绿假单胞菌，也可见革兰氏阳性菌、真菌和放线菌
滴眼剂和眼药膏	铜绿假单胞菌、葡萄球菌、类白喉棒状杆菌、枯草芽孢杆菌等
液体型口服药剂	真菌如酵母菌、青霉菌、黑曲霉菌、毛霉菌及其他杂菌
外用制剂	葡萄球菌、变形杆菌、大肠杆菌、厌氧芽孢梭菌、酵母菌、真菌
消毒剂与洗涤剂	革兰氏阳性菌如铜绿假单胞菌、大肠杆菌、克雷伯菌
中药材	黄曲霉菌、螨虫等

项目三　微生物在自然界物质循环中的作用

微生物在自然界中广泛分布，同时由于微生物种类繁多，不同种类微生物的细胞内具有不同的酶体系，在进行生命活动时，各种微生物能利用周围环境中的不同有机质为养料进行物质代谢，最后分解成无机化合物。微生物的生命活动，使自然界数量有限的植物营养元素成分能够周而复始地循环利用，在自然界的碳素、氮素以及各种矿物质元素的循环中微生物起着重要的作用。本单元仅介绍微生物在碳素、氮素和硫素循环中的作用。

一、微生物在碳素循环中的作用

碳素是构成各种生物体最基本的元素，它不但是光合作用的原料，也是呼吸作用的主要产物。碳素形成于有机物的分解和燃料燃烧。碳素循环包括 CO_2 的固定和 CO_2 的再生，即自然界中的 CO_2 通过绿色植物和微生物的光合作用合成有机碳化物，进而转化为各种有机物；植物和微生物进行呼吸作用释放出 CO_2。动物以植物和微生物为食物，并在呼吸作用中释放出 CO_2。当动、植物和微生物尸体等有机碳化物被微生物分解时，又产生大量 CO_2，另有一小部分有机物保留下来，形成了宝贵的化石燃料如煤炭、石油和天然气，储藏于地层中。当这些化石燃料被开发利用后，经过燃烧，又形成了 CO_2 而回归到大气中(图 7-1)。

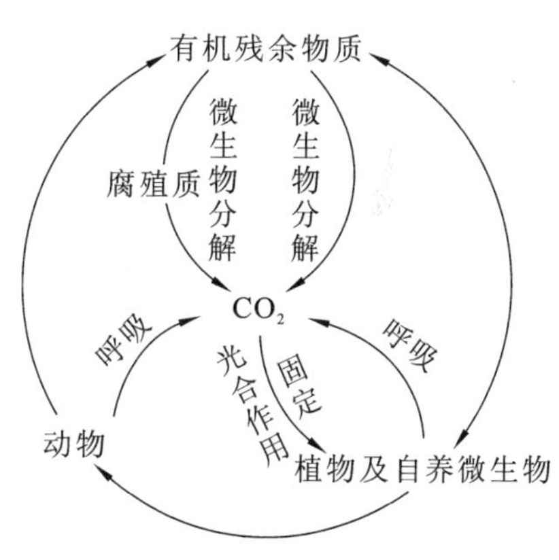

图 7-1　碳素循环

微生物参与了固定 CO_2 合成有机物的过程，但数量和规模远远不及绿色植物。而在分解作用中，则以微生物为首。据统计，地球上有 90% 的 CO_2 是靠微生物的分解作用而形成的。经光合作用固定 CO_2，大部分以纤维素、半纤维素、淀粉、木质素等形式存在，不能直接被微生物利用。对于这些复杂的有机物，微生物首先分泌胞外酶将其降解成简单的有机物再吸收利用。由于微生物种类及所处条件不一，进入体内的分解转化过程也各不相同。在有氧条件下，通过好氧和兼性厌氧微生物分解，复杂的有机物被彻底氧化为 CO_2；在无氧条件下，通过厌氧和兼性厌氧微生物的作用产生有机酸、CH_4、H_2 和 CO_2 等。

二、微生物在氮素循环中的作用

1. 氮素循环

氮是核酸及蛋白质的主要成分，是构成生物体的另一种必需元素。虽然大气体积中约有 78% 是分子态氮，但所有植物、动物和大多数微生物都不能直接利用，它们需要的铵盐、硝酸盐等无机氮化物，在自然界中为数不多。只有将分子态氮进行转化和循环，才能

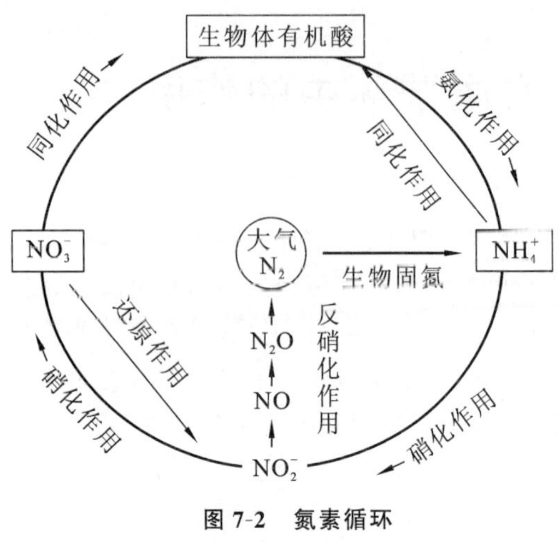

图 7-2 氮素循环

满足植物体对氮素营养的需要。因此,氮素物质的相互转化和不断循环,在自然界十分重要(图 7-2)。

氮素循环包括许多转化作用,空气中的氮气被微生物及微生物与植物的共生体固定成氨态氮,并转化成有机氮化物;存在于植物和微生物体内的氮化物被动物食用后在动物体内转变为动物蛋白质;当动、植物和微生物的尸体及其排泄物等被微生物分解时,氮元素又以氨的形式释放出来;氨在有氧的条件下,通过硝化作用氧化成硝酸,生成的铵盐和硝酸盐可被植物和微生物吸收利用;在无氧条件下,亚硝酸盐可被还原成为分子态氮返回大气中,氮素循环在此完成。微生物的氮素循环可归纳为固氮作用、氨化作用、硝化作用、反硝化作用和同化作用。

2. 微生物在氮素循环中的作用

(1) 固氮作用。

固氮作用指分子态氮被还原成氨或其他氮化物的过程。自然界氮的固定方式有两种:①非生物固氮,即通过雷电、火山爆发、电离辐射和铁作催化剂等因素,在高温(500 ℃)、高压(30.3975 MPa)下的化学固氮,非生物固氮形成的氮化物很少;②生物固氮,即通过微生物的作用固氮。能够固氮的微生物主要是细菌、放线菌和蓝细菌,均为原核生物。在固氮生物中,与豆科植物共生的瘤菌属贡献最大。

(2) 氨化作用。

氨化作用指微生物分解含氮有机物产生氨的过程。含氮有机物的种类很多,主要是蛋白质、尿素、尿酸和壳多糖等。

氨化作用在农业生产上十分重要,施入土壤中的各种动、植物残体和有机肥料,包括绿肥、堆肥和厩肥等都富含含氮有机物,它们均需通过各类微生物的氨化作用,才能成为植物能吸收和利用的氮素养料。

(3) 硝化作用。

硝化作用指微生物将氨氧化成硝酸盐的过程。硝化作用分两个阶段进行,第一个阶段是氨被氧化为亚硝酸盐,利用亚硝化细菌完成,主要有亚硝化单胞菌属、亚硝化叶菌属等的一些种类。第二个阶段是亚硝酸盐被氧化为硝酸盐,利用硝化细菌完成,主要有硝化杆菌属、硝化刺菌属和硝化球菌属的一些种类。硝化作用在自然界氮素循环中是不可缺少的一环,但对农业生产并无多大益处。

(4) 同化作用。

同化作用指植物和微生物利用铵盐和硝酸盐为无机氮类营养物质,合成氨基酸、蛋白质、核酸和其他含氮有机物的过程。

(5) 反硝化作用。

反硝化作用指微生物还原硝酸盐，释放出分子态氮和一氧化二氮的过程，一般只在厌氧条件下进行。反硝化作用是造成土壤氮素损失的重要原因之一，在农业上常采用中耕松土的办法，以抑制反硝化作用。但从整个氮素循环来说，反硝化作用还是有利的，否则自然界氮素循环将会中断，硝酸盐将会在水体中大量积累，对人类的健康和水生生物的生存造成很大的威胁。

三、微生物在硫素循环中的作用

1. 硫素循环

硫是生物体合成蛋白质及某些维生素和辅酶等的必需元素。

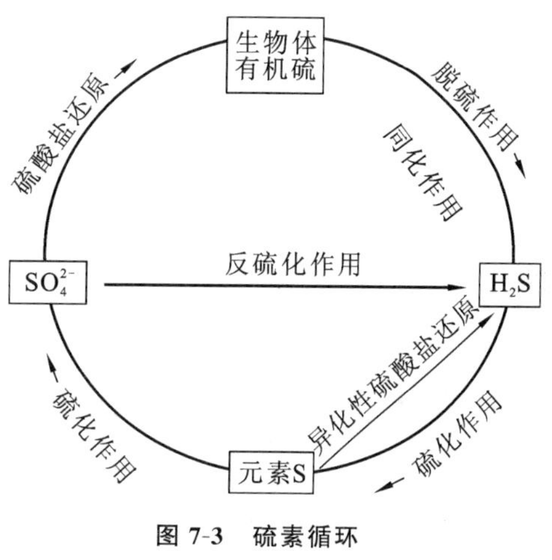

图 7-3　硫素循环

自然界中的硫和硫化氢经微生物氧化形成 SO_4^{2-}；SO_4^{2-} 被植物和微生物同化还原成有机硫化物，组成其自身；动物食用植物、微生物，将其转变成动物有机硫化物；当动、植物和微生物尸体的有机硫化物，主要是含硫蛋白质，被微生物分解时，以 H_2S 和 S 的形式返回自然界。另外，SO_4^{2-} 在缺氧环境中可被微生物还原成 H_2S。概括地讲，硫素循环（图 7-3）可划分为脱硫作用、同化作用、硫化作用和反硫化作用。

微生物参与了硫素循环的各个过程，并在其中起很重要的作用。

2. 微生物在硫素循环中的作用

(1) 脱硫作用。

脱硫作用指微生物将动、植物和微生物尸体中的含硫有机物降解成 H_2S 的过程。

(2) 硫化作用。

硫化作用即硫的氧化作用，是指在微生物的作用下，硫化氢、元素硫或硫化亚铁等被氧化生成硫酸的过程。自然界能氧化无机硫化物的微生物主要是硫细菌。

(3) 同化作用。

同化作用指植物和微生物把硫酸盐转变成还原态的硫化物，然后固定到蛋白质等成分中的过程。

(4) 反硫化作用。

反硫化作用指在厌氧条件下硫酸盐被微生物还原成 H_2S 的过程。

微生物不仅在自然界的硫素循环中发挥了巨大的作用，而且还与硫矿的形成，地下金属管道、舰船、建筑物基础的腐蚀，铜、铀等金属的细菌沥滤以及农业生产有着密切的关系。在农业生产上，由微生物硫化作用所形成的硫酸不仅可作为植物的硫素营养源，而且还有助于土壤中矿物质元素的溶解，对农业生产有促进作用。在通气不良的土壤中所进行的反硫化作用,会使土壤中 H_2S 含量提高,对植物根部有毒害作用。

项目四　微生物与环境保护的关系及其相关应用技术

随着工业高度发展、人口急剧增长,人类生活消费产生大量的生活废弃物,工业生产产生大量的废气、废渣和废水,农业生产使用各种化肥、农药产生的残留物,医疗活动产生大量的医疗污水和医疗废物等,这些物质进入环境后严重污染人类的生存环境,使环境质量不断恶化。

所谓环境污染,是指生态系统的结构和机能受到外来有害物质的影响或破坏,超过了生态系统的自净能力,打破了正常的生态平衡,对人畜健康、工业、农业、水产业等造成严重危害。

我国的环境污染状况现已令人担忧。我国在 20 世纪 50 年代后开始工业化进程,中华人民共和国成立后由于人口的剧烈增长,污染程度已相当于发达国家 20 世纪 50 年代至 20 世纪 60 年代的严重时期。1990 年,大约有 77%的废水未经处理直接排放,工业废水处理达标率约为 58%;大量有毒有害物质流入水域,造成城市河段水体污染严重;湖泊的富营养化加剧;京杭大运河江苏段,河水污染发臭,鱼虾绝迹,变成了举世闻名的臭河。我国的环境质量曾逐年下降,再加上乡镇工业异军突起,特别是医药、染料、农药、化肥及造纸、电镀等项目纷纷上马,这些企业排放的污染物危害很大,污染严重,治理难度大,很多企业以牺牲环境为代价来换取短期的经济利益。因此,限制环境的进一步恶化,加强环境保护,已成为人们最关心的大问题。

一、微生物对污染物的降解与转化

生产生活中,排入大气、水体或土壤内的农药、污泥、烃类、合成聚合物、重金属、放射性核素等各种污染物都能引起环境污染,并对人类造成极其复杂的危害,有些污染物在短期内通过空气、水、食物链等多种媒介侵入人体,造成急性危害。也有些污染物通过小剂量持续不断地侵入人体,经过相当长时间才显露出对人体的慢性危害或远期危害,甚至影响到子孙后代的健康。

排放到环境中的污染物,其降解过程中虽然有物理和化学方面的作用,但主要还是靠微生物来进行。

1. 微生物对农药等有毒污染物的降解

除草剂、杀虫剂、杀菌剂等化学制剂总称为农药。我国每年使用大量农药,利用率只有 10%,绝大部分残留在土壤中,有的被土壤吸附,有的被转移到水体(河流、湖泊、海洋)。目前的农药多是有机氯、有机磷、有机氮、有机硫农药,其中有机氯农药危害性最大。这些有毒化合物在自然界存留时间长,对人畜危害严重,而降解这些农药主要归功于微生物。

试验证明,土壤中可降解化学农药的微生物的种类很多,主要为细菌、放线菌和真菌类。通过这些微生物的降解，化学农药的有机部分为微生物提供碳和氮源，无机部分则被处理后回到土壤。

2. 微生物对重金属的转化

环境污染中所说的重金属一般指汞、镉、铬、铅、砷、银、锡等。微生物虽然不能降解重金属，但能改变重金属在环境中的存在状态从而改变其毒性。如梭菌、脉胞菌、假单胞菌等细菌和许多真菌具有使汞甲基化的能力。另一方面，微生物直接和间接的作用也可以去除环境中的重金属，有助于改善环境。

3. 微生物对石油的降解

在石油的开采、炼制过程中，产生了大量的石油污染物。据估计，全世界每年约有 10^9 t石油通过多种途径进入地下水、地表水及土壤环境。石油污染对海洋渔业资源危害巨大，破坏土壤结构，影响生态平衡。科学家发现，石油的降解主要是微生物在起作用。能降解石油的微生物有 200 多种，包括细菌、放线菌、霉菌、酵母、藻类及蓝细菌等。

现在，科学家们将能降解石油的几种细菌的基因结合转移到一株假单胞菌，从而构建出“超级微生物”，能降解多种原油组分。在油田、炼油厂、油轮、被石油污染的海洋、陆地都可以用这种“超级微生物”去清除油污。

4. 微生物对放射性物质的处理

微生物也能对放射性物质进行处理。科学家发现，在核试验厂附近仍有几种微生物生活着，它们可以在辐射强度很高的射线中缓慢地对核放射性废料加以处理，从而加速放射性物质的衰减。

二、微生物与污水处理

水源的污染是危害最广、最大的污染。污水的种类很多，有生活污水、医疗污水、工业有机污水(如屠宰、造纸、淀粉和发酵工业等的污水)、工业有毒污水(农药、炸药、石油化工、电镀、印染、制革等工业污水)和其他有毒、有害污水等。其中所含的各种有害物质，例如农药、炸药(TNT、黑索金等)、多氯联苯(PCB)、多环芳烃(致癌物)、酚、氰和丙烯腈等的污染后果尤为严重。为了保护环境，节约水源，各种污水尤其是生活污水和工业废水必须先经处理，除去其杂质与污染物，待水质达到一定标准后，才能排放入自然水体或直接供给生产和生活重复使用。

在污水处理方法中，最关键、最有效和最常用的方法是微生物处理法。在自然界中，存在着各种能分解相应污染物的微生物类型，如诺卡氏菌属、腐皮镰孢霉、木素木霉和假单胞菌属等 14 个属的 49 个种能分解氰。

微生物处理污水是利用各种生理生化性能的微生物类群间的相互配合而进行的一种物质循环的过程。处理的方法有物理法、化学法和生物法，各种方法都有其特点，可以相互配合、相互补充。目前应用最广的是生物法，其优点是效率高、费用低、简单方便。根据处理过程中氧的状况，生物处理系统可分为好氧处理系统与厌氧处理系统。

从 1985 年至 1990 年，日本建设省用了整整 5 年时间在世界上首次利用生物工程技术开发污水处理系统，建立起同污水处理有关的微生物库，储存了 26 种细菌的资料，建立了“脏水处理反应堆”“好气性反应堆”“厌气性反应堆”“除氮反应堆”“污泥处理反应堆”等

一系列微生物处理污水系统,极大地提高了治理污水的效果。

微生物处理法主要用于处理农业和生活废弃物或污水处理厂的剩余污泥,也可用于工业废水处理。

由于微生物代谢类型多样,所以自然界所有的有机物几乎都能被微生物降解与转化。随着工业的发展,许多人工合成的新的化合物掺入自然环境中,引起环境污染。微生物以其个体小、适应性强、易变异等特点,可随环境变化,产生新的自发突变株,也可能通过形成诱导酶等,具备新的代谢功能以适应新的环境,从而降解和转化那些"陌生"的化合物。大量事实证明,微生物有着降解、转化物质的巨大潜力。

三、微生物与环境监测

环境监测是测定代表环境质量的各种指标数据的过程,包括环境分析、物理测定和生物监测。其中,生物监测与环境关系极为密切,而微生物学方法在生物监测中占有特殊的地位。利用低廉的微生物,通过细菌发光检测、抑制代谢检测、遗传毒性试验等微生物检测方法对化学品的毒性进行快速、简便、灵敏的检测。

1. 粪便污染指示菌

粪便污染指示菌的存在是水体受过粪便污染的指标。根据对正常人粪便中微生物的分析测定结果,人们认为采用大肠菌群及粪链球菌作为指标较为合适,其中以前者应用较为广泛。

大肠菌群是指一大群与大肠杆菌相似的好氧及兼性厌氧的革兰氏阴性无芽孢杆菌,它们能在 48 h 内发酵乳糖产酸产气,包括埃希氏菌属、柠檬酸杆菌属、肠杆菌属、克列氏菌属等。测定大肠菌群的常用方法有发酵法和滤膜法两种。

大肠菌群数量的表示方法有两种。其一是"大肠菌群数",亦称"大肠菌群指数",即 1 L 水中含有的大肠菌群数量。其二是"大肠菌群值",是指水样中可检出 1 个大肠菌群的最小水样体积(mL),该值越大,表示水中大肠菌群数越小。

我国生活饮用水卫生标准规定,1 L 水中总大肠菌群数不得超过 3 个,即大肠菌群值不得小于 333 mL。

2. 水体污染指示生物带

一般的生物多适宜于清洁的水体,但是有的生物适宜于某种程度污染的水体。在各种不同污染程度的水体中,各有其一定的生物种类和组成。根据水域中的动、植物和微生物区系,可推测该水域中的污染状况,污水生物带便是通过以上检测而确定的。通常把水体划分为多污带、中污带和寡污带,中污带又分为甲型中污带和乙型中污带。

3. 致突变物与致癌物的微生物检测

人们在生活过程中不断地与环境中的各种化学物质相接触,这些物质对人类影响与危害怎样,特别是致癌效应如何,是人们普遍关心的问题。

据了解,80%~90%的人类癌症是由环境因素引起的,其中主要是化学因素。目前,世界上常见的化学物质有 7 万多种,其中致癌性研究较充分的仅占 1/10,而每年又新增千余种新的化合物。采用传统的动物试验法和流行病学调查法已远远不能满足需要。目前世界范围内已发展了上百种快速测试法,其中以致突变试验应用最广,其测试结果不仅可反映化学物质的致突变性，而且可推测它的潜在致癌性。应用于致突变试验的微生物有鼠伤寒沙门氏菌、大肠杆菌、枯草芽孢杆菌、脉胞菌、酿酒酵母、构巢曲霉等，以沙门氏菌致突变试验应用最广。

Ames 试验，全称沙门氏菌/哺乳动物微粒体试验，亦称沙门氏菌/Ames 试验，是美国 Ames 教授于 1975 年研究与发表的致突变试验法，其原理是利用鼠伤寒沙门氏菌组氨酸营养缺陷型菌株发生回复突变的性能来检测物质的致突变性。在不含组氨酸的培养基上，组氨酸营养缺陷型菌体不能生长，但当受到某致突变物作用时，因菌体 DNA 受到损伤，特定部位基因突变，由缺陷型回复到野生型，在不含组氨酸的培养基上也能生长。

Ames 试验常用纸片法和平板掺入法。Ames 试验准确性较高、周期短、方法简便，可反映多种污染物联合作用的总效应。通过对亚硝胺类、多环芳烃、芳香胺、硝基呋喃类、联苯胺、黄曲霉毒素等 175 种已知致癌物进行 Ames 试验，结果阳性吻合率为 90%；用 108 种非致癌物进行测定，其阴性吻合率为 87%。有人将 180 种物质进行 Ames 试验，其中已知致癌物有 26 种，经 Ames 试验测得 25 种为阳性，其吻合率达 95%。因此，Ames 试验是一种良好的潜在致突变物与致癌物的初筛报警手段。

阅读材料

水体自净

水体自净指受污染的水体由于物理、化学、生物等方面的作用，使污染物浓度逐渐降低，经一段时间后恢复到受污染前状态的过程。水体也能够在其环境容量的范围内，经过水体的物理、化学和生物的作用，使排入污染物质的浓度和毒性随着时间的推移，在向下游流动的过程中自然降低。

水体的自净过程很复杂，按其机理划分有以下几种。

一、物理净化

物理净化是指污染物质由于稀释、扩散、混合和沉淀等过程而降低浓度。污水进入水体后，可沉性固体在水流较弱的地方逐渐沉入水底，形成污泥。悬浮体、胶体和溶解性污染物因混合、稀释，浓度逐渐降低。污水稀释的程度通常用稀释比表示，对河流来说，用参与混合的河水流量与污水流量之比表示。污水排入河流经相当长的距离才能达到完全混合，因此这一比值是变化的。达到完全混合的距离受许多因素的影响，主要有稀释比、河流水文情势、河道弯曲程度、污水排放口的位置和形式等。在湖泊、水库和海洋中，影响污水稀释的因素还有水流方向、风向和风力、水温和潮汐等。

二、化学净化

化学净化是指污染物质由于氧化还原、酸碱反应、分解化合和吸附凝聚等化学或物理化学作用而降低浓度。流动的水体从水面上大气中溶入氧气，使污染物中铁、锰等重金属离子氧化，生成难溶物质而发生沉降。某些元素在一定的酸性环境中形成易溶性化合物，随水漂移而稀释，在中性或碱性条件下形成难溶化合物而沉降。天然水中的胶体和悬浮物质微粒吸附和凝聚水中污物，随水流移动或逐渐沉降。

三、生物净化

生物净化又称生物化学净化，是指生物活动尤其是微生物对有机物的氧化分解使污染物质的浓度降低。工业有机废水和生活污水排入水域后即分解转化，并消耗水中溶解氧；水中一部分有机物消耗于腐生微生物的繁殖，转化为细菌机体，另一部分转化为无机物；细菌成为原生动物的食料，有机物逐渐转化为无机物和高等生物，水便净化。如果有机物过多，氧气消耗量大于补充量，水中溶解氧不断减少，终于因缺氧使有机物由好氧分解转为厌氧分解，于是水体变黑发臭。

总之，水体的自净作用包含着十分广泛的内容，任何水体的自净作用又常是相互交织在一起的，物理过程、化学和物化过程及生物化学过程常常是同时同地发生，相互影响，其中常以生物自净过程为主，生物体在水体自净作用中是最活跃、最积极的因素。影响水体自净过程的因素很多，主要有河流、湖泊、海洋等水体的水文、地形等条件，水中微生物的种类和数量，水温和复氧(大气中的氧溶于水体中)状况，水化学条件，以及污染物的性质和浓度。

技能训练 7-1　空气中微生物的检测

实训目的

(1) 了解不同环境空气中微生物的种类和形态。

(2) 观察比较应用微生物灭菌方法前后空气中存在的微生物的数量和种类。

(3) 学习并掌握空气中微生物的检测和计数的基本方法，了解空气的污浊程度。

实训原理

空气中营养物质缺乏、水分不充足、温差较大，且有较强的紫外线辐射，因此空气不是微生物生长繁殖的适宜场所，只是短暂停留的场所。空气中的大多数微生物由于环境恶劣，在短时间内就会死亡，抵抗力较强的微生物则可以存活几天、几周甚至数月，最终沉降到土壤、水体、建筑物、动植物体表面。在我们周围的环境中存在着种类繁多、数量庞大的微生物。虽然空气不是微生物栖息的良好环境，但由于气流、灰尘和水沫的流动，人和动物的活动等原因，仍有相当数量的微生物存在。当空气中个体微小的微生物落到适合于它们生长繁殖的固体培养基的表面时，在适温下培养一段时间后，每一个分散的菌体或孢子就会形成一个个肉眼可见的细胞群体即菌落。观察大小、形态各异的菌落，就可大致鉴别空气中存在的微生物的种类。本实训通过检测普通实训室和消毒后的无菌室空气中存在的微生物判断无菌室的消毒效果，了解空气中常见的微生物类群。

实训器材

1. 培养基

(1) 细菌培养基——牛肉膏蛋白胨培养基。

(2) 真菌培养基——马铃薯蔗糖培养基。

2. 器材

灭菌后的培养皿,酒精灯,恒温箱等。

实训方法与步骤

1. 培养基制备

将培养基用高压蒸汽灭菌,趁热在无菌室中倒入平板,待冷却后将平板倒置放入恒温箱,培养 24 h,以确认培养基未染杂菌。

2. 微生物检测

应用微生物灭菌手段对无菌室进行灭菌,将无菌室的紫外灯打开,照射 30 min 后关闭。取无菌牛肉膏蛋白胨培养基和马铃薯蔗糖培养基各两块,打开培养皿盖,让其分别在无菌室空间和无人走动的普通实训室空间暴露 1 h 后,盖上培养皿盖。同时做两个对照试验。

3. 微生物培养

将细菌培养基平板和真菌培养基平板分别置于 37 ℃和 28 ℃的培养箱中倒置培养,1～2 d 后开始连续观察,注意不同类别的菌落出现的顺序及菌落的大小、形状、颜色、干湿等的变化。

实训报告

将观察到的结果记录在表 7-2 中。

表 7-2　普通实训室和无菌室里面的微生物数量和种类

采样环境	培养基类型	菌落平均数	菌落类型	菌落特征描述				
				大小	形态	颜色	透明度	边缘
普通实训室	牛肉膏蛋白胨培养基							
	马铃薯蔗糖培养基							
无菌室	牛肉膏蛋白胨培养基							
	马铃薯蔗糖培养基							

技能训练 7-2　水中微生物的检测

实训目的

(1) 熟悉菌落总数的测定方法。

(2) 学会对所检测的水样做综合分析。

实训原理

水体的微生物污染问题日趋严重。在各种水体,特别是污染水体中存在大量的有机物质,适合于各种微生物的生长。本实训应用平板计数法测定水中细菌总数。由于水中细菌种类繁多,它们对营养和其他生长条件的要求差别很大,不可能找到一种培养基在一种条件下使水中所有的细菌均能生长繁殖,因此,以一定的培养基平板上生长出来的菌落计算出来的水中细菌总数仅是一种近似值。目前一般采用普通牛肉膏蛋白胨琼脂培养基。

实训器材

1. 培养基

牛肉膏蛋白胨琼脂培养基。

2. 器材

灭菌三角瓶,灭菌的带玻璃塞瓶,灭菌培养皿,灭菌吸管,灭菌试管等。

实训方法与步骤

将水样摇匀 20~25 次,使细菌分散。倾注培养:无菌吸取 1 mL 水样分别置于 2 个空培养皿中,另一个做空白对照。再倾注 15 mL 琼脂(约 45 ℃)于培养皿中,旋转,混匀,待琼脂凝固后,37 ℃倒置 24 h。

注:国家标准(GB 5749—2006)规定生活饮用水菌落总数每毫升不得超过 100 个。

实训报告

(1) 菌落计数:用肉眼或放大镜检查,计数培养皿内菌落数目。

(2) 计算平均菌落数。

(3) 报告方式:菌落总数(CFU/mL)。

(4) 当检样的菌落数为 1~100 时,按实有数报告;大于 100 时,采用二位有效数字报告。

技能训练 7-3 调味品的微生物学检验

实训目的

采用平板计数法测定食用酱油中菌落总数。

实训原理

酱油样品经过处理,在一定条件下培养后(如培养基成分、培养温度和时间、pH 值等),检测所得 1 mL 样品中所含菌落的总数。菌落总数主要作为判定食品被污染程度的标志,也可以应用这一方法观察细菌在食品中繁殖的动态,以便为对被检样品进行卫生学评价提供依据。

实训器材

1. 试剂

营养琼脂培养基、蛋白胨、牛肉膏、pH 值为 7.2～7.4 的无菌生理盐水、琼脂、乙醇溶液。

2. 器材

恒温箱、酒精灯、灭菌吸管、灭菌培养皿等。

实训方法与步骤

菌落总数(TMAB)：平板计数法，用营养琼脂倾注平板，在 30 ℃培养 2～3 d，进行计数。

1. 编号

取无菌培养皿 9 套，分别用记号笔标明稀释度，每个稀释度各 3 套。另取 6 支盛有 9 mL 无菌生理盐水的试管，依次标记。无菌操作，用无菌吸管将 1 mL 酱油样品加入 9 mL 无菌生理盐水中，经搅拌仪充分振荡，制成 A 样品稀释液，再用另一无菌吸管吸取 1 mL 稀释液注入 9 mL 无菌生理盐水中，振摇试管，制成 B 样品稀释液，以此类推。

2. 涂布平板

先将 15 mL 的营养琼脂培养基熔化后倒平板，待凝固后倒入编好号的培养皿中，于 37 ℃恒温箱中烘烤 30 min，然后用 3 支无菌吸管吸取 A、B 和 C 样品稀释液各 1 mL，对号放入编好号的无菌培养皿中，每个培养皿放 0.1 mL。尽快用无菌玻璃涂棒将稀释液在平板上涂布均匀，平放于无菌操作台上 20～30 min，使稀释液渗入培养基表层内，然后倒置于 30 ℃恒温箱中培养 48 h。

3. 计数及记录

培养 48 h 后取出培养平板，算出同一稀释度三个平板上的菌落平均数，并按下列公式进行计算：

每毫升菌落形成单位(CFU)＝同一稀释度三次重复的平均菌落数×稀释倍数×10

实训报告

依据上述实训过程，以报告形式记录相应实训结果并进行过程分析。

阅读材料

各类污染物的转化

污染物包括有机污染物和无机污染物两大类。污染物的转化是指污染物在环境中通过物理、化学或生物作用改变其形态或转变为另一种物质的过程。各种污染物转化的过程取决于它们的物理化学性质和所处的环境条件，而微生物在各类污染物的转化中起着重要作用。

一、有机污染物的转化

1. 碳源污染物的转化

碳源污染物包括糖类、蛋白质、脂类、石油和人工合成的有机化合物等。糖类污染物主要包括难溶的多糖，如纤维素、半纤维素、果胶质、木质素、淀粉。

(1) 纤维素的转化。

棉纺印染废水、造纸废水、人造纤维废水及城市垃圾等,其中均含有大量的纤维素。分解纤维素的微生物主要有好氧细菌、厌氧芽孢梭菌、无芽孢厌氧分解菌、嗜热纤维芽孢梭菌及链霉菌属。

(2) 半纤维素的转化。

造纸废水和人造纤维废水中含半纤维素。分解纤维素的微生物大多数能分解半纤维素。

(3) 油脂的转化。

毛纺废水、毛涤厂废水、油脂厂废水、肉联厂废水、制革厂废水含有大量油脂。降解油脂较快的微生物包括铜绿假单胞菌、放线菌、分枝杆菌及真菌等。

(4) 降解石油的微生物。

降解石油的微生物很多,据报道有200多种,包括细菌如假单胞菌、棒状杆菌属、微球菌属、产碱杆菌属,放线菌如诺卡氏菌,酵母菌如假丝酵母,霉菌如青霉属、曲霉属,藻类如蓝藻、绿藻等。

(5) 人工合成的难降解有机化合物的生物降解。

氯苯类:润滑油、绝缘油、增塑剂、油漆、热载体、油墨等都含有。可引起急性中毒,也是一种致癌因子。产碱杆菌、不动杆菌、假单胞菌、芽孢杆菌以及沙雷氏菌的突变体等细菌可通过共代谢完成氯苯的完全降解。

洗涤剂:如丙烯四聚物型烷基苯磺酸盐(ABS)。ABS可以在天然水体中存留800 h以上,这使得接纳它的水体长时间持续产生大量泡沫,引起水体缺氧。降解洗涤剂的微生物有细菌包括假单胞菌、邻单胞菌、黄单胞菌、产碱单胞菌、产碱杆菌、微球菌、大多数固氮菌,放线菌如诺卡氏菌。由于这些微生物的作用,虽然每年排放入环境中的洗涤剂数量逐年递增,但环境中并没有发生洗涤剂的明显增加,因此洗涤剂一般不会引起环境的有机污染。

2. 氮源有机污染物的转化

氮源有机污染物包括蛋白质、氨基酸、尿素、胺类、氰化物、硝基化合物等。

(1) 蛋白质的转化。

蛋白质类污染物来自生活污水、屠宰废水、罐头食品加工废水、制革废水等。降解蛋白质的微生物种类很多,主要有好氧细菌,如链球菌和葡萄球菌,好氧芽孢细菌,如枯草芽孢杆菌、巨大芽孢杆菌、蜡状芽孢杆菌及马铃薯芽孢杆菌,兼性厌氧菌,如变形杆菌、假单胞菌,厌氧菌,如腐败梭状芽孢杆菌、生孢梭状芽孢杆菌。此外,还有曲霉、毛霉和木霉等真菌以及链霉菌(放线菌)。

(2) 含氮有机物的转化。

含氮有机污染物包括氰化物、乙腈、丙腈、正丁腈、丙烯腈等腈类化合物及硝基化合物,来自化工腈纶废水、国防工业废水、电镀废水等。主要带来生物毒害,造成环境积累。降解这些物质的微生物有假单胞菌,放线菌如诺卡氏菌及某些真菌。

二、无机污染物的转化

主要的无机污染物有磷酸盐、氨氮及硝酸盐、金属离子等。

1. 磷酸盐的转化

洗涤剂中的磷酸盐为可溶性的磷酸钠，土壤中的磷酸盐则主要是难溶的磷酸钙。在微生物产酸的作用下，土壤中难溶的磷酸盐可转化为可溶性的磷酸盐。在厌氧条件下，可溶性的磷酸盐可被梭状芽孢杆菌、大肠杆菌等还原为 PH_3。

2. 氨氮及硝酸盐的转化

氨氮及硝酸盐污染物来源于工业废水和使用硝酸盐化肥的农田冲蚀水。可通过同化作用被大多数微生物作为无机氮源营养物，转化为蛋白质、核酸等；或通过异化作用被硝化细菌及反硝化细菌转化为 N_2 释放到空气中。

3. 金属离子

采矿、冶金、化工等行业的废水含大量的金属污染物，严重影响水产养殖业及人类健康。其中对生物毒性较大的金属有汞、砷、铅、镉、铬等。重金属对人类的毒害与其浓度及存在状态有密切关系，如六价铬比三价铬毒性大；有机汞、有机铅和有机锡化合物的毒性超过其无机化合物。微生物不能降解重金属，只能通过改变重金属的存在状态改变其毒性。如汞以元素汞、有机汞和无机汞化合物 3 种形式存在，无机汞多难溶，一般对人的毒性最小；有机汞易溶，毒性最大（其中甲基汞的毒性最强），如甲基汞的毒性比无机汞高 50～100 倍。多种细菌如假单胞菌能将甲基汞转化成甲烷和元素汞，用这些细菌菌体吸收含汞废水中的甲基汞、乙基汞、硝酸汞、乙酸汞、硫酸汞等水溶性汞还原成元素汞，再将菌体收集起来，回收金属汞。微生物也能将砷转化为三甲基胂，许多细菌如无色杆菌可将亚砷酸盐氧化成砷酸盐。产甲烷菌、脱硫弧菌等能将砷酸盐还原为毒性更大的亚砷酸盐。铅也能通过微生物甲基化变成四甲基铅。

1. 什么是微生物生态学？研究微生物生态有什么意义？
2. 为什么说土壤是微生物的天然培养基？
3. 土壤中主要有哪些微生物类群？数量分布情况如何？
4. 如何分离下列微生物（从生境、培养基、培养方法等方面考虑）：嗜热菌、嗜盐菌、嗜碱菌、乳酸菌、纤维素分解菌、光合细菌、自生固氮菌。
5. 试述微生物在碳、氮、硫循环中的作用。
6. 试述微生物在环境保护中的作用和地位。
7. 药品上存在的微生物有哪些？有什么危害？如何防止？
8. 空气中的微生物的来源有哪些？对医药卫生有何影响？

扫码看PPT

学习情境八

免疫学基础认识及其相关应用技术

免疫(immune)是机体在长期进化过程中为防御病原微生物的侵入,清除机体内老化细胞,维持自身稳定和监视细胞癌变等而发展起来的一种重要生理功能。人类在长期的医药实践中认识并积累了大量有关机体免疫方面的原理和技术,并运用免疫学理论和方法对相关疾病进行预防、诊断和治疗,为人类健康和进步作出了巨大贡献。

项目一　免疫学的基本认识

任务一　免疫的基本概念

免疫一词衍生自拉丁语 immunis,其意为免除瘟疫,即机体对病原微生物的抗感染能力。事实上,机体不仅对微生物,而且对微生物以外的所有抗原都能够进行识别和排斥,以维持正常的生命内环境。所以,现代免疫学对免疫的定义是人和动物机体识别自身和非自身,通过免疫应答清除抗原异物从而保持机体内、外环境平衡的一种生理反应。正常情况下,这种生理反应对机体是有益的,具有以下三种功能。

1. 免疫防御

免疫防御是机体识别和排斥外源性抗原异物的能力。这种功能一是抗感染,即传统的免疫概念;二是排斥异种或同种异体的细胞和器官,这是器官移植需要克服的主要障碍。这种能力低下时机体易出现免疫缺陷病,而过高时易出现超敏反应性组织损伤。

2. 免疫自稳

免疫自稳是机体识别和清除自身衰老残损的组织和细胞的能力。这种自身稳定功能失调时易导致某些生理平衡的紊乱或者自身免疫病。

3. 免疫监视

免疫监视是机体杀伤和清除异常突变细胞的能力,监视和抑制恶性肿瘤的发生。一旦免疫监视功能低下,寄主易患恶性肿瘤。

任务二　免疫学的发展简史

免疫学(immunology)是研究机体自我识别和对抗原性异物排斥反应的一门科学,是随着社会的发展和科学的进步而逐渐发生、发展和成熟的。免疫学的发展史可分为原始免疫学时期、经典免疫学时期和现代免疫学时期。

一、原始免疫学时期

我国唐代开元年间(公元713—741年)已出现将天花痂粉吹入正常人鼻孔的方法来预防天花的医疗实践,至10世纪时已在民间广为流传,并逐渐传播到国外。大约在15世纪,人痘苗法传到中东,当地人把鼻孔吹入法改良为皮内接种法,免疫效果更加显著。1721年,英国驻土耳其大使夫人Mary Montagu把这种接种法传入英国,并且很快遍及欧洲。到了18世纪末,英格兰乡村医生E.Jenner从挤奶女工多患牛痘但不患天花的现象中得到启示,经过一系列试验后,于1798年成功地创制出牛痘苗,并公开推行牛痘苗接种法。

二、经典免疫学时期

19世纪后期,微生物学的发展为免疫学的形成奠定了基础。1880年,法国微生物学家L.Pasteur偶然发现接种陈旧的鸡霍乱杆菌培养物可使鸡免受毒性株的感染,转而成功地创制了炭疽杆菌减毒疫苗和狂犬病疫苗,并开始了免疫机制的研究。1883年,俄国动物学家E.Metchnikoff发现了白细胞的吞噬作用并提出了细胞免疫学说。1890年,德国医师E.von Behring和日本学者北里发现了白喉抗毒素。1894年比利时血清学家J. Bordet发现了补体,此发现支持体液免疫学说。与此同时,血清学(serology)也逐渐形成和发展起来。1896年H.Durham等人发现了凝集反应,1897年R.Kraus发现了沉淀反应,1900年K.Landsteiner发现了人类ABO血型,J.Bordet发现了补体结合反应。这些试验逐渐在临床检验中得到应用。1901年,"免疫学"一词首先出现在《Index Medicus》中,1916年《Journal of Immunology》创刊。作为一门学科,免疫学至此正式为人们所承认。

三、现代免疫学时期

20世纪中期以后,免疫学进入快速发展时期,取得了许多新成果。1945年R.Owen发现同卵双生的两只小牛的不同血型可以互相耐受,1948年C.Snell发现了组织相容性抗原,1953年R.Billingham等人成功地进行了人工耐受试验,1956年Witebsky等人建立了自身免疫病动物模型。这些免疫生物学现象迫使人们跳出抗感染的圈子,甚至站在医学领域之外去看待免疫学。

于是,一个免疫学的新理论即克隆选择学说于1958年由澳大利亚学者F.Burnet提出。同时,细胞免疫再度兴起,1956年B.Glick发现腔上囊的作用,1961年J.Miller发现胸腺的功能,1966年H.Claman等人分出B细胞与T细胞,并且发现它们的免疫协同作用,以后又相继发现T细胞中不同的亚群及其鉴定方法。1950年R.Porter用蛋白酶水解获得抗体的片段,G.Edelman用化学断裂法得到抗体的多肽链,共同证明抗体的分子结构,20世纪60年代统一免疫球蛋白的分类和名称,1957年G.Kŏhler和C.Milstein等人用B细胞杂交瘤技术制备出单克隆抗体,1978年S.Tonegawa发现了免疫球蛋白的基因重排。20世纪80年代以来,众多的细胞因子相继被发现,免疫学进入"分子免疫学时期"。

任务三　免疫的机制类型

由抗原引起的免疫应答机制包括非特异性免疫和特异性免疫两种类型。非特异性免疫是机体长期进化过程中逐渐建立起来的天然防御机能,主要参与者为机体的屏障组织、吞噬细胞、NK细胞和补体等,它们可在早期发挥排异作用,消灭或限制病原微生物的增殖和扩散,有作用迅速、无特异性的特点。

特异性免疫是个体在后天生活过程中接触了抗原而获得的免疫机能,包括体液免疫和细胞免疫,具有获得性、特异性和记忆性等特点,免疫力强。特异性免疫应答的物质基础是免疫系统,包括免疫器官、免疫细胞和免疫分子。中枢免疫器官有骨髓和胸腺,骨髓是哺乳动物免疫细胞发生及B细胞分化成熟的场所,胸腺是T细胞分化成熟的场所。外周免疫器官有淋巴结、脾脏等,它们是成熟的B、T细胞定居及产生免疫应答的场所。B细胞介导体液免疫,通过其细胞膜上表面免疫球蛋白受体(mIg)识别游离抗原,经过增殖分化形成浆细胞,由浆细胞产生抗体从而发挥排异功能。T细胞主要介导细胞免疫,T细胞有$CD4^+$和$CD8^+$两类分化群。$CD4^+$ T细胞只能识别主要组织相容性复合体MHC-Ⅱ类分子与抗原肽的复合物,主要有参与迟发型超敏反应的Th1和辅助B细胞产生抗体的Th2两个亚群。$CD8^+$ T细胞只能识别MHC-Ⅰ类分子和抗原肽的复合物,有杀伤性T细胞(Tc)和抑制性T细胞(Ts)两个亚群。免疫分子包括抗体、补体以及细胞因子,主要由免疫细胞产生,合成后释放于细胞外和体液中,发挥免疫功能。

项目二　抗原的基本认识

任务一　抗原的概念

抗原(antigen,Ag)是指一类能刺激机体免疫系统诱导特异性免疫应答并能在体内或体外与免疫应答产物如抗体或致敏淋巴细胞发生特异性反应的物质。

抗原具有两方面的基本性能:①免疫原性,指刺激机体的免疫系统产生免疫应答的能力,具有这种能力的物质称为免疫原;②免疫反应性,指抗原与抗体或致敏淋巴细胞发生特异性结合的能力,亦称为反应原性。

同时具有免疫原性和免疫反应性的抗原是完全抗原，如微生物、多数蛋白质、细菌外毒素等。只有免疫反应性而没有免疫原性的物质称为半抗原或不完全抗原，如某些多糖、类脂和药物等。半抗原独立作用时只具有反应原性而无免疫原性，但当它与蛋白质结合形成半抗原-蛋白质载体复合物后，可获得免疫原性，能刺激机体产生半抗原特异性抗体或半抗原特异性致敏淋巴细胞，如青霉素等小分子药物当与血细胞或蛋白质结合后，转变成完全抗原，产生免疫应答。

任务二　决定抗原免疫原性的因素

一、异物性

正常情况下，机体的免疫系统能够识别寄主自身物质与非自身物质，对自身物质一般不产生免疫应答，只对非自身物质产生免疫应答。因此，抗原通常是非自身的物质，主要有以下三种。

1. 异种物质

对人来说，病原微生物及其部分产物、动物血清蛋白及组织细胞等都是良好的抗原。从生物进化过程可知，种族亲缘关系越远，其化学结构差别越大，抗原性也就越强；而亲缘关系越近，抗原性越弱。如异种器官移植物排斥强烈，不能存活；同种器官移植物排斥较弱，可存活一定期限；而自身移植物不排斥，可长期存活。

2. 同种异体物质

同种异体之间，由于遗传变异的结果，不同个体相同的组织或细胞表面的化学结构不同，因此，异体组织或细胞等都是良好的抗原，如人类红细胞表面的 ABO 血型抗原。

3. 改变和隐蔽的自身物质

机体能识别自身的组织成分，因此通常情况下自身物质不具有免疫原性，但在异常情况下，如烧伤、感染、药物或电离辐射等作用下，自身物质结构发生改变或隐藏的成分暴露，可变为抗原。

二、分子大小

物质分子大小可影响其免疫原性，一个有效免疫原的相对分子质量在 10000 以上。一般来说，相对分子质量越大，免疫原性越强。这可能是因高分子物质在水溶液中易形成胶体，在体内停留的时间较长，与免疫细胞接触的机会较多，有利于刺激机体产生免疫应答。另外，大分子物质的化学结构比较复杂，所含有效抗原基因的种类和数量也相对较多。

蛋白质相对分子质量较大，一般在 10000 以上，有良好的免疫原性。糖类物质相对分子质量较小，多数单糖不具有免疫原性，而多糖可以成为抗原。

三、化学结构

免疫原性的形成除了具备一定量的相对分子质量外，还要求分子的化学结构复杂。

直链结构的物质一般缺乏免疫原性,多支链或带状结构的物质容易成为免疫原,球形分子比线形分子的免疫原性强。人工合成的单一氨基酸的线性聚合物(例如多聚L-赖氨酸和多聚L-谷氨酸)无免疫原性,但多种氨基酸的随机线形共聚物可具有免疫原性,且其免疫原性随共聚物中氨基酸种类的增加而增强,加入芳香族氨基酸的效果更明显。例如明胶虽然相对分子质量高达100000,但其分子结构无分支又缺乏环状基团,所以免疫原性微弱,若在分子中连上2%的酪氨酸,就会明显增强明胶的免疫原性。

四、其他因素

1. 机体的应答能力

抗原物质的免疫性的强弱与机体的应答能力有关,主要受遗传性、生理状态及个体发育等因素影响。如用同一抗原刺激同种物种的不同品系,有些品系能发生免疫应答,有些品系则不能产生免疫应答或免疫应答微弱。

2. 免疫方式

免疫方式包括抗原进入的途径、剂量、次数和间隔时间以及免疫佐剂的使用等因素,这些也能影响免疫应答过程。如口服免疫时,抗原易被消化而丧失其免疫原性。

总之,只有用良好的抗原免疫机体,并且寄主处于较好的生理状态,免疫方式又较合适的情况下,才能引起免疫应答,此时抗原才真正具有免疫原性。

任务三 抗原的特异性与交叉反应

抗原的特异性与抗原分子上的特殊化学基因及其空间构象有关,甚至与其电荷性质及亲水性也有关系。抗原分子表面上的这些特殊化学基团及其空间结构称为表位或抗原决定簇,正是这些表位被淋巴细胞特异性识别而诱导相应的免疫应答,被抗体分子识别而发生抗原-抗体特异性反应。因此,表位是决定抗原特异性的物质基础。免疫学中,半抗原与表位具有相同的含义和作用。

抗原的一个表位能结合抗体分子上的一个抗原结合点,所以将抗原分子上能与相应抗体发生特异性结合的表位总数称为抗原的结合价。多数天然抗原分子结构复杂,表面有多个表位,能与多个抗体结合,称为多价抗原。有些抗原只有一个表位,只能与一个抗体结合,称为单价抗原。

虽然一个抗原分子可以有多个表位,但在诱导寄主免疫应答时可能有一种或一个表位起主要作用,使寄主产生以该特异性为主的免疫应答,这种现象称为免疫显性或免疫优势,起关键作用的表位称为显性表位。

通常情况下,不同的抗原物质具有不同的表位,故各具特异性,但有时在不同的抗原上也会出现相同或相似的表位,称为共同表位,带有共同表位的抗原互称共同抗原。存在于同一种属或近缘种属中的共同抗原称为类属抗原,存在于远缘不同种属中的共同抗原则称为异嗜性抗原。

由某一抗原诱导产生的抗体,除了与其诱导抗原特异性结合外,也可以与其共同抗原结合，这种现象称为交叉反应。交叉反应不如抗体与其诱导抗原之间的结合那么牢固。这种交叉反应可用来解释某些免疫病理现象，也可以用来诊断某些传染病。

任务四　抗原的分类与医学上重要的抗原

一、抗原的分类

抗原种类繁多，分类方法多样，根据抗原被淋巴细胞识别的特性和诱导免疫应答的性能，可将抗原分成以下两类。

1. 胸腺依赖性抗原

含有 T 细胞表位、需要 T 细胞参与才能诱导免疫应答的抗原称为胸腺依赖性抗原(TD-Ag)。TD-Ag 可诱导细胞免疫应答和体液免疫应答，但无一例外地需要 T 细胞的参与。天然抗原的绝大多数都是 TD-Ag，如细菌及其代谢产物、血细胞及血清蛋白等。这类抗原分子较大，结构复杂，表位多而排列不规则。这类抗原不仅能引起体液免疫应答，而且能引起细胞免疫应答，产生的抗体以 IgG 为主，也能产生其他抗体，具有免疫记忆性，可引起再次应答。

2. 胸腺非依赖性抗原

只含 B 细胞表位，不需要 T 细胞的参与而直接激活 B 细胞的抗原称为胸腺非依赖性抗原(TI-Ag)。天然 TI-Ag 种类较少，主要有细菌脂多糖、肺炎球菌荚膜多糖等。TI-Ag 的分子结构简单，表位单一而排列有规律。这种抗原的免疫能力有限，只能诱导 IgM 类抗体，而且无记忆性，不能产生再次应答效应。

二、医学上重要的抗原

1. 病原微生物

每种病原微生物虽然结构简单，但是由多种抗原组成的复合体，是良好的抗原，能诱导机体发生免疫应答。如细菌、病毒、螺旋体等对人有较强的免疫原性。临床上可通过检测抗体诊断相关的疾病，亦可将病原微生物制成疫苗，用于预防疾病。

2. 细菌外毒素和类毒素

外毒素是细菌在生长过程中分泌到胞外的毒性蛋白质，有很强的免疫原性，能刺激机体产生相应抗体。外毒素经甲醛处理，失去毒性保留免疫原性，即成类毒素，可刺激机体产生抗毒素。

3. 动物免疫血清

用微生物或其代谢产物对动物进行人工自动免疫后，收获含有相应抗体的血清即为动物免疫血清。动物免疫血清一般用类毒素免疫马制备而成，因此免疫血清对人具有两重性：一方面，它含有特异性抗体(抗毒素)，可以中和相应的毒素，起到防治作用；另一方面，马血清对人而言是异种蛋白，具有免疫原性，可引起血清病或过敏性休克。

4. 同种异体抗原

在同种不同个体之间,由于基因型不同,表现在组织细胞结构上存在差异,形成同种异体抗原。

(1) ABO 血型抗原。

根据人类红细胞膜表面所含 A、B 抗原种类不同,可将人类血型分为 A、B、AB、O 四种类型,每个人的血清中不含有与本人红细胞表面抗原相对应的天然抗体(表 8-1)。若不同血型间相互输血,会引起严重的输血反应,因此输血前供、受双方应进行交叉配血试验,防止发生溶血现象。血型物质也可存在于体液和外分泌液中。

表 8-1　人类 ABO 血型分类

血型	A	B	AB	O
红细胞表面抗原	A	B	A、B	无 A、B
血清中抗体	抗 B	抗 A	无抗 A、抗 B	抗 A、抗 B

(2) Rh 血型抗原。

有些人的红细胞与恒河猴的红细胞有共同抗原,故称此抗原为 Rh 抗原。红细胞表面有 Rh 抗原者为 Rh 阳性,缺乏 Rh 抗原者为 Rh 阴性,人体内不存在抗 Rh 抗原的天然抗体,只有在免疫情况下 Rh 抗体才能产生,抗体主要是 IgG 类抗体。中国人中约 99%为 Rh 阳性,所以 Rh 阴性者需输血时,血源较紧张。

(3) 主要组织相溶性抗原。

因其首先在外周血白细胞表面发现,故称为人类白细胞抗原(HLA)。根据结构不同可将人类白细胞抗原分为Ⅰ类抗原和Ⅱ类抗原,其中 HLA-Ⅰ类抗原几乎存在于各种有核细胞表面,HLA-Ⅱ类抗原主要存在于 B 细胞、某些活化 T 细胞、巨噬细胞和其他抗原提呈细胞表面。

人类白细胞抗原是引起移植排斥反应的主要抗原,具有高度的多态性,除了单卵双生者之外,不同个体的 HLA 都有差异。

5. 自身抗原

自身物质对机体本身不显示免疫原性,但在下列情况下可成为自身抗原,能刺激自身的免疫系统发生免疫应答。

(1) 修饰的自身抗原。

由于微生物感染、外伤、药物、电离辐射等作用,正常组织细胞发生构象改变,形成新的表位;自身成分合成上的缺陷或溶酶体酶异常的破坏作用,暴露出新的表位,成为“异己”物质,显示出免疫原性,刺激自身免疫系统,发生免疫应答。

(2) 隐蔽的自身抗原。

自身抗原指正常情况下与免疫系统相对隔绝的组织成分,如脑组织、晶状体蛋白、葡萄膜色素蛋白、精子、甲状腺球蛋白等,在胚胎期没有与免疫系统接触,不能建立先天性自身免疫耐受。因此,一旦由于外伤、手术或感染等使这些物质进入血流与免疫系统接触,会被机体视为异物，引起自身免疫应答。如甲状腺球蛋白抗原释放，引起变态反应性甲状腺炎；精子抗原可引起男性不育等。

6. 肿瘤抗原

肿瘤抗原为细胞癌变过程中出现的新抗原或高表达抗原物质的总称，肿瘤抗原根据特异性可概括为两大类。

(1) 肿瘤特异性抗原(TSA)。

肿瘤特异性抗原指只存在于肿瘤细胞表面而不存在于相应组织正常细胞表面的新抗原。目前只有少数肿瘤细胞表面证明有肿瘤特异性抗原存在，如人黑色素瘤、结肠癌等。

(2) 肿瘤相关抗原(TAA)。

肿瘤相关抗原指非肿瘤细胞所特有，正常细胞上也可存在的抗原，只是在细胞癌变时其含量明显增加，此类抗原只表现出量的变化而无严格的肿瘤特异性。甲胎蛋白(AFP)是胚胎期肝细胞产生的一种糖蛋白，是胎儿血清中的正常成分，出生后几乎消失，成年人血清中含量极微。患原发性肝癌或畸胎瘤时，病人血清中 AFP 含量显著增高，因此，检查血清中 AFP 含量可作为原发性肝癌或畸胎瘤的辅助诊断。另外，人类某些肿瘤与病毒感染密切相关，如人宫颈癌与人乳头瘤病毒感染有关。

任务五　免疫佐剂的类型认识

免疫佐剂是指一些与抗原合并使用后能增强机体对抗原的免疫应答能力或改变免疫应答类型的物质，其种类很多，通常可分为以下几类。

一、微生物及其产物

结核分枝杆菌、卡介苗、短小棒状杆菌、百日咳杆菌及细菌的内毒素都可作为免疫佐剂。

二、无机化合物

氢氧化铝、明矾等吸附剂也可作为免疫佐剂。

三、人工合成制剂

人工合成的双链多聚肌苷酸(胞苷酸)以及双链多聚腺苷酸(尿苷酸)等。

四、弗氏佐剂

弗氏佐剂可分为弗氏不完全佐剂和弗氏完全佐剂。弗氏不完全佐剂是由油剂(石蜡油或花生油)与乳化剂(羊毛脂或吐温 80)混合而成，将其与水溶性抗原按照一定比例混合制成油包水型乳剂来使用。弗氏完全佐剂是在弗氏不完全佐剂中加入死的分枝杆菌而形成。弗氏完全佐剂比弗氏不完全佐剂作用强，但毒性大，在注射部位易形成肉芽肿和持久性溃疡。

项目三　免疫球蛋白与抗体的认识以及抗体应用技术

任务一　抗体与免疫球蛋白的概念

在免疫学发展的早期,人们应用细菌或其外毒素给动物注射。之后,体外试验证明,在动物血清中存在一种能特异中和外毒素的组分,称为抗毒素,或能使细菌发生特异性凝集的组分,称为凝集素。将血清中这种具有特异性反应的组分称为抗体(antibody,Ab),而将能刺激机体产生抗体的物质称为抗原。

免疫球蛋白(immunoglobulin,Ig)是指具有抗体活性以及在化学结构上与抗体相似的一类球蛋白。免疫球蛋白是机体免疫细胞被抗原激活后由浆细胞产生的球蛋白,普遍存在于血液、组织液和外分泌液中,约占血浆蛋白总量的20%;免疫球蛋白可作为抗原识别受体分布在B细胞表面,称为膜表面免疫球蛋白(mIg)。多数免疫球蛋白具有抗体活性,可以特异性识别和结合抗原,并引发一系列生物学效应,这种具有免疫活性的免疫球蛋白称为抗体。在免疫血清的电泳分析中,抗体主要存在于γ球蛋白内,因此抗体曾被称为γ球蛋白或丙种球蛋白。

任务二　免疫球蛋白的结构

一、免疫球蛋白的基本结构

免疫球蛋白分子的基本结构是由四条多肽链组成的对称结构,包括两条相对分子质量相同的重链(heavy chain,H链)及两条相对分子质量相同的轻链(light chain,L链)。轻链由214个氨基酸残基组成,相对分子质量约为24000。重链含450～550个氨基酸残基,相对分子质量约为55000或75000。轻链与重链间由二硫键连接形成一个四肽链分子,呈Y形,称为免疫球蛋白分子的单体,是构成免疫球蛋白分子的基本结构。免疫球蛋白单体中四条肽链两端游离的氨基或羧基的方向是一致的,分别命名为氨基端(N端)和羧基端(C端)。每条肽链分为以下几个区域。①可变区(variable region,V区),位于L链靠近N端的1/2区域(含108～111个氨基酸残基)和H链靠近N端的1/5区域或1/4区域(约含118个氨基酸残基)。V区氨基酸的组成和排列随抗体结合抗原的特异性不同有较大的变异。L链和H链的V区分别称为V_L和V_H。②恒定区(constant region,C区),位于L链靠近C端的1/2(约含105个氨基酸残基)和H链靠近C端的3/4区域或4/5区域(约从119位氨基酸至C末端)。C区氨基酸的组成和排列比较恒定,轻链和重链的C区分别用C_H和C_L表示(图8-1)。

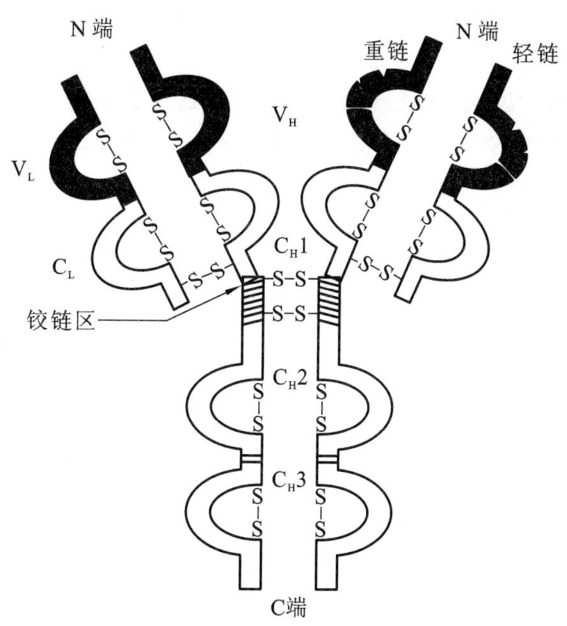

图 8-1　免疫球蛋白分子的基本结构示意图

二、功能区

免疫球蛋白分子的 H 链与 L 链可通过链内二硫键折叠成若干球形功能区，L 链功能区分为 L 链可变区(V_L)和 L 链恒定区(C_L)两个功能区。IgG、IgA 和 IgD 的 H 链各有一个可变区 V_H 和三个恒定区 C_H1、C_H2 和 C_H3 共四个功能区。IgM 和 IgE 的 H 链各有一个可变区 V_H 和四个恒定区 C_H1、C_H2、C_H3 和 C_H4 共五个功能区。各功能区的作用如下。

1. V_L 和 V_H

V_L 和 V_H 是与抗原结合的部位，单体免疫球蛋白分子具有 2 个抗原结合位点，二聚体分泌型 IgA 具有 4 个抗原结合位点，五聚体 IgM 可有 10 个抗原结合位点。

2. C_L 和 C_H1

C_L 和 C_H1 具有部分同种异型的遗传标记。

3. C_H2 或 C_H3

IgG 的 C_H2 和 IgM 的 C_H3 具有补体 C1q 结合位点，能激活补体。同时，母体内的 IgG 可借助 C_H2 部分穿过胎盘，主动传递到胎儿体内。

4. C_H3 或 C_H4

IgG 的 C_H3 具有结合单核细胞、巨噬细胞、粒细胞、B 细胞和 NK 细胞 Fc 段受体的功能，调节免疫过程。IgE 的 C_H4 具有结合肥大细胞和嗜碱性粒细胞 Fc 段受体的功能，引起过敏反应。

5. 铰链区

铰链区位于 C_H1 和 C_H2 之间，该区富含脯氨酸和二硫键，不形成 α-螺旋，易发生伸展及一定程度的转动，当 V_L、V_H 与抗原结合时，此区发生扭曲，使抗体分子上两个抗原结合点更好地与两个表位发生互补。

6. J 链(joining chain)

存在于二聚体分泌型 IgA 和五聚体 IgM 中。J 链分子是由 124 个氨基酸组成的酸性糖蛋白,相对分子质量约为 15000,含有 8 个半胱氨酸残基,在免疫球蛋白二聚体、五聚体或多聚体的组成以及在体内转运中具有一定的作用。

三、酶解片段

用木瓜蛋白酶水解 IgG,可将铰链区 H 链间二硫键近 N 端侧切断,裂解为三个片段(图 8-2)。①两个 Fab 段(fragment of antigen binding),每个 Fab 段由一条完整的 L 链和一条约为 1/2 的 H 链组成,Fab 段相对分子质量为 54000。一个完整的 Fab 段可与抗原结合,表现为单价,但不能形成凝集或沉淀反应。②一个 Fc 段(fragment crystallizable),由连接 H 链二硫键和近羧基端两条约 1/2 的 H 链所组成,相对分子质量约为 50000。免疫球蛋白在异种间免疫所具有的抗原性主要存在于 Fc 段。

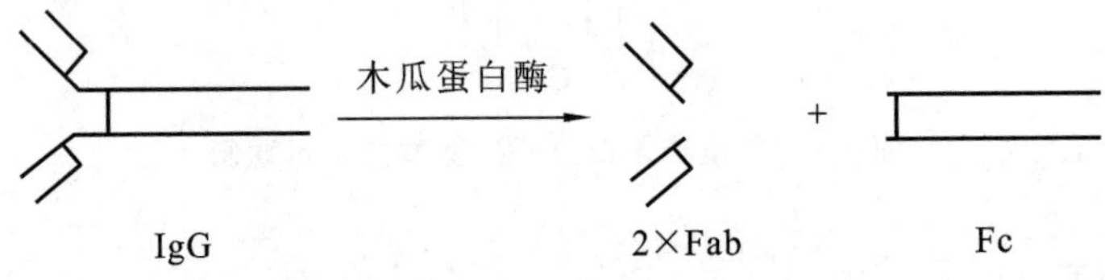

图 8-2　免疫球蛋白酶水解片段示意图

任务三　免疫球蛋白的生物学功能

一、特异性结合抗原

免疫球蛋白能够借助静电引力、氢键以及范德华力等次级键特异性地与相应的抗原结合,这种结合是可逆的,并受到 pH 值、温度和电解液浓度的影响。免疫球蛋白特异性结合抗原的特性是由其 V 区的空间结构决定的,因此一种抗体常常只能与相应的抗原发生特异性结合。抗原、抗体结合后,具有中和病毒、细菌外毒素、寄生虫、某些药物或侵入机体的其他异物的作用。

二、活化补体

IgG、IgM 与相应抗原结合后构象发生改变,IgG 的 C_H2 和 IgM 的 C_H3 暴露出结合 C1q 的补体结合点,可通过经典途径活化补体,杀伤或溶解靶细胞。另外,凝聚的 IgA 和 IgE 等可通过旁路途径活化补体。

三、结合 Fc 受体

当免疫球蛋白与相应抗原结合后,由于构型的改变,其 Fc 段可与具有相应受体的细胞结合。抗体与 Fc 受体结合可发挥不同的生物学作用。

1. 介导Ⅰ型变态反应

变应原刺激机体产生的IgE可与嗜碱性粒细胞、肥大细胞表面的Fc受体结合，当相同的变应原再次进入机体时，可与已固定在细胞膜上的IgE结合，刺激细胞脱颗粒，释放组胺，合成白三烯、前列腺素、血小板活化因子等，引起Ⅰ型变态反应。

2. 调理吞噬作用

当抗体与颗粒性抗原结合后，可通过其Fc段与巨噬细胞或中性粒细胞表面的相应Fc受体结合，促进吞噬细胞对颗粒性抗原的吞噬作用，这就是抗体的调理作用。调理机制一般认为是：①抗体在抗原颗粒和吞噬细胞之间"搭桥"，从而加强了吞噬细胞的吞噬作用；②抗体与相应颗粒性抗原结合后，改变抗原表面电荷，降低吞噬细胞与抗原之间的静电斥力；③抗体可中和某些细菌表面的抗吞噬物质如肺炎双球菌的荚膜，使吞噬细胞易于吞噬；④吞噬细胞Fc受体结合抗原-抗体复合物，吞噬细胞可被活化。

3. 发挥抗体依赖的细胞介导的细胞毒作用(ADCC)

当IgG与带有相应抗原的靶细胞结合后，其Fc段可与中性粒细胞、单核细胞、巨噬细胞、NK细胞表面的Fc受体结合，促使效应细胞释放细胞因子或细胞毒颗粒，导致靶细胞溶解。

四、通过胎盘

IgG通过Fc片段能选择性地与胎盘母体一侧的滋养层细胞结合，转移到滋养层细胞的吞饮泡内，并主动外排到胎儿血循环中。IgG通过胎盘的作用是一种重要的自然被动免疫，对于新生儿抗感染有重要作用。

任务四　各类免疫球蛋白的特性与作用

人类有五类免疫球蛋白，分别是IgM、IgG、IgA、IgD和IgE，虽然它们都有结合抗原的共性，但它们在分子结构、体内分布、血清水平及生物活性等方面又各具特点。

一、IgG

IgG是血清中含量最高的免疫球蛋白，约占血清免疫球蛋白总量的75%，为标准的单体免疫球蛋白分子，含1个或更多的低聚糖基团，电泳速度在所有血清蛋白中最慢。IgG是再次免疫应答的主要抗体，具有吞噬调理作用、中和毒素作用、中和病毒作用，介导ADCC、激活补体经典途径并可透过胎盘传输给胎儿，因而IgG被称为多功能免疫球蛋白。此外，IgG可参与Ⅱ、Ⅲ型变态反应。

二、IgM

IgM占血清免疫球蛋白总量的6%～10%，由五个单体通过一个J链和二硫键聚合而成，相对分子质量大，也称为巨球蛋白。IgM是一种高效能的抗体，其杀菌作用比IgG强，但因其在血内含量低，半衰期短，出现早，消失快，组织穿透力弱，故其保护作用实际上常不如IgG强。IgM不能通过胎盘，新生儿脐带血中若IgM增高，提示有宫内感染存在。

IgM 可引起Ⅱ、Ⅲ型变态反应。

三、IgA

IgA 有血清型和分泌型两种类型。血清 IgA 分布在血液中,主要为单体,占血清免疫球蛋白总量的 15%左右。IgA 可以结合抗原,但不能激活补体的经典途径,因此不能像 IgG 那样发挥许多的生物效应。分泌型 IgA(SIgA)为二聚体,分布于唾液、泪液和消化道、呼吸道分泌液中,能抑制病原体和有害抗原黏附在黏膜上,阻挡其进入体内,是黏膜第一道防御机制;母乳中的分泌型 IgA 提供了婴儿出生后 4～6 个月内的局部免疫屏障。因此常称分泌型 IgA 为局部抗体。

四、IgD

血清中 IgD 以单体形式存在,含量低,只占到血清免疫球蛋白总量的 1%,虽然有些免疫应答可能与特异性 IgD 抗体有关,但它并不能激活任何效应系统,因此其功能还不十分清楚。

五、IgE

IgE 为单体结构,正常人血清中 IgE 含量极低,只占到血清免疫球蛋白总量的 0.002%,但在呼吸道和肠道黏膜上 IgE 稍多。IgE 对肥大细胞和嗜碱性粒细胞有高度的亲和力,常引起Ⅰ型变态反应,又称过敏性抗体。IgE 主要由鼻咽部、扁桃体、支气管、胃、肠等黏膜固有层的浆细胞产生,这些部位常是变应原入侵和Ⅰ型变态反应发生的地方。

任务五　人工抗体的制备

通过抗原免疫动物或者细胞工程和基因工程技术,目前人类已能制备多克隆抗体、单克隆抗体和基因工程抗体。

一、多克隆抗体

由于天然抗原性物质具有多种表位,免疫动物后,可刺激具有相应抗原受体的 B 细胞产生多种抗体形成细胞克隆,合成和分泌抗各种表位抗体,故在血清中实际上是含多种抗体的混合物,这种含有针对多种表位的混合抗体称为多克隆抗体,也是第一代抗体。

二、单克隆抗体

针对一种表位,由同一克隆的细胞合成和分泌的在理化性质、分子结构、遗传标记以及生物学特性等方面都是完全相同的均一性抗体,称为单克隆抗体。单克隆抗体是第二代抗体。

三、基因工程抗体

在对免疫球蛋白基因结构与功能了解的基础上,利用 DNA 重组技术在基因水平对免疫球蛋白基因分子进行切割、拼接或修饰，甚至是人工全合成后导入受体细胞表达，产生新型抗体，也称为第三代抗体。

项目四　补体系统的认识

任务一　补体的概念及其相关认识

补体(complement,C)是存在于正常人和脊椎动物血清及组织液中的一组与免疫相关并具有酶活性和自我调节作用的球蛋白。由于这些球蛋白能协助和补充特异性抗体介导的体液免疫，故称其为补体。补体是由 30 余种可溶性蛋白、膜结合蛋白和补体受体组成的多分子系统，故也称为补体系统。参与补体激活经典途径的固有成分按其被发现的先后顺序分别称为 C1,C2,…,C9,C1 由 C1q、C1r、C1s 三种亚单位组成；补体系统的其他成分以英文大写字母表示，如 B 因子、D 因子、P 因子、H 因子等；补体调节成分多以其功能进行命名，如 C1 抑制物、C4 结合蛋白、衰变加速因子等。

补体系统各成分的化学组分都是糖蛋白，多数是 β 球蛋白，C1q、C8 为 γ 球蛋白，C1s、C9 为 α 球蛋白。正常血清中各组成分的含量相差较大，C3 含量最多，D 因子含量最低。各种属动物间血液中补体含量也不相同，豚鼠血清中含有丰富的补体，故实验室多采用豚鼠血作为补体来源。

补体性质不稳定，易受各种理化因素影响，例如 56 ℃加热 30 min 即被灭活。另外，紫外线照射、机械振荡或某些添加剂等理化因素均可能破坏补体。所以补体活性检测标本应尽快地进行测定，以免补体失活。

任务二　补体的激活途径

补体系统的各组分在体液中通常以类似酶原的非活性状态存在，只有被激活后才表现出生物活性。补体系统的激活是在某些激活物质的作用下，各补体成分按照一定的顺序，以连锁的酶促反应方式依次活化，并表现出多种生物学活性的过程，也称为补体的级联反应。补体系统的激活主要有经典途径和旁路途径。

一、经典途径

经典途径是以抗原-抗体复合物为主要激活剂，从 C1 活化开始，引发的一系列的酶促反应。参与补体经典激活途径的主要成分有 C1～C9。经典激活过程可人为地分成识别、活化和膜攻击 3 个阶段。

1. 识别阶段

在抗体结合抗原形成复合物后，C1q 的球形结构与抗体结合，进一步激活 C1r 和 C1s，$\overline{\text{C1s}}$具有酯酶活性，可酶解相应底物 C4 和 C2，进入活性阶段。

2. 活化阶段

该阶段形成 C3 转化酶和 C5 转化酶。C4 和 C2 均为 C1 酯酶的天然底物，Mg^{2+} 存在时 C1 使 C4 裂解成 C4b 和游离的 C4a 两个片段。C4b 可与邻近细胞表面或抗原 抗体复合物结合，形成固相 C4b，C1 和固相 C4b 一起将 C2 裂解成大片段 C2b 和游离的小片段 C2a。C2b 和 C4b 结合形成$\overline{\text{C4b2b}}$复合物，此物具有 C3 转化酶活性，可将 C3 裂解成大片段 C3b 和游离的小片段 C3a。之后 C3b 与细胞膜上的$\overline{\text{C4b2b}}$结合，形成$\overline{\text{C4b2b3b}}$复合物，即 C5 转化酶。

3. 膜攻击阶段

此阶段是形成攻膜复合物(membrane attack complex，MAC)导致靶细胞溶解的过程。C5 转化酶将 C5 裂解为 C5b 和游离的小分子 C5a，C5b 与细胞膜结合，继而结合 C6 和 C7 形成 C5b67 三分子复合物，C5b67 吸附 C8，C8 是 C9 的吸附部位，并催化 C9 聚合，共同组成 C5b6789 大分子攻膜复合物，贯穿整个细胞膜，形成内壁亲水的管状跨膜通道，使胞内物质释放出来，水进入细胞，细胞破裂。

补体经典激活途径见图 8-3。

二、替代途径

替代途径或称旁路途径，与经典途径的不同之处主要是越过 C1、C4 和 C2，直接激活补体 C3，然后完成 C5～C9 的激活过程；参与此途径的血清成分尚有 B、D、P、H、I 等因子。替代途径的激活物主要是细胞壁成分，如脂多糖、肽糖苷及酵母多糖等。

1. 旁路 C3 转化酶的形成

在生理条件下，血中的 C3 可受蛋白酶的作用，缓慢而持续地产生少量的 C3b，C3b 可与邻近的细胞膜结合。在 Mg^{2+} 存在下，B 因子可与 C3b 结合形成 C3bB 复合物。$\overline{\text{D}}$因子能使 C3bB 中的 B 因子裂解出无活性的小碎片 Ba，剩余的$\overline{\text{C3bBb}}$即旁路 C3 转化酶。$\overline{\text{C3bBb}}$与正常血清中活化的 P 因子结合成$\overline{\text{C3bBbP}}$，使其趋于稳定，半衰期延长。在生理情况下，体液中的 H 因子可置换$\overline{\text{C3bBb}}$复合物中的 Bb，使 C3b 与 Bb 解离，游离的 C3b 立即被 I 因子灭活，调控$\overline{\text{C3bBb}}$复合物保持在很低的水平。

2. C5 激活

当激活物如细菌脂多糖出现时，为 C3b 和$\overline{\text{C3bBb}}$提供了可结合的表面，并保护它们不受 I 因子和 H 因子的迅速灭活，这时 C3 激活即由准备状态进入激活状态。$\overline{\text{C3bBb}}$裂解 C3 产生 C3a 和 C3b，C3b 可与上述的$\overline{\text{C3bBb}}$或$\overline{\text{C3bBbP}}$形成多分子的复合物$\overline{\text{C3bnBb}}$或$\overline{\text{C3bnBbP}}$，此即 C5 转化酶，其作用类似经典途径中的$\overline{\text{C4b2b3b}}$，可使 C5 裂解为 C5a 和 C5b，此后的补体激活过程与经典途径相同(图 8-3)。

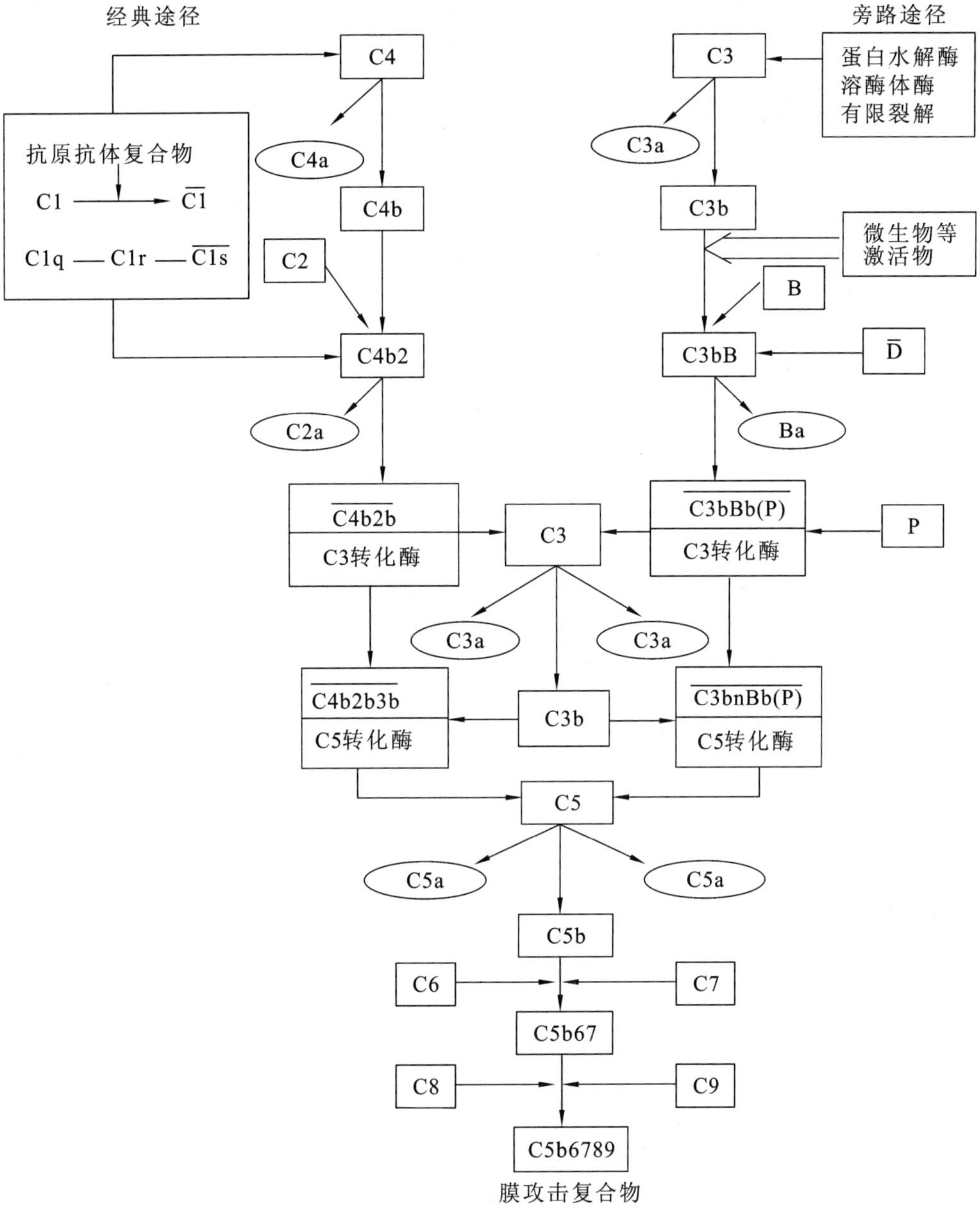

经典途径

抗原抗体复合物

C1 → $\overline{C1}$

C1q — C1r — $\overline{C1s}$

C4 → C4a、C4b

C4b + C2 → C4b2

C4b2 → C2a

$\overline{C4b2b}$ C3转化酶

旁路途径

蛋白水解酶 溶酶体酶 有限裂解 → C3

C3 → C3a、C3b

微生物等激活物

C3b + B → C3bB

$\overline{D}$

C3bB → Ba

$\overline{C3bBb(P)}$ C3转化酶 ← P

C3 → C3a、C3a、C3b

$\overline{C4b2b3b}$ C5转化酶

$\overline{C3bnBb(P)}$ C5转化酶

C5 → C5a、C5a、C5b

C5b + C6 + C7 → C5b67

C5b67 + C8 + C9 → C5b6789

膜攻击复合物

图 8-3　补体经典、旁路激活途径示意图

任务三　补体的生物学作用

一、溶菌及细胞毒作用

补体激活后，在细胞表面形成膜攻击复合物，细胞膜表面出现许多直径为 8～12 mm 的圆形损害灶，最终导致细胞溶解。补体能溶解或杀伤某些革兰氏阴性菌，如霍乱弧菌、

沙门氏菌及嗜血杆菌等,革兰氏阳性菌一般不被溶解,这可能与细胞壁的结构特殊或细胞表面缺乏 LPS 有关。另外,补体还能溶解红细胞、白细胞、血小板等。

二、调理作用

补体裂解产物 C3b 与细菌或其他颗粒结合,可促进吞噬细胞的吞噬作用,称为补体的调理作用。C3 裂解产生的 C3b 分子,一端能与靶细胞结合,另一端能与细胞表面有 C3b 受体的细胞如单核细胞、巨噬细胞、中性粒细胞等结合,在靶细胞与吞噬细胞之间起到桥梁作用,从而促进吞噬。

三、免疫黏附作用

免疫复合物激活补体之后,可通过 C3b 而黏附到表面有 C3b 受体的红细胞、血小板或某些淋巴细胞上,形成较大的聚合物,容易被吞噬细胞吞噬清除。

四、中和及溶解病毒作用

在病毒与相应抗体形成的复合物中加入补体,则明显增强抗体对病毒的中和作用,阻止病毒对寄主细胞的吸附和穿入。近年来发现不依赖特异性抗体,只要有补体即可溶解病毒的现象。

五、炎症介质作用

1. 激肽样作用

C2a 能增加血管通透性,引起炎症性充血,具有激肽样作用,故称其为补体激肽。

2. 过敏毒素作用

C3a、C4a、C5a 均有过敏毒素作用,可使肥大细胞或嗜碱性粒细胞释放组胺,引起血管扩张,增加毛细血管通透性以及使平滑肌收缩等。

3. 趋化作用

C3a、C5a 有趋化作用,故又称为趋化因子,能吸引具有 C3a、C5a 受体的吞噬细胞向炎症部位聚集,发挥吞噬作用。

项目五 细胞因子的认识

任务一 细胞因子的概念和作用特点

细胞因子(cytokine,CK)是由多种细胞分泌的具有多种功能的高活性小分子蛋白质,其在免疫细胞分化发育、免疫应答、免疫调节、炎症反应、造血功能中发挥重要作用,还广泛参与机体其他生理功能和某些病理过程的发生、发展。免疫细胞是细胞因子的主要来源，其他如血管内皮细胞、表皮细胞、肿瘤细胞等也可产生。

细胞因子作用的共同特点如下。

1. 多样性

一种细胞因子可作用于多种细胞，可产生多种生物学效应。

2. 高效性

细胞因子与其受体以高亲和力结合，体内极微量细胞因子即能产生明显的生物学效应。

3. 局部性

细胞因子通常以自分泌和旁分泌方式发挥效应，主要作用于产生细胞自身或其旁邻细胞。另外，某些细胞因子在一定条件下可以内分泌形式作用于全身。

4. 短暂性

细胞因子的产生通常是激活物作用于细胞后，激活细胞因子基因，经转录、翻译、合成后立即分泌至细胞外。上述过程具有短暂性和自我调控的特点，一旦刺激消失，细胞因子合成亦随之停止。

5. 复杂性

细胞因子的生物学作用极为复杂，表现为不同的细胞因子可产生相似的生物学效应，细胞因子的生物学效应受环境及相互之间作用的影响等。

任务二　细胞因子的种类

细胞因子种类繁多，目前已发现 200 余种人细胞因子，根据其结构与功能可分为白细胞介素、干扰素、肿瘤坏死因子、集落刺激因子、生长因子、趋化因子六类。

1. 白细胞介素(interleukin，IL)

白细胞介素最初是指由白细胞产生并介导白细胞间相互作用的细胞因子。后来发现，白细胞介素也可由其他细胞产生并作用于其他细胞，但名称仍被沿用。目前已发现 33 种白细胞介素(IL-1～IL-33)，参与免疫调节、造血、炎症反应等过程。

2. 干扰素(interferon，IFN)

干扰素是最早发现的细胞因子，因具有干扰病毒的感染和复制而得名。根据干扰素来源和理化性质不同分为两型：Ⅰ型干扰素包括 IFN-α 和 IFN-β，IFN-α 主要由单核/巨噬细胞产生，IFN-β 主要由成纤维细胞产生。Ⅱ型干扰素即 IFN-γ，主要由活化的 T 细胞和 NK 细胞产生，IFN 的生物学活性主要是抑制病毒复制，抑制细胞分裂，抗肿瘤及免疫调节。

3. 肿瘤坏死因子(tumor necrosis factor，TNF)

最初发现其能使肿瘤细胞发生出血坏死而得名。其家族成员约 30 个，根据其来源和理化性质不同分为 TNF-α 和 TNF-β(又名淋巴毒素)两类，前者由巨噬细胞、肥大细胞产生，后者由活化的 T 细胞产生。TNF 的主要作用是活化巨噬细胞、粒细胞、CTL，促进白细胞和内皮细胞黏附分子的表达，诱导急性期反应。

4. 集落刺激因子(colony stimulating factor，CSF)

最初发现此类因子能刺激不同发育阶段的造血干细胞和祖细胞增殖分化，在半固体培养基中形成不同集落而得名,也可用于多种成熟的细胞,促进其功能。根据刺激血细胞的种类不同分为:粒细胞集落刺激因子(G-CSF),巨噬细胞集落刺激因子(M-CSF),粒细胞、巨噬细胞集落刺激因子(GM-CSF),干细胞因子(SCF),红细胞生成素(EPO)。

5. 生长因子(growth factor,GF)

生长因子指一类可促进相应细胞生长和分化的细胞因子,其种类较多,包括转化生长因子 β(TGF-β)、表皮生长因子(EGF)、血管内皮细胞生长因子(VEGF)、成纤维细胞生长因子(FGF)、神经生长因子(NGF)、血小板源性生长因子(PDGF)等。

6. 趋化因子(chemokine)

趋化因子亦称为趋化性细胞因子,是一类对不同靶细胞具有趋化作用的细胞因子。趋化因子可由白细胞和某些组织细胞分泌,包括 60 多个成员。

任务三 细胞因子主要的生物学作用

1. 参与免疫细胞的分化和发育

如:IL-4、GM-CSF 等可诱导单核细胞分化为树突状细胞;局部微环境中,IFN-γ 促进 Th0 细胞分化为 Th1 细胞,IL-4 促进 Th0 细胞分化为 Th2 细胞。

2. 参与免疫应答和免疫调节

细胞因子参与免疫应答的全过程,涉及抗原提呈、淋巴细胞活化、增殖、分化。

3. 参与固有免疫

多种细胞因子通过激活相应固有免疫细胞而间接发挥效应,例如:IL-2、IL-12、IL-15 可促进 NK 细胞对病毒感染细胞的杀伤活性;IL-1、TNF、IFN-γ 等可激活单核-巨噬细胞,增强其吞噬和杀伤功能。

4. 参与炎症反应

TNF、IL-1、IL-6、IFN-γ 和趋化因子等被称为促炎细胞因子,它们直接或间接参与炎症反应,有利于机体抑制和清除病原微生物,同时介导病理性损伤。

5. 调节细胞凋亡

细胞因子可直接、间接诱导或抑制细胞凋亡。TNF 在体外可诱导肿瘤细胞、树突状细胞、病毒感染细胞的凋亡;IL-2、TNF、IFN-γ 可通过促进 Fas 分子的表达,间接促进细胞凋亡。

项目六 免疫应答的认识

任务一 免疫应答的概念与过程

免疫应答(immune response)指机体受抗原刺激后,体内抗原特异性淋巴细胞识别抗原，发生活化、增殖、分化或失能、凋亡，进而表现出一定生物学效应的全过程。淋巴细胞特异性识别抗原的能力受遗传基因控制，并在个体发育过程中逐渐形成。

免疫应答通常发生于外周免疫器官（淋巴结和脾脏），其全过程可人为地划分为三个阶段：感应（或识别启动）阶段、增殖和分化阶段、效应阶段。实际上，三者是紧密相关和不可分割的连续过程（图 8-4）。

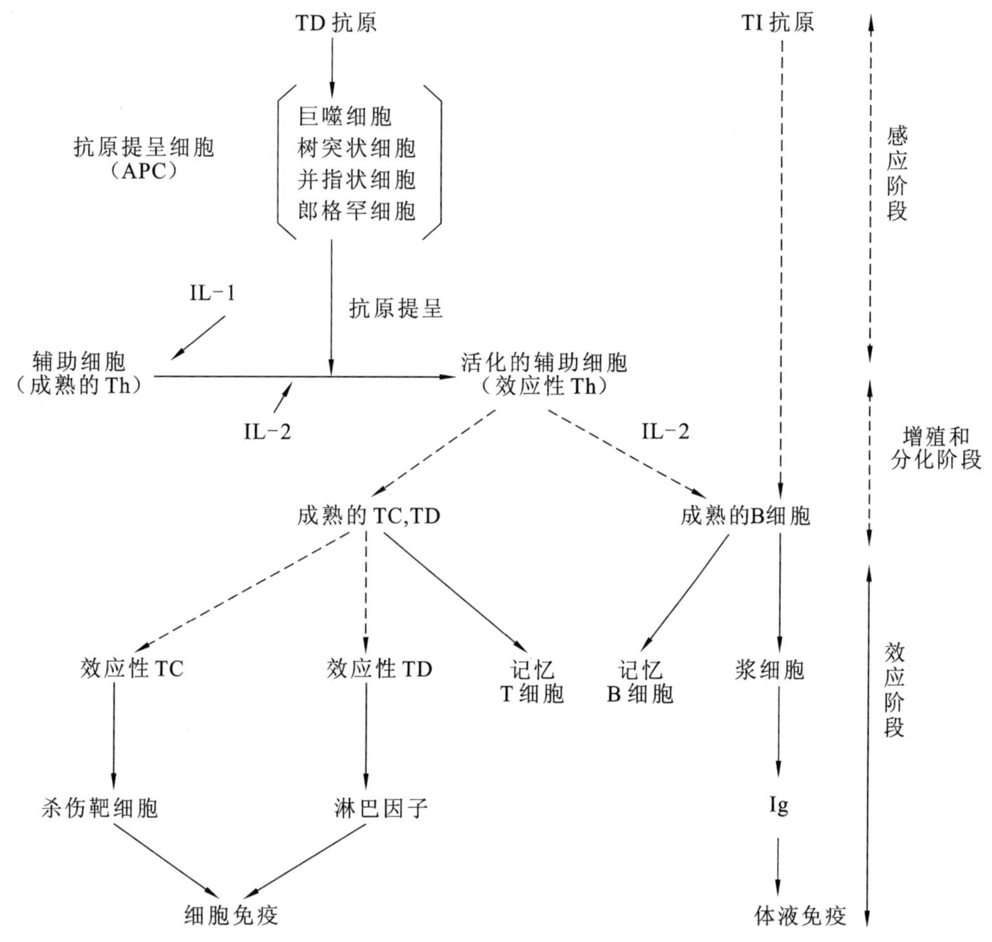

图 8-4　免疫应答的基本过程

1. 感应阶段

感应阶段是指抗原提呈细胞（APC）摄取、加工、处理、提呈抗原；T/B 细胞的抗原识别受体特异性识别抗原，此阶段称为抗原识别阶段。

2. 增殖和分化阶段

增殖和分化阶段是指 T/B 细胞特异性识别抗原后，在多种细胞间黏附分子和细胞因子协同作用下，活化、增殖、分化为 T 效应细胞或浆细胞，并分泌免疫效应分子即各种细胞因子和抗体。在此阶段，部分接受抗原刺激而活化的 T、B 细胞可中止分化，转变为长寿记忆细胞。长寿记忆细胞再次接触同一抗原后，可迅速增殖分化为效应淋巴细胞和浆细胞，产生免疫效应。

3. 效应阶段

效应阶段是指免疫效应细胞和效应分子共同发挥作用,产生体液免疫和细胞免疫效应的阶段。其结果是清除非己抗原物质或诱导免疫耐受,从而维持机体正常生理状态,病理情况下也可能引发免疫相关性疾病。

任务二 B细胞介导的免疫应答过程

一、体液免疫过程

成熟的初始B细胞离开骨髓进入外周循环,这些细胞若遭遇特异性抗原,则发生活化、增殖,并分化成浆细胞,通过产生和分泌抗体而发挥清除病原体的作用。在B细胞应答中,由浆细胞所产生的抗体(存在于体液中)是主要的效应分子,故将此类应答称为体液免疫应答。

B细胞对不同种类抗原产生应答的过程各异:胸腺依赖性抗原(TD抗原)刺激的B细胞应答,有赖于Th细胞(包括Th2和Th1细胞)辅助;胸腺非依赖性抗原(TI抗原)可直接刺激B细胞产生应答。

1. 感应阶段

B细胞针对TD抗原的应答需抗原特异性T细胞辅助。B细胞抗原受体(BCR)可变区直接识别天然表位,不需APC对抗原的处理和提呈,亦无MHC限制性。

2. 活化、增殖和分化阶段

B细胞活化需要双信号,即使特异性BCR识别天然抗原的B细胞表位所产生的第一信号及B细胞与Th细胞间通过复杂作用获得的第二信号。另外B细胞充分活化和增殖同样有赖于细胞因子参与,活化的B细胞在IL-2、IL-4、IL-5和IL-6等细胞因子的作用下,增殖、分化为能产生抗体的浆细胞。

3. 效应阶段

B细胞应答的主要效应分子为特异性抗体,它可通过多种机制发挥免疫效应,以清除非己抗原,如中和毒素、调理、激活补体、ADCC及阻止抗原入侵局部黏膜细胞等作用。

某些细菌多糖、聚合蛋白以及脂多糖属胸腺非依赖性抗原(TI抗原),它们能直接激活静止的B细胞,而不需Th细胞辅助,其发生于胸腺依赖性免疫应答之前,感染初期即可产生特异性抗体,从而在抵御某些细胞外病原体感染中发挥重要作用。但是TI抗原应答不能诱导抗体亲和力成熟和记忆性B细胞产生。

二、体液免疫一般规律

病原体初次侵入机体所引发的应答称为初次免疫应答。在初次免疫应答的晚期,随着抗原被清除,多数效应T细胞和浆细胞发生死亡,同时抗体浓度逐渐下降。但是,应答过程中所形成的记忆性T细胞和B细胞具有长寿命而得以保存,一旦再次遭遇相同抗原刺激,记忆性淋巴细胞可迅速、高效、特异地产生应答,即再次免疫应答(图8-5)。

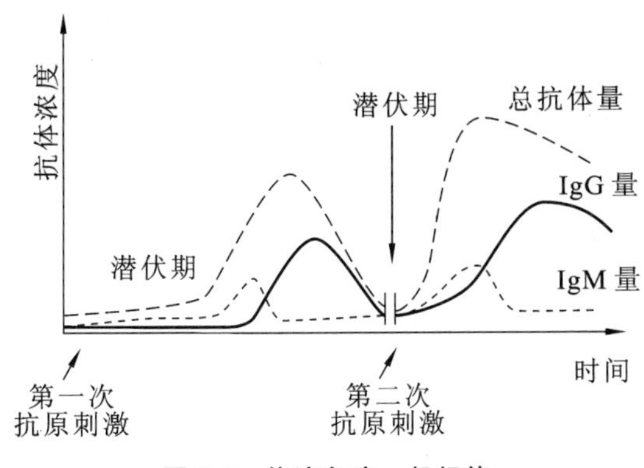

图 8-5 体液免疫一般规律

任务三 T 细胞介导的免疫应答过程

胸腺内发育成熟的初始 T 细胞进入血液循环,穿越淋巴结的高内皮微静脉到达外周淋巴器官,转归为初始 T 细胞,初始 T 细胞识别 APC 所提呈的特异性抗原产生免疫应答。

1. 感应阶段

T 细胞抗原受体(TCR)识别并与 MHC 分子结合成复合物的抗原肽。外源性抗原(如病原体及其产物)被 APC 摄取,通过溶酶体系统将抗原降解成肽段,与 MHC-Ⅱ类分子结合成复合物,提呈给特异性 $CD4^+$ T 细胞识别。内源性抗原(如肿瘤和病毒感染细胞表达的抗原)则被寄主细胞胞质内的蛋白酶体系统降解为肽段,与 MHC -Ⅰ类分子结合成复合物,提呈给特异性 $CD8^+$ T 细胞识别。

2. T 细胞活化、增殖和分化

通常情况下,体内表达某一特异性 TCR 的 T 细胞克隆数仅占总 T 细胞库的 10^{-5}～10^{-4}。特异性 T 细胞只有被抗原激活后,通过克隆扩增而产生大量效应细胞,才能有效发挥作用。

3. T 细胞应答的效应

初始 T 细胞接受抗原刺激后增殖、分化为效应 T 细胞,可介导靶细胞凋亡;效应 T 细胞可分泌多种活性分子,如细胞毒素(穿孔素、颗粒酶等)、各种蛋白酶、细胞因子等发挥不同的生物学效应。

项目七 超敏反应的认识及其相关应用技术

超敏反应(hypersensitivity reaction),指机体对某些抗原初次应答后,再次接受相同抗原刺激时,发生的以机体生理功能紊乱和/或组织损伤为主的特异性免疫应答。

根据超敏反应的发生机制和临床特点将其分为四型:Ⅰ型即速发型,Ⅱ型即细胞毒型,Ⅲ型即免疫复合物型,Ⅳ型即迟发型(表 8-2)。Ⅰ、Ⅱ和Ⅲ型均由抗体介导,可经血清被动转移,Ⅳ型由 T 细胞介导,可经淋巴细胞被动转移。变态反应或过敏反应常指超敏反应中的速发型。

表 8-2 Ⅰ、Ⅱ、Ⅲ、Ⅳ型超敏反应

类型	参与成分	病理变化机制	病理结局	临床疾病
Ⅰ型	IgE	肥大细胞、嗜碱性粒细胞脱颗粒,释放过敏介质	血管通透性增强,毛细血管扩张、平滑肌收缩、嗜酸性粒细胞浸润	过敏性休克、支气管哮喘、食物过敏、荨麻疹
Ⅱ型	IgG IgM IgA	活化补体,介导 CDC、ADCC,促进吞噬细胞吞噬,刺激或抑制靶细胞	靶细胞溶解、被吞噬,功能紊乱	溶血性贫血、输血反应、Grave's 病
Ⅲ型	IgG IgM IgA	激活补体、补体活化片段,活化肥大细胞、血小板,吸引中性粒细胞,释放血管活性物质、凝血酶和溶酶体酶	血管炎症、中性粒细胞浸润、血管炎、组织坏死	肾小球肾炎、血清病、类风湿性关节炎、SLE
Ⅳ型	致敏 T 细胞	释放淋巴因子直接杀伤靶细胞	炎症、单核细胞浸润、组织损伤	接触性皮炎、移植排异、传染性变态反应

任务一 Ⅰ型超敏反应的概念及其医学应用

Ⅰ型超敏反应又称为速发型超敏反应,可发生于局部,也可发生于全身。

一、特点

(1) 反应发生迅速,消退也迅速。

(2) 由 IgE 抗体介导,多种血管活性胺类物质参与反应。

(3) 以生理功能紊乱为主,多无明显组织损伤。

(4) 有明显的个体差异和遗传倾向。

(5) 补体不参与。

根据Ⅰ型超敏反应发生的快慢,可将其分为即刻相反应和迟发相反应。即刻相反应指再次接触变应原后 20～40 min 内发作,能迅速消退;迟发相反应指 4～12 h 发作,24 h 后逐渐消退的反应。

二、常见疾病

Ⅰ型超敏反应是多器官、多系统的变态反应,常见的有过敏性休克,呼吸道、消化道、皮肤变态反应等,临床表现包括休克、气道堵塞、荨麻疹、腹泻、胸痛等。其发病率约为 3/10000,死亡率为 1%～2%。

防治原则：Ⅰ型超敏反应的防治主要针对变应原和机体免疫状态两个方面，一是要尽可能寻找变应原，避免再次接触，二是联系发生机制，通过切断或干扰某些环节，达到防治的目的。

任务二 Ⅱ型超敏反应及其医学应用

Ⅱ型超敏反应又称细胞毒型超敏反应，是由 IgG 或 IgM 类抗体与靶细胞表面的抗原结合，在补体、吞噬细胞和 NK 细胞参与下，引起细胞溶解或组织损伤的超敏反应。

一、特点

（1）参与的抗体是 IgG 和 IgM。

（2）有补体、吞噬细胞和 NK 细胞参与。

（3）某一细胞或组织的抗体与此细胞或组织结合后可通过活化补体、调节作用或 ADCC 使细胞或组织溶解损伤。

二、常见疾病

1. 输血反应

由异型输血引起。常见于 ABO 血型系统，患者出现发热、恶心、呕吐、低血压等症状。

2. 新生儿溶血症

症状较重的新生儿溶血症多由母胎间 Rh 血型不符引起，发生于 Rh^- 母亲的 Rh^+ 胎儿。Rh 抗原为 D 抗原，Rh^- 母亲因分娩、流产或输血等，接受 D 抗原刺激后产生 IgG 类 Rh 抗体。如果已产生 Rh 抗体的母亲再次怀孕，胎儿血型仍为 Rh^+ 时，IgG 类 Rh 抗体通过胎盘进入胎儿体内，与 Rh^+ 红细胞结合。在吞噬细胞、补体的参与下，胎儿红细胞溶解破坏，引起流产或胎儿出生后发生新生儿溶血症，患儿出现黄疸、贫血、肝脾肿大等。分娩后立即给产妇注射 Rh 抗体，及时清除进入母体的 Rh^+ 红细胞，可有效预防再妊娠时发生新生儿溶血症。母胎 ABO 血型不符的新生儿溶血症更为多见，但症状较轻。

3. 自身免疫性溶血性贫血

可由药物、感染引起，或患自身免疫病时自然发生。因自身红细胞的抗原成分发生改变，打破自身耐受机制，机体产生抗红细胞的 IgG 类抗体，通过吞噬作用、激活补体使红细胞溶解破坏。用抗球蛋白试验检测红细胞上结合的 IgG，可辅助诊断自身免疫性溶血性贫血。

4. 药物过敏性血细胞减少

药物过敏性血细胞减少包括药物性溶血性贫血、粒细胞减少症和血小板减少性紫癜。

5. 其他相关疾病

某些针对自身细胞表面受体的抗体可导致细胞功能紊乱，而非细胞破坏，如甲状腺功能亢进症（Grave's 病）即属刺激型超敏反应。重症肌无力患者体内生成抗乙酰胆碱受体的自身抗体，该抗体与乙酰胆碱受体结合，可致乙酰胆碱受体数量减少、功能降低，以致肌无力。此外，器官移植超急性排斥反应的发生，是因受者体内预存抗体与移植物细胞结合，从而导致移植物损伤。此为特殊的Ⅱ型超敏反应。

任务三　Ⅲ型超敏反应及其医学应用

Ⅲ型超敏反应又称免疫复合物型超敏反应，是由可溶性免疫复合物沉积于毛细血管基底膜，通过激活补体以及在血小板、肥大细胞、嗜碱性粒细胞的参与下，引起以充血水肿、局部坏死和中性粒细胞浸润为特征的炎症反应和组织损伤。

一、特点

(1) 抗原、抗体结合成可溶性中等大小的免疫复合物(IC)，即致病性 IC，易沉积在局部或全身毛细血管基底膜。

(2) IC 可活化补体，并在血小板、中性粒细胞、嗜碱性粒细胞参与下引起组织损伤。

(3) 局部主要以充血、水肿、坏死和中性粒细胞浸润为特征。

二、常见疾病

1. 局部免疫复合物病

人类局部免疫复合物病见于糖尿病患者，因多次注射胰岛素后体内产生胰岛素抗体，形成的 IC 引起注射局部出现红肿、出血和坏死。

2. 全身免疫复合物病

(1) 血清病。

因一次性大量注射动物免疫血清，1～2 周后患者出现皮疹、发热、关节肿痛、蛋白尿等症状，称为血清病。现因免疫血清的纯化，血清病在临床已罕见，但仍可用试验动物建立典型的血清病模型。长期使用青霉素、磺胺等药物，经类似机制患者可出现血清病样反应，称为药物热。

(2) 链球菌感染后肾小球肾炎。

多发生在链球菌感染后 2～3 周，因链球菌胞壁抗原与相应抗体形成 IC，沉积于肾小球基底膜，出现肾小球肾炎。

(3) 类风湿性关节炎。

发病机制尚不清楚，可能因微生物感染使体内 IgG 分子变性，刺激体内产生抗变性 IgG 的自身抗体。此类自身抗体以 IgM 为主，也可是 IgG 或 IgA，称为类风湿因子。因 IgG 和相应抗体均由关节滑膜下浆细胞产生，两者形成的 IC 也沉积于关节滑膜，引起类风湿性关节炎。

(4) 系统性红斑狼疮。

其发病机制是体内持续出现 DNA-抗 DNA 复合物，并反复沉积于肾小球、关节或其他部位血管内壁。病变主要表现为皮肤红斑、肾小球肾炎、关节炎和脉管炎等。

任务四　Ⅳ型超敏反应及其医学应用

Ⅳ型超敏反应又称为迟发型超敏反应，是由效应 T 细胞再次接触相同抗原后引起以单核细胞、巨噬细胞和淋巴细胞浸润为主的炎症性病理损伤。

一、特点

(1) 反应发生迟缓,一般在再次接触抗原后 48～72 h 出现。

(2) 抗体和补体不参与反应。

(3) 表现为由炎症性细胞因子引起的以单个核细胞浸润为主的炎症。

(4) 个体差异小。

二、常见疾病

1. 接触型超敏反应

接触型超敏反应指接触化学品、药物等半抗原后,发生以湿疹为表现的接触性皮炎。

2. 结核菌素型超敏反应

结核菌素型超敏反应指用结核菌素做皮肤试验,感染结核杆菌者的注射局部出现红肿、硬结,是局部炎症反应的表现。

3. 肉芽肿型超敏反应

许多慢性病常出现肉芽肿型超敏反应,如分枝杆菌、原虫、真菌感染以及某些自身免疫性疾病。

项目八　免疫学检测原理及其应用技术

任务一　抗原与抗体反应特点的认识

抗原与抗体发生结合反应的物质基础是抗原的表位与抗体的抗原结合部位之间的结构互补性。在抗原抗体反应中,可用已知抗体检测未知抗原,也可用已知抗原检测未知抗体,并可根据需要选择定性或定量的测定方法。

1. 抗原抗体反应的特异性

抗原借助表面的表位与抗体分子超变区在空间构型上的互补,发生特异性结合。同一抗原分子可具有多种不同的表位,若两种不同的抗原分子具有一个或多个相同的表位,则与抗体反应时可出现交叉反应。

2. 抗原抗体反应的比例性及可见性

抗原与抗体的结合能否出现肉眼可见的反应现象,取决于两者的比例。若比例合适,则可形成大的抗原-抗体复合物,出现肉眼可见的反应现象;反之,虽能形成结合物,但体积小,肉眼不可见。

3. 抗原抗体反应的可逆性

抗原、抗体结合除以空间构型互补外,主要以氢键、静电引力、范德华力和疏水键等分子表面的非共价方式结合,结合后形成的复合物在一定条件下可发生解离,恢复抗原、抗体的游离状态。解离后的抗原和抗体仍保持原有的性质。抗原-抗体复合物解离度在很大程度上取决于特异性抗体超变区与相应表位三维空间构型的互补程度，互补程度越高，分子间距越小，作用力越大，两者结合越牢固，不易解离；反之，则容易发生解离。

任务二　常见的抗原抗体反应类型

根据抗原的性质、出现结果的现象、参与反应的成分不同，可将抗原抗体反应分为凝集反应、沉淀反应、补体参加的反应、借助标记物的抗原抗体反应等。

一、凝集反应

细菌、红细胞等颗粒性抗原与相应抗体结合后形成凝集团块，这一类反应称为凝集反应（agglutination reaction）。该类反应可检测到 1 μg/mL 水平的抗体，反应中的抗原称为凝集原，抗体称为凝集素。

1. 直接凝集

将细菌或红细胞与相应抗体直接反应，出现细菌凝集或红细胞凝集现象。一种方法是玻片凝集试验，用于定性检测抗原，如 ABO 血型鉴定、细菌鉴定。另一种方法是试管凝集试验，在试管中系列稀释待检血清，加入已知颗粒性抗原，用于定量检测抗体，如诊断伤寒病的肥达氏反应。

2. 间接凝集

将可溶性抗原包被在红细胞或乳胶颗粒表面，与相应抗体反应出现颗粒物凝集的现象。例如，用 γ 球蛋白包被的乳胶颗粒检测患者血清中的一种抗人 γ 球蛋白的抗体（类风湿因子）。也可用已知抗体包被乳胶颗粒，检测标本中的相应抗原。

3. 间接凝集抑制试验

将可溶性抗原与相应抗体预先混合，充分作用后，加入相应致敏颗粒，由于抗原已被可溶性抗原结合，不能再与致敏颗粒表面的抗原结合，因此不出现致敏颗粒被凝集的现象，称为间接凝集抑制试验。该试验可用来检测可溶性抗原，临床常用的免疫妊娠诊断试验即属此类。免疫妊娠诊断试验所用的诊断抗原试剂是人绒毛膜促性腺激素（可溶性抗原）致敏的乳胶颗粒，诊断血清是人绒毛膜促性腺激素的抗体，两者作用可出现间接凝集反应。检测的标本是尿液，妊娠后尿液中存在人绒毛膜促性腺激素。

二、沉淀反应

血清蛋白质、细胞裂解液或组织浸液等可溶性抗原与相应抗体结合后出现沉淀物，这一类反应称为沉淀反应（precipitation reaction）。沉淀反应试验包括环状沉淀试验、絮状沉淀试验、琼脂扩散试验三种基本类型。琼脂扩散试验是常用反应类型，即以半固体琼脂凝胶为介质进行琼脂扩散或免疫扩散，可溶性抗原与抗体在凝胶中扩散，在比例合适处相遇时形成可见的白色沉淀来检测抗原或抗体。该类反应可检测到 20 μg/mL～2 mg/mL 水平，琼脂扩散有单向免疫扩散、双向免疫扩散两种基本类型，将其与电泳技术结合，可衍生出对流电泳、火箭电泳、免疫电泳等多种检测方法。

1. 单向免疫扩散

将一定量已知抗体混于琼脂凝胶中制成琼脂板，在适当位置打孔后将抗原加入孔中扩散。抗原在扩散过程中与凝胶中的抗体相遇，形成以抗原孔为中心的沉淀环，环的直径与抗原含量呈正相关。该法可用于测定血清 IgG、IgM、IgA 和补体 C3 等的含量。

2. 双向免疫扩散

将抗原与抗体分别加于琼脂凝胶中的小孔中，两者自由向四周扩散，在相遇处形成沉淀线。如果反应体系中含两种以上的抗原抗体系统，则小孔间可出现两条以上的沉淀线。本法可用于抗原或抗体的定性、定量检测及组分分析。

三、其他类型的抗原抗体反应

1. 补体参与的反应

利用抗体与红细胞上的抗原结合，激活反应体系中的补体，导致红细胞的溶解，用溶血现象帮助判定结果。补体结合试验和溶血空斑试验均属此类反应。

2. 借助标记物的抗原抗体反应

(1) 免疫荧光法。

用荧光素与抗体连接成荧光抗体，再与待检标本中的抗原反应，置于荧光显微镜下观察，抗原-抗体复合物发荧光，借此对标本中的抗原作鉴定和定位。常用的荧光素有异硫氰酸荧光素(FITC)和藻红蛋白(PE)，前者发黄绿色荧光，后者发红色荧光。

免疫荧光法可用于检查细菌、病毒、螺旋体等的抗原或相应抗体，辅助传染病的诊断。此外，还用于鉴定免疫细胞的 CD 分子，检测自身免疫病的抗核抗体等。

(2) 酶免疫测定(EIA)法。

此法是用酶标记的抗体进行的抗原抗体反应。它将抗原抗体反应的特异性与酶催化作用的高效性相结合，通过酶作用于底物后显色来判定结果。可用目测定性，也可用酶标测定仪测定吸光度值以反映抗原含量，敏感度可达 ng/mL 级水平。常用于标记的酶有辣根过氧化物酶(HRP)、碱性磷酸酶(AP)等。常用的方法有酶联免疫吸附试验和酶免疫组化法，前者可测定可溶性抗原或抗体，后者可测定组织中或细胞表面的抗原。

酶联免疫吸附试验(ELISA)的基本方法是将已知的抗原或抗体吸附在固相载体(聚苯乙烯微量反应板)表面，使抗原抗体反应在固相表面进行，用洗涤法将固相上的抗原-抗体复合物与液相中的游离成分分开，主要包括三种方法，即间接法、双抗体夹心法和竞争法(图 8-6)。

(3) 放射免疫测定法。

放射免疫测定法(RIA)是用放射性同位素标记抗原或抗体进行免疫学检测的技术。它将放射性同位素显示的高灵敏性和抗原抗体反应的特异性相结合，使检测的敏感度达 pg/mL 级水平。常用于标记的放射性同位素有 ^{125}I 和 ^{131}I，采用的方法分为液相法和固相法两种。常用于微量物质测定，如胰岛素、生长激素、甲状旁腺素、黄体酮等激素，吗啡、地高辛等药物以及 IgE 等。

(4) 化学发光免疫分析法。

将发光物质(如吖啶酯、鲁米诺等)标记抗原或抗体进行反应，发光物质在反应剂激发下生成激发态中间体，当激发态中间体回到稳定的基态时发射出光子，用自动发光分析仪能接收光信号，通过测定光子的产量，以反映待检样品中抗体或抗原的含量。该法灵敏度高于放射免疫测定法，常用于血清超微量活性物质(如甲状腺素等激素)的测定。

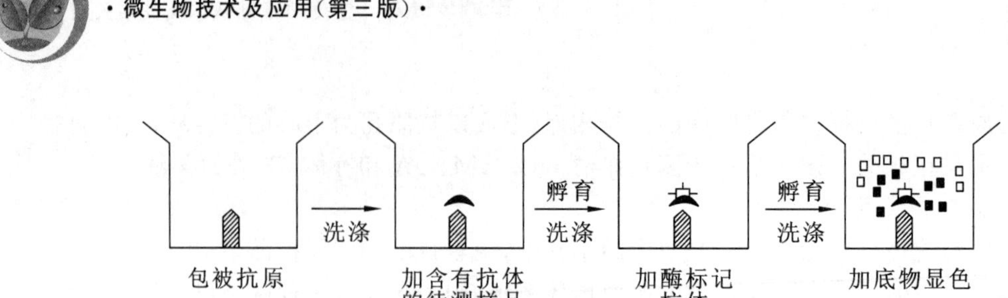

(a) 间接法测抗体

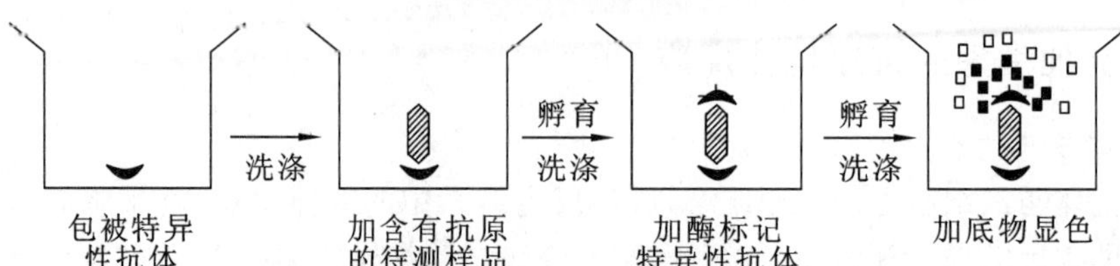

(b) 双抗体夹心法测抗原

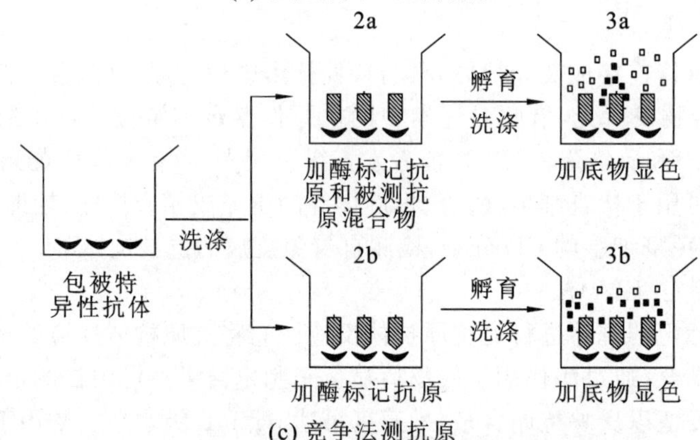

(c) 竞争法测抗原

图 8-6　酶联免疫吸附的三种基本方法

(5) 免疫印迹法。

免疫印迹法又称 Western 印迹法。它将凝胶电泳与固相免疫结合,将已经电泳分区的蛋白质转移至固相载体,再用酶免疫、放射免疫等技术测定。该法能分离分子大小不同的蛋白质并确定其相对分子质量,常用于检测多种病毒的抗体或抗原。如检测血清 HIV 抗体,为 HIV 感染的确认试验之一。

项目九　免疫学在药学中的实际应用

任务一　免疫诊断的认识与应用

1. 感染性疾病

各种病原体感染后,体内能检出特异性抗体或抗原。如免疫荧光法、ELISA 已用于志贺氏菌、沙门氏菌、霍乱弧菌等感染的检测，以及病毒的抗原和抗体检测。

2. 免疫缺陷病

抗体、补体含量的测定有助于 X-连锁低丙种球蛋白血症、抗体缺陷、补体缺陷的诊断，免疫细胞的鉴定、计数以及功能试验可帮助免疫细胞缺陷的诊断，IL-2R 的检查可辅助因 T 细胞发育受阻所致的重症联合免疫缺陷病的诊断。

3. 自身免疫病

抗核抗体、类风湿因子的检测有助于系统性红斑狼疮、类风湿性关节炎的诊断。利用 HLA 与某些自身免疫病的相关性，通过检查 HLA 型辅助诊断，如 HLA-B27 与强直性脊柱炎。

4. 超敏反应性疾病

血清总 IgE、变应原特异性 IgE 检测及变应原皮肤试验有助于Ⅰ型超敏反应的诊断，抗球蛋白试验辅助诊断自身免疫性溶血性贫血。

5. 肿瘤

肿瘤标志物的检查有助于某些肿瘤的诊断，如癌胚抗原（CEA）的检出与结肠癌和肺癌，甲胎蛋白（AFP）的检出与原发性肝癌，前列腺特异抗原（PSA）与前列腺癌；细胞 CD 分子的检测有助于淋巴瘤、白血病的诊断与分型；在肿瘤的影像学诊断中，采用放射性核素标记的单克隆抗体可显示肿瘤及其转移病灶。

6. 优生优育

孕期与先天性感染有关病原体的检测，如梅毒螺旋体、弓形虫、巨细胞病毒、疱疹病毒感染的检测。

7. 免疫学监测

感染性疾病的免疫学监测有助于疾病的转归与预后判定，如乙型肝炎、艾滋病；肿瘤患者的免疫功能状态监测以及肿瘤相关抗原的监测，有助于了解肿瘤的发展与判定预后；组织器官移植后对受者的免疫学监测则有利于排斥反应的早期发现，以便及时采取有效措施；易积蓄中毒或成瘾性药物的监测有助于患者的治疗。

此外，血浆多种激素水平的检测、酶类的检测可辅助内分泌疾病等相关疾病的诊断；抗精子抗体检测用于男性不育的诊断。

任务二 免疫预防的认识与应用

特异性免疫的获得方式有自然免疫和人工免疫两种。自然免疫主要指机体感染病原体（隐性感染或患传染病）后建立的特异性免疫，也包括胎儿经胎盘或新生儿经初乳从母体获得抗体，人工免疫是人为地给机体输入抗原物质（疫苗、类毒素等）或免疫效应分子（抗体、细胞因子制剂等），使机体获得特异性免疫。通过给机体接种疫苗、类毒素等使机体获得特异性免疫称为人工主动免疫。通过给机体输入抗体、细胞因子等使机体获得特异性免疫称为人工被动免疫。凡用于人工免疫的疫苗、类毒素、抗体血清、抗毒素、细胞因子制剂以及免疫诊断用品（诊断血清、诊断菌液），统称为生物制品。

一、人工主动免疫

人工主动免疫是用人工接种的方法给机体输入抗原性物质,使机体产生对该抗原的特异性免疫,从而预防感染的措施。用于人工主动免疫的生物制品,包括细菌性制剂、病毒性制剂以及类毒素等统称为疫苗(vaccine)。当代疫苗的应用不仅仅限于传染病领域,已扩展到许多非传染病领域。疫苗不仅是预防制剂,而且已作为治疗性制剂。

1. 灭活疫苗

灭活疫苗是选用免疫原性强的病原体,经人工大量培养后用理化方法灭活制成。灭活疫苗主要诱导特异性抗体的产生,为维持血清抗体水平常需多次接种。常用的灭活疫苗有伤寒、百日咳、霍乱、钩端螺旋体病、流感、狂犬病、乙型脑炎疫苗等。

2. 减毒活疫苗

减毒活疫苗是用减毒或无毒力的活病原微生物制成的。传统的制备方法是将病原体在培养基或动物细胞中反复传代,使其失去毒力,但保留免疫原性。一般只需接种一次。活疫苗的免疫效果良好、持久,除诱导机体产生体液免疫外,还可产生细胞免疫,其不足之处是疫苗有体内回复突变的可能性,尽管十分罕见,但仍需警惕。免疫缺陷者和孕妇一般不宜接种活疫苗。常用的制剂有卡介苗、麻疹活疫苗、脊髓灰质炎活疫苗等。

3. 类毒素

类毒素是用细菌的外毒素经0.3%～0.4%甲醛溶液处理制成的。因其已失去毒性,但保留免疫原性,接种后能诱导机体产生抗毒素,抗毒素可中和外毒素的毒性。常用的制剂有破伤风类毒素、白喉类毒素。

4. 新型疫苗

(1) 亚单位疫苗。

亚单位疫苗是去除病原体中与激发保护性免疫无关的甚至有害的成分,保留有效免疫原成分制作的疫苗。例如,从乙型肝炎病毒表面抗原阳性者血浆中提取表面抗原制成的乙型肝炎疫苗。

(2) 结合疫苗。

结合疫苗是将细菌荚膜多糖的水解物与白喉类毒素通过化学联结,为细菌荚膜多糖提供蛋白质载体,使其成为T细胞依赖性抗原。结合疫苗能被T、B细胞联合识别,B细胞产生IgG类抗体,获得了良好的免疫效果。目前已获准使用的结合疫苗有脑膜炎球菌疫苗和肺炎链球菌疫苗等。

(3) 合成肽疫苗。

根据有效免疫原性肽段的氨基酸序列,设计和合成免疫原性多肽,以期用最小的肽段激发有效的特异性免疫应答。如果合成的多肽同时含有B细胞和T细胞识别的表位,就可能诱导特异性体液免疫和细胞免疫。目前研究较多的是抗病毒和抗肿瘤多肽疫苗,如艾滋病病毒、肝炎病毒等。

(4) 重组抗原疫苗。

重组抗原疫苗是利用DNA重组技术制备的只含保护性抗原的纯化疫苗。此类疫苗不含活的病原体和病毒核酸,安全有效,成本低廉。目前获准使用的有乙型肝炎疫苗、口蹄疫疫苗和莱姆病疫苗等。

(5) 重组载体疫苗。

将编码病原体有效免疫原的基因插入载体(减毒的病毒或细菌疫苗株)基因组中，接种后，随疫苗株在体内的增殖而表达相应的抗原。目前使用最广的载体是痘状病毒，用其表达的外源基因很多，已用于乙型肝炎、麻疹、单纯疱疹等疫苗的研制。

(6) DNA 疫苗。

DNA 疫苗又称核酸疫苗，是用编码病原体有效免疫原基因的重组质粒直接接种，体内可表达保护性抗原，从而诱导机体产生特异性免疫。DNA 疫苗在体内可持续表达，维持时间长，是疫苗发展的方向之一。

(7) 转基因植物疫苗。

用转基因方法将编码有效免疫原的基因导入可食用植物细胞的基因组中，免疫原即可在植物的可食用部分稳定表达和积累，人和动物通过摄食达到免疫接种的目的。常用的植物有番茄、马铃薯、香蕉等。这类疫苗尚在初期研制阶段，它具有可口服、易被儿童接受、价廉等优点。

二、人工被动免疫

人工被动免疫是给人体注射含特异性抗体的免疫血清制剂，以治疗或紧急预防感染的措施。因所注射的免疫物质并非由被接种者自己产生，缺乏主动补充的来源，而且易被清除，故维持时间短暂。

1. 抗毒素

抗毒素是用细菌外毒素或类毒素免疫动物制备的免疫血清，具有中和外毒素毒性的作用。一般免疫健康马匹，待马体内产生高效价抗毒素后，采血分离血清，提取免疫球蛋白制成。该制剂对人而言属异种蛋白，使用时应注意过敏反应的发生。常用的有破伤风抗毒素、白喉抗毒素等。

2. 人免疫球蛋白制剂

人免疫球蛋白制剂是从大量混合血浆或胎盘血中分离制成的免疫球蛋白浓缩剂。该制剂中所含的抗体即人群中含有的抗体，因不同地区和人群的免疫状况不完全一样，不同批号制剂所含抗体的种类和效价不尽相同。静脉注射用免疫球蛋白须经特殊工艺制备，主要用于原发性和继发性免疫缺陷病的治疗。特异性免疫球蛋白则是由对某种病原微生物具有高效价抗体的血浆制备，用于特定病原微生物感染的预防，如乙型肝炎免疫球蛋白。

三、计划免疫

计划免疫是根据某些特定传染病的疫情监测和人群免疫状况分析，按照规定的免疫程序有计划地进行人群预防接种，提高人群免疫水平，达到控制以至最终消灭相应传染病的目的而采取的重要措施。目前，我国卫健委推荐的儿童免疫程序规定儿童需接种卡介苗、百日咳-白喉-破伤风混合制剂、三价脊髓灰质炎活疫苗、麻疹疫苗和乙型肝炎疫苗，以控制 7 种传染病的流行，见表 8-3。我国的计划免疫工作取得了显著成绩，全国已实现了以县为单位的儿童接种率达到 85%的目标,传染病的发病率大幅度下降。

表 8-3　我国儿童计划免疫程序表

接种类型	年龄	疫苗种类
基础接种	出生	卡介苗、乙型肝炎疫苗
	1 个月	乙型肝炎疫苗第 2 针
	2 个月	小儿麻痹疫苗初服
	3 个月	小儿麻痹疫苗复服、百白破第 1 针
	4 个月	小儿麻痹疫苗复服、百白破第 2 针
	5 个月	百白破第 3 针
	6 个月	乙型肝炎疫苗第 3 针
	8 个月	麻疹疫苗初种
加强接种	1.5～2 岁	百白破加强 1 针、小儿麻痹疫苗加服
	4 岁	小儿麻痹疫苗加强 1 次、麻疹疫苗复种
	6 岁	百白破加强 1 针、麻疹疫苗复种、卡介苗复种

任务三　免疫治疗的认识与应用

免疫治疗是指利用免疫学原理,针对疾病的发生机制,人为地调整机体的免疫功能,以达到治疗目的所采取的措施。免疫治疗包括人工被动免疫、免疫增强剂、免疫抑制剂的应用等。

一、免疫增强剂

免疫增强剂又称免疫调节药,因大多数免疫增强剂可能使过高或过低的免疫功能调节到正常水平,临床主要用其免疫增强作用,治疗免疫缺陷性疾病、慢性感染和作为肿瘤的辅助治疗,主要分为以下四类。

1. 免疫细胞及免疫分子制剂

(1) 免疫分子制剂。

许多免疫分子具有增强免疫作用或免疫调节作用,可供临床使用的主要有以下几种:转移因子(淋巴细胞或组织合成的一种小分子多核酸多肽,可携带某种细胞免疫功能转移)、白细胞介素、胸腺素、免疫核糖核酸、干扰素。

(2) LAK 细胞(淋巴因子激活的杀伤细胞)与 TIL 细胞(肿瘤浸润性淋巴细胞)。

2. 微生物制剂

卡介苗、短小棒状杆菌等具有佐剂作用或免疫促进作用。

3. 化学制剂

如左旋咪唑、聚肌胞等。

4. 中药制剂

香菇、灵芝等真菌中的多糖成分，药用植物及其有效成分（如黄芪、人参、枸杞等），一些活血化瘀、健脾益气的中药方剂均有一定的免疫增强功能。

二、免疫抑制剂

免疫抑制剂是一类抑制机体免疫功能的药物，用于治疗免疫性疾病和减弱移植物排斥反应。免疫抑制药多数缺乏选择性和特异性，对正常和异常的免疫反应均呈抑制作用。故长期作用后，除了各药的特有毒性外，还易出现机体抵抗力下降而诱发感染、肿瘤发生率增加及影响生殖系统功能等不良反应。主要包括以下三类。

1. 化学合成药物

用于免疫抑制治疗的化学合成药物主要是抗肿瘤药物和激素，如烷化剂药物、抗代谢药物等。

2. 真菌代谢产物

如环孢菌素 A 对 T 细胞有选择性抑制作用。

3. 其他制剂

如抗淋巴细胞丙种球蛋白抑制细胞免疫作用较强，临床上可用于预防和治疗器官移植后移植物的排斥反应。

技能训练 8-1　抗人红细胞免疫血清的制备

实训目的

（1）掌握免疫血清制备的基本流程。

（2）学会颗粒性抗原的制备和动物免疫方法。

（3）了解免疫血清制备的实践意义。

实训原理

制备免疫血清的传统方法是将抗原注入动物体内，由动物体内 B 细胞增殖分化成浆细胞产生抗体。由于抗原分子具有多种表位，每一种表位可以激活具有相应抗原受体的 B 细胞系产生该表位的抗体，因此用抗原免疫机体获得的免疫血清一般为多克隆抗体。

制备的免疫血清的质量高低主要表现在特异性、亲和力及效价高低等方面，受多种因素的影响，主要包括抗原的性质、免疫动物的种类及状态、免疫剂量、免疫途径及免疫方案（加强免疫次数、间隔时间、佐剂的使用）等。因此要获得高质量的免疫血清需先通过预试验摸索、确定最佳免疫方法。

免疫血清的制备是一项常用的免疫学试验技术。高效价、高特异性的免疫血清可作为免疫学诊断的试剂，也可供特异性免疫治疗用。

实训器材

1. 抗原与免疫对象

人红细胞、健康家兔。

2. 试剂与器材

生理盐水、酒精、碘酊、试管、离心机、剪刀、注射器、水浴锅、负压管等。

实训方法与步骤

1. 颗粒性抗原(人红细胞)的制备

经肘静脉抽人全血 2～3 mL,注入抗凝管,然后全部移至一支大试管中,加入 8 mL 生理盐水,用吸管上下吹打混匀,1500 r/min 离心 10 min,去上清液。重复上述操作,洗涤两次,最后一次去上清液后,将细胞配制成 2%～5%的人红细胞悬液。

2. 免疫动物

隔两天取上述人红细胞悬液 1 mL 免疫家兔(耳后、颈前、后肢足掌各两点和四肢内侧四点免疫),连续免疫两周。

3. 血清的制备

免疫结束后的第三天,心脏采血。

(1) 家兔仰面,由助手抓住四肢固定。

(2) 用左拇指摸到胸骨剑突处,食指及中指放在右胸处轻轻向左推心脏,并使心脏固定于左胸侧位置。然后,以左拇指触摸心脏搏动最强的部位。

(3) 用 5 mL 注射器,对准心搏最强处垂直刺入心脏抽取 5 mL。将抽取的血液立即注入试管中,放入 37 ℃水浴箱待凝固后分离血清,然后分两管:一管置于 56 ℃ 30 min(灭活补体),与新鲜的人红细胞悬液做试管凝集试验(倍比稀释法),找出抗血清的效价;另一管不进行处理,做补体溶血试验,也找出抗血清的效价。

4. 效价的测定

(1) 取洁净试管 8 支,排列于试管架中,依次编号并做好标记。

(2) 向各管加入生理盐水 0.25 mL。

(3) 向第 1 管加入血清 0.25 mL,充分混匀,吸出 0.25 mL 放入第 2 管,混匀后取出 0.25 mL 加入第 3 管中,如此类推直至第 7 管,混匀后取出 0.25 mL 弃去。第 8 管不加血清,为生理盐水对照管。

(4) 向每管加入 0.25 mL 人红细胞悬液,此时每管的液体总量为 0.75 mL,血清稀释度又增加 1 倍。

(5) 摇匀,置于 37 ℃ 30～40 min,观察结果,并将凝集现象填入表 8-4 中。

表 8-4 试管凝集试验及结果

管号	1	2	3	4	5	6	7	8
生理盐水/mL	0.25	0.25	0.25	0.25	0.25	0.25	0.25	0.25
血清/mL	0.25	0.25	0.25	0.25	0.25	0.25	弃 0.25	0
人红细胞悬液/mL	0.25	0.25	0.25	0.25	0.25	0.25	0.25	0.25
终稀释度	1:4	1:8	1:16	1:32	1:64	1:128	1:256	—
凝集现象								

实训报告

以凝集现象“＋＋”为判定标准，其血清最高稀释度即为免疫血清的效价。

注：(1) 动物免疫时确保抗原被注射到指定部位。

(2) 稀释血清时尽量做到精确，不要混用吸管。

技能训练 8-2 直接凝集试验

实训目的

(1) 掌握直接凝集试验的原理和操作方法。

(2) 学会玻片与试管凝集试验的结果判读。

(3) 了解直接凝集试验的生产意义。

实训原理

天然的颗粒性抗原与相应抗体在适宜条件下反应，出现肉眼可见的凝集物，称为直接凝集反应。玻片法属于定性试验，常用已知抗体直接检测未知的细胞性抗原。

试管法直接凝集试验是将已知的颗粒性抗原悬液定量地与一系列倍比稀释的待检血清等量混合，静置一定时间后，根据各管的凝集程度，判断待检血清中抗体的效价，常用于半定量检测。

实训器材

(1) 待检样品。

OX_{19}变形杆菌 18～24 h 琼脂斜面培养物。

(2) OX_{19}变形杆菌诊断血清。

用时用生理盐水做适当稀释。

(3) 生理盐水。

(4) 载玻片、接种环、滴管等。

(5) 待检血清。

用生理盐水 1∶10 稀释。

(6) 诊断菌液。

伤寒沙门氏菌 H 或 O 菌液，10 亿个/mL。

(7) 生理盐水。

(8) 37 ℃水浴箱、试管、1 mL 吸管、洗耳球等。

实训方法与步骤

1. 玻片凝集试验

(1) 在洁净玻片一端加 OX_{19}变形杆菌诊断血清 1 滴，另一端加生理盐水 1 滴做

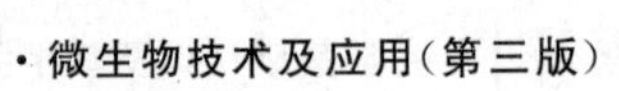

对照。

(2) 用接种环挑取经18～24 h琼脂斜面培养的OX_{19}变形杆菌,分别混于生理盐水和诊断血清中,充分混匀。

(3) 室温下静置数分钟,观察结果。

2. 试管凝集试验

(1) 取洁净试管8支,排列于试管架上,依次编号。

(2) 各管均加入0.5 mL生理盐水。

(3) 吸取1∶10稀释的待检血清0.5 mL加入第1管,充分混匀后吸出0.5 mL加入第2管,混匀,从第2管吸出0.5 mL加入第3管;同法依次稀释至第7管,混匀后从第7管吸出0.5 mL弃去。第8管不加血清作为生理盐水对照。至此,第1～7管的血清稀释度为1∶20、1∶40、1∶80、1∶160、1∶320、1∶640、1∶1280。这种稀释方法称为连续倍比稀释法。

(4) 每管加诊断菌液0.5 mL,此时每管内血清稀释度又增加1倍,分别为1∶40、1∶80、1∶160、1∶320、1∶640、1∶1280、1∶2560。

(5) 各管摇匀后置于室温或37 ℃ 18～24 h,观察结果。操作程序见表8-5。

表8-5　试管凝集试验操作程序

管号	1	2	3	4	5	6	7	8
生理盐水/mL	0.5	0.5	0.5	0.5	0.5	0.5	0.5	0.5
稀释血清/mL	0.5	0.5	0.5	0.5	0.5	0.5	弃 0.5	0
诊断菌液/mL	0.5	0.5	0.5	0.5	0.5	0.5	0.5	0.5
血清终稀释度	1∶40	1∶80	1∶160	1∶320	1∶640	1∶1280	1∶2560	对照

实训报告

依据上述实训过程,以报告形式记录相应实训结果与过程分析。

附:

1. 诊断菌液的制备

(1) H型伤寒杆菌菌液的制备。

将伤寒沙门氏菌(Hgol株)或甲、乙型副伤寒沙门氏菌标准菌株接种于柯氏瓶培养基上,37 ℃培养24 h,以10 mL含0.4%甲醛的生理盐水将菌苔洗下,放入有玻璃珠的无菌烧瓶中充分振摇,使细菌充分分散,置于4 ℃冰箱中3～5 d以杀菌。通过无菌试验证实细菌确已被杀死,即用0.2%的甲醛盐水稀释成10亿个/mL的浓度。置于4 ℃冰箱备用。

(2) O型伤寒杆菌菌液的制备。

将标准菌株(0901株)以上法培养,用0.5%石炭酸盐水将菌苔洗下,置于37 ℃温箱过夜或室温中4～7 d以杀菌。经检查无菌生长时,用0.25%石炭酸盐水稀释成10亿个/mL浓度。置于4 ℃冰箱备用。

(3) 菌液浓度测定。

用麦克法伦特(McFarland)标准比浊管比浊的方法来测定。

2. 结果判断

在玻片凝集试验中，生理盐水对照应不发生凝集，为均匀混浊的乳状液。在诊断血清中，如混悬液由混浊变澄清并出现肉眼可见的凝集小块，为阳性结果；如与对照相同，则为阴性结果。

在试管凝集试验中，判断结果要有良好的光源和黑暗的背景。先不振摇，观察管底凝集物和上清液浊度。然后轻摇或用手指轻弹管壁使凝集物悬浮，观察凝集块的松软程度、大小、均匀度和悬液浊度。先观察盐水对照管，应无凝集现象。管底沉积呈圆形、边缘整齐，轻摇则沉积菌分散，均匀混浊。再观察试验管，伤寒沙门氏菌 O 抗原凝集物呈颗粒状，轻摇时不易升起和离散，往往黏附于管底。H 抗原凝集物呈棉絮状，沉于管底，轻摇易升起和离散。根据凝集的强弱程度，可将试验结果划分为以下等级。

(1) “＋＋＋＋”：很强，细菌全部凝集，管内液体澄清，可见管底有大片边缘不整齐的白色凝集物，轻摇时可见明显的颗粒、薄片或絮状。

(2) “＋＋＋”：强，细菌大部分凝集，液体轻度混浊，管底有边缘不整齐的白色凝集物，轻摇时可见较明显的颗粒、薄片或絮状。

(3) “＋＋”：中等强度，细菌部分凝集，液体较混浊。

(4) “＋”：弱，细菌仅少量凝集，液体混浊。

(5) “－”：不凝集，液体混浊度与管底沉积物与对照管相同。以出现“＋＋”凝集强度的血清最大稀释度作为待检血清的效价(滴度)。

3. 注意事项

(1) 玻片应洁净、干燥、中性，以防止和减少非特异性凝集。

(2) 玻片凝集试验中，每一待检菌均须作生理盐水对照，如对照凝集则表示细菌(粗糙型)发生自凝，试验结果无效。

(3) 在载玻片两端混合细菌时，应先将细菌与生理盐水混合，然后将细菌与诊断血清混合，以免将血清带入生理盐水中。

(4) 玻片凝集试验后的细菌仍有传染性，应将载玻片及时放入消毒缸内。

(5) 用玻片法鉴定 ABO 血型时，若室温低于 10 ℃，易出现冷凝集而造成假阳性结果。

(6) 在试管凝集试验中，抗原、抗体比例适当时，才出现肉眼可见的凝集现象，如抗体浓度过高则无凝集物形成，此时须加大抗体稀释度重新试验。

(7) 判断试管凝集试验结果时，应在暗背景下透过强光观察。

(8) 试管凝集试验应注意温度、pH 值、电解质对试验结果的影响。

(9) 在试管法中，抗原、抗体加入后要充分振摇，以增加抗原、抗体的接触。

4. 应用评价

玻片法主要用于细菌菌种的鉴定和分型以及 ABO 血型抗原的鉴定，操作简便，反应迅速，但敏感性较低。

试管法主要检测血清中有无某种特异性抗体及其效价，以协助临床诊断或供流行病学调查。常用的有诊断伤寒和副伤寒的 Widal 反应(肥达氏反应)、诊断斑疹伤寒和恙虫病等立克次氏体病的 Weil-Felix 反应(外-斐氏反应)以及诊断布氏菌病的 Wright 反应(瑞氏反应)。本试验是一种经典的半定量凝集试验，操作简单，但敏感性不高。

技能训练 8-3　双向免疫扩散试验

实训目的

(1) 掌握双向免疫扩散试验的原理及平板法操作方法。

(2) 学会双向免疫扩散试验的结果判读。

(3) 了解双向免疫扩散试验的生产意义。

实训原理

本法是在琼脂糖凝胶板上按一定距离打数个小孔,在相邻的两孔内分别加入抗原与抗体,相应的抗原与抗体在琼脂凝胶板中的相应孔内,分别向周围自由扩散。若抗原、抗体互相对应,浓度、比例适当,则一定时间后,在抗原与抗体孔之间发生特异性反应,形成免疫复合物的沉淀线,根据沉淀线的位置、形状以及对比关系,可对抗原或抗体进行定性分析。

双向免疫扩散试验可分为试管法和平板法两种,目前最常用的是平板法。

实训器材

(1) 待检血清、阳性对照。

(2) 诊断血清、15 g/L 盐水琼脂等。

(3) 生理盐水、0.5%氨基黑染色剂、脱色液(乙醇 45 mL、冰醋酸 5 mL 与水 50 mL 混合)。

(4) 载玻片、湿盒、吸管、打孔器、微量加样器、温箱等。

实训方法与步骤

1. 制板

用 5～10 mL 吸管吸取熔化的 15 g/L 盐水琼脂 4.5 mL,浇注于洁净载玻片上。

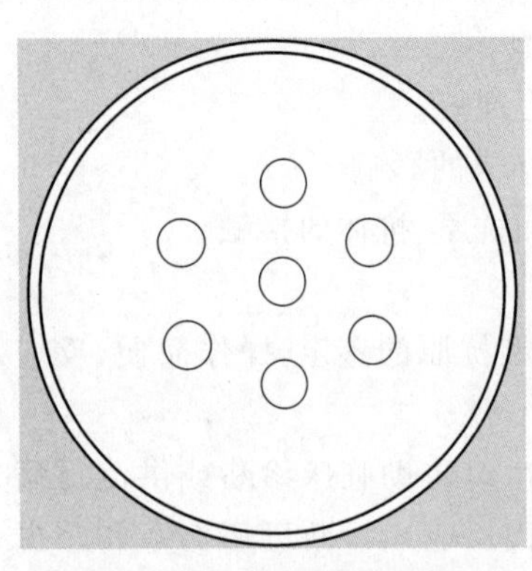

图 8-7　双向免疫扩散试验打孔示意图

2. 打孔

待琼脂凝固后,用直径 3 mm 的打孔器打孔,孔距为 3 mm,见图 8-7。

3. 加样

用微量加样器向中央孔加入诊断血清,将待检血清、阳性对照物分别加入周围孔。如果做抗体效价测定,则将抗原置于中间孔,抗体做不同稀释后置于周围孔。每孔加样 20 μL。

4. 温育

将加好样的琼脂糖凝胶板放入水平湿盒中,37 ℃温育 24 h。

5. 染色

用生理盐水充分浸泡琼脂糖凝胶板，以除去未结合的蛋白质。将浸泡好的琼脂糖凝胶板放入 0.5%氨基黑溶液中染色。用脱色液脱色至背景无色，沉淀线呈清晰蓝色为止。观察结果，用适当方法保存或复制图谱。

实训报告

依据上述实训过程，以报告形式记录相应实训结果与过程分析。

附：

1. 结果判断

在抗原、抗体孔之间形成沉淀线，表明抗原与抗体相对应；若沉淀线是一条，提示抗原与抗体只含一种相应的成分；如果是多条，则说明有多种相应的成分。对抗体进行定量时，以出现沉淀线的抗体最高稀释孔的稀释度作为抗体的双向免疫扩散效价。

2. 注意事项

(1) 玻片要清洁，边缘无破损。

(2) 浇制琼脂糖凝胶板时要均匀、无气泡。动作要匀速，过快易使琼脂倾至玻片之外，过慢易导致边加边凝固，使琼脂凹凸不平。

(3) 打孔时避免水平移动，否则易使琼脂糖凝胶板脱离载玻片或琼脂裂开，如此可导致加入的样品顺裂缝或琼脂底部散失。

(4) 加样时应尽量避免气泡或加至孔外，以保证结果的准确性。

(5) 37 ℃扩散后，可置于冰箱中放置一定时间后观察结果，此时沉淀线更加清晰。

技能训练 8-4 酶联免疫吸附试验

实训目的

(1) 掌握酶联免疫吸附试验的原理及操作方法。

(2) 学会酶联免疫吸附试验的结果判读。

(3) 了解酶联免疫吸附试验的实践意义。

实训原理

酶联免疫吸附试验为一种固相酶免疫测定技术，先将已知抗原或抗体包被于固相载体的表面，与待检样品中的相应抗体或抗原发生反应，再加入酶标记抗体或抗原与免疫复合物结合，最后加入酶的作用底物，根据产物颜色的深浅或测定其吸光度(A)，可进行定性或定量分析。

酶联免疫吸附试验的方法类型有多种，如双抗体夹心法、间接法、竞争法等，这里以双抗体夹心法 ELISA 检测乙型肝炎表面抗原(HBsAg)为例。将乙型肝炎表面抗体(anti-HBs)结合到固相载体上，加入待检样品，若样品中含有待检抗原(HBsAg)，相应抗原将结合到固相抗体上。洗涤后，加入酶标记的抗体(anti-HBs-HRP)，则形成抗体-抗原-

酶标抗体复合物。加入酶的作用底物,在酶的催化作用下,产生颜色反应,产物颜色的深浅与待检抗原量呈正相关。借此可检测人血清中 HBsAg 的存在。

 实训器材

(1) 包被稀释液:0.05 mol/L pH 9.6 碳酸钠-碳酸氢钠缓冲液。

(2) 洗涤液:0.02 mol/L pH 7.4 Tris-HCl-Tween20。

(3) 酶标抗 HBs。

(4) 辣根过氧化物酶底物液(TMB-过氧化氢尿素溶液),底物液 A 和底物液 B 均有商品成套出售,也可按《药典》配制。

(5) 终止液:2 mol/L H_2SO_4溶液。

(6) 待检血清。

(7) 阴性对照、阳性对照由试剂盒生产厂家提供或购买。

(8) 酶联免疫检测仪、吸水纸等。

 实训方法与步骤

1. 包被抗原

将抗原用包被稀释液作 1:20 稀释,每孔加入 100 μL,于 37 ℃作用 2 h 或 4 ℃作用 18~24 h。

2. 洗涤

弃去孔中液体,用洗涤液洗 3 次,每次 1 min。于吸水纸上充分拍干,4 ℃储存备用。(若使用成品试剂盒,以上 1、2 两步可以省略。)

3. 加入待检样品

取待检血清样品及阴、阳性对照血清各 100 μL 分别加入酶标板反应孔中,阴、阳性对照均设两孔,同时设一空白对照孔(加入洗涤液 100 μL),然后将反应板放入湿盒,于 37 ℃温育 60 min。注意每份样品均作复孔检测。

4. 洗涤

取出反应板,弃去孔中液体,用洗涤液洗 3 次,每次 3 min。于吸水纸上充分拍干。

5. 加入酶结合物

将工作浓度的酶结合物(或根据酶结合物说明书提供的参考工作稀释度进行预试验确定稀释倍数)加入反应孔中,每孔 100 μL,于 37 ℃作用 30 min。

6. 洗涤

同第 4 步。

7. 加入底物溶液

按照顺序每个反应孔先加底物液 A 50 μL(或 1 滴),再加底物液 B 50 μL(或 1 滴),于 37 ℃避光显色 15 min。

8. 终止反应

每孔加入终止液 50 μL(或 1 滴)终止反应,于 10 min 内完成判读,以空白对照调零,用酶联免疫检测仪在 450 nm 波长处测定 A 值。

实训报告

依据上述实训过程，以报告形式记录相应实训结果与过程分析。

附：

1. 结果判断

(1) 肉眼判定：明显显色者判阳性，否则判阴性。现临床不主张以此法判读结果。

(2) 阈值计算：阴性对照孔 A 值的平均值乘以 2.1 后作为阈值；阴性对照孔 A 值的平均值小于 0.05 时，按照 0.05 计算，高于 0.05 时按照实际 A 值计算。

(3) 阴、阳性判读：测试样品 A 值大于或等于阈值者为 HBsAg 阳性；测试样品 A 值小于阈值者为阴性。

(4) 阳性对照 A 值小于或等于 0.4 时，试验无效，应查明原因，重新试验。

2. 注意事项

(1) 样品和试剂从冰箱取出后，应在室温下(18～25 ℃)平衡 1 h。

(2) 须确保样品加样量准确，如果加样量不准确，可能会导致错误的实训结果。建议采用微量移液器加所有组分，做精密性测定时尤应如此。

(3) 在操作过程中，应尽量避免反应微孔中有气泡产生。

(4) 使用微量移液器手工加样时，应该每次更换吸头吸取样品。

(5) 用水浴锅反应时，请将反应微孔板浸放在水中 1/3，底部以网格支撑物支撑，将水的温度控制在 37 ℃。

(6) 洗板应严格按照使用说明书操作。

① 以洗板机洗板时，调节好洗板机的加液量是非常重要的，避免洗液过量溢出，但又能充满整个反应微孔(350 μL)，洗板次数不应少于 5 次，并经常注意检查加液头是否堵塞。

② 手工洗板时，请勿用带纸屑的吸水材料拍板，以防外源性过氧化物酶类或氧化还原物质与显色液发生反应，影响检测结果的准确性。

③ 洗板时，所用的吸水纸请勿重复使用。

(7) 显色液 B 应于 2～8 ℃避光保存，如发现显色液变色，请勿使用。

习　题

知识框架图

1. 免疫的含义是什么？有何功能？
2. 免疫机制一般有哪几类？
3. 什么是抗原？有哪些基本特性？
4. 决定抗原性的因素有哪些？
5. 解释表位、交叉反应、共同抗原和结合价的概念。
6. 医学上有哪些重要的抗原？各有何特点？

7. 什么是免疫球蛋白？它与抗体有何区别？
8. 简述免疫球蛋白的基本结构及功能区。
9. 简述免疫球蛋白的生物学功能。
10. 解释单克隆抗体、多克隆抗体和基因工程抗体的概念。
11. 什么是补体？补体系统由哪些组分构成？
12. 简述补体的经典激活途径。
13. 简述补体的生物学作用。
14. 简述细胞因子的种类。
15. 细胞因子主要有哪些生物学功能？
16. 简述特异性免疫应答的类型及其异同点。
17. 什么是免疫应答？简述其基本过程。
18. 什么是超敏反应？
19. 简述Ⅰ、Ⅱ、Ⅲ、Ⅳ型超敏反应的特点。
20. 简述抗原抗体反应的特点。
21. 简述双向免疫扩散试验的基本原理。
22. 简述人工免疫的类型及其区别。
23. 抗毒素与类毒素有何区别？
24. 免疫血清制备的流程是什么？
25. 制备高质量的免疫血清应注意哪些因素？
26. 什么是直接凝集试验？有何特点？
27. 进行试管凝集试验应注意哪些事项？
28. 引起非特异性凝集的因素有哪些？
29. 简述双向免疫扩散试验的原理。
30. 若浇制琼脂糖凝胶板时产生气泡，可能对试验结果产生什么影响？
31. 简述双抗体夹心法的基本原理。
32. 若采用间接法检测乙型肝炎表面抗原，应如何操作？

学习情境九

微生物技术综合应用

项目一　微生物技术在食品生产中的综合应用

扫码看PPT

任务一　沙门氏菌的检验

实训目的

（1）了解食品中沙门氏菌的检验方法。

（2）学会食品中沙门氏菌的检验。

实训原理

沙门氏菌属是一群符合肠杆菌科定义并与其血清学相关的革兰氏阴性、需氧性、无芽孢杆菌。本菌属种类繁多，抗原结构复杂，现已发现2000多个血清型，我国已发现血清型近200个。

沙门氏菌常存在于动物中，特别是禽类和猪，在许多环境中也有存在，从水、土壤、昆虫中，以及工厂和厨房设施的表面和动物粪便中已发现该类细菌。它们可以存在于多类食品中，包括生肉、禽、奶制品、蛋、鱼、虾、田鸡腿、酵母、椰子、酱油、沙拉调料、蛋糕粉、奶油夹心甜点、干明胶、花生露、橙汁、可可和巧克力等。沙门氏菌是食物传播病原菌中研究最活跃的细菌。因此，沙门氏菌是最常见的食源性细菌病原体。

实训器材

1. 实训设备

除微生物实训室常规灭菌及培养设备外，其他设备和材料如下。

(1) 冰箱:2～5 ℃。

(2) 恒温箱:(36±1) ℃,(42±1) ℃。

(3) 均质器。

(4) 振荡器。

(5) 电子天平。

(6) 无菌三角瓶:容量 500 mL、250 mL。

(7) 无菌吸管:1 mL(具 0.01 mL 刻度)、10 mL(具 0.1 mL 刻度)或微量移液器及吸头。

(8) 无菌培养皿:直径 90 mm。

(9) 无菌试管:3 mm×50 mm、10 mm×75 mm。

(10) 无菌毛细管。

(11) pH 计或 pH 比色管或精密 pH 试纸。

(12) 全自动微生物生化鉴定系统。

2. 培养基和试剂

(1) 缓冲蛋白胨水(BPW)。

(2) 四硫磺酸钠煌绿(TTB)增菌液。

(3) 亚硒酸盐胱氨酸(SC)增菌液。

(4) 亚硫酸铋(BS)琼脂。

(5) HE 琼脂。

(6) 木糖赖氨酸脱氧胆盐(XLD)琼脂。

(7) 沙门氏菌属显色培养基。

(8) 三糖铁(TSI)琼脂。

(9) 蛋白胨水、靛基质试剂。

(10) 尿素琼脂(pH7.2)。

(11) 氰化钾(KCN)培养基。

(12) 赖氨酸脱羧酶试验培养基。

(13) 糖发酵管。

(14) 邻硝基酚 β-D-半乳糖苷(ONPG)培养基。

(15) 半固体琼脂。

(16) 丙二酸钠培养基。

(17) 沙门氏菌 O 和 H 诊断血清。

(18) 生化鉴定试剂盒。

实训方法与步骤

沙门氏菌检验程序见图 9-1。

1. 前增菌过程

称(量)取 25 g(mL)样品,放入盛有 225 mLBPW 的无菌均质杯中,以 8000～10000

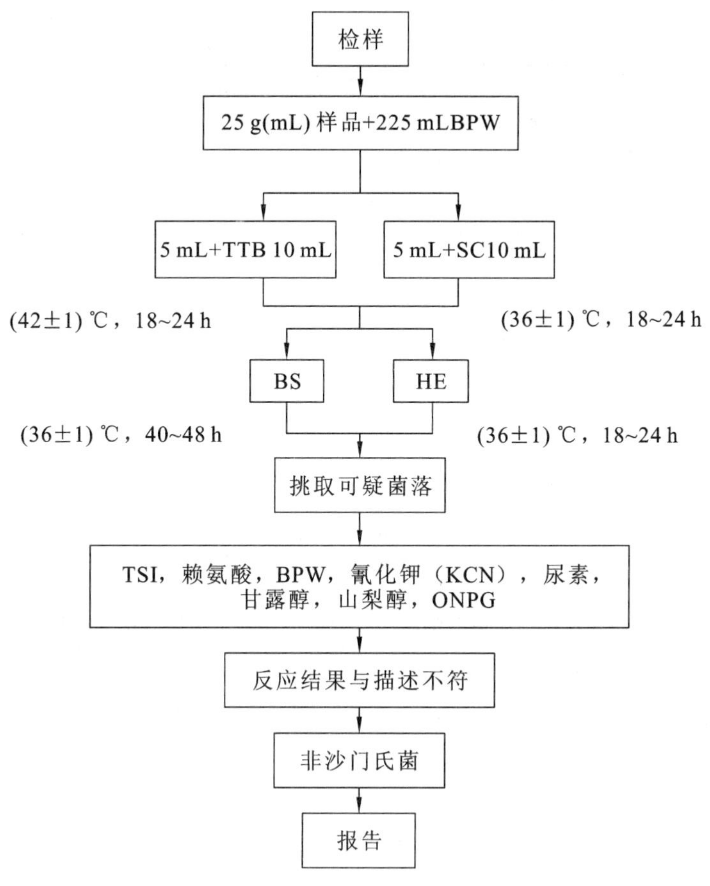

图 9-1　沙门氏菌检验程序

r/min 均质 1～2 min，或置于盛有 225 mL BPW 的无菌均质袋中，用拍击式均质器拍打 1～2 min。若样品为液态，不需要均质，振荡混匀。如需测定 pH 值，用 1 mol/L 无菌 NaOH 或 HCl 调 pH 值至 6.8±0.2。将样品转至 500 mL 三角瓶中(无菌操作)，如使用均质袋，可直接进行培养，于(36±1) ℃培养 8～18 h。如为冷冻产品，应在 45 ℃以下不超过15 min，或 2～5 ℃不超过 18 h 解冻。

2. 增菌过程

轻轻摇动培养过的样品混合物，移取 1 mL，转种于 10 mLTTB 增菌液内，于(42±1) ℃培养 18～24 h。同时，另取 1 mL，转种于 10 mLSC 增菌液内，于(36±1) ℃培养 18～24 h。

3. 分离过程

分别用接种环取增菌液 1 环，划线接种于一个 BS 琼脂平板和一个 XLD 琼脂平板(或 HE 琼脂平板、沙门氏菌属显色培养基平板)。于(36±1) ℃分别培养 18～24 h(XLD 琼脂平板、HE 琼脂平板、沙门氏菌属显色培养基平板)或 40～48 h(BS 琼脂平板)，观察各个平板上生长的菌落。各个平板上的菌落特征见表 9-1。

表 9-1 沙门氏菌属在不同选择性琼脂平板上的菌落特征

选择性琼脂平板	沙门氏菌
BS 琼脂	菌落为黑色有金属光泽、棕褐色或灰色,菌落周围培养基可呈黑色或棕色;有些菌株形成灰绿色的菌落,周围培养基不变
HE 琼脂	蓝绿色或蓝色,多数菌落中心黑色或几乎全黑色;有些菌株为黄色,中心黑色或几乎全黑色
XLD 琼脂	菌落呈粉红色,带或不带黑色中心,有些菌株可呈现大的带光泽的黑色中心,或呈现全部黑色的菌落;有些菌株为黄色菌落,带或不带黑色中心
沙门氏菌属显色培养基	按照显色培养基的说明进行判定

4. 生化试验过程

(1) 自选择性琼脂平板上分别挑取 2 个以上典型或可疑菌落,接种三糖铁琼脂,先在斜面划线,再于底层穿刺;接种针不要灭菌,直接接种赖氨酸脱羧酶试验培养基和营养琼脂平板,于(36±1) ℃培养 18～24 h,必要时可延长至 48 h。在三糖铁琼脂和赖氨酸脱羧酶试验培养基内,沙门氏菌属的反应结果见表 9-2。

表 9-2 沙门氏菌属在三糖铁琼脂和赖氨酸脱羧酶试验培养基内的反应结果

三糖铁琼脂				赖氨酸脱羧酶试验培养基	初步判断
斜面	底层	产气	硫化氢		
K	A	+(－)	+(－)	+	可疑沙门氏菌属
K	A	+(－)	+(－)	－	可疑沙门氏菌属
A	A	+(－)	+(－)	+	可疑沙门氏菌属
A	A	+/－	+/－	－	非沙门氏菌
K	K	+/－	+/－	+/－	非沙门氏菌

注:K 表示产碱;A 表示产酸;+表示阳性;－表示阴性;+(－)表示多数阳性,少数阴性;+/－表示阳性或阴性。

(2) 接种三糖铁琼脂和赖氨酸脱羧酶试验培养基的同时,可直接接种蛋白胨水(供做靛基质试验)、尿素琼脂(pH 7.2)、氰化钾(KCN)培养基,也可在初步判断结果后从营养琼脂平板上挑取可疑菌落接种。于(36±1) ℃培养 18～24 h,必要时可延长至 48 h,按表 9-3 判定结果。将已挑取菌落的平板储存于 2～5 ℃或室温至少保留 24 h,以备必要时复查。

表 9-3 沙门氏菌属生化反应初步鉴别表

反应序号	硫化氢(H_2S)	靛基质	pH 7.2 尿素	氰化钾(KCN)	赖氨酸脱羧酶
A1	+	－	－	－	+
A2	+	+	－	－	+
A3	－	－	－	－	+/－

注:+表示阳性;－表示阴性;+/－表示阳性或阴性。

① 反应序号 A1:典型反应判定为沙门氏菌属。如尿素、KCN 和赖氨酸脱羧酶 3 项

中有 1 项异常，按表 9-4 可判定为沙门氏菌。如有 2 项异常为非沙门氏菌。

表 9-4　沙门氏菌属生化反应初步鉴别表

pH 7.2 尿素	氰化钾(KCN)	赖氨酸脱羧酶	判定结果
－	－	－	甲型副伤寒沙门氏菌(要求血清学鉴定结果)
－	＋	＋	沙门氏菌Ⅳ或Ⅴ(要求符合本群生化特性)
＋	－	＋	沙门氏菌个别变体(要求血清学鉴定结果)

注：＋表示阳性；－表示阴性。

② 反应序号 A2：补做甘露醇和山梨醇试验，沙门氏菌靛基质阳性变体两项试验结果均为阳性，但需要结合血清学鉴定结果进行判定。

③ 反应序号 A3：补做 ONPG。ONPG 阴性为沙门氏菌，同时赖氨酸脱羧酶阳性(甲型副伤寒沙门氏菌为赖氨酸脱羧酶阴性)。

④ 必要时按表 9-5 进行沙门氏菌生化群的鉴别。

表 9-5　沙门氏菌属各生化群的鉴别

项目	Ⅰ	Ⅱ	Ⅲ	Ⅳ	Ⅴ	Ⅵ
卫矛醇	＋	＋	－	－	＋	－
山梨醇	＋	＋	＋	＋	＋	－
水杨苷	－	－	－	＋	－	－
ONPG	－	－	＋	－	＋	－
丙二酸盐	－	＋	＋	－	－	－
KCN	－	－	－	＋	＋	－

注：＋表示阳性；－表示阴性。

(3) 如选择生化鉴定试剂盒或全自动微生物生化鉴定系统，可根据初步判断结果从营养琼脂平板上挑取可疑菌落，用生理盐水制备成浊度适当的菌悬液，使用生化鉴定试剂盒或全自动微生物生化鉴定系统进行鉴定。

5. 血清学鉴定

(1) 抗原的准备。

一般采用 1.2%～1.5%琼脂培养物作为玻片凝集试验用的抗原。O 血清不凝集时，将菌株接种在琼脂含量较高的(如 2%～3%)培养基上再检查；如果是由于 Vi 抗原的存在而阻止了 O 血清凝集反应，可挑取菌苔于 1 mL 生理盐水中制成浓菌液，于酒精灯火焰上煮沸后再检查。H 抗原发育不良时，将菌株接种在 0.55%～0.65%半固体琼脂平板的中央，待菌落蔓延生长时，在其边缘部分取菌检查；或将菌株通过装有 0.3%～0.4%半固体琼脂的小玻管 1～2 次，自远端取菌培养后再检查。

(2) 多价菌体抗原(O)鉴定。

在玻片上划出 2 个约 1 cm×2 cm 的区域，挑取 1 环待测菌，各放 1/2 环于玻片上的每一区域上部,在其中一个区域下部加1滴多价菌体(O)抗血清,在另一区域下部加入1滴生理盐水,作为对照。再用无菌的接种环或针分别将两个区域内的菌落研成乳状液。将玻片倾斜摇动混合1 min,并对着黑暗背景进行观察,任何程度的凝集现象皆为阳性反应。

(3) 多价鞭毛抗原(H)鉴定。

可参考相关资料进行鉴定。

(4) 血清学分型(选做项目)。

① O抗原的鉴定。

用A～F多价O血清做玻片凝集试验,同时用生理盐水做对照。在生理盐水中自凝者为粗糙形菌株,不能分型。被A～F多价O血清凝集者,依次用O4;O3、O10;O7;O8;O9;O2和O11因子血清做凝集试验。根据试验结果,判定O群。被O3、O10血清凝集的菌株,再用O10、O15、O34、O19单因子血清做凝集试验,判定E1、E2、E3、E4各亚群,每一个O抗原成分的最后确定均应根据O单因子血清的检查结果,没有O单因子血清的要用两个O复合因子血清进行核对。

不被A～F多价O血清凝集者,先用9种多价O血清检查,如有其中一种血清凝集,则用这种血清所包括的O群血清逐一检查,以确定O群。每种多价O血清所包括的O因子如下:

O多价1　A,B,C,D,E,F群(并包括6,14群)

O多价2　13,16,17,18,21群

O多价3　28,30,35,38,39群

O多价4　40,41,42,43群

O多价5　44,45,47,48群

O多价6　50,51,52,53群

O多价7　55,56,57,58群

O多价8　59,60,61,62群

O多价9　63,65,66,67群

② H抗原的鉴定。

属于A～F各O群的常见菌型,依次用表9-6所述H因子血清检查第1相和第2相的H抗原。

表9-6　A～F群常见菌型H抗原表

O群	第1相	第2相
A	a	无
B	g,f,s	无
B	i,b,d	2
C1	k,v,r,c	5,z15
C2	b,d,r	2,5

续表

O群	第1相	第2相
D(不产气的)	d	无
D(产气的)	g,m,p,q	无
E1	h,v	6,w,x
E4	g,s,t	无
E4	i	无

不常见的菌型，先用8种多价H血清检查，如有其中一种或两种血清凝集，则再用这一种或两种血清所包括的各种H因子血清逐一检查。8种多价H血清所包括的H因子如下：

H多价1　a,b,c,d,i

H多价2　eh,enx,enz15,fg,gms,gpu,gp,gq,mt,gz51

H多价3　k,r,y,z,z10,lv,lw,lz13,lz28,lz40

H多价4　1,2;1,5;1,6;1,7;z6

H多价5　z4z23,z4z24,z4z32,z29,z35,z36,z38

H多价6　z39,z41,z42,z44

H多价7　z52,z53,z54,z55

H多价8　z56,z57,z60,z61,z62

每一个H抗原成分的最后确定均应根据H单因子血清的检查结果，没有H单因子血清的要用两个H复合因子血清进行核对。

检出第1相H抗原而未检出第2相H抗原的或检出第2相H抗原而未检出第1相H抗原的，可在琼脂斜面上移种1～2代后再检查。如仍只检出一个相的H抗原，要用位相变异的方法检查其另一个相。单相菌不必做位相变异试验。

位相变异试验方法如下。

a. 小玻管法：将半固体(每管1～2 mL)在酒精灯上熔化并冷却至50 ℃，取已知相的H因子血清0.05～0.1 mL，加入熔化的半固体内，混匀后，用毛细吸管吸取分装于供位相变异试验的小玻管内，待凝固后，用接种针挑取待检菌，接种于一端。将小玻管平放在培养皿内，并在其旁放一团湿棉花，以防琼脂中水分蒸发而干缩，每天检查结果，待另一相细菌解离后，可以从另一端挑取细菌进行检查。培养基内血清的浓度应有适当的比例，过高时细菌不能生长，过低时同一相细菌的动力不能抑制。一般按原血清1∶800～1∶200的量加入。

b. 小导管法：将两端开口的小玻管(下端开口要留一个缺口，不要平齐)放在半固体管内，小玻管的上端应高出培养基的表面，灭菌后备用。临用时在酒精灯上加热熔化，冷却至50 ℃，挑取因子血清1环，加入小套管中的半固体内，略加搅动，使其混匀，待凝固后，将待检菌株接种于小套管中的半固体表层内，每天检查结果，待另一相细菌解离后，可从套管外的半固体表面取菌检查，或转种于1%软琼脂斜面，于37 ℃培养后再做凝集试验。

c. 简易平板法:将 0.35%～0.4%半固体琼脂平板烘干表面水分,挑取因子血清 1 环,滴在半固体平板表面,放置片刻,待血清吸收到琼脂内,在血清部位的中央点种待检菌株,培养后,在蔓延生长的菌苔边缘取菌检查。

③ Vi 抗原的鉴定。

用 Vi 因子血清检查。已知具有 Vi 抗原的菌型有:伤寒沙门氏菌、丙型副伤寒沙门氏菌、都柏林沙门氏菌。

④ 菌型的判定。

根据血清学分型鉴定的结果,按照有关沙门氏菌属抗原表判定菌型。

实训报告

综合以上生化试验和血清学鉴定的结果,报告 25 g(mL)样品中检出或未检出沙门氏菌。

任务二 志贺氏菌的检验

实训目的

(1) 了解食品的质量与志贺氏菌检验的意义。

(2) 掌握志贺氏菌的生物学特性。

(3) 掌握志贺氏菌检验的生化试验的操作方法和结果的判断。

(4) 掌握志贺氏菌属血清学试验的方法。

(5) 掌握食品中志贺氏菌检验的方法和技术。

实训原理

志贺氏菌属(*Shigella*)的细菌(通称痢疾杆菌),是细菌性痢疾的病原菌。临床上能引起痢疾症状的病原微生物很多,有志贺氏菌、沙门氏菌、变形杆菌、大肠杆菌等,还有阿米巴原虫、鞭毛虫以及病毒等,其中以志贺氏菌引起的细菌性痢疾最为常见。人类对痢疾杆菌有很高的易感性。对于幼儿,可引起急性中毒性痢疾,死亡率甚高。所以在食物和饮用水的卫生检验时,常以是否含有志贺氏菌作为指标。

志贺氏菌属细菌的形态与一般肠道杆菌无明显区别,为革兰氏阴性杆菌,长 2～3 μm,宽 0.5～0.7 μm,不形成芽孢,无荚膜,无鞭毛,不运动,有菌毛。志贺氏菌属的主要鉴别特征:无鞭毛,不运动,对各种糖的利用能力较差,并且在含糖的培养基内一般不产生气体。志贺氏菌的进一步分群分型有赖于血清学试验。

实训器材

1. 最先准备的器材

(1) 500 mL 广口瓶,1 个,稀释样品。

(2) 500 mL 三角瓶,1 个,制增菌液。

(3) 250 mL 三角瓶,6 个,制培养基。

(4) 18 mm×180 mm 试管,8 支,制三糖铁培养基。

(5) 13 mm×100 mm 试管,40 支,制蛋白胨水等。

(6) 1 mL 移液管,2 支。

(7) 10 mL 移液管,2 支。

(8) 直径为 90 mm 培养皿,12 套,制 SS、EMB(伊红美蓝)琼脂平板。

(9) 250 mL 量筒,1 个。

2. 应灭菌的其他器材

剪刀 1 把,不锈钢汤匙 1 把,称量纸适量。

3. 应准备的培养基和试剂

(1) GN 增菌液,225 mL/瓶,1 瓶,所用容器为 500 mL 三角瓶。

(2) EMB 培养基或麦康凯琼脂培养基,100 mL/瓶,1 瓶,所用容器为 250 mL 三角瓶。

(3) SS 琼脂或 HE 琼脂,100 mL/瓶,1 瓶,所用容器为 250 mL 三角瓶。

(4) 三糖铁斜面,6 mL/支,6 支,所用容器为 15 mm×150 mm 试管。

(5) 葡萄糖半固体培养基,4 mL/支,5 支,所用容器为 13 mm×100 mm 试管。

(6) 蛋白胨水,2 mL/支,5 支,所用容器为 13 mm×100 mm 试管。

(7) 5%乳糖发酵管,3 mL/支,5 支,所用容器为 13 mm×100 mm 试管。

(8) 甘露醇发酵管,3 mL/支,5 支,所用容器为 13 mm×100 mm 试管。

(9) 棉子糖发酵管,3 mL/支,5 支,所用容器为 13 mm×100 mm 试管。

(10) 甘油发酵管,3 mL/支,5 支,所用容器为 13 mm×100 mm 试管。

(11) 兔血浆,3 mL/支,1 支,所用容器为 13 mm×100 mm 试管。

(12) 多价血清和 26 种因子血清。

实训方法与步骤

样品处理→选择性增菌→选择性平板分离→生化试验→血清学试验鉴别→结果报告

1. 样品处理和增菌培养

(1) 样品处理。

称取检样 25 g(无菌操作),加入装有 225 mL GN 增菌液的 500 mL 三角瓶内,固体食品用均质器以 8000～10000 r/min 打碎 1 min,或用乳钵加灭菌沙磨碎,粉状食品用金属匙或玻璃棒研磨使其乳化。

(2) 增菌培养。

于 36 ℃培养 6～8 h。

培养时间视细菌生长情况而定,当培养液出现轻微混浊时即应终止培养。

2. 接种选择性平板进行分离培养

(1) 接种选择性平板。

取增菌液 1 环,划线接种于 HE 琼脂平板或 SS 琼脂平板(1 个);另取 1 环划线接种于麦康凯琼脂平板或 EMB 琼脂平板(各 1 个)。

(2) 培养。

于 36 ℃培养 18～24 h。

结果:志贺氏菌在这些培养基上呈现无色透明、不发酵乳糖的菌落。

3. 初步生化试验

(1) 接种三糖铁琼脂和葡萄糖半固体培养基。

从 SS、EMB 琼脂平板上挑取可疑菌落,接种三糖铁琼脂和葡萄糖半固体培养基各 1 管。一般应多挑几个菌落,以防遗漏。经 36 ℃培养 18～24 h,分别观察结果。

(2) 培养。

于 36 ℃培养 18～24 h。

结果:乳糖、蔗糖不发酵,葡萄糖产酸不产气(福氏志贺氏菌 6 型可产生少量气体),无动力。

可以弃去的培养物如下。

① 在三糖铁琼脂斜面上呈蔓延生长的培养物。

② 在 18～24 h 内发酵乳糖、蔗糖的培养物。

③ 不分解葡萄糖和只生长在半固体表面的培养物。

④ 产气的培养物。

⑤ 有动力的培养物。

⑥ 产生硫化氢的培养物。

4. 血清学分型和进一步的生化试验

凡是乳糖、蔗糖不发酵,葡萄糖产酸不产气(福氏志贺氏菌 6 型可产生少量气体),无动力的菌株,可做血清学分型和进一步的生化试验。

(1) 血清学分型鉴定。

从三糖铁琼脂上挑取培养物,做玻片凝集试验。

第 1 步,先用 4 种志贺氏菌做多价血清检查,如果由于 K 抗原的存在而不出现凝集,应将菌液煮沸后再检查。第 2 步,如果呈现凝集,则用 A1、A2、B 群多价和 D 群血清分别试验。第 3 步,如系 B 群福氏志贺氏菌,则用群和型因子血清分别检查。福氏志贺氏菌各型和亚型的型和群抗原见表 9-7。可先用群因子血清检查,再根据群因子血清出现凝集的结果,依次选用各型因子血清检查。第 4 步,4 种志贺氏菌多价血清不凝集的菌株,可用鲍氏多价 1、2、3 分别检查,并进一步用 1～15 各型因子血清检查。如果鲍氏多价血清不凝集,可用痢疾志贺氏菌 3～12 型多价血清及各型因子血清检查。

表 9-7 福氏志贺氏菌各型和亚型的型和群抗原

型和亚型	型抗原	群抗原	在群因子血清中的凝集		
			3,4	6	7,8
1a	Ⅰ	1,2,4,5,9…	+	—	—
1b	Ⅰ	1,2,4,5,9…	+	+	—
2a	Ⅱ	1,3,4…	+	—	—

续表

型和亚型	型抗原	群抗原	在群因子血清中的凝集		
			3,4	6	7,8
2b	Ⅱ	1,7,8,9…	－	－	＋
3a	Ⅲ	1,6,7,8,9…	－	＋	＋
3b	Ⅲ	1,3,4,6…	＋	＋	－
4a	Ⅳ	1,(3,4)…	(＋)	－	－
4b	Ⅳ	1,3,4,6…	＋	＋	－
5a	Ⅴ	1,3,4…	＋	－	－
5b	Ⅴ	1,5,7,9…	－	－	＋
6	Ⅵ	1,2,(4)…	(＋)	－	－
X	－	1,7,8,9…	－	－	＋
Y	－	1,3,4…	＋	－	－

注:＋表示凝集;－表示不凝集;()表示有或无。

(2) 进一步的生化试验。

已判定为志贺氏菌属的培养物,应进一步做5%乳糖发酵,甘露醇、棉子糖、甘油的发酵,靛基质试验。

从三糖铁琼脂上挑取培养物后,接种生化培养物到5%乳糖发酵、甘露醇、棉子糖、甘油、靛基质培养基中。

(3) 观察试验结果。

志贺氏菌属4个生化群的培养物,应符合该群的生化特性。但福氏6型的生化特性与A群或C群相似,见表9-8。

表9-8 志贺氏菌属四个群的生化特性

生化群	5%乳糖发酵	甘露醇	棉子糖	甘油	靛基质
A群:痢疾志贺氏菌	－	－	－	(＋)	－(＋)
B群:福氏志贺氏菌	－	＋	＋	－	(＋)
C群:鲍氏志贺氏菌	－	＋	－	(＋)	－(＋)
D群:宋内氏志贺氏菌	＋/(＋)	＋	＋	d	－

注:＋表示阳性;－表示阴性;－(＋)表示多数阴性,少数阳性;(＋)表示迟缓发酵;d表示有不同生化型。

实训报告

综合生化和血清学的试验结果判定菌型并作出报告。

任务三　食品中菌落总数的测定

实训目的

(1) 了解食品中菌落总数(aerobic plate count)的测定方法。

(2) 学会食品中菌落总数的测定。

实训原理

食品中菌落总数通常以每克或每毫升(对包装材料、设备和工器具表面用每平方厘米)食品上的细菌数来表示,但不考虑其种类。由于所用检测计数方法不同而有两种表示方法:一种是菌落总数;另一种是细菌总数。

目前,我国食品卫生标准中采用的是菌落总数,单位为CFU/g(mL)。检测菌落总数至少有两个方面的食品卫生学意义。第一,菌落总数可作为食品被污染程度的标志。食品中的菌落总数能反映出食品的新鲜程度、是否变质以及生产过程的卫生状况。一般来讲,菌落总数越多,表明该食品污染程度越重,腐败变质速度越快。第二,菌落总数可用来预测食品存放的期限。

菌落总数指标只有和其他一些指标配合起来,才能对食品卫生质量作出比较正确的判断。因为有时食品中的菌落总数很多,食品并不出现腐败变质的现象。

实训器材

1. 实训设备

除微生物实训室常规灭菌及培养设备外,其他设备和材料如下。

(1) 恒温箱:(36±1) ℃,(30±1) ℃。

(2) 冰箱:2~5 ℃。

(3) 恒温水浴箱:(46±1) ℃。

(4) 天平。

(5) 均质器。

(6) 振荡器。

(7) 无菌吸管:1 mL(具0.01 mL刻度)、10 mL(具0.1 mL刻度)或微量移液器及吸头。

(8) 无菌三角瓶:容量250 mL、500 mL。

(9) 无菌培养皿:直径90 mm。

(10) pH计或pH比色管或精密pH试纸。

(11) 放大镜或/和菌落计数器。

2. 培养基和试剂

(1) 平板计数琼脂培养基。

(2) 磷酸盐缓冲液。

(3) 无菌生理盐水。

实训方法与步骤

菌落总数的检验程序见图 9-2。

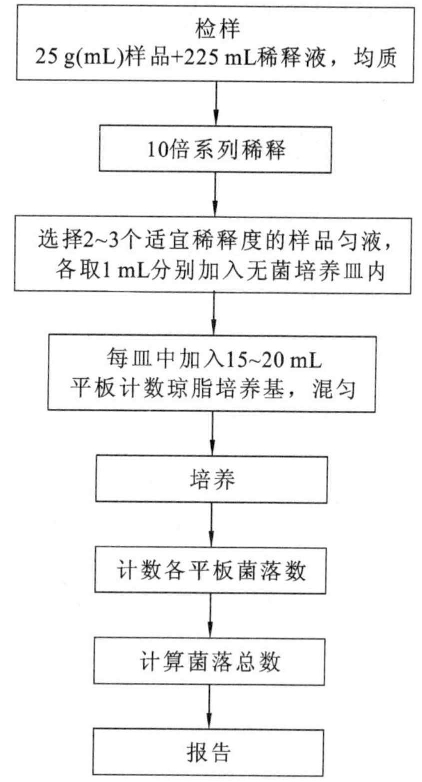

图 9-2　菌落总数的检验程序

1. 样品的稀释

(1) 固体和半固体样品：称(量)取 25 g(mL)样品，置于盛有 225 mL 磷酸盐缓冲液或生理盐水的无菌均质杯内，8000～10000 r/min 均质 1～2 min，或放入盛有 225 mL 稀释液的无菌均质袋中，用拍击式均质器拍打 1～2 min，制成 1∶10 的样品匀液。

(2) 液体样品：以无菌吸管吸取 25 mL 样品，置于盛有 225 mL 磷酸盐缓冲液或生理盐水的无菌三角瓶(瓶内预置适当数量的无菌玻璃珠)中，充分混匀，制成 1∶10 的样品匀液。

(3) 用 1 mL 无菌吸管或微量移液器吸取 1∶10 样品匀液 1 mL，沿管壁缓慢注于盛有 9 mL 稀释液的无菌试管中(注意吸管或吸头尖端不要触及稀释液面)，振摇试管或换用 1 支无菌吸管反复吹打使其混合均匀，制成 1∶100 的样品匀液。

(4) 按(3)操作程序，制备 10 倍系列稀释样品匀液。每递延稀释一次，换用 1 次 1 mL 无菌吸管或吸头。

(5) 根据对样品污染状况的估计，选择 2～3 个适宜稀释度的样品匀液(液体样品可包括原液)。在进行 10 倍递延稀释时，吸取 1 mL 样品匀液于无菌培养皿内，每个稀释度做两个培养皿。同时，分别吸取 1 mL 空白稀释液加入两个无菌培养皿内做空白对照。

(6) 及时将 15～20 mL 冷却至 46 ℃的平板计数琼脂培养基(可放置于(46±1) ℃恒温水浴箱中保温)倾注培养皿，并转动培养皿使其混合均匀。

2. 培养

(1) 待琼脂凝固后，将平板翻转，(36±1) ℃培养(48±2) h。水产品于(30±1) ℃培养(72±3) h。

(2) 如果样品中可能含有在琼脂培养基表面弥漫生长的菌落，可在凝固后的琼脂表面覆盖一薄层琼脂培养基(约 4 mL)，凝固后翻转平板，按(1)条件进行培养。

3. 菌落计数

可用肉眼观察，必要时用放大镜或菌落计数器，记录稀释倍数和相应的菌落数量。菌落计数以菌落形成单位表示。

(1) 选取菌落数在 30～300 CFU、无蔓延菌落生长的平板计数菌落总数。低于 30 CFU 的平板记录具体菌落数，大于 300 CFU 的可记录为“多不可计”。每个稀释度的菌落数应采用两个平板的平均数。

(2) 其中一个平板有较大片状菌落生长时不宜采用,而应以无片状菌落生长的平板作为该稀释度的菌落数;若片状菌落不到平板的一半,而其余一半中菌落分布又很均匀,即可计算半个平板后乘以 2,代表一个平板菌落数。

(3) 当平板上出现菌落间无明显界线的链状生长时,则将每条单链作为一个菌落计数。

实训报告

1. 菌落总数的计算方法

(1) 若只有一个稀释度平板上的菌落数在适宜计数范围内,计算两个平板菌落数的平均值,再将平均值乘以相应稀释倍数,作为 1 g(mL)样品中菌落总数结果。

(2) 若有两个连续稀释度的平板菌落数在适宜计数范围内时,按式(9-1)计算:

$$N=\frac{\sum C}{(n_1+0.1n_2)d} \tag{9-1}$$

式中:N——样品中菌落数;

$\sum C$——平板(含适宜范围菌落数的平板)菌落数之和;

n_1——第一稀释度(低稀释倍数)平板个数;

n_2——第二稀释度(高稀释倍数)平板个数;

d——稀释因子(第一稀释度)。

现举例如下。

已知数据列于表 9-9 中。

表 9-9 已知数据

稀释度	1:100(第一稀释度)	1:1000(第二稀释度)
菌落数/CFU	232,244	33,35

则

$$N=\frac{\sum C}{(n_1+0.1n_2)d}$$

$$=\frac{232+244+33+35}{[2+(0.1\times2)]\times10^{-2}}=\frac{544}{0.022}=24727$$

上述数据进行数字修约后,表示为 25000 或 2.5×10^4。

(3) 若所有稀释度的平板上菌落数均大于 300 CFU,则对稀释度最高的平板进行计数,其他平板可记录为“多不可计”,结果按平均菌落数乘以最高稀释倍数计算。

(4) 若所有稀释度的平板菌落数均小于 30 CFU,则应按稀释度最低的平均菌落数乘以稀释倍数计算。

(5) 若所有稀释度(包括液体样品原液)平板均无菌落生长,则以小于 1 的数值乘以最低稀释倍数计算。

(6) 若所有稀释度的平板菌落数均不为 30~300 CFU,其中一部分小于 30 CFU 或大于300 CFU时，则以最接近30 CFU或300 CFU的平均菌落数乘以稀释倍数计算。

2. 菌落总数的报告

(1) 菌落数小于100 CFU时，按"四舍五入"原则修约，以整数报告。

(2) 菌落数大于或等于100 CFU时，第3位数字采用"四舍五入"原则修约后，取前两位数字，后面用0代替位数；也可以10的指数形式来表示，按"四舍五入"原则修约后，采用两位有效数字。

(3) 若所有平板上为蔓延菌落而无法计数，则报告菌落蔓延。

(4) 若空白对照上有菌落生长，则此次检测结果无效。

(5) 称重取样以CFU/g为单位报告，体积取样以CFU/mL为单位报告。

任务四 食品中大肠菌群的检测

实训目的

(1) 了解食品中大肠菌群(coliforms)计数的方法。

(2) 学会食品中大肠菌群的计数。

实训原理

1. 大肠菌群

在一定培养条件下能发酵乳糖、产酸产气的需氧和兼性厌氧革兰氏阴性无芽孢杆菌。

2. 最大可能数(most probable number，MPN)

MPN是食品中大肠菌群系每100 mL(g)检样内大肠菌群最大可能数。它是基于泊松分布的一种间接计数方法。

实训器材

1. 实训设备

除微生物实训室常规灭菌及培养设备外，其他设备和材料如下。

(1) 恒温箱：(36±1) ℃。

(2) 冰箱：2～5 ℃。

(3) 恒温水浴箱：(46±1) ℃。

(4) 天平。

(5) 均质器。

(6) 振荡器。

(7) 无菌吸管：1 mL(具0.01 mL刻度)、10 mL(具0.1 mL刻度)或微量移液器及吸头。

(8) 无菌三角瓶：容量500 mL。

(9) 无菌培养皿：直径90 mm。

(10) pH计或pH比色管或精密pH试纸。

(11) 菌落计数器。

2. 培养基和试剂

(1) 月桂基硫酸盐胰蛋白胨(lauryl sulfate tryptase,LST)肉汤。

(2) 煌绿乳糖胆盐(brilliant green lactose bile,BGLB)肉汤。

(3) 结晶紫中性红胆盐琼脂(violet red bile agar,VRBA)。

(4) 磷酸盐缓冲液。

(5) 无菌生理盐水。

(6) 无菌 1 mol/L NaOH 溶液。

(7) 无菌 1 mol/L HCl 溶液。

实训方法与步骤

一、大肠菌群 MPN 计数的检验程序

大肠菌群 MPN 计数的检验程序见图 9-3。

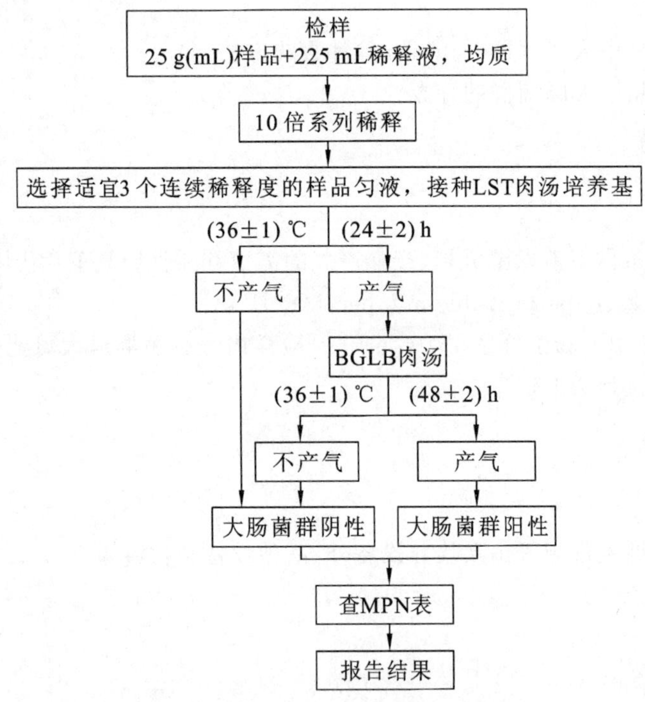

图 9-3　大肠菌群 MPN 计数法检验程序

1. 样品的稀释

(1) 称(量)取 25 g(mL)样品,放入盛有 225 mL 磷酸盐缓冲液或生理盐水的无菌均质杯内,8000～10000 r/min 均质 1～2 min,或放入盛有 225 mL 磷酸盐缓冲液或生理盐水的无菌均质袋中,用拍击式均质器拍打 1～2 min,制成 1:10 的样品匀液。

(2) 以无菌吸管吸取 25 mL 样品,置于盛有 225 mL 磷酸盐缓冲液或生理盐水的无菌三角瓶(瓶内预置适当数量的无菌玻璃珠)中,充分混匀,制成 1:10 的样品匀液。

(3) 样品匀液的 pH 值应在 6.5～7.5，必要时分别用 1 mol/L NaOH 或 1 mol/L HCl 溶液调节。

(4) 用 1 mL 无菌吸管或微量移液器吸取 1∶10 样品匀液 1 mL，沿管壁缓缓注入 9 mL 磷酸盐缓冲液或生理盐水的无菌试管中(注意吸管或吸头尖端不要触及稀释液面)，振摇试管或换用 1 支 1 mL 无菌吸管反复吹打，使其混合均匀，制成 1∶100 的样品匀液。

(5) 根据对样品污染状况的估计，按上述操作，依次制成十倍递延系列稀释样品匀液。每递延稀释 1 次，换用 1 支 1 mL 无菌吸管或吸头。从制备样品匀液至样品接种完毕，全过程不得超过 15 min。

2. 初发酵试验

每个样品选择 3 个适宜的连续稀释度的样品匀液(液体样品可以选择原液)，每个稀释度接种 3 管月桂基硫酸盐胰蛋白胨(LST)肉汤，每管接种 1 mL(如接种量超过 1 mL，则用双料 LST 肉汤)，(36±1) ℃培养(24±2) h，观察导管内是否有气泡产生，(24±2) h 产气者进行复发酵试验，如未产气则继续培养至(48±2) h，产气者进行复发酵试验。未产气者为大肠菌群阴性。

3. 复发酵试验

用接种环从产气的 LST 肉汤管中分别取培养物 1 环，移种于煌绿乳糖胆盐肉汤(BGLB)管中，(36±1) ℃培养(48±2) h，观察产气情况。产气者为大肠菌群阳性。

4. 大肠菌群最可能数(MPN)的报告

按确证的大肠菌群 LST 阳性管数，检索 MPN 表，报告 1 g(mL)样品中大肠菌群的 MPN 值。

二、大肠菌群平板计数法的检验程序

大肠菌群平板计数法的检验程序见图 9-4。

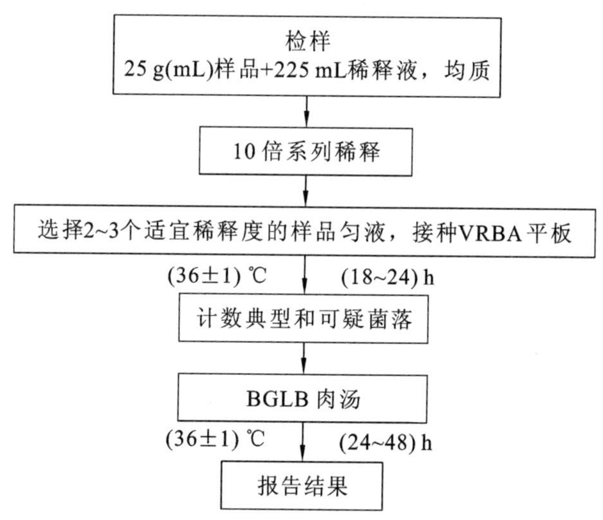

图 9-4 大肠菌群平板计数法的检验程序

1. 样品的稀释

按相关操作要求进行。

2. 平板计数

(1) 选取2~3个适宜的连续稀释度,每个稀释度接种2个无菌培养皿,每皿1 mL。同时取1 mL生理盐水加入无菌培养皿做空白对照。

(2) 及时将15~20 mL冷却至46 ℃的结晶紫中性红胆盐琼脂(VRBA)倾注于每个培养皿中。小心旋转培养皿,将培养基与样液充分混匀,待琼脂凝固后,再加3~4 mL VRBA覆盖平板表层。翻转平板,于(36±1) ℃培养18~24 h。

3. 平板菌落数的选择

选取菌落数在15~150 CFU的平板,分别计数平板上出现的典型和可疑大肠菌群菌落。典型菌落为紫红色,菌落周围有红色的胆盐沉淀环,菌落直径为0.5 mm或更大。

4. 证实试验

从VRBA平板上挑取10个不同类型的典型和可疑菌落,分别移种于BGLB肉汤管内,(36±1) ℃培养24~48 h,观察产气情况。凡BGLB肉汤管产气,即可报告为大肠菌群阳性。

实训报告

经最后证实为大肠菌群阳性的试管比例乘以平板菌落数,再乘以稀释倍数,即为1 g(mL)样品中大肠菌群数。例如:样品稀释液1 mL,在VRBA平板上有100个典型和可疑菌落,挑取其中10个接种BGLB肉汤管,证实有6个阳性管,则该样品的大肠菌群数为$100\times6/10\times10^4$ CFU/g(mL)$=6.0\times10^5$ CFU/g(mL)。

项目二　微生物技术在生物产品生产中的综合应用

任务一　酒精发酵

扫码看PPT

实训目的

掌握酒精发酵的基本原理。

实训原理

酒精发酵是在厌氧条件下,己糖分解为乙醇并释放出二氧化碳。

酒精发酵的类型有3种:通过EMP途径的酵母菌酒精发酵、通过HMP途径的细菌酒精发酵和通过ED途径的细菌酒精发酵。

实训器材

1. 菌种

酿酒酵母(*Saccharomyces cerevisiae*)。

2. 培养基

酵母斜面培养基(YDP),酵母液体培养基。

3. 溶液及试剂

10%的 H_2SO_4 溶液,1%的 $K_2Cr_2O_7$ 溶液,10%的 NaOH 溶液。

实训方法与步骤

1. 液体种子的制备和发酵液的接种培养

(1) 活化酿酒酵母斜面,培养 18～24 h;取菌种一满环接入 150 mL 三角瓶中,28～30 ℃振荡培养 24 h,作为液体种子。

(2) 以 5%的接种量接种 250 mL 三角瓶和 18 mm×180 mm 试管;28～30 ℃培养 24～36 h 后观察结果。

(3) 二氧化碳生成的检测。先观察三角瓶中的发酵液有无泡沫或气泡逸出,再观察发酵管中的杜氏小管有无气体聚集。

(4) 取 10%的 NaOH 溶液 1 mL 注入发酵管内,轻轻搓动发酵管,观察液面是否上升。

2. 酒精生成的检验

(1) 打开 250 mL 三角瓶棉塞,闻闻有无酒精气味。

(2) 从 250 mL 三角瓶中取出发酵液 5 mL,注入空试管中,再加 10%的 H_2SO_4 溶液 2 mL;接着向试管中滴加 1%的 $K_2Cr_2O_7$ 溶液 10～20 滴,观察试管溶液的颜色变化。

实训报告

(1) 三角瓶的液面及试管培养基液面均有气泡聚集,轻轻摇动试管可见大量气泡由瓶底冒出。杜氏小管中也有大量气泡,摇动过的试管中加入 NaOH 不见明显的液面上升现象。未摇动过的试管中加入 10%NaOH 溶液 1 mL,轻轻搓动试管可观察到明显的液面上升现象,且试管靠底部近 1/2 液体变为混浊,与上 1/2 液体形成分层。说明此气体为 CO_2。

(2) 三角瓶中有淡淡的酒香味,取 50 mL 发酵液,加入 10%的 H_2SO_4 溶液 2 mL、1%的 $K_2Cr_2O_7$ 溶液 10～20 滴未见明显的颜色变化,倾斜烧瓶可见淡淡的黄绿色。究其原因,可能是三角瓶中乙醇产生量少,反应生成的有色物质少;其次培养基原本为黄色,掩盖了生成物质的黄绿色,不易观察。设置不加入 H_2SO_4 和 $K_2Cr_2O_7$ 的阴性对照和直接用少量乙醇代替培养液的阳性对照,对比观察,可见一定的颜色变化。

任务二　柠檬酸发酵

实训目的

掌握柠檬酸发酵的基本原理。

实训原理

柠檬酸发酵为典型的有机酸发酵,淀粉质原料经淀粉酶作用水解为葡萄糖,葡萄糖经EMP途径氧化为丙酮酸,丙酮酸进一步被氧化脱羧生成乙酰辅酶A。在一般能量代谢过程中,生成的乙酰辅酶A与草酰乙酸缩合成柠檬酸后进入三羧酸循环,通过三羧酸循环进行有氧呼吸的能量代谢。但就柠檬酸产生菌而言,由于其异柠檬酸脱氢酶活性很低,而柠檬酸合成酶的活性很高,因而大量积累柠檬酸,草酰乙酸的提供则仍通过丙酮酸羧化而成。

国内目前柠檬酸发酵所采用的原料主要是山芋干及废糖蜜。

实训器材

1. 材料

菌种:黑曲霉Co827。液化酶92000 U/g,山芋干粉。

2. 主要仪器设备

旋转式摇床,显微镜。

实训方法与步骤

1. 种子培养基制备

称取山芋干粉100 g、$(NH_4)_2SO_4$ 5 g、液化酶0.2 g,加水至1000 mL,pH自然。分装后于121℃灭菌30 min,三角瓶内装液量为20%。

2. 种子液培养

将已灭菌的种子培养基接入一环斜面或麸曲孢子,于(35±1) ℃、250 r/min条件下培养24~36 h。

3. 种子培养液质量要求

镜检菌丝生长健壮,结成菊花形小球,球直径不超过100 μm,每毫升含菌球数为1万~2万,无异味、无杂菌污染;pH 2~2.5。

4. 发酵培养基制备

称取山芋干粉200 g,加入0.2 g液化酶,加水至1000 mL,pH自然。分装后(装液量为20%)于121 ℃灭菌30 min,冷却备用。

5. 发酵

将培养好的种子液按发酵培养液体积的10%接入已灭菌的发酵培养基中,于(35±1) ℃、250 r/min条件下发酵4~5 d。

实训报告

(1) 对种子液进行镜检,画下菌丝形态,并测定菌球直径及粗略估算每毫升种子液中的菌球数。

(2) 测定成熟发酵液的酸度,并就发酵结束后的菌体形态作出描述。

(3) 计算柠檬酸发酵的转化率,即每 100 g 葡萄糖经转化所能生成的柠檬酸质量(g),柠檬酸发酵的理论转化率按下列反应计算应为 106.7%。

总反应式: $2C_6H_{12}O_6+3O_2 \longrightarrow 2C_6H_8O_7+4H_2O$

任务三　柠檬酸的提取——柠檬酸钙的制备

实训目的

掌握柠檬酸提取的基本方法。

实训原理

在成熟的柠檬发酵液中大部分是柠檬酸,但还含有部分山芋粉渣、菌丝体以及其他的代谢产物等杂质。柠檬酸的提取是柠檬酸生产中极为重要的工序,柠檬酸的提取方法有钙盐沉淀法、离子交换法、电渗析法及萃取法等,目前广泛用于国内生产的是钙盐沉淀法,其原理是利用柠檬酸与碳酸钙反应形成不溶性的柠檬酸钙而将柠檬酸从发酵液中分离出来,并用硫酸酸解从而获得柠檬酸粗液,经活性炭、离子交换树脂的脱色及脱盐,再经浓缩、结晶干燥等精制后获得柠檬酸成品,其中和及酸解反应式如下:

中和: $2C_6H_8O_7 \cdot H_2O+3CaCO_3 \longrightarrow Ca_3(C_6H_5O_7)_2 \cdot 4H_2O\downarrow+3CO_2\uparrow+H_2O$

酸解: $Ca_3(C_6H_5O_7)_2 \cdot 4H_2O+3H_2SO_4+4H_2O \longrightarrow 2C_6H_8O_7 \cdot H_2O+3CaSO_4 \cdot 2H_2O\downarrow$

本实训以提取柠檬酸钙为主。

实训器材

1. 实训材料

柠檬酸发酵液、轻质碳酸钙(200 目)、0.1429 mol/L NaOH 溶液、1%酚酞指示剂。

2. 仪器设备

制备式离心分离机、滴定管、烘箱。

实训方法与步骤

1. 发酵液预处理

将成熟的柠檬酸发酵液加热至 80 ℃,保温 10～20 min,趁热进行离心分离,取滤液备用并记录滤液总体积。

2. 发酵液总酸的测定

取滤液 1 mL,加 5 mL 蒸馏水于洁净三角瓶中,加入 1 滴酚酞指示剂,用 0.1429 mol/L

NaOH 滴定至初显红色为止,记下 NaOH 的消耗量。

3. 中和

将发酵滤液加热至 70 ℃,同时加入发酵液总酸量 72%的轻质碳酸钙调节pH 至 5.8,残酸 0.2%~0.3%,于 85 ℃条件下搅拌并保温 30 min。

4. 离心及洗糖

将中和液趁热离心,倾去上清液后加入滤液总量 1/2 的 80 ℃热水洗糖,再次离心,所得固体即为柠檬酸钙。

5. 烘干称重

将所得柠檬酸钙置于干燥洁净的表面皿中,于 105 ℃烘干称重。

实训报告

(1) 计算发酵液中总酸浓度及发酵所得的总酸量。

(2) 根据所得的钙盐质量计算钙盐提取的收率。

项目三　微生物技术在环境保护中的综合应用

任务一　水质的细菌学检查

Ⅰ　水中细菌总数的测定

实训目的

学习并掌握平板菌落计数法的原理和方法。

实训原理

平板菌落计数法是根据在固体培养基上形成的一个菌落是由一个单细胞繁殖而成的肉眼可见的子细胞群体这一微生物的培养特征而设计的一种计数方法。将样品进行不同稀释,使微生物分散并以单细胞存在。再用一定量的稀释液涂布于平板上,培养后,每一个活细胞即能形成一个菌落。统计菌落的数目,根据稀释的倍数及取样接种量即可换算出样品中的含菌数。现在倾向用菌落形成单位来表示样品的活菌含量。平板菌落计数法可用于测定单细胞或单孢子微生物菌液的浓度,可供成品检验和水质检查。

实训器材

1. 菌液

大肠杆菌菌悬液。

2. 培养基

营养琼脂培养基，无菌生理盐水。

3. 器具

1 mL、10 mL 无菌移液管，无菌培养皿等。

实训方法与步骤

1. 编号

取无菌培养皿 9 套，每 3 套为一组，在每组皿底分别写上 10^{-1}、10^{-2}、10^{-3}。另取 3 支无菌空试管排列于试管架上，依次标明 10^{-1}、10^{-2}、10^{-3}，并向试管中各加入 9 mL 无菌生理盐水。

2. 稀释

用 1 mL 无菌吸管精确地吸取 1 mL 已充分混匀的菌悬液，注入 10^{-1} 试管中(注意吸管不要碰到水面)。然后另取 1 支无菌吸管，于 10^{-1} 试管中来回吹吸三次，使之混匀，即成 10^{-1} 稀释液。再从 10^{-1} 试管中吸 1 mL 注入 10^{-2} 试管中，重复上述操作，直至制成 10^{-3} 稀释液。

3. 取样

用三支 1 mL 无菌吸管分别吸取 10^{-1}、10^{-2} 和 10^{-3} 稀释液各 1 mL，对号放入编好号的无菌培养皿中。

4. 倾注平板

尽快向上述盛有不同稀释度菌液的培养皿中倒入熔化后冷却至 45 ℃的营养琼脂培养基，每皿约 15 mL，置于水平位置并迅速旋转培养皿，使培养基与菌液混合均匀，而又不使培养基荡出或溅到皿盖上。

5. 培养

待培养基凝固后，倒置于 37 ℃恒温箱中培养 24 h。

6. 计数

数各皿中菌落数，算出同一稀释度三个培养皿上菌落平均数，按下述报告计算结果。

菌落数报告原则如下。

(1) 选择平均菌落数在 30～300 的稀释度，乘以稀释倍数。

(2) 若有两个稀释度的菌落数均在 30～300，则应视两者菌落数之比值如何。如果比值小于 2.0，则报告其平均数；如果比值大于 2.0，则报告其中较小的数字。

(3) 如所有稀释度的菌落数均大于 300，则应以稀释度最高的平均菌落数计算。

(4) 如所有稀释度的菌落数均小于 30，则应以稀释度最低的平均菌落数计算。

(5) 如果所有稀释度的菌落数均不在 30～300，其中一部分大于 300，一部分小于 30，则应以最接近 30 或 300 的平均菌落数计算。

(6) 菌落总数在 100 以下，按实有数报告，大于 100 时采用两位有效数字，后面的数字四舍五入处理，为了缩短数字的长度，可用 10 的指数来表示。

具体菌落数的报告方式可参考表 9-10。

表 9-10　菌落数的报告方式

例次	各稀释度平均菌落数			两稀释度菌落之比	菌落总数/CFU	报告方式/CFU
	10^{-1}	10^{-2}	10^{-3}			
1	1365	164	20	—	16400	1.6×10^4
2	2760	295	46	1.6	37750	3.8×10^4
3	2890	271	60	2.2	27100	2.7×10^4
4	不可计	4650	510	—	510000	5.1×10^5
5	27	11	5	—	270	2.7×10^2
6	不可计	305	12	—	30500	3.1×10^4

实训报告

(1) 记录用上述方法测定的活细菌含量。

(2) 记录各稀释平板上的菌落数,并计算出样品中的细菌含量。

Ⅱ　水中大肠菌群数的测定

实训目的

学习大肠菌群数的检测原理和方法。

基本原理

水中的病原菌多数来源于病人和病畜的粪便。由于病原菌的数量少,检测过程复杂,因此直接测定它们的存在是非常困难的专业化工作。由于大肠菌群在粪便中数量大,在体外存活时间与肠道致病菌相近,且检验方法比较简便,因此一般采用测定大肠菌群或大肠杆菌的数量来作为水被粪便污染的标志。如果水中大肠菌群的菌数超过一定的数量,则说明此水已被粪便污染,并有可能含有病原菌。

大肠菌群的定义是指一群好氧和兼性厌氧、革兰氏阴性、无芽孢的杆状细菌,并能在乳糖培养基中,经 37 ℃ 24～48 h 培养能产酸产气。我国规定每升自来水中大肠菌群数不得超过 3 个。检测大肠菌群的方法有稀释培养法和膜滤法两种,其中稀释培养法是标准分析法,为我国大多数卫生单位和水厂所使用。它包括初发酵试验、平板分离和复发酵试验三个部分。

实训器材

1. 样品

水样。

2. 培养基

乳糖胆盐发酵管(单料及双料),伊红美蓝琼脂(EMB)平板,乳糖发酵管。

3. 其他

显微镜，酒精灯，无菌吸管（10 mL、1 mL），接种环，载玻片等。

实训方法与步骤

1. 采样

取 100 mL 磨口带塞玻璃瓶，包扎后，干热灭菌备用。

取自来水水样时，应先放水至少 5 min，以冲去水龙头口所带的微生物，获得主流管中有代表性的水样。取样时，用右手握瓶，左手开启瓶塞，用覆盖瓶口的纸托住瓶塞，收集样品后，连同覆盖纸一起将瓶口塞好，并用线绳在原处扎好。注意手指不得触及瓶口内部。在静水中取样时，先用右手揭去塞子，瓶口朝下浸入水下约 30 cm 处，然后将瓶子反转过来，待水注满后，取出，塞好瓶口。如果水在流动，瓶口必须迎着水流，以免手上的细菌被水冲进瓶子。

2. 样品储存

水样放置过程中，内含的细菌数目和类型会发生变化，所以要求水样于 6～10 ℃储存，并不超过 6 h。

3. 初发酵试验

吸取待检样品接种于乳糖胆盐发酵管内，10 mL 接种量采用双料发酵管，而 1 mL 及 1 mL 以下接种量采用单料发酵管。每一接种量接种 3 管，于 35～37 ℃培养（24±2）h。将产酸、产气的发酵管按下列程序（图 9-5）继续进行检验。

4. 在指示性培养基上分离培养

将产气的发酵管中的发酵液在 EMB 平板或远藤氏平板上划线分离，于 35～37 ℃培养 18～24 h。

5. 革兰氏染色及镜检

从上述平板上长出的菌落中挑取 1～2 个大肠菌群可疑菌落进行镜检和革兰氏染色。

6. 复发酵试验

将上述镜检的菌落同时接种于乳糖胆盐发酵管，于 35～37 ℃培养（24±2）h，观察产气情况。

7. 结果

凡是在乳糖胆盐发酵管产酸、产气，在指示性培养基上能生长的，革兰氏染色为阴性的无芽孢杆菌，在复发酵管中产酸、产气的，即说明有大肠菌群的细菌存在——大肠菌群阳性；有一项不符的，即说明无大肠菌群的细菌存在——大肠菌群阴性。根据有大肠菌群细菌存在的初发酵管的管数，查相应的 MPN 表（表 9-11），报告每 100 mL 待检样品中大肠菌群细菌的最近似数。

实训报告

（1）根据上述方法及步骤检查所给水样中大肠菌群细菌的含量。

（2）说明测定水中大肠菌群数的实际意义及选用大肠菌群作为水的卫生指标的原因。

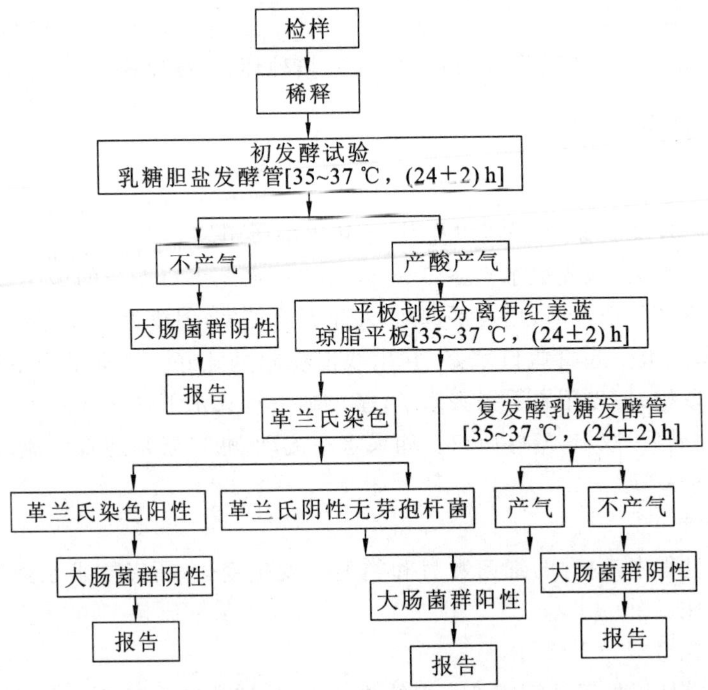

图 9-5 大肠菌群的检验程序

表 9-11 大肠菌群最可能数(MPN)检索表

阳性管数			MPN/[个/(100 mL(g))]	阳性管数			MPN/[个/(100 mL(g))]
1 mL(g)×3	0.1 mL(g)×3	0.01 mL(g)×3		1 mL(g)×3	0.1 mL(g)×3	0.01 mL(g)×3	
0	0	0	<30	2	0	0	90
0	0	1	30	2	0	1	140
0	0	2	60	2	0	2	200
0	0	3	90	2	0	3	260
0	1	0	30	2	1	0	150
0	1	1	60	2	1	1	200
0	1	2	90	2	1	2	270
0	1	3	120	2	1	3	340
0	2	0	60	2	2	0	210
0	2	1	90	2	2	1	280
0	2	2	120	2	2	2	350
0	2	3	160	2	2	3	420
0	3	0	90	2	3	0	290

续表

阳性管数			MPN/[个/(100 mL(g))]	阳性管数			MPN/[个/(100 mL(g))]
1 mL(g)×3	0.1 mL(g)×3	0.01 mL(g)×3		1 mL(g)×3	0.1 mL(g)×3	0.01 mL(g)×3	
0	3	1	120	2	3	1	360
0	3	2	160	2	3	2	440
0	3	3	190	2	3	3	530
1	0	0	40	3	0	0	230
1	0	1	70	3	0	1	390
1	0	2	110	3	0	2	640
1	0	3	150	3	0	3	950
1	1	0	70	3	1	0	430
1	1	1	110	3	1	1	750
1	1	2	150	3	1	2	1200
1	1	3	190	3	1	3	1600
1	2	0	110	3	2	0	930
1	2	1	150	3	2	1	1500
1	2	2	200	3	2	2	2100
1	2	3	240	3	2	3	2900
1	3	0	160	3	3	0	2400
1	3	1	200	3	3	1	4600
1	3	2	240	3	3	2	11000
1	3	3	290	3	3	3	≥24000

任务二　活性污泥中菌胶团及生物相的观察

实训目的

(1) 明确污泥生物相的指示意义。

(2) 掌握活性污泥 SV_{30} 的测定方法。

(3) 掌握生物相的观察方法。

实训原理

活性污泥的生物相比较复杂，以细菌、原生动物为主，还有真菌、后生动物等。某些细菌能分泌胶黏物质形成菌胶团，进而组成污泥絮绒体。在正常的成熟污泥中，细菌大多集于菌胶团絮绒体中,游离细菌较少,此时污泥絮绒体可具有一定形状,结构稠密,折光性强,沉降性能好。原生动物常作为污水净化指标,当固着型纤毛虫占优势时一般认为污水处理池运转正常。丝状微生物构成污泥絮绒体的骨架,少数伸出絮绒体外。当其大量出现时,常可造成污泥膨胀或污泥松散,使污泥池运转失常。当后生动物轮虫等大量出现时,意味着污泥极度衰老。

1. 活性污泥中常见的丝状微生物

1) 球衣菌

由许多圆柱形细胞排列成链,外面包围一层衣鞘,形成丝状体,具有假分枝。单个菌体可自衣鞘游出,运动活泼或黏附于鞘外。

2) 贝氏硫菌

无色而宽度均匀的丝状体,与球衣菌不同的是外面无衣鞘,各丝状体分散不相连接。丝状体由圆柱形细胞紧密排列而成,有时可见硫粒。丝状体不固着于基质上,可呈匍匐状滑行,菌体扭曲、穿插匍匐滑行于污泥之中。

3) 发硫菌

发硫菌亦由细胞排列成丝状体,具薄鞘但一般镜检时不可见。其丝状体基部有吸盘,可使菌体固着于基质上生长。在附着生长时,有时菌丝体左右平行伸长成羽毛状,有时以放射状从活性污泥絮绒体内向四周伸展,有时菌丝体交织在一起自中心向四周伸展。

4) 霉菌

活性污泥中常见的菌丝体为粗大的霉菌菌丝体和霉菌孢子(与上述细菌相比)。菌丝体有的有隔,并具有真分枝。

2. 活性污泥中常见的后生动物

1) 线虫

身体细长呈线形,其横切面呈圆形。常见其卷曲不能自由伸缩,而是靠身体作蛇形扭曲而运动。

2) 轮虫

形体很小,身体的前端或靠近前端有轮盘(头冠),其上的纤毛经常摆动,有游泳和摄食的功能。在口腔或口管下面的咽喉部分膨大而形成咀嚼囊,内有一套较复杂的咀嚼器,可以伸出口外以攫取食物。

3) 颤体虫

在活性污泥中最大、分化最高级的一种多细胞动物,身体分节,节间有刚毛伸出,体表具有带色泽的油点。

3. 活性污泥中常见的原生动物

原生动物根据其行动器官的不同,可分为下列四类。

1) 鞭毛虫类

单细胞个体,具有一根或一根以上鞭毛作为行动工具。通常有卵圆形、椭圆形、杯形、双锥形及多角形等。有单生的,也有各种形态的群体生活的,常见种类有聚屋滴虫、尾波豆虫、跳侧滴虫、领鞭毛虫。

2）肉足虫类

原生质体赤裸，没有加厚的表膜或壳，伪足可以从质体任何地方伸出。内、外质分界明显，外质透明，内质呈泡状或颗粒状。没有固定的形状，靠体内原生质流动形成伪足捕食。个体大小可由几微米到几百微米。常见种类有变形虫。

3）纤毛虫类

纤毛虫是原生动物中进化到高一级的类群，在结构上比较复杂。个体大小差异很大，最小的只有 10 μm，最大的可达 3000 μm。纤毛的多少和分布的位置不同，或周生于表面或一部分生长着许多纤毛，靠纤毛有节奏地摆动而游泳。通常可分为自由游动的纤毛虫、着生型纤毛虫、下毛虫和吸管虫等。

(1) 自由游动的纤毛虫。

游泳时常匍匐爬行在杂质中，常见的有斜管虫、漫游虫、前管虫、肾形虫、草履虫等。

(2) 着生型纤毛虫。

固着在其他生物及杂质上，常见种类有钟虫、累枝虫、盖纤虫、聚缩虫、独缩虫等，它们的区别见表 9-12。

表 9-12　着生型纤毛虫

<table>
<tr><td>科</td><td colspan="2">钟虫科</td><td colspan="2">累枝虫科</td></tr>
<tr><td>科的特征</td><td colspan="2">单个体或由个体发展为群体的多细胞，柄内有肌丝，能自由伸缩</td><td colspan="2">群体，柄内无肌丝，不能自由伸缩</td></tr>
<tr><td rowspan="3">常见种类及特征</td><td>钟虫</td><td>单个体</td><td>盖纤虫</td><td>个体稍细长，口围边缘不膨大</td></tr>
<tr><td>聚缩虫</td><td>群体，柄内的肌丝相连</td><td rowspan="2">累枝虫</td><td rowspan="2">个体稍“胖”些，口围边缘膨大成“缘唇”</td></tr>
<tr><td>独缩虫</td><td>群体，柄内的肌丝互不相连</td></tr>
</table>

(3) 下毛虫。

背面隆起，腹面扁平，纤毛融合成触毛，分布在腹面一定的地区，又分前触毛、腹触毛、臀触毛、尾触毛和缘触毛，用触毛支撑虫体，有“足”的作用。观察触毛在虫体的分布可区别其种类。常见种类有尖毛虫、棘尾虫、瘦尾虫等。

(4) 吸管虫。

纤毛仅在个体发育中自由生活的幼体阶段才有，成体阶段已退化，“口”变成了许多吸管状的触手，分布在全身或分布在身体的一部分。常见的有壳吸管虫、足吸管虫和锤吸管虫。

实训器材

1. 材料

活性污泥：取自污水处理厂曝气池。

2. 器具

100 mL 量筒、载玻片、盖玻片、玻璃小吸管、橡皮吸头、镊子、显微镜、目镜测微尺、血球计数板。

实训方法与步骤

1. 肉眼观察

取曝气池的混合液置于 100 mL 量筒内,观察活性污泥在量筒中呈现的絮绒体外观及 30 min 沉降后的污泥体积。

2. 制片镜检

滴混合液 1～2 滴于载玻片上,加盖玻片制成水浸标本片,在显微镜低倍或高倍镜下观察生物相。

(1) 污泥菌胶团絮绒体:形状、大小、稠密度、折光性、游离细菌多少等。

(2) 丝状微生物:伸出絮绒体外的多寡,以哪一类为优势。

(3) 微型动物:包括原生动物、后生动物的特征描述。

实训报告

(1) 将镜检结果填于表 9-13 中,并绘制所见主要生物图。

表 9-13　镜检结果

活性污泥来源及采样日期	污泥絮绒体					丝状微生物	原生动物	后生动物
	形状	大小	稠密度	折光性	游离菌			

(2) 观察污泥菌胶团形态并绘图。

(3) 制涂片染色后镜检污泥中微生物形态并绘图或描述之。

(4) 通过观察活性污泥中絮绒体及生物相,初步分析生物处理池内运转是否正常。

任务三　富营养化湖泊中藻类数量的测定

实训目的

(1) 掌握总磷、叶绿素 a 及初级生产率的测定原理及方法。

(2) 评价水体的富营养化状况。

实训原理

富营养化(eutrophication)是指在人类活动的影响下,生物所需的氮、磷等营养物质大量进入湖泊、河口、海湾等缓流水体,引起藻类及其他浮游生物迅速繁殖,水体溶解氧量下降,水质恶化,鱼类及其他生物大量死亡的现象。在自然条件下,湖泊也会从贫营养状态过渡到富营养状态,沉积物不断增多,先变为沼泽,后变为陆地。这种自然过程非常缓慢，常需几千年甚至上万年，而人为排放含营养物质的工业废水和生活污水所引起的水体富营养化现象，可以在短期内出现。水体富营养化后，即使切断外界营养物质的来源，也很难自净和恢复到正常水平。富营养化严重时，湖泊可被某些繁生水生植物及其残骸淤塞，成为沼泽甚至干地，局部海区可变成“死海”，或出现“赤潮”现象。

植物营养物质的来源广、数量大，有生活污水、农业面源、工业废水、垃圾等。每人每天带进污水中的氮约 50 g。生活污水中的磷主要来源于洗涤废水，而施入农田的化肥有 50％～80％流入江河、湖海和地下水体中。

许多参数可用作水体富营养化的指标，常用的是总磷、叶绿素 a 含量和初级生产率（表 9-14）。

表 9-14　水体富营养化程度划分

富营养化程度	初级生产率/[$mg(O_2)/(m^2 \cdot d)$]	总磷/(μg/mL)	无机氮/(μg/mL)
极贫	0～136	<0.005	<0.200
贫～中		0.005～0.010	0.200～0.400
中	137～409	0.010～0.030	0.300～0.650
中～富		0.030～0.100	0.500～1.500
富	410～547	>0.100	>1.500

实训器材

1. 实训仪器

(1) 可见分光光度计。

(2) 移液管：1 mL、2 mL、10 mL。

(3) 容量瓶：100 mL、250 mL。

(4) 三角瓶：250 mL。

(5) 比色管：25 mL、50 mL。

(6) BOD 瓶：250 mL。

(7) 具塞小试管：10 mL。

(8) 玻璃纤维滤膜、剪刀、玻璃棒、夹子。

2. 实训试剂

(1) 过硫酸铵(固体)。

(2) 浓硫酸。

(3) 1 mol/L H_2SO_4 溶液。

(4) 2 mol/L HCl 溶液。

(5) 6 mol/L NaOH 溶液。

(6) 1％酚酞：1 g 酚酞溶于 90 mL 乙醇中，加水至 100 mL。

(7) 丙酮、水以体积比为 9∶1配制的溶液。

(8) 酒石酸锑钾溶液：将 4.4 g $K(SbO)C_4H_4O_6 \cdot 1/2H_2O$ 溶于 200 mL 蒸馏水中，用

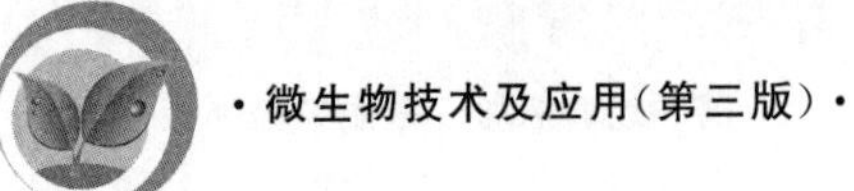

棕色瓶在 4 ℃时保存。

(9) 钼酸铵溶液:将 20 g$(NH_4)_6Mo_7O_{24}\cdot 4H_2O$ 溶于 500 mL 蒸馏水中,用塑料瓶在 4 ℃时保存。

(10) 抗坏血酸溶液:0.1 mol/L(溶解 1.76 g 抗坏血酸于 100 mL 蒸馏水中,转入棕色瓶,若在 4 ℃时保存,可维持一星期不变)。

(11) 混合试剂:50 mL 2 mol/L H_2SO_4 溶液、5 mL 酒石酸锑钾溶液、15 mL 钼酸铵溶液和30 mL 抗坏血酸溶液。混合前,先让上述溶液达到室温,并按上述次序混合。在加入酒石酸锑钾或钼酸铵后,如混合试剂有混浊,必须摇动混合试剂,并放置几分钟,至澄清为止。若在 4 ℃下保存,可维持一星期不变。

(12) 磷酸盐储备液(1.00 mg/mL 磷):称取 1.098 g KH_2PO_4,溶解后转入 250 mL 容量瓶中,稀释至刻度,即得 1.00 mg/mL 磷溶液。

(13) 磷酸盐标准溶液:量取 1.00 mL 储备液于 100 mL 容量瓶中,稀释至刻度,即得磷含量为 10 μg/mL 的工作液。

实训方法与步骤

1. 磷的测定

1) 原理

在酸性溶液中,将各种形态的磷转化成磷酸根离子(PO_4^{3-})。随之用钼酸铵和酒石酸锑钾与之反应,生成磷钼锑杂多酸,再用抗坏血酸把它还原为深色钼蓝。

砷酸盐与磷酸盐一样也能生成钼蓝,0.1 μg/mL 的砷就会干扰测定。六价铬、二价铜和亚硝酸盐能氧化钼蓝,使测定结果偏低。

2) 步骤

(1) 水样处理。

水样中如有大的微粒,可用搅拌器搅拌 2～3 min,至混合均匀。量取 100 mL 水样(或经稀释的水样)2 份,分别放入 250 mL 三角瓶中,另取 100 mL 蒸馏水于 250 mL 三角瓶中作为对照,分别加入 1 mL 2 mol/L H_2SO_4溶液、3 g$(NH_4)_2S_2O_8$,微沸约 1 h,补加蒸馏水,使体积为 25～50 mL(如三角瓶壁上有白色凝聚物,应用蒸馏水将其冲入溶液中),再加热数分钟。冷却后,加 1 滴酚酞,并用 6 mol/L NaOH 溶液将溶液中和至微红色。再滴加 2 mol/L HCl 溶液使粉红色恰好褪去,转入 100 mL 容量瓶中,加水稀释至刻度,移取 25 mL 至 50 mL 比色管中,加 1 mL 混合试剂,摇匀后,放置 10 min,加水稀释至刻度再摇匀,放置 10 min,以试剂空白作为参比,用 1 cm 比色皿,于波长 880 nm 处测定吸光度。(若分光光度计不能测定 880 nm 处的吸光度,可选择 710 nm 波长。)

(2) 标准曲线的绘制。

分别吸取 10 μg/mL 磷的标准溶液 0.00 mL、0.50 mL、1.00 mL、1.50 mL、2.00 mL、2.50 mL、3.00 mL 于 50 mL 比色管中,加水稀释至约 25 mL,加入 1 mL 混合试剂,摇匀后放置 10 min,加水稀释至刻度,再摇匀,10 min 后,以试剂空白作为参比,用 1 cm 比色皿,于波长 880 nm 处测定吸光度。

3）结果处理

由标准曲线查得磷的含量，按下式计算水中磷的含量：

$$\rho_P=\frac{m_P}{V}\times10^{-3}$$

式中：ρ_P——水中磷的含量，g/L；

m_P——由标准曲线上查得的磷含量，μg；

V——测定时吸取水样的体积（本实训 $V=25.00$ mL）。

2. 生产率的测定

1）原理

绿色植物的生产率是光合作用的结果，与氧的产生量成比例，因此测定水体中的氧可看作对生产率的测量。然而在任何水体中都有呼吸作用产生，要消耗一部分氧，因此在计算生产率时还必须测量因呼吸作用所损失的氧。本实训用测定 2 只无色瓶和 2 只深色瓶中相同样品内溶解氧变化量的方法测定生产率。此外，测定无色瓶中氧的减少量，提供校正呼吸作用的数据。

2）实训过程

（1）取四只 BOD 瓶，其中两只用铝箔包裹使之不透光，这些分别记作"亮"瓶和"暗"瓶。从一水体上半部的中间取出水样，测量水温和溶解氧。如果此水体的溶解氧未过饱和，则记录此值为 O_i，然后将水样分别注入一对"亮"瓶和"暗"瓶中。若水样中溶解氧过饱和，则缓缓地给水样通气，以除去过剩的氧，重新测定溶解氧并记作 O_i。按上法将水样分别注入一对"亮"瓶和"暗"瓶中。

（2）从水体下半部的中间取出水样，按上述方法同样处理。

（3）将两对"亮"瓶和"暗"瓶分别悬挂在与取水样相同的水深位置，调整这些瓶子，使阳光能充分照射。一般将瓶子暴露几小时，暴露期为清晨至中午，或中午至黄昏，也可清晨到黄昏。为方便起见，可选择较短的时间。

（4）暴露期结束即取出瓶子，逐一测定溶解氧，分别将"亮"瓶和"暗"瓶的数值记为 O_L 和 O_d。

3）结果处理

（1）呼吸作用：　　$R=$氧在"暗"瓶中的减少量$=O_i-O_d$

净光合作用：　　$P_n=$氧在"亮"瓶中的增加量$=O_L-O_i$

总光合作用：　　$P_g=(O_i-O_d)+(O_L-O_i)=O_L-O_d$

（2）计算水体上、下两部分值的平均值。

（3）通过以下公式计算来判断每单位水域总光合作用和净光合作用的日速率。

① 把暴露时间修改为日周期：

$$P_g'[\mathrm{mg(O_2)/(L\cdot d)}]=P_g\times\text{每日光周期时间/暴露时间}$$

② 将生产率单位从 $\mathrm{mg(O_2)/L}$ 改为 $\mathrm{mg(O_2)/m^3}$，这表示 1 $\mathrm{m^2}$ 水面下水柱的总产生率。为此必须知道产生区的水深：

$$P_g''[\mathrm{mg(O_2)/(m^2\cdot d)}]=P_g\times\frac{\text{每日光周期时间}}{\text{暴露时间}}\times10^3\times\text{水深(m)}$$

式中：10^3——体积浓度 mg/L 换算为 mg/m^3 的系数。

③ 假设全日 24 h 呼吸作用保持不变，计算日呼吸作用：

$$R[mg(O_2)/(m^2 \cdot d)]=R\times\frac{24}{\text{暴露时间(h)}}\times 10^3\times\text{水深(m)}$$

④ 计算日净光合作用：

$$P_n[mg(O_2)/(L \cdot d)]=P_g-R$$

(4) 假设符合光合作用的理想方程($CO_2+H_2O \longrightarrow CH_2O+O_2$)，将生产率的单位转换成固定碳的单位：

$$P_m[mg(C)/(m^2 \cdot d)]=P_n[mg(O_2)/(m^2 \cdot d)]\times 12/32$$

3. 叶绿素 a 的测定

1) 原理

测定水体中的叶绿素 a 的含量，可估计该水体的绿色植物存在量。将色素用丙酮萃取，测量其吸光度值，便可以测得叶绿素 a 的含量。

2) 实训过程

(1) 将 100～500 mL 水样经玻璃纤维滤膜过滤，记录过滤水样的体积。将滤纸卷成香烟状，放入小瓶或离心管。加 10 mL 或足以使滤纸淹没的 90%丙酮液，记录体积，塞住瓶塞，并在 4 ℃下暗处放置 4 h。如有混浊，可离心萃取。将一些萃取液倒入 1 cm 玻璃比色皿，加比色皿盖，以试剂空白为参比，分别在波长 665 nm 和 750 nm 处测其吸光度。

(2) 加 1 滴 2 mol/L HCl 溶液于上述两只比色皿中，混匀并放置 1 min，再在波长 665 nm 和 750 nm 处测定吸光度。

实训报告

酸化前： $A=A_{665}-A_{750}$

酸化后： $A_a=A_{665a}-A_{750a}$

将在波长 665 nm 处测得的吸光度减去波长 750 nm 处测得的吸光度是为了校正混浊液。

用下式计算叶绿素 a 的浓度($\mu g/mL$)：

$$\rho_{\text{叶绿素a}}=\frac{29(A-A_a)V_{\text{丙酮液}}}{V_{\text{样品}}}$$

根据测定结果，评价水体富营养化状况。

任务四　菌种的驯化

实训目的

掌握菌种的驯化方法。

实训原理

驯化是通过人工措施使微生物逐步适应某一条件，而定向选育微生物的方法。通过驯化可取得具有较高耐受力及活动能力的菌株。驯化常用于废水处理中微生物的选育，以获得对某种污染物具有较高的降解能力的高效菌株。

实训器材

1. 培养基

无机盐含酚培养基 4 份，分别含有苯酚 0.5 g、1.0 g、1.5 g 和 2.0 g，此外，各加入 KH_2PO_4 0.5 g，K_2HPO_4 0.5 g，$MgSO_4 \cdot 7H_2O$ 0.2 g，$CaCl_2$ 0.1 g，NaCl 0.2 g，$MnSO_4 \cdot H_2O$ 痕量，10% $FeCl_2$溶液 1 滴，NH_4NO_2 1.0 g，蒸馏水 100 mL，调 pH 值为 7.5，分装于 250 mL 三角瓶中，每瓶装 25 mL，121 ℃灭菌 20 min。

2. 试剂

4 mol/L $NH_3 \cdot H_2O$、2% 4-氨基安替比林溶液、20%吐温 80 溶液、76%铁氰化钾溶液。

3. 器具

恒温振荡器、移液管、试管、滴管等。

实训方法与步骤

1. 接种

取受苯酚污染的土壤 1 g，接入含苯酚浓度为 0.5 g/L 的培养基中(共接 2 瓶)。一瓶在 28～30 ℃下振荡培养，另一瓶于 4 ℃冰箱保存。

2. 检查

经 24 h 培养后，将培养和冰箱保存的两瓶培养液取出，摇匀放置片刻，待泥沙沉降再按下列步骤进行检查。

(1) 检查培养液混浊度。

用肉眼比较，如瓶中液体混浊度高，说明已有菌体增殖。

(2) 确定苯酚的消失。

取少量培养基与未培养液分别过滤，各取 0.5 mL 滤液并加至两支小试管中。再按顺序加入下列试剂：A 液 1 滴，B 液 1 滴，C 液 2 滴，D 液 2 滴。培养液中如含苯酚则呈红色，为阳性结果；如不含苯酚则呈微黄色，为阴性结果，表示培养液中的苯酚已被降解了。

3. 一次传代

取经上述检查证实有降解酚菌生长的培养液 2.5 mL，接入含苯酚浓度为 1 g/L 的培养液中，28～30 ℃振荡培养，接种后剩余的母液放在冰箱(4 ℃)中保存，以与下代培养作对比。

4. 二次至多次传代

经检查证实有菌生长的一次传代培养物接入含苯酚浓度更高的培养基中继续进行驯化培养。酚浓度约为 2 g/L 时，可选得耐酚力和解酚力高的菌株。

5. 分离

取上述(含酚浓度最高)的培养液进行划线分离(用含酚的平板培养基)，所得纯的高效菌株可保存培养，供实训使用。

实训报告

报告各次检查结果,比较各代培养液的菌体增殖情况和苯酚消失情况。观察分离所得到的微生物并绘图表示形态。

习　题

1. 如何提高志贺氏菌的检出率?

2. 志贺氏菌在三糖铁培养基上的反应结果怎样?如何解释这些现象?

3. 志贺氏菌检验有哪5个基本步骤?

4. 食品中能否允许有个别志贺氏菌存在?为什么?

5. 什么是巴斯德效应?如何利用其指导酒精发酵?

6. 为什么熔化后培养基要冷却到50℃方可倒平板?过冷或过热行不行?为什么?

7. 为使平板菌落计数准确,需要掌握哪几个关键?同一酵母菌液用血球计数板计数法和平板菌落计数法同时计数,所得结果是否一样?为什么?进一步比较两种计数法的优缺点。

8. 简述发酵液预处理的意义。

参考文献

[1] 洪健,李德葆,周雪平. 植物病毒分类图谱[M]. 北京:科学出版社,2001.

[2] 邢来君,李明春. 普通真菌学[M]. 北京:高等教育出版社,1999.

[3] 吴柏春,熊元林. 微生物学[M]. 2 版.武汉:华中师范大学出版社,2007.

[4] 朱乐敏.食品微生物[M]. 北京:化学工业出版社,2006.

[5] 孙勇民.应用微生物学[M].北京:北京师范大学出版社,2007.

[6] 杜连祥.工业微生物学实验技术[M].天津:天津科学技术出版社,1992.

[7] 周德庆.微生物学教程[M].2 版.北京:高等教育出版社,2002.

[8] 何国庆,贾英民.食品微生物学[M].北京:中国农业大学出版社,2002.

[9] 黄秀梨,辛明秀.微生物学[M].3 版.北京:高等教育出版社,2009.

[10] 于淑萍.应用微生物技术[M].2 版.北京:化学工业出版社,2010.

[11] 潘春梅.微生物技术[M].北京:化学工业出版社,2010.

[12] 蔡凤.微生物学[M].2 版.北京:科学出版社,2009.

[13] 刘晶星.医学微生物学与免疫学[M].北京:人民卫生出版社,2000.

[14] 李榆梅.药品生物检定技术[M].北京:化学工业出版社,2004.

[15] 叶磊,杨学敏.微生物检测技术[M].北京:化学工业出版社,2009.

[16] 林勇.药用微生物基础[M].北京:化学工业出版社,2006.

[17] 汪穗福.药品生物测定技术[M].北京:化学工业出版社,2005.

[18] 沈萍,陈向东.微生物学实验[M].4 版.北京:高等教育出版社,2007.